U0350535

国家出版基金项目

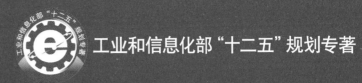
工业和信息化部"十二五"规划专著

航天发射科学与技术

发射控制技术

LAUNCH CONTROL TECHNOLOGY

王生捷　李建冬　李　梅　编著

北京理工大学出版社
BEIJING INSTITUTE OF TECHNOLOGY PRESS

内 容 简 介

本书以火箭导弹武器系统为研究对象，从理论上阐述了与火箭导弹发射过程密切相关的发射装置控制技术和导弹发射过程控制技术的一般性原理和设计思想，并结合工程研究实际，介绍了发射控制系统的设计方法和试验方法。主要内容包括发射控制技术概论、发射装置控制技术、导弹发射过程控制技术和系统试验。

本书可作为火箭导弹发射设备教学，以及从事火箭导弹发射控制系统研究、设计、试验和使用等人员的参考资料。

版权专有　侵权必究

图书在版编目（CIP）数据

发射控制技术 / 王生捷，李建冬，李梅编著 . —北京：北京理工大学出版社，2015.6

（航天发射科学与技术）

国家出版基金项目　工业和信息化部"十二五"规划专著

ISBN 978 - 7 - 5682 - 0740 - 9

Ⅰ . ①发…　Ⅱ . ①王…②李…③李…　Ⅲ . ①航天器发射 - 发射控制系统　Ⅳ . ①V553. 1

中国版本图书馆 CIP 数据核字（2015）第 133407 号

出版发行 / 北京理工大学出版社有限责任公司

社　　址 / 北京市海淀区中关村南大街 5 号

邮　　编 / 100081

电　　话 / （010）68914775（总编室）

　　　　　（010）82562903（教材售后服务热线）

　　　　　（010）68948351（其他图书服务热线）

网　　址 / http：//www. bitpress. com. cn

经　　销 / 全国各地新华书店

印　　刷 / 北京地大天成印务有限公司

开　　本 / 787 毫米×1092 毫米　1/16

印　　张 / 31　　　　　　　　　　　　　　　　　责任编辑 / 张慧峰

字　　数 / 597 千字　　　　　　　　　　　　　　文案编辑 / 张慧峰

版　　次 / 2015 年 6 月第 1 版　2015 年 6 月第 1 次印刷　　责任校对 / 周瑞红

定　　价 / 118. 00 元　　　　　　　　　　　　　　责任印制 / 王美丽

图书出现印装质量问题，请拨打售后服务热线，本社负责调换

航天发射科学与技术
编写委员会

名誉主编：于本水　　黄瑞松　　刘竹生

主　　编：杨树兴　　包元吉

副 主 编：（按姓氏笔画排序）

万　全　　王生捷　　刘　浩

姜　毅　　胡习明　　贺卫东

葛令民

编　　委：（按姓氏笔画排序）

于殿君　　王东锋　　邓　科

朱恒强　　刘占卿　　汤元平

李建冬　　李　梅　　何家声

赵瑞兴　　荣吉利　　党海燕

傅德彬　　路　峰　　谭大成

航天发射科学与技术
学术顾问委员会

（按姓氏笔画排序）

丁旭昶　　　于　倩　　　于建平

王　缜　　　牛养慈　　　任跃进

刘淑艳　　　李喜仁　　　张泽明

陈亚军　　　陈登高　　　周凤广

赵长禄　　　郝志忠　　　秦　烨

唐胜景　　　曾智勇

总序

世界各国为了进一步提高综合国力，都在大力开发空间资源和加强国防建设。作为重要运载器的火箭、导弹，以及相关的发射科学技术，也相应地都得到了广泛的重视。发射科学技术综合了基础科学和其他应用科学领域的最新成就，以及工程技术的最新成果，是科学技术和基础工业紧密结合的产物。同时，发射科学技术也反映了一个国家相关科学技术和基础工业的发展水平。

航天发射科学技术的发展历史漫长，我国古代带火的弓箭便是火箭的雏形。火箭出现后，被迅速用于各种军事行动和民间娱乐。随着现代科学技术的发展和人类需求的增加，美国、俄罗斯、中国、日本、法国、英国等航天大国，投入了大量的人力、物力进行航天发射的研究和开发，并取得了丰硕成果，代表了世界的先进水平。火箭、导弹的发射水平，决定了一个国家航天活动和国防保障区域的范围。因此，各航天大国均把发展先进的发射和运载技术作为保持其领先地位的战略部署之一。无论是空间应用、科学探测、载人航天、国际商业发射与国际合作，还是国防建设，都对发射技术提出了新的要求，促使航天发射科学技术向着更高层次发展。

综上所述，系统归纳、总结发射领域的理论和技术成果，供从事相关领域教学、研发、设计、使用人员学习和参考，具有重要的意义。这对提高教育水平、提升技术能力、推动科学发展和提高航天发射领域的研发水平将会起到十分重要的作用。

航天发射科学技术构成复杂，涉及众多学科，而且内容广泛，系列丛书的编写需要有关领域的专家、学者来共同完成。因此，北京理工大学、北京航天发射技术研究所、北京机械设备研究所、北京特种机械研究所、总装备部工程设计研究院等国内从事相关领域研究的权威单位组建了本丛书的作者队伍，期望将发射科学技术的重要成果著作成册，帮助读者更深入地了解和掌握航天发射领域的知识和技术，推动我国航天事业的发展。

本丛书力求系统性、完整性、实用性和理论性的统一，从发射总体技术、发射装置、地面支持技术、发射场总体设计、发射装置设计、发射控制技术、发射装置试验技术、发射气体动力学、发射动力学、弹射内弹道学等多个相互支撑的学科领域，以发射技术基本理论，火箭、导弹发射相关典型系统和设备为重点，全面介绍国内外的相关技术和设备、设施。

本丛书作者队伍是一个庞大的教育、科研、设计团队，为了编写好本丛书，编写人员辛勤劳动，做出了很大努力。同时，得到了相关学会，以及从事编写的五个单位的领导、专家及工作人员的关心和大力支持，在此深表感谢！由于种种原因，书中难免存在不当之处，敬请读者批评指正！

编写委员会

　　《发射控制技术》是航天发射科学与技术丛书中关于火箭导弹发射控制系统的基础理论和工程研究成果的专著。本书从工程技术角度出发论述火箭导弹发射控制系统的原理、特点、设计、应用等知识。本书力图根据多年来的研究、开发和实践经验，以对完成火箭导弹发射具有重要意义的发射装置控制技术和导弹发射过程控制技术为主，阐明火箭导弹发射控制技术的理论基础和工程实践。

　　发射装置控制技术是与发射装置或设备相关的控制系统和控制技术，它依据发射方式的不同，主要完成发射装置或设备的展开、初始射向控制等射前一系列准备动作。发射装置伺服系统是发射装置的重要组成部分，它在控制信号的作用下，驱动发射装置运动，在防空导弹武器系统中一般复现雷达的运动轨迹，在地地导弹武器系统中使导弹初始射向对准目标方向。

　　导弹发射过程控制技术是与实施导弹发射直接相关的发射控制系统和控制技术，它依据导弹类型，主要完成导弹射前检测、导弹作战参数装订、发射程序控制和点火发射等功能。

　　本书的编写主要依托已取得的工作成果和工程经验，同时结合导弹武器系统的研制现状和发展趋势，对经过实践验证的发射控制技术有关内容和方法加以归纳、综合、提炼，并努力在理论方面有所提升，较为全面、系统、深入地论述相关控制技术的工作原理、系统组成、设计和分析方法及其在武器系统中的应用。

　　本书是北京机械设备研究所众多专家和技术人员多年来从事火箭导弹发射控制系统研制和工程实践经验的总结，是理论和工程实践相结合的产物，力求达到理论论证严谨，概念叙述清楚，引用数据准确无误。本书第一篇和第四篇由王生捷编写。第二篇由李建冬、葛永强编写。第三篇由张浩坤、李梅编写。全书由王生捷策划、统稿和审定。汤元平在本书编排方面做了大量工作。北京理工大学的姜毅教授对全书进行了认真审阅,提出了许多宝贵意见,在此表示衷心感谢。

本书编写过程中得到了汤元平、刘浩、丁旭昶、陈亚军、欧有斌、张文波、李毅拓等大力支持,在此深表谢意。

本书内容丰富,实用性和实践意义很强,适合从事火箭导弹发射控制技术研究、设计、实验和应用的工程技术人员阅读,也可作为高等院校相关专业的本科生、硕士生及博士生的学习参考书。

作者在编写过程中虽然花费了很大精力,但限于作者的水平及时间仓促,本书难免存在错误与不足之处,殷切希望专家和读者批评指正。

作　者

目 录
CONTENTS

第三篇　导弹发射过程控制技术

第四篇　　系统试验

第一篇　发射控制技术概论

第1章 概　　述

发射控制技术是一门涉及机电液一体化技术、电子和信息技术、计算机技术、仿真技术等多学科多门类的综合性系统技术。本书主要阐述与地、舰面火箭导弹武器系统发射装置控制及火箭导弹发射过程控制有关的发射控制技术。

1.1　发射控制系统

火箭导弹武器系统通常由指挥自动化系统（指挥控制系统）、目标搜索指示系统、跟踪制导系统、发射控制系统、支援保障系统、火箭与导弹等组成。火箭导弹的发射，从广义上讲，包括武器系统展开、技术准备、实施发射、火箭导弹在自身推力或外部动力作用下飞离发射装置，乃至射后撤收的全过程。发射控制系统主要由发射装置和发射控制设备组成，它是对火箭导弹进行支撑、发射准备、随动跟踪、发射控制及发射导弹的设备的总称。发射控制系统涉及发射装置的控制和火箭导弹发射过程的控制两部分，其设备一般是由机械传动、大功率液压或电动机驱动、自动控制、模拟和数字电路、计算机及软件等组成的综合系统（包括网络控制系统、组网控制等新领域），其类型取决于武器系统的作战要求和系统结构形式。发射控制系统的功能、性能直接影响武器系统的功能和性能，是武器系统的重要组成部分。在武器系统作战过程中，它与指挥控制系统、目标搜索指示系统、跟踪制导系统等其他系统一样是武器系统不可或缺的。

1.2　发射方式及其分类

发射方式关系到火箭导弹武器系统的作战方式、作战能力、发射精度、阵地布置及地面设备的总体方案和研制成本等，采用何种发射方式是涉及武器系统全局性的问题，主要由武器系统的总体方案来决定。一般来说，发射方式主要取决于发展该型武器系统的战略、战术指导思想及对武器系统的战术技术要求、作战部署和运用原则。选择和确定发射方式是火箭导弹武器系统方案论证的重要内容，需要从发射技术、装备和设施组成、作战使用流程、快速反应能力、机动性、生存能力和可靠性工程等方面论证所选择的发射方式对武器系统战术技术指标可实现性的影响，并综合考虑研制费用、产品成本和武器系统的效能指标。

火箭导弹的发射方式可根据发射地点、发射动力、发射姿态、发射装置和机动性等的不同进行划分。

（1）按发射地点不同，可分为陆基（地面、地上、半地下）发射、海基（海面、水面、水中）发射、空基（载机）发射、天基（卫星、航天器）发射。

（2）按发射动力不同，可分为自力发射、外力发射和投放发射。

（3）按发射姿态不同，可分为倾斜发射、水平发射和垂直发射。

（4）按发射装置不同，可分为筒（箱、管）式发射、架式（轨道）发射和台式发射。

（5）按机动性不同，可分为固定式发射、半固定式发射和机动式发射。

1.3 发射控制系统的功能及组成

1.3.1 发射控制系统的功能

尽管发射控制系统因火箭导弹发射的实施过程和武器系统的繁简而有很大的不同，但根据武器系统的作战需求，发射控制系统的主要功能有：

（1）根据发射方式不同，进行发射前准备，包括定位定向、发射装置展开、瞄准、初始射向控制和射前检测等；

（2）火箭导弹作战参数装订、发射程序控制、点火发射等；

（3）启动发射过程，使火箭导弹飞离发射装置并获得所需的初始姿态和速度；

（4）实现与指挥控制中心的信息交互；

（5）设备自身的维护测试。

1.3.2 发射控制系统的组成

无论是何种类型的火箭导弹武器系统，其发射控制系统一般由以下几部分组成：

（1）发射装置及其传动系统；

（2）发射装置展开及初始射向控制系统；

（3）发射诸元装订和发射控制系统。

1.4 发射控制系统设计的基本要求

1.4.1 发射方式及装载平台对发射控制系统设计的影响

发射方式决定着常用的发射装置类型和发射系统的形式，其中的发射姿态则会全面影响发射装置结构形式及其控制系统，地、舰面火箭导弹武器系统常用的发射姿态分为倾斜发射和垂直发射两种。早期的导弹发射装置通常都采用倾斜发射方式，随着推力矢量控制技术、捷联惯性导航技术和大攻角气动耦合技术的发展成熟，导弹起飞后的大拐角转向问题得到了解决，越来越多的导弹发射装置采用了垂直发射方式。发射姿态对作战反应时间的影响，主要是发射装置上的导弹指向目标所需要的调转和进入稳定跟踪所需要的时间。倾斜发射时通常需要将发射方向指向目标并随动跟踪目标，因此从发现目标到导弹发射需要一定的响应时间；而垂直发射装置占用空间小，便于多联装和消除发射禁区，而且无须发射装置调转和跟踪瞄准，缩短了系统响应时间，可以有效地提高作战反应能力和连续作战能力。

发射装置及其控制系统与装载平台有密切的关系，车载、舰载和机载的发射装置及其控制系统在类型和设备复杂程度上可能有很大的差别。不同类型的发射装置需要完成不同的发射实施过程，车载发射控制系统是相对独立的作战单元，它与舰载和机载发射控制系统相比较，具有较完备的功能。

1.4.2　发射装置控制系统的主要技术指标

发射装置控制系统应首先满足各项战术技术指标要求，同时还应满足环境条件和使用维护的要求。在设计发射装置控制系统时，提出的主要技术指标有：

1. 稳态误差

发射装置随动控制系统的精度通常是以稳态误差或某种输入信号作用下的稳态跟踪误差提出的，该指标反映了输入量与输出量之间稳态误差的大小，即被控量的实际跟踪给定值的准确程度，因此能够反映控制系统的精度。

2. 瞬态响应指标

瞬态响应指标通常以发射装置控制系统对阶跃函数的响应形式给出。阶跃函数是控制系统在实际工作条件下经常遇到的一种外作用形式。例如，电压突然跳动、负载突然增大或减小等，都可近似为阶跃函数形式。这意味着一个大小不变的作用，在 $t=0$ 时，突然加到系统上，在控制系统的分析设计中，它是应用最多的一种评价系统动态性能指标的典型输入函数。在时域内，常用的指标是阶跃函数响应过程的上升时间 t_r、超调量 $M_p\%$、调整时间 t_s 和振荡次数 N。实际发射装置控制系统设计任务书中，往往不给阶跃函数响应的指标要求，而是用"调转"试验响应要求来表示。如某方位角随动系统要求调转 90° 时的超调量应小于或等于 10′，振荡次数（半周为一次）应小于或等于 2。

3. 闭环频域指标

闭环频域指标通常以单位反馈系统闭环幅频特性的谐振峰值 M_r 和截止角频率 W_c 表示。W_c 直接给出了系统频带的宽度，它能反映发射装置随动系统响应的快速性；而

M_r 的大小表示了系统对输入信号中某些谐波分量特别敏感的程度，它能反映系统稳定裕量的大小。

4. 其他技术指标

如发射装置的回转部分应该设置终端限位行程开关盒制动电路，制动角一般应小于或等于 2°。

设计这些指标时，需要考虑在各种实战应用环境下，性能指标可能会有所降低。一方面应该使校正后控制系统本身具有的各项指标略高于任务书的要求；另一方面又不能片面追求高指标，因为过高的性能指标，可能增加系统的复杂程度或对生产工艺提出过高的要求。如果对控制系统主要要求是具有较高的稳态精度，这时就不必对瞬态响应指标提出过高的要求，否则会使校正装置或者系统复杂化。

1.4.3　倾斜发射装置控制系统主要技术指标

倾斜发射有倾斜定角发射和倾斜变角跟踪发射两种方式。采用倾斜定角发射方式，发射装置的俯仰角和方位角固定不变；采用倾斜变角跟踪发射方式，则需要有发射架、转台、方位回转机构、俯仰回转机构和伺服随动系统。倾斜发射装置控制系统一般是位置跟踪伺服系统，伺服系统的输入指令是随时间变化的函数，对于行进间发射的车载和舰载发射装置伺服系统，还需要补偿载体运动造成的目标偏离，使发射装置稳定跟踪和瞄准目标。

倾斜发射装置控制系统主要技术指标有：

（1）方位和俯仰两个方向的运动角度范围；

（2）位置测量精度；

（3）阶跃函数输入作用下的过渡过程指标，包括过渡时间、稳态精度、超调量和超调次数；

（4）不同斜坡函数输入作用下的跟踪误差；

（5）给定周期正弦函数输入作用下的跟踪误差；

（6）最低稳定跟踪速度、最大运动速度及最大运动加速度。

倾斜发射装置控制系统的关键性能指标是精度、快速性和稳定性。设计时需要考虑的技术措施有：

（1）减小发射装置的质量和转动惯量；

（2）足够的伺服系统驱动功率；

（3）良好的伺服控制结构和控制算法；

（4）匹配的计算机及控制器性能。

1.4.4　垂直发射装置控制系统主要技术指标

垂直发射装置控制系统主要考虑的技术指标有：

（1）弹射角及其精度；

（2）起竖角精度；

（3）起竖时间与回平时间；

（4）调平时间与调平精度。

1.4.5　发射装置控制系统设计影响因素

在发射装置随动系统设计时，需考虑发射设备的回转范围、风载影响以及低速跟踪等因素。

1. 回转范围

发射装置通过回转部分的各个机构完成装填导弹、发射装备、跟踪瞄准和发射导弹等任务。对于回转范围不需要 360° 的发射装置，发射装置必须设有方位左、右终端限位装置和制动停止功能，以保证发射装置在规定回转范围内安全、可靠地工作，限位装置和制动电路的制动角一般应小于或等于 2°。

2. 风载影响

发射装置执行发射任务过程中会受到因不同风向和风速而产生的风载力矩，使得方位角随动系统的负载力矩产生不同程度的增大或减小，因此，在设计方位随动系统的动力装置时必须考虑风载影响。

3. 低速跟踪

在发射装置随动系统中，快速调转要求很大的速度，而处于跟踪状态时又需要很低的跟踪速度，因此很大的调速范围往往实现比较困难，设计时需要采取相应的措施。一方面，在选择执行电动机时要保证有较宽的调速范围；另一方面，可以采用速度反馈或速度微分反馈并联校正装置，以改善随动系统的动态品质和系统的稳态精度。

1.4.6　导弹发射控制系统及设备

导弹发射控制系统及设备（简称为"发控设备"）是执行导弹发射控制任务的核心设备。发控设备通过计算机总线或网络与上一级指挥控制系统进行信息交互，并响应上一级系统的各种控制命令，完成发控设备对发射系统所属设备的控制，实现对弹上设备的状态检查、参数装订、电池激活以及启动飞行控制程序等功能。发控设备一般由发控计算机、发控执行单元、发控检测单元、导弹供电电源以及作战、维护软件组成。

1. 工作状态

发控设备一般具有作战、训练、维护测试三种工作状态。作战状态下，发控设备根据上一级指挥控制系统指令，可以对选定的导弹进行加电和筒（箱）弹供气等控制、查询导弹自检结果、装订参数、对导弹发射过程进行时序控制，直到导弹发射飞离，一些发控设备还具有对发射系统所属设备的控制功能。训练状态下，发控设备可以完成对发射过程的模拟控制，配合上一级指挥控制系统完成对作战过程的模拟。维护测试状态下，发控设备可以通过运行相关维护软件和使用必要的测试装置，完成对设备的性能指标测试和故障检测与定位等。一些发控设备同时还需具备导弹在位状态检测、弹型码识别和对有关设备的工作状态进行实时监测的功能。

2. 基本要求

（1）导弹控制能力。发控设备所能够控制导弹的最大数量。

（2）导弹加电能力。发控设备具备对规定的最多数量的导弹同时完成加电、筒（箱）弹供气控制等能力。

（3）连续工作能力。发控设备满足连续加电工作的最长时间。

（4）导弹连射要求。按照规定的时间间隔连续发射导弹。

（5）导弹供电要求。向单发导弹供电和向规定的多发导弹同时供电的工作电压、工作电流、冲击电流等指标要求，以及电源品质和电源保护等要求。

（6）弹上火工品激活要求。包括激活电流数值范围、脉冲宽度和激活时间等指标。

（7）时间要求。

①发控设备计算机自检、弹型码识别、检测导弹在位信号、发控设备与导弹初始状态检查等时间；

②从上一级系统下达导弹准备指令到发控设备给出导弹准备好的导弹准备时间；

③从导弹准备好开始，到导弹可以执行发射不可逆程序的发射等待时间；

④发控设备收到上一级系统的发射指令到弹动的发射不可逆时间。

（8）参数装订要求。

①在导弹准备过程及发射不可逆过程中，发控设备接收上一级系统发送的导弹装订参数，实时将导弹参数装订到弹上控制设备并进行数据校验。

②上一级系统通过总线或网络将发射导弹所需的供电顺序及时间参数，供气顺序及时间参数，不可逆步骤、时序及时间参数等发控设备工作参数装订到发控设备上。

（9）数据记录要求。对装订参数、发射过程中的执行结果和状态、时间参数进行采集。

（10）对发射系统所属设备的控制功能。根据需要完成对发射设备、瞄准设备和液压设备等分系统的控制。

3. 发射过程时序控制要求

从进入作战状态到导弹发射离架，一般经历作战准备、导弹准备、导弹发射三个阶段。

（1）作战准备阶段。

在作战准备阶段，发控设备需完成的主要工作包括发控设备加电自检，发控设备和上一级系统通信建链，接收发控设备工作参数，响应接收上一级系统选弹信息，并将执行结果报告上一级系统。

（2）导弹准备阶段。

在导弹准备阶段，发控设备主要完成对选定的在位导弹弹上控制设备加电、导弹全弹加电、筒（箱）弹供气控制，实时接收上一级系统送出的导弹装订参数，向弹上控制设备装订参数，并将装订结果按要求报告上一级系统。

（3）导弹发射阶段。

在导弹发射阶段，发控设备将在规定的时间内按照不可逆顺序分别完成安全继电器解锁、弹上电池激活、筒（箱）或弹上其他火工品激活及发动机点火等导弹发射不可逆步骤。在每一个不可逆步骤执行完成后，发控设备将在规定的间隔时间后检测执行结果，设备状态满足要求方可执行下一个不可逆步骤。发动机点火指令输出后，实时对导弹的离架状态进行检测。

4. 数据采集与记录

对工作过程中的总线或网络通信数据、各项控制时间点及执行结果等操作过程信息、故障状态信息进行必要的数据采集与记录。

5. 故障判定与处理

在作战准备和导弹准备阶段，发控设备需要进行导弹在位状态、导弹初始状态、弹型码匹配、弹上设备自检、地面供电检测、弹地通信等项目检查，若出现故障，发控设备将生成故障状态信息报告给上一级系统。在导弹发射阶段，发控设备将执行弹上电池激活、安全继电器解锁、发动机点火等程序，当不可逆步骤中的任何一个步骤发生故障时，发控设备将停止该导弹地面供电，并将故障状态报告上一级系统。

6. 其他要求

良好的系统不仅要功能全面、性能指标优异，而且还应具备与装备使用相适应的可靠性、维修性、保障性、测试性、安全性、电磁兼容性和环境适应性，这些是装备的固有属性，是设计出来、生产出来和管理出来的。其中的设计尤为重要，装备的这些属性必须从设计开始，应降额设计、冗余设计、容差设计、容错设计、环境应力筛选等设计技术，从而提高产品的固有可靠性和综合性能。

1.5　发展趋势

随着武器装备技术的发展，对导弹的快速发射、新型通用化发射提出了要求，发射控制系统也呈现出了集成化、一体化、智能化、网络化和通用化的发展趋势。发控设备大量采用模块化和接口标准化设计思路，可实现硬件设备、信息、接口等设计的高度标准化，不仅为武器系统的配置提供了极大的灵活性，也为武器系统提供了灵活移植发射平台的空间；通用发射平台的设计和应用，将使得各型武器系统具备多型导弹的共架发射能力，为武器系统的组成提供了更大的选择空间，地面设备模块化、发射平台通用化将是实现持续发展的主要发展思路。

1.5.1　测试发控一体化系统

导弹发控系统是为执行导弹发射任务单一用途进行设计开发的，除了发射控制，对导弹的检测功能只限于射前检查，且多数为定性检测，不做定量分析，缺乏故障诊断手段，难以发现射前检查发控过程中的故障隐患。测试发控一体化系统在不增加硬件总体成本的条件下，充分利用虚拟仪器软件的优点，在传统射前检查发控功能的基础上集成大型自动测试系统才具有的导弹动态检测功能和快速故障诊断功能，可以有效提升导弹发控系统的技术水平和层次，为导弹发射成功提供有力保障。

1.5.2　通用化发控系统

通用化发控系统应适应多种类型导弹的发射控制。这就要求发控系统对共架火控系统的接口也是通用的；对共架筒弹的接口也是通用的；所提供的电源应标准化，能满足共架发射的筒弹的供电发射需要；内部结构尽量能够满足多种型号导弹武器系统的指标要求；发控系统的软件可针对多种不同型号导弹在不修改或少量修改程序代码的情况下，正确完成其任务。如果发控系统继续沿用旧有的框架或体系结构，将很难满足不断提高的技术指标和要求，因而必须为发控系统设计出更合理的体系结构。在通用化发控系统设计过程中一般需要以下技术。

1. 集散控制技术

集散控制系统以微处理器为核心，结合工控机、数据通信系统、显示操作装置和模拟控制仪表构成大系统的综合自动化控制。集散控制系统按其结构可分为共享总线、环形、星形、树形（分布式）网络结构，具有易于扩展、高可靠性与安全性、高效率等特点。

2. 以太网技术

采用以太网接口不仅可以保证发控系统与火控系统之间有足够高的通信带宽，还可以使发控系统同时与多个火控系统共享资源，可以有效解决通用发控系统同时受多火控系统控制的问题。通用发控系统对工作的实时性要求很高，一般可达到毫秒级，而交换式以太网通过网段的微化增加了每个网段的吞吐量和带宽，为每个节点提供独占的点到点链路，不同设备之间产生冲突的可能性大大降低，可以使网络传输的确定性问题得到妥善解决。若通用发控系统需要进行功能扩展，那么挂接在系统上的设备数量将增加，所以采用以太网作为数据交换的方式是最合适的。

3. 发控系统软件通用化技术

为了实现发控系统的通用化，不仅需要发控系统硬件的通用化，而且发控系统的软件也要通用化。软件通用化是指软件能够在不修改或少量修改程序代码的情况下，适应多种火控系统和导弹，并正确执行相应导弹发射控制任务。发控系统的软件通常由多个软件模块组成，为了实现发控软件的通用化，就必须保证发控系统软件与火控系统软件之间的接口、发控系统软件与导弹软件之间的接口是通用的，其数据格式应是标准的，并且具有良好的可扩展性及兼容性。

第二篇　发射装置控制技术

第2章 概 述

2.1 发射装置伺服系统简介

发射装置伺服系统具有大转动惯量的特点，因此要求有较高的控制精度和响应速度。根据某发射装置的性能要求，本部分以发射装置伺服系统为研究对象，研究高性能的伺服系统。

由于发射装置伺服系统本身所带负载的变化以及发射时的发射架高低、方向位置的不同，系统本身就是一个大惯量、变负载、强冲击的随动系统，而且发射装置在工作过程中受到多种干扰因素的影响。按设计要求，需要保证在大惯量、负载变化和外界严重干扰等恶劣情况下，整个系统能够实现响应速度快、超调量小、跟踪精度高的指标要求。常规的 PID 控制（比例－积分－微分控制）由于控制器的结构和参数固定，能在一定程度上满足系统的要求，但是对具有更高动态和稳态性能指标要求的系统来说，需要采取其他一些控制方法。

针对新时期现代发射装置的发展要求，同时结合其发射技术，考虑到发射装置自身的特点，即发射装置跟踪瞄准时不平衡力矩的存在、转动惯量的大范围变化和发射时燃气流冲击干扰力矩的作用等特点，为了实现发射装置的高精度发射、快速的机动反应等要求，必须提高发射装置位置伺服系统的强鲁棒性设计，这样才能有效发挥发射装置系统的威力和提高发射装置系统的发射精度。

2.2 发射装置伺服系统工作原理和组成

2.2.1 发射装置的运动分析

发射装置的运动包括水平方向的方位回转运动和高低方向的俯仰运动，这是两套独立的伺服控制系统，即方位回转和俯仰运动可以独立进行，也可以同时进行。虽然是两套独立的系统，并且控制要求也不同，但是它们的实现原理是相同的，区别仅在于控制系统的参数设置和执行单元。以交流伺服控制系统为例：俯仰部分是将交流永磁同步电动机与俯仰减速器相连，带动发射转塔运动，俯仰位置反馈旋转变压器与俯仰电动机输出轴相连组成俯仰位置伺服系统；方位部分是交流永磁同步电动机与方位减速器相连，带动转塔运动，方位位置反馈旋转变压器与方位电动机输出轴相连组成方位位置控制系统，其中俯仰和方位伺服驱动器及驱动电源等电气元件通过伺服系统电气元件安装架固定安装。

2.2.2 发射装置伺服系统的组成

发射装置伺服系统采用数字交流电气伺服系统，以伺服电动机为执行元件，以嵌入式高性能 CPU 为伺服系统数字控制器，系统采用半闭环位置反馈控制，以旋转变压器作为测角元件。交流伺服驱动系统基本组成原理如图 2-1 所示。

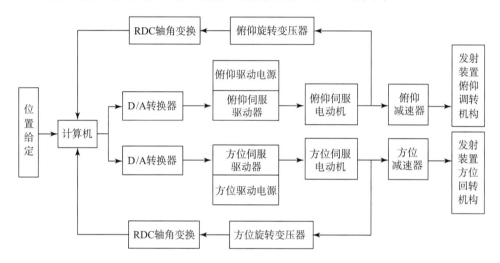

图 2-1 发射装置交流伺服系统组成框图

从伺服系统的结构可以看出，俯仰伺服系统和方位伺服系统均为位置控制系统。位置反馈信息送给工控机，经处理后再把位置指令发送给伺服系统。信息通过伺服控制卡传递，伺服控制卡的作用是获取 CPU 发出的目标位置信息，采样发射装置的实际位置信息，通过比较，得出控制量，送给运动控制系统。运动控制系统包括使发射装置按照一定运动规律转动的伺服电动机、伺服驱动器、控制器和角度检测元件。它们组成一个位置闭环控制系统，可以精确地控制电动机的转角，从而保证发射装置的运动规律，即稳定在任意角度或实现对目标的连续跟踪。

发射装置伺服系统主要包括两台伺服电动机、两个伺服驱动器、两个旋转变压器、工控机、电源模块等部分。俯仰伺服系统和方位伺服系统的实现原理是相同的。伺服系统采用图 2-2 所示的包含电流环、速度环和位置环的结构。电流环作为系统的内环，速度环作为系统的中环，位置环是整个交流伺服系统的外环。位置控制的根本任务就是使执行机构对位置指令精确跟踪，位置控制是整个伺服系统控制的最终目的。在位置控制系统的输入端加入位置给定信号，位置控制器的输出端即给出速度指令信号，伺服电动机按速度指令运转。

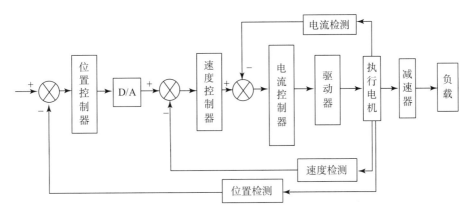

图 2 - 2　伺服系统的三环控制原理

2.2.3　发射装置伺服系统主要部件

1. 伺服电动机

1）伺服电动机的基本特点

（1）体积小、重量轻、大转矩输出能力；

（2）较低的惯量；

（3）良好的控制性能以及发电制动能力；

（4）转矩脉动小。

2）伺服电动机的主要分类

（1）直流伺服电动机。

依据电枢结构不同可分为多种，有杯形空心结构、无槽铁芯结构、印刷绕组结构、有槽电枢结构等。直流伺服电动机的优点：过载能力强，峰值电流承受能力强，大转矩惯量比，加速能力强，响应快，低速大转矩，调速范围宽，转子热容量大，控制简单。直流伺服电动机的缺点：电刷问题可靠性较差，整流子限制高速、高压应用，转子易热变形，惯量相对较大。

（2）三相永磁同步伺服电动机。

依据转子结构可分为：

①外装式（表面式）永磁同步电动机（PMSM）、无刷直流伺服电动机（BLDC），主要用于中小容量、中低速情况下；

②内装式永磁同步电动机（IPMSM），具有凸极特性，用于大容量、高速情况下。

三相永磁同步伺服电动机的定子带有齿槽，内嵌三相绕组；转子由永磁材料构成（钐钴材料、钕铁硼等材料），磁势分布为正弦波或者方波。

（3）三相异步伺服电动机。

三相异步伺服电动机与普通异步电动机结构一样，但有其特殊性，如低惯量、低发热、通风容易、高速化、大功率、高转速应用。三相异步伺服电动机控制原理史为复杂，核心是电流矢量分解为垂直的转矩分量和磁场分量，其实现关键是估算观测或直接获取磁场相位和幅值信息，基本原理依然是磁场定向矢量控制。

3）伺服电动机选择与评价

对伺服电动机进行选择与评价时综合考虑的因素有：a. 价格；b. 功率密度；c. 转矩惯量比；d. 速度控制范围；e. 效率（损耗和热容量）；f. 转矩、单位电流能力；g. 制动能力；h. 参数灵敏度；i. 位置传感器。

从发射伺服装置的要求和发展历史看，其伺服控制系统主要采用直流伺服电动机、交流永磁同步电动机和无刷直流伺服电动机，相关电动机的分析将在后续章节中陆续详细介绍。

2. 伺服驱动器

伺服驱动器主要包括功率驱动单元和伺服控制单元。伺服控制单元是整个交流伺服系统的核心，可以实现系统位置控制、速度控制、转矩和电流控制。其控制核心普遍采用具有快速处理能力以及丰富外设的数字信号处理器（DSP），例如 TI 公司的 TMS320F2812 系列，除具有快速的数据处理能力外，还集成了丰富的用于电动机控制的专用集成电路，如 A/D 转换器、PWM（Pulse Width Modulation，脉冲宽度调制）发生器、定时计数器电路、异步通信电路、CAN 总线收发器以及高速的可编程存储器等。

功率驱动单元包括整流器和逆变器两部分，采用三相全桥可控整流，整流器将输入的三相交流电整流成直流电，经过电容器滤波平滑后提供给逆变器作为它的直流输入电压，逆变器的作用是在 PWM 或者 SVPWM（空间矢量脉冲宽度调制）控制信号的驱动下，将输入的直流电变成电压与频率可调的交流电，输入到伺服电动机的电枢绕组中。PWM 回路以一定的频率产生出触发功率器件的控制信号，使功率逆变器的输出频率和电压保持协调关系，并使输入电枢绕组中的交流电流保持良好的波形。为避免上电时出现过大的瞬时电流以及电动机制动时产生很高的泵升电压，该单元设有软启动电路和能耗泄放电路。逆变部分采用集驱动电路、保护电路和功率开关于一体的智能功率模块（IPM）或者绝缘栅双极型晶体管（IGBT）。

3. 位置检测元件

位置检测元件是伺服系统中的一个重要部件，由控制理论可知，系统反馈通道的误差将直接影响系统控制精度。位置检测元件在伺服系统中处于反馈通路上，起到将发射架实际位置信息反馈回伺服控制器的作用。本系统工作环境要求高，且必须绝对可靠，因此，高响应能力、高精度以及高可靠性的位置传感器是伺服系统的关键部件之一。常用的角度和位置传感器主要有旋转变压器（包括多极双通道旋转变压器、旋转变压器 – 数字转换器）、旋转光电编码器等，本节将对这两种传感器进行简单介绍，详细介绍见本书 5.1.3 节。为了满足工作环境要求和位置分辨率要求，本书在最后的设计实例中选用了绝对位置检测元件——多极双通道旋转变压器进行角度测量，用旋转变压器 – 轴角数字转换器（RDC）进行轴角编码，它们具有很高的跟踪速率和可靠性，采用二阶伺服回路，输出与 TTL 兼容的并行自然二进制编码，用于角度位移量的测量。

1）多极双通道旋转变压器

多极双通道旋转变压器是由具有不同极对数的粗、精两个通道组成的组合角位移测量装置，采用同一铁芯两套绕组的"共磁路式"结构。当其转子旋转一周时，副边同时输出周期不等的两种正弦电压，构成粗、精双通道系统。旋转变压器粗、精通道各有四线输出，将其分别编码，就可得到粗、精通道的数字量信息，其主要特点是精度高，灵敏度高，用电气变速代替了机械变速，提高了测量精度，简化了系统结构。多极双通道旋转变压器具有结构简单、稳定性好、抗干扰能力强、对环境条件要求低、易于数字化等优点，因此，在发射装置中角度检测元件一般选择多极双通道旋转变压器。

2）旋转变压器 – 轴角数字转换器

旋转变压器 – 轴角数字转换器是一种小型化金属壳封装的单块混合集成电路，内部包含有粗、精两路旋转变压器的数字转换器和一个用于粗、精组合的双速处理器，转换器接收双速旋转变压器信号，输入信号为来自四线旋转变压器的信号和参数。

由旋转变压器和 RDC 组成的轴角测量装置具有如下特点：

（1）高可靠性。角度传感器是无刷旋转变压器，具有寿命长、可靠性高、无电火花干扰等优点，能适应于冲击、振动、高温、低温、交变湿热、低气压等各种恶劣环境条件，环境适应性优于光电编码器。

（2）高抗干扰性。无刷旋转变压器输出信号幅度大，信号源内阻低以及它的结构原理决定了它具有优良的抗干扰性能。

（3）尺寸小，重量轻。

（4）编码精度高。

（5）快速响应好，精度高。

（6）绝对值编码器。系统失电后，恢复供电时仍可保持转角的绝对位置信息。

3）旋转光电编码器

（1）旋转光电编码器的原理。

旋转光电编码器是一种角度（角速度）检测装置，利用光电转换原理，通过光电转换将输出轴上的机械几何位移量转换成脉冲或数字量，具有体积小、精度高、工作可靠、接口数字化等优点，广泛应用于数控机床、回转台、伺服传动、机器人、雷达、军事目标测定等需要检测角度的装置和设备中。和旋转变压器相比，其环境适应性稍差。光电编码器由光栅盘和光电检测装置组成，由于光栅盘与电动机同轴，电动机旋转时，光栅盘与电动机同速旋转，经发光二极管等电子元件组成的检测装置检测到输出若干脉冲信号，通过计算每秒光电编码器输出脉冲的个数就能反映当前电动机的转速。此外，为判断旋转方向，光栅盘还可提供相位相差90°的两路脉冲信号。

（2）旋转光电编码器的分类。

旋转光电编码器主要有以下几种：

①增量式光电编码器：输出A、B、Z三路信号，差动电压输出或集电极开路，是光电编码器中最常用的种类。

②绝对式光电编码器：二进制或循环二进制编码方式。

③复合式光电编码器：带有简单的磁极定位功能。

④省线式光电编码器：采用多路开关切换A、B、Z三路信号。

⑤多圈式绝对光电编码器：解决位置记忆功能，针对机器人等应用，包含差动的增量式位置信息和以通信方式传送的多圈位置信息；体积小、分辨率高、响应快、多圈记忆存储，适于长线串行传输，但价格贵，构造复杂。

⑥串行光电编码器：在编码器内部集成CPU（中央处理器）和ASIC（特定用途集成电路），实现信号内插功能，采用RS485接口传送高分辨率的位置信息，通信速度有2.5 Mb/s和4 Mb/s等，分辨率可达到17位或23位，主要厂家有海德汉、Danaher、多摩川。

⑦正余弦编码器：类似于增量编码器+绝对式编码器，绝对值信息通过串行传送，增量信息采用模拟信号传送，数字AB信号被正弦和余弦信号代替，分辨率由内插数值的个数决定，可以达到27位，主要厂家有海德汉、Danaher、STEGMAN。

4. 电流检测元件

电流传感器是伺服系统中的一个重要元件，它的精度和动态性能直接影响着系统的低速性能和系统对信号响应的快速性能。电流检测的方法有电阻检测、光耦检测等各种不同的方法，在发射装置控制系统中一般采用磁场平衡式霍尔电流传感器模块。

磁场平衡式霍尔电流传感器把互感器、磁放大器、霍尔元件和电子线路集成一体，具有测量、反馈和保护三重功能。它实际上是有源电流互感器，最大的设计优点是"磁场补偿"，被测量的原边磁场同测量绕组里的测量磁场实时补偿为零，也就是说，铁芯里实际上没有磁通，因而其体积可以做得很小，不用担心铁芯饱和、频率、谐波的影响。由于霍尔效应的作用，二者的磁势能被充分补偿，当二者不平衡时，霍尔元件就会有霍尔电动势产生，作为以±15V供电的差分放大器的输入信号，放大器的输出电流即为传感器的测量电流，自动迅速恢复磁势平衡，即霍尔输出总保持为零。这样电流的波形就能如实地反映原边被测电流的波形，只是一个匝数比的关系。

2.3　发射装置伺服系统误差分析

发射装置伺服系统位置控制精度要求高，要达到其控制精度要求，不仅系统的硬件要精心选择，同时理论上应该分析影响系统精度的各种因素，以便在系统的设计中采用合理的方法来控制误差。对不同类型的设备，影响其精度的误差源各不相同，有电气方面的因素，也有结构方面的因素，下面将主要讨论与机械结构设计有关的因素。

发射装置的结构误差可以分为静态误差和动态误差两大类。针对所设计的发射装置，构成发射装置轴系误差的因素有所不同，必须对具体的情况进行具体分析，才能够得到比较准确的分析结果。由于发射装置是两轴型装置，即俯仰－方位型，下面对影响其轴系误差的主要因素进行分析。

2.3.1　静态误差

静态误差是发射装置在制造和安装过程中产生的误差，其误差值可以通过一些辅助调整装置得到降低，可以将这部分误差控制在很小的范围以内。静态误差主要由以下因素引起。

1. 方位轴承晃动误差

这项误差主要是由于方位轴承的晃动所引起的。

2. 发射装置座水平调整误差

发射装置座水平调整误差的大小，取决于发射装置座的结构刚度、水平调整装置的灵敏度以及测量仪器的精确度。

3. 俯仰轴承晃动误差

这项误差主要是由于俯仰轴承的晃动所引起的。

4. 俯仰轴倾斜误差

这项误差主要是由于俯仰轴的左右回转中心与方位旋转面不等高所引起的。

2.3.2　动态误差

动态误差主要是由于设备的自重、惯性载荷、风载荷、温度及基础不均匀沉降等因素导致的结构变形所引起的。因此，动态误差是在各种载荷作用下产生的误差，它的分析计算比较复杂。

2.4　影响系统性能的扰动因素

理论上发射装置伺服系统具有精度高、响应速度快、稳定性好的特点，但在高精度的发射装置伺服系统中,对于永磁交流伺服电动机控制要求很高,必须考虑到一些更细微的因素对系统性能的影响。如系统的非线性、耦合性、动子质量和黏滞摩擦系数变化、负载扰动、永磁体充磁的不均匀性、动子磁链分布的非正弦性、动子槽内的磁阻的变化、环境温度和湿度的变化、电流时滞谐波等,使永磁同步电动机伺服系统性能变坏,难以满足高精度、快速响应的要求。电磁推力波动会直接导致永磁同步电动机的速度跳动,产生音频噪声,降低伺服精度。

为了提高系统的伺服性能,使系统具有优良的工作品质,就必须对系统的扰动进行抑制。导致系统性能变坏的因素多种多样,划分扰动的方法也各有不同。按照伺服系统扰动的来源可以将扰动分为系统外部扰动和系统内部扰动两大类。

2.4.1 系统外部扰动

发射装置伺服系统低速时的速度精度和速度平稳性是评价发射装置性能好坏的一项重要标志。发射装置伺服系统作为发射装置的硬件设备,它的位置精度、速度精度和速度平稳性直接影响发射装置的工作精度,尤其是系统的低速性能指标。影响系统低速性能的因素很多,其中最主要的因素是摩擦力矩和电动机波动力矩。

系统外部扰动主要是由于系统外部环境因素造成的。对于发射装置伺服系统来说,由于工作条件和工作环境的不同,执行元件所承受的负载也不一样。下面通过对发射装置在跟踪瞄准时负载环境的分析,来讨论各种形式的负载对伺服系统性能的影响。

1. 摩擦力矩和不平衡力矩扰动

摩擦力矩大小主要与轴系结构、润滑状况、负载大小和速度等有关,而且可能随角位置和时间随机变化。摩擦的存在对伺服系统性能造成了不良影响,主要体现在:造成控制系统的死区非线性;降低角分辨率和重复精度;在低速跟踪时由于存在动静摩擦之差或系统阻尼很小,可能出现跳动式跟踪或爬行现象,不能保持速度的平稳性。

俯仰部分的静阻力矩除摩擦力矩外,还包括不平衡力矩。不平衡力矩是由于俯仰部分的中心不通过发射装置耳轴中心所造成的,虽然有平衡机,但不可能保证在任意射角下,俯仰部分对发射装置耳轴都平衡。因此,不平衡力矩是发射装置射角的函数,通常取最大值。通常,摩擦力矩和不平衡力矩对发射装置伺服系统的影响较大。

2. 动态力矩扰动

动态力矩是回转部分折合转动惯量和角加速度的乘积。折合转动惯量是执行元件的转子惯量以及减速器各转动零件和发射装置本身的转动惯量折合到执行轴上的总转动惯量。回转部分因发射装置射角的变化而改变对回转中心的质量分布,从而改变其转动惯量。设计伺服系统时,取其转动惯量可能出现的最大值。

对于直接驱动的伺服系统来说,无论是位置伺服系统,还是速度控制系统,都是带动被控对象做旋转机械运动。在电动状态下,负载阻力的作用方向与电动机的运动方向（电磁推力方向）相反，为使电动机带动负载做旋转运动，就必须克服负载阻力。在电动机运行时，负载的变化会改变负载阻力的大小，造成电动机运动速度的波动，从而导致系统伺服性能下降。因此，在高性能伺服系统中，必须对负载阻力扰动加以辨识和补偿。通常的方法是采用状态观测器和参数辨识方法对负载阻力进行观测和辨识，然后进行实时在线补偿。

2.4.2 系统内部扰动

系统内部扰动是指由系统组成部分造成的各种扰动，主要有电动机结构带来的扰动、电动机参数变化带来的扰动，表现为电动机力矩波动。在实际系统中，由于传感器的误差、材质、器件和工艺离散性等原因，不论电势还是电流，都存在幅值偏差、相位偏差以及谐波成分等偏差，它们会导致力矩波动的出现，也会破坏系统低速运行时的平稳性。

电动机力矩波动是由齿槽效应或电动机系统的制造工艺引起的，对发射装置速度平稳性有很大影响。虽然在低速时，非线性摩擦对发射装置低速抖动起主要作用，但电动机波动力矩的影响亦不能忽略。从结构上讲，电动机波动力矩主要包括齿槽波动力矩和电磁波动力矩两种。齿槽波动力矩是由定子永磁体和转子齿槽间相互作用而引起的，同转子电流无关；电磁波动力矩是由转子永磁体和定子电流的相互作用产生的。

当伺服系统高速运行时，电动机齿槽效应的影响可以忽略不计，只要跟踪速度足够高，相应的扰动力矩的角频率也很高，因伺服系统本身是一个低通滤波器，扰动力矩的作用将大幅度衰减，因此，电动机齿槽效应对伺服系统的影响主要表现在低速时。为了克服和减小齿槽效应造成的不良影响，在确定校正环节类型和选择参数时，可以采取以下措施：

（1）在前向通道中采用积分校正；

（2）增大位置环增益和速度环增益。

在永磁同步电动机中，为产生恒定电磁转矩，永磁同步电动机的反电动势和由逆变器灌入定子的相电流都必须是正弦的。但实际上，由于永磁体形状上的原因和定子齿槽的存在，反电动势不可能是正弦的。另外，由逆变器灌入的定子电流，尽管经PWM控制器控制可以十分逼近正弦波，但还会含有许多高次谐波，这样必然会引起转矩的脉动。通常，将这种由反电动势或定子电流谐波引起的脉动转矩称为电磁波动力矩。为减小电磁波动力矩，应使定子电流尽量逼近正弦。对于永磁同步电动机，定子电流低次谐波分量很小，它们与转子磁场相互作用产生的电磁波动力矩自然就很小，这是正弦波馈电永磁同步电动机的一个很重要的特点，与无刷直流电动机相比，这也是它的一个优点。此外，为获得尽量平滑的电磁转矩，还应进一步使转子励磁磁场正弦化，即尽量减小转子谐波磁场的幅值，或者采用特殊定子绕组设计，使其尽量接近理想的正弦绕组。

此外,测角旋转变压器的分辨率、测速的灵敏度、采样分辨率等也影响伺服系统的低速性能。但主要还是摩擦力矩和电动机波动力矩造成了发射装置低速运行时的爬行现象和精确定位时的抖动现象。

2.5 发射装置控制方式

2.5.1 发射装置控制方式的分类

发射装置控制方式主要分为以下几类。

1. 发射装置直流伺服系统

发射装置直流伺服系统包括有刷直流伺服系统和无刷直流伺服系统两种。

2. 发射装置交流伺服系统

发射装置交流伺服系统主要是指交流永磁同步电动机伺服控制系统,根据控制方式的不同,可以分为交流永磁同步电动机矢量控制伺服控制系统和交流永磁同步电动机直接转矩控制伺服控制系统。

2.5.2 发射装置控制系统技术要求

发射架在方位角和俯仰角的运动构成了发射架的跟踪运动。这两个方向上的运动形式相同,只是具体战技指标有差异,这里只列出方位伺服系统的技术要求,俯仰伺服系统类似。

方位伺服系统技术要求有以下几个方面:

(1)最大速度;

(2)静态误差;

(3)阶跃信号响应;

(4)跟踪等速信号时的稳态误差;

(5)跟踪正弦信号时的稳态误差;

(6)最小跟踪速度,低速跟踪时无爬行、颤振现象;

(7)最大加速度。

第3章 发射装置直流伺服系统

3.1 概 述

3.1.1 直流伺服系统简介

当前发射装置的直流伺服系统一般分为有刷电动机伺服系统和无刷电动机伺服系统。有刷电动机含有一对碳刷组成的换向器，可以进行电流的换向，由于存在一对碳刷，需要经常维护。直流伺服电动机成本低，调速范围宽，具有响应快速、较大的启动转矩、从零转速至额定转速具备可提供额定转矩的性能，但这些优点也正是它的缺点。因为直流伺服电动机要产生额定负载下恒定转矩的性能，其电枢磁场与转子磁场须恒定维持在90°，这就要借用碳刷及整流子，但是碳刷及整流子在电动机转动时会产生火花、碳粉，不仅会造成组件损坏，使用场合也会受到限制。

无刷电动机本质上是永磁同步电动机的一种，由于没有电刷，不仅体积变小，而且降低了原本由于电刷而产生的火花，从而降低了对设备的干扰。此外，没有电刷，电动机运行时摩擦力减小，其摩擦损耗几乎都集中在轴承上，使得电动机几乎不用维护。尽管无刷电动机具有这些优点，但是它的低速大转矩特性不如有刷电动机好。

直流伺服电动机按惯量大小可分为：小惯量直流伺服电动机，比如印刷电路板的自动钻孔机；中惯量直流伺服电动机（宽调速直流伺服电动机），比如数控机床的进给系统；大惯量直流伺服电动机，比如数控机床的主轴电动机；以及特殊形式的低惯量直流伺服电动机。直流伺服系统一般采用PWM脉宽调制控制的方法，其控制简单，具有调速精度高、响应速度快、调速范围宽和损耗低的特点。

无刷直流伺服电动机是在有刷直流伺服电动机的基础上发展起来的，这一渊源关系从其名称中就可以看出来。有刷直流伺服电动机从19世纪40年代出现以来，以其优良的转矩控制特性，在相当长的一段时间内一直在运动控制领域占据主导地位。但是，机械接触电刷—换向器一直是直流电动机的一个致命弱点，它降低了系统的可靠性，限制了电动机在很多场合中的使用。为了取代有刷直流伺服电动机的机械换向装置，人们进行了长期的探索。早在1917年，Bolgior就提出了用整流管代替有刷直流伺服电动机的机械电刷，从而诞生了无刷直流伺服电动机的基本思想。1955 年美国的 D. Harrison 等首次申请了用晶体管换向线路代替有刷直流伺服电动机的机械电刷的专利，标志着现代无刷直流伺服电动机的诞生。

无刷直流伺服电动机的发展在很大程度上取决于电力电子技术的进步。在无刷直流伺服电动机发展的早期，由于当时大功率开关器件仅处于初级发展阶段，可靠性差、价格昂贵，加上永磁材料和驱动控制技术水平的制约，使得无刷直流伺服电动机自发明以后的一个相当长的时期内，性能都不理想，只能停留在实验室阶段，无法推广使用。1970 年以后，随着电力半导体工业的飞速发展，许多新型的全控型半导体功率器件（如功率晶体管 GTR、半导体场效应晶体管 MOSFET、IGBT 等）相继问世，加之高磁能积永磁材料（如 SmCo、NsFeB）陆续出现，这些均为无刷直流伺服电动机的广泛应用奠定了坚实的基础。

3.1.2　直流伺服系统分类及发展历史

直流伺服电动机一般采用调节电枢供电电压的方式进行驱动，调节电枢供电电压需要有专门的可控直流电源。根据可控直流电源的不同可将直流伺服电动机伺服系统分为三种：

（1）采用旋转变流机组的电动机速度控制系统（A－G－M 系统）。采用交流电动机和直流发电机组成机组，获得可调的直流电压。由交流电动机 A（异步机或同步机）拖动直流发电机 G 实现变流，由 G 给需要调速的直流电动机 M 供电，调节 G 的励磁电流 I_f 即可改变其输出电压 U，从而调节电动机的转速 n。这种由旋转变流机组供电的直流调速系统简称 G－M 系统。对系统的调速性能要求不高时，励磁电流 I_f 可由励磁电源直接供电；要求较高的闭环调速系统一般都通过放大装置进行控制，如电动机放大机、磁放大机、晶体管电子放大器等，构成 A－G－M 系统。改变励磁电流 I_f 的方向，电压 U 的极性和转速 n 的转向都跟着改变，从而实现了 G－M 系统的可逆运行。机组供电的直流调速系统在 20 世纪以前曾广泛使用，但该系统由于需要旋转变流机组，至少包含两台与调速电动机容量相当的旋转电动机，还要一台励磁发电机，因此设备多、体积大、费用高、效率低。为了克服这些缺点，在 20 世纪 60 年代以后开始采用各种静止式的变压或变流装置来替代旋转变流机组。

（2）晶闸管－电动机调速系统（V－M 系统）。采用晶闸管可控整流器的电动机调速系统简称 V－M 系统。采用闸流管或汞弧整流器的离子拖动系统是最早应用静止式变流装置供电的直流调速系统。它克服了旋转变流机组的许多缺点，而且大大缩短了响应时间，但闸流管容量小，汞弧整流器造价高且维护复杂，容易造成水银泄漏。1957 年，晶闸管问世，到了 20 世纪 60 年代，已生产出成套的晶闸管整流装置，逐步取代了旋转变流机组和离子拖动变流装置。晶闸管可控整流器的功率放大倍数在 10^4 以上，其门极电流可以直接用电子控制，不再像直流发电机那样需要较大功率的放大器，并且晶闸管整流器是毫秒级，交流机组是秒级，大大提高了系统的动态性能。其伺服电路的主回路有多种形式，例如单相半控桥式整流、单相全控桥式整流、二相半波整流、三相半控桥式整流以及三相全控桥式整流等。单相半控桥式整流和单相全控桥式整流，虽然电路简单，但由于其输出波形较差，调速范围有限，因此在伺服驱动系统中较少使用。对于常见的直流伺服驱动，速度控制单元的主回路一般都采用三相全控桥式整流电路。由于晶闸管的单向导电性，需要可逆运行的 V – M 系统一般采用逻辑控制的无环流可逆系统，这是一种既有速度环又有电流环的双环自动控制系统，将两组晶闸管反并联，当一组晶闸管工作时，用逻辑电路（硬件）或逻辑算法（软件）去封锁另一组晶闸管的触发脉冲，使其完全处于阻断状态，以确保两组晶闸管不同时工作。这样既没有直流平均环流又没有瞬时脉动环流，特别是对于大容量的系统，保证了系统的快速性。

（3）采用脉宽调制（PWM）变换器的可逆控制系统。自从全控型电力电子器件问世以后，就出现了采用脉冲宽度调制的高频开关控制方式，形成了直流 PWM 调速系统，这是目前应用最广泛、实用效果最好的驱动控制方式。脉宽调制变换器（直流斩波器）的作用是用脉冲宽度调制的方法，把恒定的直流电源电压调制成频率一定、宽度可变的脉冲电压序列，从而可以改变平均输出电枢电压的大小，以调节电动机的转速。与 V – M 系统相比，PWM 调速系统主电路简单，需要的功率器件少；开关频率高，电流容易连续，谐波少，电动机损耗及发热都较小；低速性能好，稳速精度高，调速范围宽；功率开关器件工作在开关状态，导通损耗小，因而装置效率较高。直流 PWM 调速系统应用日益广泛，特别是在中小容量的高动态性能系统中，已经完全取代了 V – M 系统。可逆 PWM 变换器主电路有多种形式，最常用的是桥式电路，可分为单极性和双极性可逆驱动电路。双极性电路由于良好的低速平稳性和电流的连续性，应用更加广泛。近年来，驱动电路的开关器件一般用功率开关 MOSFET 或 IGBT 等。随着全数字控制芯片以及集成芯片的出现，如今 PWM 的控制信号大多由控制芯片产生，取代了早期的模拟输出，驱动电路一般采用集成式的驱动模块，通常将其称为智能功率模块（IPM），它集成了功率开关器件、驱动电路以及过电压、过流、短路、过热等故障检测电路，并可将故障信号送到 CPU 控制芯片，增强了系统的可靠性。随着电力电子器件的发展，CPU 控制芯片已经从早期的单片机发展成为数字信号处理器，它集成了 PWM 模块、正交编码脉冲电路模块（QEP）等伺服系统的常用部分，采用全数字化处理信号并输出可控的 PWM 脉宽调制信号控制电动机，使得现代伺服驱动系统更加智能化。

3.2 直流伺服电动机及其控制原理

直流伺服电动机是用直流电信号控制的伺服电动机，其功能是将输入的电压控制信号快速转变为轴上的角位移或角速度输出。

直流伺服电动机的主要结构及原理与普通直流电动机相比较没有特殊的区别，但为了满足工作需要，在以下几方面直流伺服电动机与普通直流电动机有所不同：

（1）电枢长度与直径的比值要大；

（2）磁极的一部分或全部使用叠片工艺；

（3）为进行可逆运行，电刷应准确地位于中性线上，使正、反向特性一致；

（4）为防止转矩不均匀，电枢应制成斜槽形状；

（5）用电枢控制方式时，为了减少磁场磁通变化的影响，应在饱和状态使用；

（6）根据控制方式，也可使用分段励磁绕组的形式。

直流伺服电动机的品种很多，按照磁极方式不同可分为电磁式和永磁式；按结构分为一般电枢式、无槽电枢式、印刷电枢式、绕线盘式和空心杯电枢式等；按控制方式分为磁场控制方式和电枢控制方式。常见的直流伺服电动机为电磁式直流伺服电动机，一般采取电枢控制方式。图 3-1 所示为电枢控制直流伺服电动机的物理模型。

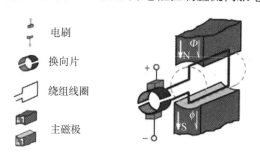

电刷
换向片
绕组线圈
主磁极

图 3-1 直流伺服电动机的物理模型

3.2.1 直流伺服电动机的结构

图 3-1 中固定部分有主磁极和电刷，转动部分有环形铁芯和绕在环形铁芯上的绕组线圈。这是一台最简单的两极直流伺服电动机的模型，其固定部分（定子）上装设了一对直流励磁的静止的主磁极 N 和 S，在旋转部分（转子）上装设电枢铁芯，定子与转子之间有一气隙，在电枢铁芯上放置了由两根导体连成的电枢线圈，线圈的首端和末端分别连到两个圆弧形的铜片上，此铜片称为换向片。换向片之间互相绝缘，由换向片构成的整体称为换向器。换向器固定在转轴上，换向片与转轴之间亦互相绝缘。在换向片上放置着一对固定不动的电刷，当电枢旋转时，电枢线圈通过换向片和电刷与外电路接通。

3.2.2 直流伺服电动机的基本工作原理

对图 3-1 所示的直流伺服电动机，如果去掉原动机，给两个电刷加上直流电源，如图 3-2（a）所示，则有直流电流从电刷 A 流入，经过线圈 abcd，从电刷 B 流出。

根据电磁力定律，载流导体 ab 和 cd 受到电磁力的作用，其方向可由左手定则判定，两段导体受到的力形成了一个转矩，使得转子逆时针转动。如果转子转到如图 3 – 2（b）所示的位置，电刷 A 和换向片 2 接触，电刷 B 和换向片 1 接触，直流电流从电刷 A 流入，在线圈中的流动方向是 dcba，从电刷 B 流出。此时载流导体 ab 和 cd 受到电磁力的作用方向同样可由左手定则判定，它们产生的转矩仍然使得转子逆时针转动，这就是直流伺服电动机的工作原理。外加的电源是直流的，但由于电刷和换向片的作用，在线圈中流过的电流是交流的，其产生的转矩的方向却是不变的。实用中的直流伺服电动机转子上的绕组不是由一个线圈构成，而是由多个线圈连接而成，可以减少电动机电磁转矩的波动。

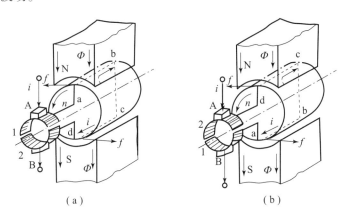

图 3 – 2　直流伺服电动机的基本工作原理图

（a）导体 ab 处于 N 极下；（b）导体 ab 处于 S 极下

按励磁方式的不同，直流伺服电动机可分为电磁式和永磁式两种。永磁式直流伺服电动机的磁场由永磁铁产生，无须励磁绕组和励磁电流；电磁式直流伺服电动机的磁场由励磁电流通过励磁绕组产生。按励磁绕组与电枢绕组连接方式的不同，直流伺服电动机又分为他励式、并励式和串励式三种，一般多用他励式。根据电动机学的相关知识，直流伺服电动机的结构可以等效为如图 3 – 3 所示的电路。

电枢电流 I_a 与磁场 Φ 相互作用产生了使电枢旋转的电磁转矩

$$T_e = C_T \Phi I_a \tag{3 – 1}$$

电枢旋转时，电枢绕组又会切割磁力线产生电动势

$$E = C_E \Phi n \tag{3 – 2}$$

电枢电流 I_a 与电枢电压和电动势的关系为

$$E = U_a - I_a R_a \tag{3 – 3}$$

因此电动机的转速为

$$n = U_a / (C_E \Phi) - T_e R_a / (C_E C_T \Phi^2) = n_0 - \gamma T_e \tag{3 – 4}$$

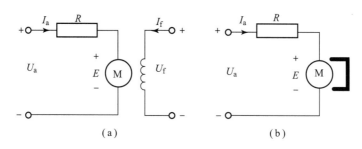

图 3 – 3　直流伺服电动机等效电路图

（a）电磁式；（b）永磁式

式中　n_0 ——电动机的理想空载转速，$n_0 = U_a/(C_E\Phi)$；

　　　γ ——机械特性的斜率，其倒数称为机械特性的硬度。显然，γ 越小，电动机的
　　　　机械特性越硬。

机械特性曲线如图 3 – 4 所示。

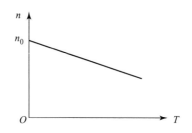

图 3 – 4　直流伺服电动机的机械特性曲线

他励直流电动机的内阻 R_a 通常都很小，因此他励电动机在负载变化时，转速变化不大，其机械特性表现为硬特性；并励电动机的机械特性与他励类似；串励电动机由于励磁绕组和电枢绕组串联，由一个直流电源供电，因此当负载变化时，I_a 增加引起转速急剧下降，当负载大到一定程度时，磁路饱和，磁通增加缓慢，因此转速下降减慢，其总的机械特性较软。

3. 2. 3　旋转变流机组直流伺服电动机控制系统原理

电动机扩大机在直流伺服系统中有两种供电方式：当电动机容量较小时，电动机扩大机作为发电机直接向电动机供电；当电动机容量较大时，电动机扩大机作为励磁机向发电机励磁绕组供电，发电机再向电动机供电。

1. A – G – M 开环系统

1）A – G – M 开环系统的静态特性

A – G – M 开环系统电路如图 3 – 5 所示。系统的输入为给定电压 U_s，系统输出为电动机的转速 n，调节 U_s 就可以改变 I_C、E_A、I_A、E_G、E_M 和 n，实现对电动机的调速。

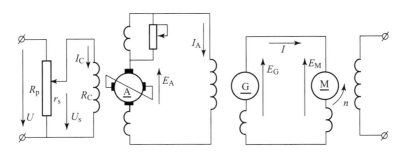

图 3-5 A-G-M 开环系统电路

控制绕组中电流 I_C 为

$$I_C = \frac{U_s}{(\Sigma R)_C} \qquad (3-5)$$

式中 $(\Sigma R)_C$ ——控制回路电阻。

根据戴维南定理可求得给定电位器 R_P 的等效电阻为

$$r'_s = \frac{(R_P - r_s)\gamma_s}{R_P} = \frac{r_s}{R_P}R_P\left(1 - \frac{r_s}{R_P}\right) = a_s R_P (1 - a_s) \qquad (3-6)$$

式中 a_s ——给定电位器 R_P 的分压比;

R_P ——给定电位器 R_P 的全部电阻。

因此

$$(\Sigma R)_C = R_C + a_s R_P (1 - a_s) \qquad (3-7)$$

电动机扩大机的电动势为

$$E_A = K'_A I_C N_C \pm E_{A0} = K'_A \frac{U_s N_C}{(\Sigma R)_C} \pm E_{A0} = K_A U_s \pm E_{A0} \qquad (3-8)$$

式中 E_{A0} ——电动机扩大机的剩磁电动势。

发电机电动势为

$$E_G = I_A N_e K'_G \pm E_{G0} = E_A \frac{N_e}{r_A + R_e}K'_G \pm E_{G0} = E_A K_G \pm E_{G0} \qquad (3-9)$$

式中 K'_G ——发电机空载特性曲线斜率;

K_G ——发电机电压放大倍数;

r_A ——扩大机等效内阻;

E_{G0} ——发电机剩磁电动势。

主回路中电动势平衡方程式为

$$E_G = IR + E_M = I(R_G + R_M) + C_e\Phi n = I(R_G + R_M) + \frac{n}{K_M} \qquad (3-10)$$

式中 R_G ——发电机电枢及换向绕组电阻;

R_M ——电动机电枢及换向绕组电阻;

C_e——电动机电动势常数；

Φ——电动机每极磁通。

$$K_M = \frac{1}{C_e\Phi} \tag{3-11}$$

2）A-G-M 开环系统的特点

（1）开环系统放大倍数大，因此只需较小的给定电压 U_s 就能获得所需要的理想空载转速。

（2）转速调整率大，调速范围较窄。

（3）电动机扩大机、发电机等非线性因素使系统在不同给定输入时系统放大倍数变化较大。

（4）系统受各种扰动的影响，在同一给定输入时输出稳定值波动较大。

（5）在无给定输入时，由于电动机扩大机及发电机均有剩磁，使发电机产生较高的剩磁电压，因而电动机获得一定的速度。这种由于剩磁作用而出现的不正常低速运行称为爬行，直流电动机的爬行会使系统无法正常工作。

（6）A-G-M 开环系统中，存在着电动机扩大机、发电机电磁时间常数及 G-M 系统机电时间常数，一般发电机励磁绕组电磁时间常数较大，因而转速过渡过程时间较长。

（7）同样，由于发电机端电压建立过渡过程时间较长，因而启动时主回路电流峰值较小，在最高速启动（发电机为额定电压）时，其主回路电流峰值一般在额定值左右，所以 A-G-M 开环系统可直接启动，不需附加其他启动装置。

2. A-G-M 转速负反馈系统

图 3-6 为 A-G-M 转速负反馈自动调速系统电路图。电动机轴上（或经过传动机构）装上一台永磁式测速发电机 TG，测速发电机电动势 E_{TG} 与转速 n 成正比。

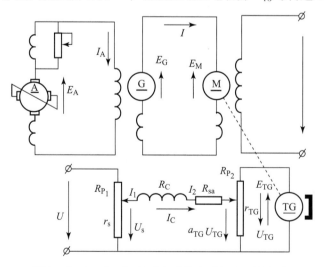

图 3-6　A-G-M 转速负反馈自动调速系统电路

测速发电机空载时，输出特性斜率即放大倍数为

$$\frac{E_{TG}}{n} = K'_{TG} \qquad (3-12)$$

测速发电机的选择应使其最高转速基本上与电动机最高转速符合，额定输出电流应大于反馈控制绕组电流。为了便于调节反馈电压 $a_{TG}U_{TG}$，负载电阻应大于测速发电机最小负载电阻值（测速发电机额定电压与额定电流的比值），以免测速发电机过载。加负载电阻后测速发电机由于存在内阻 R_{TG}，因此放大倍数 K_{TG} 为

$$K_{TG} = \frac{U_{TG}}{n} = \frac{E_{TG}}{n}\frac{R_{P_2}}{R_{TG} + R_{P_2}} = K'_{TG}\frac{R_{P_2}}{R_{TG} + R_{P_2}} \qquad (3-13)$$

式中　R_{P_2}——转速负反馈电位器 R_{P_2} 的全部电阻。

$$U_s - a_{TG}U_{TG} = I_C(\Sigma R)_C \qquad (3-14)$$

而

$$(\Sigma R)_C = a_s R_{P_1}(1 - a_s) + R_C + R_{sa} + r'_{TG} \qquad (3-15)$$

式中　$a_s R_{P_1}(1 - a_s)$——给定电位器 R_{P_1} 的等效电阻；

　　　R_C——控制绕组电阻；

　　　R_{sa}——给定回路附加电阻；

　　　r'_{TG}——转速负反馈电位器等效电阻。

运用戴维南定理可得 r'_{TG}

$$r'_{TG} = r_{TD}//[(R_{P_2} - r_{TG}) + R_{TG}] \qquad (3-16)$$

而

$$E_A = K'_A I_C N_C = K'_A(U_s - a_{TG}U_{TG})\frac{N_C}{(\Sigma R)_C} \pm E_{A0}$$
$$= (U_s - a_{TG}U_{TG})K_A \pm E_{A0} \qquad (3-17)$$

由电动势方程可知

$$E_G = E_A K_G \pm E_{G0}$$
$$E_M = E_G - I(R_G + R_M)$$
$$n = E_M K_M$$
$$a_{TG}U_{TG} = n a_{TG}K_{TG} \qquad (3-18)$$

图 3-7（a）中，信号从 U_s 流至 n 的通道称为前向通道，而信号从 n 流至 $a_{TG}U_{TG}$ 的通道称为反馈通道。

给定电压 U_s 单独作用于系统时，输出 n_1 的计算，可根据图 3-7（b）得到

$$(U_s - n_1 a_{TG}K_{TG})K_A K_G K_M = n_1$$
$$\frac{n_1}{U_s} = \frac{K_A K_G K_M}{1 + K_A K_G K_M K_{TG} a_{TG}} \qquad (3-19)$$

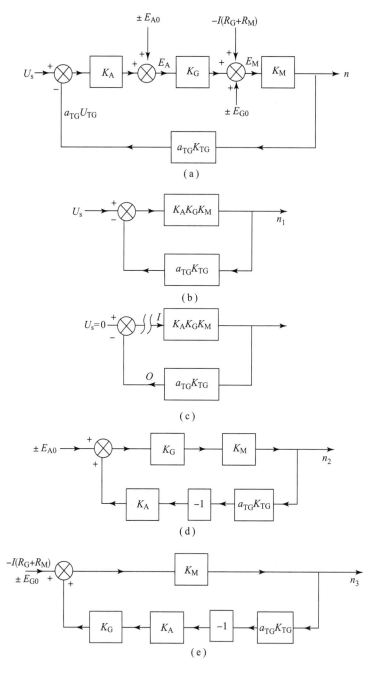

图 3-7　信号流程图

可见，具有负反馈环节的系统，其等效放大倍数如前式所示，分子为前向通道三个串联环节的等效放大倍数，分母中后一项为闭环系统开环放大倍数。如果为正反馈时，分母变为 $1 - K_A K_G K_M a_{TG} K_{TG}$。

闭环系统的开环放大倍数的计算见图 3 - 7(c)。如果 $U_s = 0$ ，在前向通道断开处施一信号 I ，在反馈元件输出端测定输出信号。则

$$\frac{O}{I} = K_A K_G K_M a_{TG} K_{TG} = K_n \tag{3-20}$$

K_n 称为转速负反馈闭环系统的开环放大倍数，等于前向通道和反馈通道放大倍数之积。请注意这里计算的是闭环系统的开环放大倍数，而不是开环系统的开环放大倍数。如果系统各环节装置已经选定，则可调节给定回路附加电阻 R_{sa} 来调节 $(\Sigma R)_C$ 、K_A 及 K_n 。

因而式（3 - 19）写成

$$n_1 = U_s \frac{K_A K_G K_M}{1 + K_n} \tag{3-21}$$

电动机扩大机剩磁电动势单独作用于系统时，由于 $U_s = 0$ ，则

$$U_s - a_{TG} K_{TG} = 0 - 1 \times a_{TG} K_{TG} \tag{3-22}$$

这时相加点可看作为负 1 环节，因而其静态框图见图 3 - 7 （d），此时

$$\pm E_{A0} + n_2 a_{TG} K_{TG}(-1) K_A = \pm E_{A0} - n_2 a_{TG} K_{TG} K_A \tag{3-23}$$

可见负 1 环节前移与相加点极性合并后，成为一个负反馈系统，见图 3 - 7 （e），则

$$n_2 = \pm E_{A0} \frac{K_G K_M}{1 + K_n} \tag{3-24}$$

$$n_3 = -I(R_G + R_M) \frac{K_M}{1 + K_n} \pm E_{G0} \frac{K_M}{1 + K_n} \tag{3-25}$$

$$n = n_1 + n_2 + n_3$$

$$= U_1 \frac{K_A K_G K_M}{1 + K_n} \pm E_{A0} \frac{K_G K_M}{1 + K_n} - I(R_G + R_M) \frac{K_M}{1 + K_n} \pm E_{G0} \frac{K_M}{1 + K_n} \tag{3-26}$$

式中　$I(R_G + R_M) \dfrac{K_M}{1 + K_n} = \Delta n_c$ ，为闭环系统因负载而造成的转速下降值。

转速负反馈闭环系统与开环系统相比较，有如下几个特点：

（1）减小了系统放大倍数，增大了给定电压；

（2）减小了转速下降值；

（3）扩大了调速范围；

（4）减小了剩磁电压及其引起的爬行；

（5）减小了非线性的影响；

（6）减小了系统参数变化引起输出的变化；

（7）加快了动态响应速度。

3.2.4 晶闸管－直流电动机控制系统原理

1. 晶闸管整流电路

采用晶闸管可控整流器的电动机调速系统简称 V－M 系统（图 3－8）。

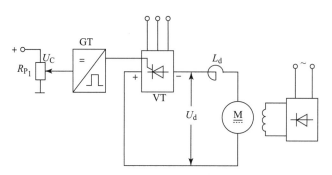

图 3－8　晶闸管－直流电动机调速系统

　　用晶闸管触发整流电路实现电枢电压可调，从而达到改变电动机转速的目的。晶闸管整流装置不但经济、可靠，而且其功率放大倍数较大，门极可直接采用电子电路控制，响应速度为毫秒级，大大提高了系统的动态性能。由于晶闸管的单向导电性，它不允许电流反向，给系统的可逆运行造成困难。另一问题是当晶闸管导通角很小时，系统的功率因数很低，并产生较大的谐波电流，从而引起电网电压波动殃及同电网中的用电设备，造成"电力公害"。晶闸管整流电路的调节特性为输出的平均电压与触发电路的控制电压之间的关系，即 $U_d = f(U_C)$。如果在一定范围内将非线性特性线性化，可以把它们之间的关系视为由死区和线性放大区两个部分组成。

　　晶闸管触发装置和整流装置之间是存在滞后作用的，这主要是由于整流装置的失控时间造成的。由电力电子学可知，晶闸管是一个半控型电子器件，如图 3－9 所示，在 t_1 时刻阳极正向电压下，供给门极触发脉冲才能使一对晶闸管被触发导通，控制角为 α，晶闸管一旦导通，门极便失去了作用。如果在 t_2 时刻改变控制电压 U_C，虽然可

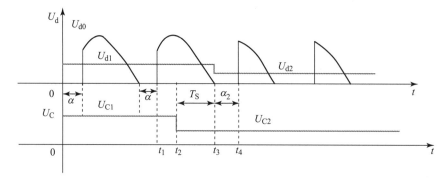

图 3－9　晶闸管触发与整流装置的失控时间

以使触发脉冲的相位产生移动，但是也必须等正处于导通的元件完成其导通周期并在 t_3 时刻自然关断后，触发脉冲才有可能控制另一对晶闸管。在新的控制电压 U_{C2} 对应的控制角 α_2 时，另一对晶闸管在 t_4 时刻才能导通，整流电压 U_d 才能与新的脉冲相位相适应。因此这就造成整流电压 U_d 滞后于控制电压 U_C 的情况。

2. 转速负反馈晶闸管直流调速系统

图 3-10 所示为转速负反馈晶闸管直流调速系统，该系统的控制对象是直流电动机 M，被控量是电动机的转速 n。晶闸管触发以及整流电路为功率放大和执行环节，由运算放大器构成的比例调节器为电压放大和电压比较环节，电位器 R_{P_1} 为给定元件，测速发电机 TG 与电位器 R_{P_2} 为转速检测元件。

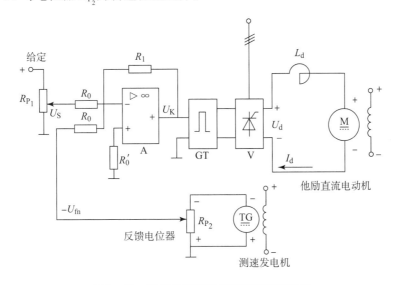

图 3-10　转速负反馈晶闸管直流调速系统

与电动机同轴安装一台测速发电机 TG，从而引出与被调量转速成正比的负反馈电压 U_{fn}，与给定电压 U_s 相比较后，得到转速偏差电压 ΔU_n，经过放大器 A，产生电力电子变换器 V 所需的控制电压 U_K 用以控制电动机的转速，这就组成了反馈控制的闭环直流调速系统。V 是由电力电子器件组成的变换器，其输入接三相（或单相）交流电源，输出为可控的直流电压 U_d，对于中小容量系统多采用由 IGBT 或 P-MOSFET 组成的PWM 变换器；对于较大容量的系统，可采用其他电力电子开关器件，如可关断晶闸管（GTO）、集成门极换流晶闸管（IGCT）等；对于特大容量的系统，则常用晶闸管装置。

根据自动控制原理，反馈控制的闭环系统是按被调量的偏差进行控制的系统，只要被调量出现偏差，它就会自动产生纠正偏差的作用。转速降落正是由负载引起的转速偏差，显然，闭环调速系统应该能够大大减少转速降落。该调速系统的组成如图 3-11 所示。

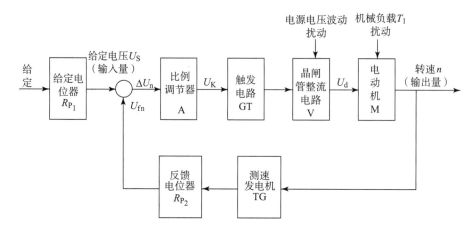

图 3-11 转速负反馈晶闸管直流调速系统

V-M 闭环系统静特性的特点有以下几个方面：

（1）闭环系统的机械特性可以比开环系统机械特性硬很多，即在同样负载扰动下，闭环系统的转速降落比开环系统转速降落小得多；

（2）闭环系统的静差率要比开环系统小得多；

（3）如果所要求的静差率一定，闭环系统可以大大提高调速范围；

（4）闭环系统必须设置放大器。闭环调速系统可以获得比开环调速系统硬很多的稳态特性，从而能够在保证一定转差率的要求下提高调速范围，为此所付出的代价是需要增设电压放大器以及检测与反馈装置。

3.2.5 直流伺服电动机的 PWM 控制原理

直流伺服电动机转速 n 的表达式为

$$n = \frac{U_a - I_a \sum R_a}{C_e \Phi} \qquad (\text{r/min}) \qquad (3-27)$$

式中　U_a——电枢端电压，V；

I_a——电枢电流，A；

$\sum R_a$——电枢电路总电阻，Ω；

Φ——每极磁通量，Wb；

C_e——与电动机结构有关的常数。

由式（3-27）可知，直流伺服电动机转速 n 的控制方法可分为两类，即励磁控制法与电枢电压控制法。励磁控制法控制磁通 Φ，其控制功率虽然较小，但低速时受到磁极饱和的限制，高速时受到换向火花和换向器结构强度的限制，而且由于励磁线圈电感较大，动态响应较差。所以常用控制方法是改变电枢电压调速的电枢电压控制法。

设直流电源电压为 U_d，将电枢串联一个电阻 R，接到电源 U_d，则

$$U_a = U_d - I_a R \tag{3-28}$$

显然，调节电阻 R 即可改变电压，达到调速的目的。但这种传统的调压调速方法，效率很低。因此，随着电子技术的进步，发展了许多新的电枢电压控制方法。如：由交流电源供电，使用晶闸管整流器进行相控调压；使用硅整流器将交流电整流成直流电供电，再由 PWM 斩波器进行斩波调压等。

晶闸管的相控调压或 PWM 斩波器调压比串联电阻调压损耗小，效率高。斩波调压与相控调压相比又有许多优点，如需要的滤波装置很小甚至只利用电枢电感就已经足够、不需要外加滤波装置、电动机的损耗和发热较小、动态响应快等。

图 3-12 为 PWM 斩波器的原理图及输出电压波形。

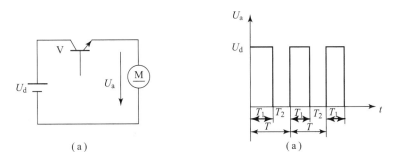

图 3-12　PWM 斩波器原理图电路及输出电压波形

(a) 原理图；(b) 输出电压波形

在图 3-12（a）中，假定晶体管 V 先导通 T_1 秒（忽略 V 的管压降，这期间电源电压 U_d 全部加到电枢上），然后关断 T_2 秒（这期间电枢端电压为零）。如此反复，则电枢端电压波形如图 3-12（b）中所示，电动机电枢端电压 U_a 为其平均值。

$$U_a = \frac{T_1}{T_1 + T_2}，U_d = \frac{T_1}{T} U_d = \alpha U_d \tag{3-29}$$

式（3-29）中

$$\alpha = \frac{T_1}{T_1 + T_2} = \frac{T_1}{T} \tag{3-30}$$

α 为一个周期 T 中，晶体管 V 导通时间的比率，称为负载率或占空比。使用下面三种方法中的任何一种，都可以改变 α 的值，从而达到调压的目的。

（1）定宽调频法：T_1 保持一定，使 T_2 在 $0 \sim \infty$ 范围内变化；

（2）调宽调频法：T_2 保持一定，使 T_1 在 $0 \sim \infty$ 范围内变化；

（3）定频调宽法：$T_1 + T_2 = T$ 保持一定，使 T_1 在 $0 \sim T$ 内变化。

不管哪种方法，α 的变化范围均为 $0 \leqslant \alpha \leqslant 1$，因而电枢电压平均值 U_a 的调节范围

为 $0 \sim U_{\mathrm{d}}$，均为正值，即电动机只能在某一方向调速，称为不可逆调速。当需要正、反向两个方向调速运转，即可逆调速时，就要使用桥式（称为 H 型）斩波电路。

3.3 直流伺服电动机的控制特性

3.3.1 直流伺服电动机的启动

直流电动机在刚与电源接通的瞬间，转子尚未转动起来，此时转速 $n = 0$，反电势 $E = 0$，则启动电流为

$$I_{\mathrm{a}} = \frac{U_{\mathrm{a}}}{R_{\mathrm{a}}}$$

因为 R_{a} 很小，因此 I_{a} 很大，一般可达电枢额定电流值的 10 ~ 20 倍，这样大的电流是换向所不允许的。同时，较大的启动电流会产生较大的启动转矩，过大的启动转矩会使电动机和它所拖动的生产机械遭受到突然的巨大冲击，以致损坏传动机构。为此，必须将启动电流限制在允许的范围之内。限制电流的方法有两个：降低电枢电压 U_{a} 和增加电阻 R_{a}。

（1）降低电枢电压 U_{a} 启动。

这种方法是指在启动时，降低电枢电压 U_{a}，在转速 n 增大的同时电动势 E 也同时增大，此时将电枢电压逐渐升高到额定值以使电动机平稳启动。这种启动方法的优点是启动平稳，启动过程中能量损耗小，易于实现自动化。

（2）增加电枢电阻 R_{a} 启动。

这种方法是指在电枢电路内串联启动变阻器 R_{s} 再启动。此时启动电流 $I_{\mathrm{a}} = U_{\mathrm{a}}/(R_{\mathrm{a}} + R_{\mathrm{s}})$。启动时先将变阻器调到最大，接通电源使电动机启动，再逐步减小变阻器阻值。额定功率较小的电动机可以通过此方法达到无级启动的目的；而功率较大的电动机一般采用串联两个或多个启动电阻的方法实现两级或多级的分级启动，在启动的过程中逐步切除启动电阻，这样既能保证启动过程中实现大的启动转矩，又能使启动电流不超过允许值。

3.3.2 直流伺服电动机的运行

直流伺服电动机的运行控制有三个指标：位置、转矩和速度。

1. 位置指标

位置反映了电动机的相对位置，为了实现位置控制，必须有位置检测装置用于运动部件的位移测量。常见的位置检测装置有光栅、编码器、感应同步器、旋转变压器及测速发电机等。光电编码器是目前应用最多的传感器，它利用光电转换原理，将输出

轴上的机械几何位移量转换成脉冲数字量，根据编码方式的不同，分为增量式和绝对式两种。绝对式编码器直接将被测转角转化为数字代码表示出来，并且每个位置都对应一个不同的数字量。增量式编码器通过光电转换原理将位移的增量转化为 A、B、Z 三相脉冲，通过脉冲的个数进行位移量的计算。其中 A 和 B 相脉冲相互正交，用来计算电动机的速度和方向；Z 相脉冲在电动机每转过一圈时产生，用来进行电动机的定位。采用增量式光电编码器进行电动机位置信息的采集，经过滤波后进入控制芯片可进行数字控制。

2. 转矩指标

转矩反映了电动机对负载变化的承受能力，通过控制电动机电流进行控制。首先我们需要检测电动机的电流，目前检测直流电流有两种方法。

一是直接串联采样电阻法。将采样电阻直接串接到电流回路中，通过测量该电阻两端的电压间接地获得该回路的电流大小。这种方法简单、速度快、不失真，但是它不经过隔离，很容易引进干扰且损耗较大，只适用于小电流不需要隔离的情况，一般多用于小容量变频器中。

二是霍尔传感器法。霍尔传感器是根据霍尔效应制作的一种磁场传感器。该方法具有无插入损耗、精度高、线性好、频带宽、过载能力强等优点，已经成为电流检测的主力，目前已被普遍采用。

3. 速度指标

速度是直流电动机的主要控制参数，直流电动机的速度包括大小和方向两个方面。由式（3-2）和式（3-3）可以看出，改变 U_a、R_a 或 Φ 中的任何一个都可以改变转速 n，所以直流电动机的调速方法有三种。

（1）改变电枢电阻调速。

该方法是在电枢回路里串联一个调速变阻器，通过改变电枢回路的总电阻来改变转速。虽然该方法与启动时增加电枢电阻类似，但是启动变阻器是供短时使用的，而调速变阻器是供长期使用的。该调速方法的平滑性取决于调速变阻器的调节方式，而一般调速电阻多为分级调节，所以该方法为有级调速。并且增加 R_a 会导致机械硬度降低，所以该方法只适用于调速范围不大，调速时间不长的小容量电动机。

（2）改变电枢电压调速。

该调速方法在调速时保持电枢电流不变，通过改变电枢电压 U_a 进行调速，永磁式直流伺服电动机只有这一种调速方式。当电枢电压 $U_a = 0$ 时，$I_a = 0$，$T_e = 0$，电动机不转。当 $U_a \neq 0$ 时，$I_a \neq 0$，$T_e \neq 0$，电动机在电磁转矩 T_e 的作用下转动。电动机的速度与电枢电压的大小有关；电动机的转速方向与电枢电压的极性相关。根据电枢电压的不同，可以得到伺服电动机的机械特性为一组类似图 3-13 所示的平行曲线。这种方法可以得到恒转矩特性的大范围调速。该方法广泛应用于对调速性能要求较高的电力拖动系统中。

机械特性说明：随着控制电压增加，机械特性曲线平行地向转速和转矩增加的方向移动，但斜率不变。机械特性是线性的，线性度越高，系统的动态误差越小。

直流伺服电动机的调节特性可由机械特性得到，它反映了电动机在一定转矩下，转速 n 与控制电压 U_a 的关系，如图 3-14 所示，它也是一组平行直线。

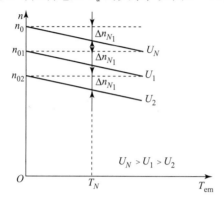
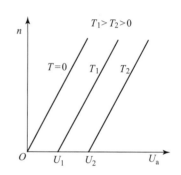

图 3-13 直流伺服电动机的机械特性   图 3-14 直流伺服电动机调节特性

从调节特性可知，T 一定时，控制电压 U_a 高，转速 n 也高，两者成正比关系。当 $n = 0$ 时，不同转矩 T 需要的控制电压 U_a 也不同。如 $T = T_1$ 时，$U_a = U_1$，说明当控制电压 $U_a > U_1$ 时，电动机才能转起来，称 U_1 为始动电压。T 不同，始动电压不同，T 大的始动电压也大。当电动机理想空载时，只要有信号电压 U_a，电动机就可以自然转动。

（3）改变励磁电流调速。

改变励磁电流的大小便可改变磁通的大小，从而进行调速。将电磁式直流伺服电动机的励磁绕组加上控制信号电压 U_f，电枢绕组加上额定电压，这种方法在永磁式直流伺服电动机中不能采用。电磁式伺服电动机的工作原理与改变电枢电压调速时类似，控制信号 U_f 的大小和极性的改变，导致电动机磁场的强弱变换和方向改变，电动机的速度大小与方向也随之改变。这种调速法的调速范围小，在低速时容易受磁极饱和的限制，高速时又容易受换向火花和换向器结构强度的限制，并且励磁线圈电感较大，动态响应较差，因此这种方法应用范围不是很广。

直流电动机的转子旋转方向由电磁转矩的方向决定，电磁转矩的方向由磁场的方向和电枢电流的方向决定。一般励磁绕组组数多，电感大，反向磁场建立的过程缓慢，反转需要的时间较长，因而一般采用电枢电压反向的方法居多。

3.3.3 直流伺服电动机的制动

直流伺服电动机的制动根据能量转换情况可分为能耗制动、反接制动和回馈制动三种。按照应用场合可分为迅速停机或下放重物两种。

能耗制动是指断开电枢的供电电源，在电枢与电源之间串联一个制动电阻，此时电动机处于发电状态，系统的动能转换成了电能消耗在电枢回路的制动电阻上。迅速停机时反向，使得转矩反向成为制动转矩，电动机转速迅速下降至零。下放重物是指电动机拖动位能型恒转矩负载时，电动机保持匀速下放重物，此时电动机工作在能耗制动状态。能耗制动运行的效果与制动电阻的大小有关。

反接制动是指使 U_a 与 E 的作用方向一致，共同产生电枢电流 I_a，于是由动能转换而来的电功率 EI_a 和由电源输入的电功率 U_aI_a 一起消耗在电枢回路中。迅速停机时 U_a 反向，使得 I_a 反向，从而转矩反向，电动机转速迅速下降为零。下放重物时，电枢电压不反向，只是在电枢电路中串联一个适当的制动电阻，在这种情况下制动运行时，由于 n 反向，E 也随之反向，但转矩方向不变，成为制动转矩，与负载转矩保持平衡，稳定下放重物。

回馈制动是指使电动机的转速大于理想空转转速，因而 E 大于 U_a，电动机处于发电状态，将系统的动能转换成电能回馈给电网。回馈制动分为正向回馈制动与反向回馈制动两种。前者的电枢电压方向没有改变，它的存在能够加快电动机的调速过程；后者的电枢电压反向，并在电枢回路中串联一个制动电阻，回馈制动运行的效果也与制动电阻的大小有关。采用此种方法下放重物时，转速很高，超过了理想空载转速，要注意转速不能超过电动机允许的最高转速。

3.4　直流伺服电动机的驱动方式

直流电动机通常需要工作在正反转的场合，因此需要可逆 PWM 系统。可逆 PWM 系统又分为单极性可逆 PWM 驱动系统和双极性可逆 PWM 驱动系统。下面介绍这两种驱动方式，重点介绍后一种。

3.4.1　单极性可逆 PWM 驱动系统

单极性可逆 PWM 驱动系统是指在一个控制周期内，电动机电枢只承受或正或负的电压。图 3 – 15 所示是常用的 H 桥式单极性可逆 PWM 驱动系统的电路图。

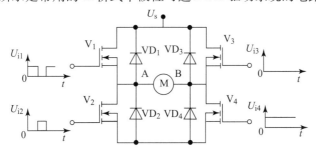

图 3 – 15　H 桥式单极性可逆 PWM 驱动系统

该系统由四个开关管和四个续流二极管组成。当 V_1、V_2 接收极性相反的同步脉冲时，V_3 保持常闭，V_4 保持常开，此时电动机正转，电枢绕组中的电流方向为从 A 到 B；反之，当 V_3、V_4 接收极性相反的同步脉冲时，V_1 保持常闭，V_2 保持常开，电动机反转，电枢绕组中的电流方向为从 B 到 A。

3.4.2 双极性可逆 PWM 驱动系统

双极性可逆 PWM 驱动是指在一个控制周期内，电动机电枢承受正负变化的电压。图 3 – 16 所示是常用的 H 桥式双极性可逆 PWM 驱动系统的电路图。

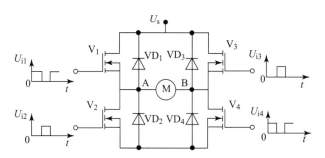

图 3 – 16 H 桥式双极性可逆 PWM 驱动系统

从图 3 – 16 可以看出双极性就是将 V_3 的同步脉冲 U_{i3} 与 V_2 的同步脉冲 U_{i2} 保持一致；将 V_4 的同步脉冲 U_{i4} 与 V_1 的同步脉冲 U_{i1} 保持一致。

在每个 PWM 周期内的 $0 \sim t_1$ 时间，U_{i1} 是高电平，V_1、V_4 导通，此时 V_2、V_3 截止，电枢电压方向为 A 到 B，电动机进行正转；在 $t_1 \sim t_2$ 时间内，电枢电压方向为 B 到 A，如果电动机带的是较大负载，则电动机的电枢电流不能立即变向，电动机仍然保持正转，但是电枢电流的幅值会有所下降。反转的情形正好相反。从分析也可以看出，在一个 PWM 的周期内，电枢两端的电压经历了正反两次变化，称为"双极性"。正转与反转的电流波形如图 3 – 17 （a）和图 3 – 17 （b）所示。

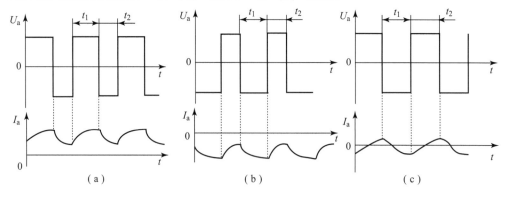

图 3 – 17 双极性可逆驱动电路电流波形

（a）正转；（b）反转；（c）轻载

电动机如果带轻载运行，此时由于负载的作用，电动机的电流很小，电流波形基本在横轴上下波动，如图 3 - 17（c）所示。在 0 ~ t_1 间内，V_2、V_3 截止，在自感电动势的作用下，电枢电流经续流二极管 VD_1 和 VD_4 保持原流向由 B 到 A，电动机处于再生制动状态，并且由于 VD_1 和 VD_4 的箝位作用，V_1、V_4 同样截止；当电流减至 0 时，电枢电流在电源的作用下由 A 流向 B，此时 V_1、V_4 开始导通，电动机处于电动状态；在 t_1 ~ t_2 时间内，V_1、V_4 同样截止，与之前一样，电枢电流由于自感的作用通过续流二极管 VD_2 和 VD_3 保持流向 A 到 B，当减至 0 后，V_2、V_3 开始导通，此时电动机又处于能耗制动状态。因此，在轻载运行期间，电动机的状态呈电动制动变化。

在一个周期内电枢电压的平均值 U_a 为

$$U_a = \frac{t_1 - t_2}{t_1 + t_2} U_s = \left(2\frac{t_1}{T} - 1 \right) U_s = (2\alpha - 1) U_s \tag{3-31}$$

由上式可见，U_a 的大小取决于占空比 α 的大小。显然，当 $\alpha = 0$ 时，$U_a = -U_s$，电动机反转且转速最大；当 $\alpha = 1$ 时，$U_a = U_s$，电动机正转且转速最大；当 $\alpha = 1/2$ 时，$U_a = 0$，电动机停转。

3.4.3 单、双极性可逆 PWM 驱动系统的比较

单极性可逆驱动和双极性可逆驱动均可以实现电动机的四象限运行，但是单极性比双极性电流的波动较小，有利于电动机换向和热损耗的减小，因此适用于大功率系统。虽然双极性的脉动电流较大，但是其低速时的高频振荡却有益于克服负载的摩擦性，因此低速平稳性较单极性的好。双极性驱动由于四个开关管都处于开关状态，导致功率损耗较大，因此双极性驱动只适用于中小型直流电动机。

单极性或双极性驱动两者都存在系统过零时的死区问题，使用时通过芯片的 PWM 模块中的死区设置可以避免同一桥臂的开关管同时导通。

3.5 直流伺服系统三闭环控制设计

一般的直流电动机调速系统，通常为双闭环结构，包括电流内环和速度外环，而其对应的伺服控制系统为双闭环系统外再加一个位置闭环。如图 3 - 18 所示为直流伺服控制系统的三闭环控制结构图。

图 3 - 18 中 APR 表示位置调节器；ASR 表示速度调节器；ACR 为电流调节器；UPE 为电力电子变换器，一般为 PWM 逆变器。具体的控制过程为：直流电动机工作时带动增量式光电编码器进行旋转，光电编码器输出 A、B、Z 三路脉冲形成位置反馈信号 U_θ，该信号与位置输入指令 U_θ^* 进行比较后作为位置调节器 APR 的输入，经 APR 调节后形成速度指令信号 U_n^*，送入速度调节器 ASR。把位置反馈信号采用累加求平均的

方法进行积分运算形成速度反馈信号与速度指令进行比较，经 ASR 调节后形成电流环指令信号 U_i^*。电流反馈信号 U_i 通过霍尔传感器采集电动机的工作电流后形成。将两者进行比较作差后送入电流调节器 ACR 进行调节。电流调节器输出控制信号 U_c 给逆变器输出频率一定、宽度可变的脉冲电压序列给直流伺服电动机，使电动机转动。

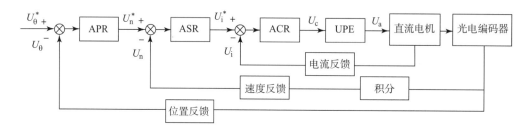

图 3 – 18   直流伺服控制系统的三闭环控制结构图

3.5.1   调速系统双闭环设计

调速系统的双闭环设计是整个伺服控制系统设计的基础。如果仅仅是控制速度的大小，只需速度单闭环就可以了。但是如果对系统的动态性能要求较高，例如要求快速启、制动等，单闭环系统就难以满足需求。通常来说，控制系统需要在启动时尽量以允许的最大电流启动以获得最短的启动时间，这就需要电流负反馈的作用；而正常运行时需要转速负反馈起主要作用，将转速环作为外环，电流环作为内环，并将它们进行串级相联，这样就形成了转速、电流的双闭环调速系统。另外，按照多环控制系统的设计原则，首先从内环开始设计，然后逐渐向外环拓展。

1. 转速、电流双闭环直流调速系统的组成及其静特性

采用 PI 调节的单个转速闭环直流调速系统（简称单闭环系统）可以在保证系统稳定的前提下实现转速无静差。但是如果对系统的动态性能要求较高，例如要求快速启、制动，突加负载动态速降小等，单闭环系统就难以满足需要。这主要是因为在单闭环系统中不能随心所欲地控制电流和转矩的动态过程。

在单闭环直流调速系统中，电流截止负反馈环节是专门用来控制电流的，但它只能在超过临界电流 I_{dcr} 值以后，靠强烈的负反馈作用限制电流的冲击，并不能很理想地控制电流的动态波形。带电流截止负反馈的单闭环直流调速系统启动电流和转速波形如图 3 – 19（a）所示，启动电流突破 I_{dcr} 以后，受电流负反馈的作用，电流只能再升高一点，经过某一最大值 I_{dm} 后，就降低下来，电动机的电磁转矩也随之减小，因而加速过程必然拖长。

对于经常正、反转运行的调速系统，尽量缩短启、制动过程的时间是提高生产率的重要因素。为此，在电动机最大允许电流和转矩受限制的条件下，应该充分利用电动机的过载能力，最好是在过渡过程中始终保持电流（转矩）为允许的最大值，使电

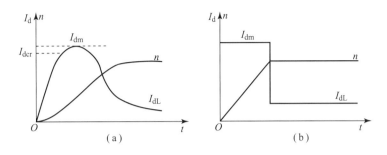

图 3 – 19　直流调速系统启动过程的电流和转速波形
（a）带电流截止负反馈的单闭环调速系统启动过程；（b）理想的快速启动过程

力拖动系统以最大的加速度启动，到达稳态转速时，立即让电流降下来，使转矩马上与负载相平衡，从而转入稳态运行。这样的理想启动过程波形如图 3 – 19（b）所示，这时，启动电流呈方形波，转速按线性增长。这是在最大电流（转矩）受限制时调速系统所能获得的最快的启动过程。

实际上，由于主电路电感的作用，电流不可能突跳，图 3 – 19（b）所示的理想波形只能得到近似的逼近，不可能准确实现。为了实现在允许条件下的最快启动，关键是要获得一段使电流保持为最大值 I_{dm} 的恒流过程。按照反馈控制规律，采用某个物理量的负反馈就可以保持该量基本不变，那么，采用电流负反馈应该能够得到近似的恒流过程。问题是，在启动过程中只有电流负反馈，没有转速负反馈；达到稳态转速后，又希望只有转速负反馈，不再让电流负反馈发挥作用。只用一个调节器显然是不可能的，可以考虑采用转速和电流两个调节器。

1）转速、电流双闭环直流调速系统的组成

为了实现转速和电流两种负反馈分别起作用，可在系统中设置两个调节器，分别调节转速和电流，即分别引入转速负反馈和电流负反馈。二者之间实行嵌套（串级）连接，如图 3 – 20 所示。把转速调节器的输出当作电流调节器的输入，再用电流调节器的输出去控制电子变换器 UPE。从结构上看，电流环在里面，称作内环；转速环在外边，称作外环，这就形成了转速、电流双闭环调速系统。

2）稳态结构框图和静特性

双闭环调速系统的稳态结构框图如图 3 – 21 所示。分析静特性的关键是掌握这样的 PI 调节器的稳态特征。一般存在两种状况：饱和——输出达到限幅值，不饱和——输出未达到限幅值。当调节器饱和时，输出为恒值，输入量的变化不再影响输出，除非有反向的输入信号使调节器退出饱和。当调节器不饱和时，PI 的作用使输入偏差电压 ΔU 在稳态时总为零。

实际上，在正常运行时，电流调节器是不会达到饱和状态的。因此，对于静特性来说，只有转速调节器饱和与不饱和两种情况。

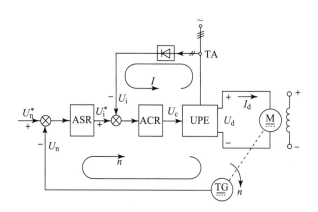

图 3 - 20　转速、电流双闭环直流调速系统

ASR—转速调节器；ACR—电流调节器；TG—测速发电机；

TA—电流互感器；UPE—电力电子变换器；U_n^*—转速给定电压；

U_n—转速反馈电压；$n = \dfrac{60f_c}{Pm_2}$—电流给定电压；$n = \dfrac{60f_c m_1}{Pm_2}$—电流反馈电压

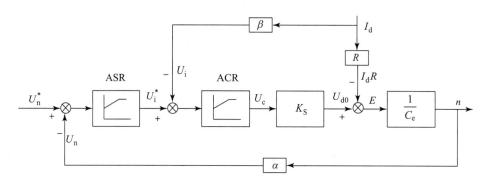

图 3 - 21　双闭环直流调速系统的稳态结构框图

α—转速反馈系数；β—电流反馈系数

（1）转速调节器不饱和。

这时，两个调节器都不饱和，稳态时，它们的输入偏差电压都是零，因此

$$U_n^* = U_n = \alpha n \qquad\qquad (3-32)$$

$$U_i^* = U_i = \beta I_d \qquad\qquad (3-33)$$

由第一个关系式可得

$$n = \frac{U_n^*}{\alpha} = n_0 \qquad\qquad (3-34)$$

从而得到图 3 - 22 所示静特性的 CA 段。与此同时，由于 ASR 不饱和，$U_i^* < U_{im}^*$，从上述第二个关系可知 $I_d < I_{dm}$。这就是说，CA 段特性从理想空载状态的 $I_d = 0$ 一直延续到 $I_d = I_{dm}$，而 I_{dm} 一般都是大于额定电流 I_{dN} 的，是静特性的运行段，它是一条水

平的特性。

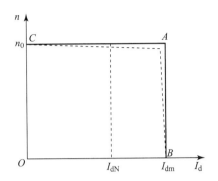

图 3 – 22　双闭环直流调速系统的静特性

（2）转速调节器饱和。

这时，ASR 输出达到限幅值 U_{im}^*，转速外环呈开环状态，转速的变化对系统不再产生影响。双闭环系统变成一个电流无静差的电流单闭环调节系统。稳态时

$$I_d = \frac{U_{im}^*}{\beta} I_{dm} \tag{3-35}$$

其中，最大电流 I_{dm} 是由设计者选定的，取决于电动机的容许过载能力和拖动系统允许的最大加速度。式（3 – 35）所描述的静特性对应于图 3 – 22 中的 AB 段，它是一条垂直特性。这样的垂直特性只适合于 $n < n_0$ 的情况，因为 $U_n < U_n^*$，ASR 将退出饱和状态。

双闭环调速系统的静特性在负载电流小于 I_{dm} 时表现为转速无静差，这时，转速负反馈起主要调节作用。当负载电流达到 I_{dm} 时，对应于转速调节器的饱和输出 U_{im}^*，这时，电流调节器起主要调节作用，系统表现为电流无静差，得到过电流的自动保护。这就是采用了两个 PI 调节器分别形成内、外两个闭环的效果。这样的静特性显然比带电流截止负反馈的单闭环系统静特性好。然而，实际上运算放大器的开环放大系数并不是无穷大，静特性的两段实际上都略有很小的静差，见图 3 – 22 的虚线。

3）各变量的稳态工作点和稳态参数计算

双闭环调速系统在稳态工作中，当两个调节器都不饱和时，各变量之间有下列关系

$$U_n^* = U_n = \alpha n = \alpha n_0 \tag{3-36}$$

$$U_i^* = U_i = \beta I_d = \beta I_{dL} \tag{3-37}$$

$$U_c = \frac{U_{d0}}{K_s} = \frac{C_e n + I_d R}{K_s} = \frac{C_e U_n^* / \alpha + I_{dL} R}{K_s} \tag{3-38}$$

上述关系表明，在稳态工作点上，转速 n 是由给定电压 U_n^* 决定的，ASR 的输出量

U_i^* 是由负载电流 I_{dL} 决定的, 而控制电压 U_c 的大小则同时取决于 n 和 I_d , 或者同时取决于 U_n^* 和 I_{dL} 。这些关系反映了 PI 调节器不同于 P 调节器的特点。P 调节器的输出量总是正比于其输入量, 而 PI 调节器则不然, 其出量的稳态值与输入无关, 而是由后面环境的需要决定, 后面需要 PI 调节器提供多大的输出值, 它就能提供多少, 直到饱和为止。

鉴于这一特点, 双闭环调速系统的稳态参数计算与单闭环有静差系统完全不同, 而是和无静差系统的稳态计算相似, 即根据各调节器的给定与反馈值计算有关的反馈系数。

转速反馈系数 $$\alpha = \frac{U_{nm}^*}{n_{max}} \tag{3-39}$$

电流反馈系数 $$\beta = \frac{U_{im}^*}{I_{dm}} \tag{3-40}$$

两个给定电压的最大值 U_{nm}^* 和 U_n^* 由设计者选定, 受运算放大器允许输入电压和稳压电源的限制。

2. 双闭环直流调速系统的数学模型和动态性能分析

1) 双闭环直流调速系统的动态数学模型

双闭环直流调速系统的动态结构框图如图 3-23 所示。图中 $W_{ASR}(s)$ 和 $W_{ACR}(s)$ 分别表示转速调节器和电流调节器的传递函数。为了引出电流反馈, 在电动机的动态结构框图中必须把电枢电流 I_d 显露出来。

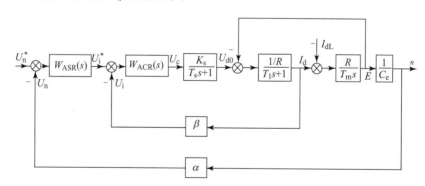

图 3-23 双闭环直流调速系统的动态结构框图

2) 启动过程分析

双闭环控制的一个重要目的就是要尽可能获得理想启动过程, 因此在分析双闭环直流调速系统的动态性能时, 有必要首先探讨它的启动过程。双闭环直流调速系统突加给定电压 U_n^* 由静止状态启动时, 转速和电流的动态过程如图 3-24 所示。由于在启动过程中转速调节器 ASR 经历了不饱和、饱和、退饱和三种情况, 整个动态过程就分成图中标明的 Ⅰ、Ⅱ、Ⅲ 三个阶段。

第 I 阶段（$0 \sim t_1$）是电流上升阶段。突加给定电压 U_n^* 后，经过两个调节器的跟随作用，U_c、U_{d0}、I_d 都跟着上升，但是在 I_d 没有达到负载电流 I_{dL} 以前，电动机还不能转动。当 $I_d \geqslant I_{dL}$ 后，电动机开始启动。由于机电惯性的作用，转速不会很快增长，因而转速调节器 ASR 的输入偏差电压 $\Delta U_n = U_n^* - U_n$ 的数值仍较大，其输出电压保持限幅值 U_{im}^*，强迫电枢电流 I_d 迅速上升。直到 $I_d \approx I_{dm}$，$U_i \approx U_{im}^*$，电流调节器很快压制了 I_d 的增长，标志着这一阶段的结束。在这一阶段中，ASR 很快进入并保持饱和状态，而 ACR 一般不饱和。

第 II 阶段（$t_1 - t_2$）是恒流升速阶段，是启动后过程中的主要阶段。在这个阶段中，ASR 始终是饱和的，转速环相当于开环，系统成为在恒值电流给定 U_{im}^* 下的电流调节系统，基本上保持电流 I_d 恒定，因而系统的加速度恒定，转速呈线性增长（见图 3 - 24）。对电流调节系统来说，E 是一个线性渐增的扰动量（见图 3 - 23）。为了克服这个扰动，U_{d0} 和 U_c 也必须基本上按线性增长，才能保持 I_d 恒定。当 ACR 采用 PI 调节器时，要使其输出量按线性增长，其输入偏差电压 $\Delta U_i = U_{im}^* - U_i$ 必须维持一定的恒值，也就是说，I_d 应略低于 I_{dm}（见图 3 - 24）。此外还应指出，为了保证电流环的这种调节作用，在启动过程中 ACR 不应饱和，电力电子装置 UPE 的最大输出电压也需留有余地，这些都是设计时必须注意的。

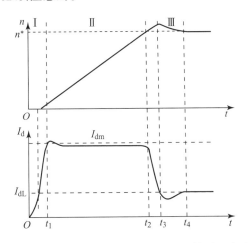

图 3 - 24　双闭环直流调速系统启动过程的转速和电流波形

第 III 阶段（t_2 以后）是转速调节阶段。当转速上升到给定值 $n^* = n_0$ 时，转速调节器 ASR 的输入偏差减小到零，但其输出却由于积分作用还维持在限幅值 U_{im}^*，所以电动机仍在加速，使转速超调。转速超调后，ASR 输入偏差电压变负，使它开始退出饱和状态，U_i^* 和 I_d 很快下降。但是，只要 I_d 仍大于负载电流 I_{dL}，转速就继续上升。直到 $I_d = I_{dL}$ 时，转矩 $T_e = T_L$，转速加速度为零（$\mathrm{d}n/\mathrm{d}t = 0$）时，转速 n 才到达峰值（$t = t_3$ 时）。此后，电动机开始在负载的阻力下减速，与此相对应，在 $t_3 \sim t_4$ 时间内，$I_d < I_{dL}$，直到稳定。如果调节器参数整定得不够好，也会有一段振荡过程。在最后的转速调节阶段内，ASR 和 ACR 都不饱和，ASR 起主导的转速调节作用，而 ACR 则力图使 I_d 尽快地跟随其给定值 U_i^*，或者说，电流内环是一个电流随动子系统。

综上所述，双闭环直流调速系统的启动过程有以下三个特点：

（1）饱和非线性控制。随着 ASR 的饱和与不饱和，整个系统处于完全不同的两种状态。在不同情况下表现为不同结构的线性系统，只能采用分段线性化的方法来分析，不能简单地用线性控制理论来分析整个启动过程，也不能简单地用线性控制理论来笼统地设计这样的控制系统。

（2）转速超调。当转速调节器 ASR 采用 PI 调节器时，转速必然有超调。转速略有超调一般是容许的，对于完全不允许超调的情况，应采用其他控制方法来抑制超调。

（3）准时间最优控制。在设备允许条件下实现最短时间的控制称作"时间最优控制"，对于电力拖动系统，在电动机允许过载能力限制下的恒流启动，就是时间最优控制。但由于在启动过程 Ⅰ、Ⅲ 两个阶段中电流不能突变，实际启动过程与理想启动过程相比还有一些差距，不过这两段时间只占全部启动时间中很小的部分，不影响大局，可称作"准时间最优控制"。采用饱和非线性控制的方法实现准时间最优控制是一种很有实用价值的控制策略，在各种多环控制系统中得到普遍应用。

最后，应该指出，对于不可逆的电力电子变换器，双闭环控制只能保证良好的启动性能，却不能产生回馈制动，在制动时，当电流下降到零以后，只好自由停车。必须加快制动时，只能采用电阻能耗制动或电磁抱闸。必须回馈制动时，可采用可逆的电力电子变换器。

3）动态抗扰性能分析

一般来说，双闭环调速系统具有比较满意的动态性能。对于调速系统，最重要的动态性能是抗扰性能，主要包括抗负载扰动和抗电网电压扰动的性能。

（1）抗负载扰动。

由图 3−23 可以看出，负载扰动作用在电流环之后，因此只能靠转速调节器 ASR 来产生抗负载扰动的作用。在设计 ASR 时，应要求有较好的抗扰性能指标。

（2）抗电网电压扰动。

电网电压变化对调速系统也产生扰动作用。在图 3−25 所示的双闭环系统中，由于增设了电流内环，电压波动可以通过电流反馈得到比较及时的调节，不必等它影响到转速以后才能反馈回来，抗扰性能大有改善。因此，在双闭环系级中，由电网电压波动引起的转道动态变化会比单闭环系统小得多。

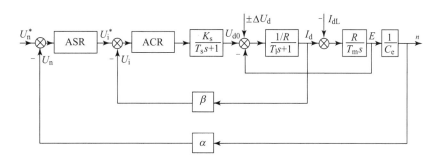

图 3 – 25 双闭环系统直流调速系统的动态抗扰作用

$\pm \Delta U_d$ —电网电压波动在可控电源电压上的反映

4）转速和电流两个调节器的作用

综上所述，转速调节器和电流调节器在双闭环直流调速系统中的作用可分别归纳如下。

（1）转速调节器的作用。

①转速调节器是调速系统的主导调节器，它使转速 n 很快地跟随给定电压 U_n^* 变化，稳态时可减小转速误差，如果采用 PI 调节器，则可实现无静差。

②对负载变化起抗扰作用。

③其输出限幅值决定电动机允许的最大电流。

（2）电流调节器的作用。

①作为内环的调节器，在转速外环的调节过程中，它的作用是使电流紧紧跟随其给定电压 U_i^*（外环调节器的输出量）变化。

②对电网电压的波动起及时抗扰的作用。

③在动态过程中，保证获得电动机允许的最大电流，从而加快动态过程。

④当电动机过载甚至堵转时，限制电枢电流的最大值，起快速自动保护作用。一旦故障消失，系统立即自动恢复正常。这个作用对系统的可靠运行来说是十分重要的。

3. 典型系统

一般来说，许多控制系统的开环传递函数都可用下式表示

$$W(s) = \frac{K \prod\limits_{j=1}^{m}(\tau_j s + 1)}{s^r \prod\limits_{i=1}^{n}(T_i s + 1)} \tag{3–41}$$

其中分子和分母上还有可能含有复数零点和复数极点。分母中的 s^r 项表示该系统在原点处有 r 重极点，或者说，系统含有 r 个积分环节。根据 $r = 0，1，2，\cdots$ 的不同数值，分别称作 0 型、Ⅰ 型、Ⅱ 型、……系统。自动控制理论已经证明，0 型系统稳态精度

低，而Ⅲ型和Ⅲ型以上的系统很难稳定。因此，为了保证稳定性和较好的稳态精度，多用Ⅰ型和Ⅱ型系统。

1）典型Ⅰ型系统

作为典型的Ⅰ型系统，其开环传递函数选择为

$$W(s) = \frac{K}{s(Ts+1)} \qquad (3-42)$$

式中　T——系统的惯性时间常数；

　　　K——系统的开环增益。

它的闭环系统结构框图如图 3-26（a）所示，图 3-26（b）表示它的开环对数频率特性。选择它作为典型的Ⅰ型系统是因为其结构简单，而且对数幅频特性的中频段以 -20 dB/dec 的斜率穿越 0 dB 线，只要参数的选择能保证足够的中频带宽度，系统就一定是稳定的，且有足够的稳定裕量。显然，要做到这一点，应在选择参数时保证

$$\omega_c < \frac{1}{T}$$

或

$$\omega_c T < 1$$

$$\arctan \omega_c < 45°$$

于是，相角稳定裕度 $\gamma = 180° - 90° - \arctan \omega_c T = 90° - \arctan \omega_c T > 45°$。

2）典型Ⅱ型系统

在各种Ⅱ型系统中，选择一种结构简单而且能保证稳定的结构作为典型的Ⅱ型系统，其开环传递函数为

$$W(s) = \frac{K(\tau s+1)}{s^2(Ts+1)} \qquad (3-43)$$

它的闭环系统结构框图和开环对数频率特性如图 3-27 所示，其中频段也是以 -20 dB/dec 斜率穿越 0 dB 线。由于分母中 s^2 项对应的相频特性是 -180°，后面还有一个惯性环节（实际系统中必定有的），如果不在分子上添一个比例微分环节（$\tau+1$），就无法把相频特性抬到 -180° 线以上，也就无法保证系统稳定。要实现图 3-27（b）的特性，显然应保证

$$\frac{1}{\tau} < \omega_c < \frac{1}{T}$$

或

$$\tau > T$$

相角稳定裕度 $\gamma = 180° - 180° + \arctan \omega_c \tau - \arctan \omega_c T = \arctan \omega_c \tau - \arctan \omega_c T$，$\tau$ 比 T 大得越多，则系统的稳定裕度越大。

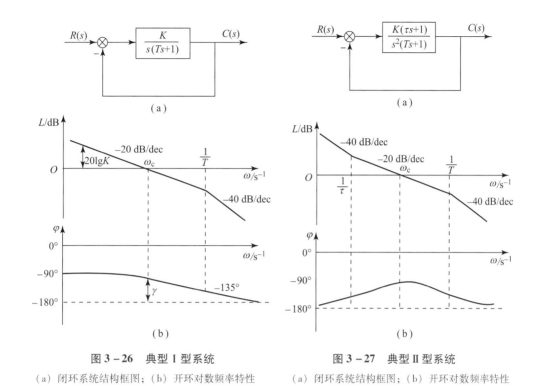

图 3 - 26　典型 I 型系统　　　　图 3 - 27　典型 II 型系统

（a）闭环系统结构框图；（b）开环对数频率特性　　　（a）闭环系统结构框图；（b）开环对数频率特性

4. 控制系统的动态性能指标

生产工艺对控制系统动态性能的要求经折算和量化后可以表述为动态性能指标。自动控制系统的动态性能指标包括对给定输入信号的跟随性能指标和对扰动输入信号的抗扰性能指标。

1）跟随性能指标

在给定信号或参考信号 $R(t)$ 作用下，系统输出量 $C(t)$ 的变化情况可用跟随性能指标来描述。当给定信号变化方式不同时，输出的响应也不一样。通常以输出量的初始值为零时给定信号阶跃变化下的过渡过程作为典型的跟随过程，这时的输出量动态响应称作阶跃响应。常用的阶跃响应跟随性能指标有上升时间、超调量和调节时间。

（1）上升时间 t_r。图 3 - 28 绘出了阶跃响应的跟随过程，图中的输出量 C 从零升到 C_∞ 所经过的时间称作上升时间，它表示动态响应的快速性。

（2）超调量 σ。在阶跃响应过程中，超过 t_r 以后，输出量有可能继续升高，到峰值时间 t_p 时达到最大值 C_{max}，然后回落。C_{max} 超过稳态值 C_∞ 的百分数叫做超调量，即

$$\sigma = \frac{C_{max} - C_\infty}{C_\infty} \times 100\ \% \qquad (3 - 44)$$

超调量反映系统的相对稳定性。超调量越小，相对稳定性越好。

（3）调节时间 t_s。又称过渡过程时间，它衡量输出量整个调节过程的快慢。理论上，线性系统的输出过渡过程要到 $t = \infty$ 才稳定，但实际上由于存在各种非线性因素，

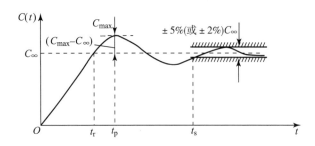

图 3 - 28　典型的阶跃响应过程和跟随性能指标

过渡过程到一定时间就终止了。为了在线性阶跃响应曲线上表示调节时间，认定稳态值上下 ±5%（或取 ±2%）的范围为允许误差带，将输出量达到并不再超出该误差带所需的时间定义为调节时间。显然，调节时间既反映了系统的快速性，也包含着它的稳定性。

2）抗扰性能指标

控制系统稳定运行中，突加一个使输出量降低的扰动量 F 以后，输出量由降低到恢复的过渡过程是系统典型的抗扰过程，如图 3 - 29 所示。常用的抗扰性能指标为动态降落和恢复时间。

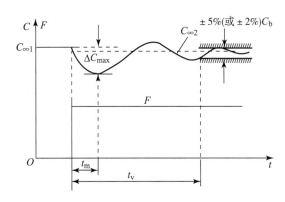

图 3 - 29　突加扰动的动态过程和抗扰性能指标

（1）动态降落 ΔC_{max}。系统稳定运行时，突加一个约定的标准扰动量，所引起的输出量最大降落值称作动态降落，一般用 ΔC_{max} 占输出量原稳态值 $C_{\infty1}$ 的百分数 $\Delta C_{max}/C_{\infty1} \times 100\%$ 来表示（或用某基准值 C_b 的百分数 $\Delta C_{max}/C_b \times 100\%$ 来表示）。输出量在动态降落后逐渐恢复，达到新的稳态值 $C_{\infty2}$，（$C_{\infty1} - C_{\infty2}$）是系统在该扰动作用下的稳态误差，即静差。动态降落一般都大于稳态误差。调速系统突加额定负载扰动时转速的动态降落称作动态速降 Δn_{max}。

（2）恢复时间 t_v。从阶跃扰动作用开始，到输出量基本上恢复稳态，距新稳态值 $C_{\infty2}$ 之差进入某基准值 C_b 的 ±5%（或取 ±2%）范围之内所需的时间，定义为恢复时间 t_v，见图 3 - 29。其中 C_b 称作抗扰指标中输出量的基准值，视具体情况选定。如果允许的动态降落较大，就可以新稳态值 $C_{\infty 2}$ 作为基准值。如果允许的动态降落较小，例如小于5%（这是常有的情况），按进入 $\pm 5\%\ C_{\infty 2}$ 范围来定义的恢复时间只能为零，就没有意义了，所以必须选择一个比稳态值更小的 C_b 作为基准。

实际控制系统对于各种动态指标的要求各有不同，一般来说，调速系统的动态指标以抗扰性能为主，而伺服随动系统的动态指标则以跟随性能为主。

5. 双闭环调速系统的实际动态结构框图

双闭环调速系统的实际动态结构框图如图 3 - 30 所示，其中包含了滤波环节，包括电流滤波、转速滤波和两个给定信号的滤波环节。由于电流检测信号中常含有交流分量，为了不使它影响到调节器的输入，需加低通滤波。这样的滤波环节传递函数可用一阶惯性环节来表示，其滤波时间常数 T_{oi} 按需要选定，以滤平电流检测信号为准。然而，在抑制交流分量的同时，滤波环节也延迟了反馈信号的作用，为了平衡这个延迟作用，在给定信号通道上加入一个同等时间常数的惯性环节，称作给定滤波环节。其意义是，让给定信号和反馈信号经过相同的延时，使二者在时间上得到恰当的配合，从而带来设计上的方便，下面在结构框图简化时再详细分析。

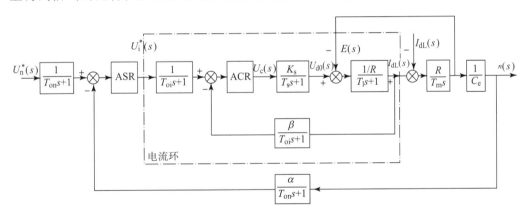

图 3 - 30　双闭环调速系统的动态结构框图

T_{oi}—电流反馈滤波时间常数；T_{on}—转速反馈滤波时间常数

由位置传感器得到的转速反馈电压含有换向纹波，因此也需要滤波，滤波时间常数用 T_{on} 表示。根据和电流环一样的道理，在转速给定通道上也加入一个同等时间常数的给定滤波环节。

6. 电流环的工程设计方法

1）电流环结构框图的化简

在图 3 - 30 点画线框内的电流环中，反电动势与电流反馈的作用相互交叉，这将给设计工作带来麻烦。实际上，反电动势与转速成正比，这代表转速对电流环的影响。在一般情况下，系统的电磁时间常数 T_l 远小于机电时间常数 T_m，因此，转速的变化往往比电流变化慢得多。对电流环来说，反电动势是一个变化较慢的扰动，在电流的瞬变过程中，可以认为反电动势基本不变，即 $\Delta E \approx 0$。这样，在按动态性能设计电流环时，可以暂不考虑反电动势变化的动态影响，也就是说，可以暂且把反电动势的作用去掉，得到电流环的近似结构框图，如图 3-31 （a） 所示。

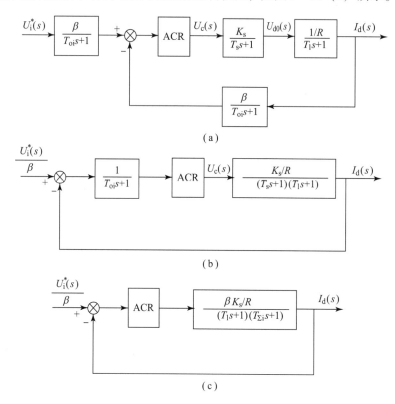

图 3-31　电流环的动态结构框图及其化简
（a）忽略反电动势的动态影响；（b）等效成单位负反馈系统；（c）小惯性环节近似处理

如果把给定滤波和反馈滤波两个环节都等效地移到环内，同时把给定信号改成 $U_i^*(s)/\beta$，则电流环便等效成单位负反馈系统，如图 3-31 （b） 所示，从这里可以看出两个滤波时间常数取值相同的方便之处。

最后，由于 T_s 和 T_{oi} 一般都比 T_l 小得多，可以当作小惯性群而近似地看作是一个惯性环节，其时间常数为

$$T_{\Sigma i} = T_s + T_{oi} \tag{3-45}$$

则电流环结构框图最终简化成如图 3-31 （c） 所示。

2）电流调节器结构的选择

首先考虑应把电流环校正成哪一类典型系统。从稳态要求上看，希望电流无静差，以得到理想的堵转特性，由图 3-31 （c） 可以看出，采用 I 型系统就够了。再从动态

要求上看，实际系统不允许电枢电流在突加控制作用时有太大的超调，以保证电流在动态过程中不超过允许值，而对电网电压波动的及时抗扰作用只是次要的因素。为此，电流环应以跟随性能为主，即应选用典型 I 型系统。

图 3 - 31 （c）表明，电流环的控制对象是双惯性型的，要校正成典型 I 型系统，显然应采用 PI 型的电流调节器，其传递函数可以写成

$$W_{\mathrm{ACR}}(s) = \frac{K_i(\tau_i s + 1)}{\tau_i s} \qquad (3-46)$$

式中　K_i——电流调节器的比例系数；

　　τ_i——电流调节器的超前时间常数。

为了让调节零点与控制对象的大时间常数极点对消，选择

$$\tau_i = T_1 \qquad (3-47)$$

则电流环的动态结构框图便成为图 3 - 32 （a）所示的典型形式，其中

$$K_1 = \frac{K_i K_s \beta}{\tau_i R} \qquad (3-48)$$

图 3 - 32 （b）绘出了校正后电流环的开环对数幅频特性。

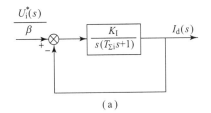

（a）

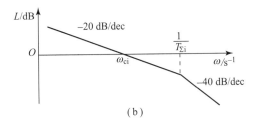

（b）

图 3 - 32　校正成典型 I 型系统的电流环

（a）动态结构框图；（b）开环对数幅频特性

上述结果是在一系列假定条件下得到的，现将用过的假定条件归纳如下，以便具体设计时校验。

（1）电力电子变换器纯滞后的近似处理。

$$\omega_{\mathrm{ci}} \leqslant \frac{1}{3 T_s}$$

（2）忽略反电动势变化对电流环的动态影响。

$$\omega_{ci} \geqslant 3 \sqrt{\frac{1}{T_m T_l}}$$

（3）电流环小惯性群的近似处理。

$$\omega_{ci} \leqslant \frac{1}{3} \sqrt{\frac{1}{T_s T_{oi}}}$$

式中　ω_{ci} ——电流环开环频率特性的截止频率。

7. 速度环的工程设计方法

1）电流环的等效闭环传递函数

电流环经简化后可视作转速环中的一个环节，为此，需求出它的闭环传递函数 $W_{cli}(s)$。由图 3 - 32（a）可知

$$W_{cli}(s) = \frac{I_d(s)}{U_i^*(s)\beta} = \frac{\dfrac{K_1}{s(T_{\Sigma i}s+1)}}{1 + \dfrac{K_1}{s(T_{\Sigma i}s+1)}} = \frac{1}{\dfrac{T_{\Sigma i}}{K_1}s^2 + \dfrac{1}{K_1}s + 1} \qquad (3-49)$$

忽略高次项，$W_{cli}(s)$ 可降阶近似为

$$W_{cli}(s) \approx \frac{1}{\dfrac{1}{K_1}s + 1} \qquad (3-50)$$

接入转速环内，电流环等效环节的输入量应为 $U_i^*(s)$，因此电流环在转速环中应等效为

$$\frac{I_d(s)}{U_i^*(s)} = \frac{W_{cli}(s)}{\beta} \approx \frac{\dfrac{1}{\beta}}{\dfrac{1}{K_1}s + 1} \qquad (3-51)$$

这样，原来是双环节的电流环控制对象，经闭环控制后，可以近似地等效成只有较小时间常数 $1/K_1$ 的一阶惯性环节。这就表明，电流的闭环控制改变了控制对象，加快了电流的跟随作用，这是局部闭环（内环）控制的一个重要功能。

2）转速调节器结构的选择

用电流环的等效环节代替图 3 - 30 中的电流环后，整个转速控制系统的动态结构框图如图 3 - 33（a）所示。

和电流环一样，把转速给定滤波和反馈滤波环节移到环内，同时将给定信号改成 $U_n^*(s)/\alpha$，再把时间常数为 $1/K_1$ 和 T_{on} 的两个小惯性环节合并起来，近似成一个时间常数为 $T_{\Sigma n}$ 的惯性环节，其中

$$T_{\Sigma n} = \frac{1}{K_1} + T_{on} \qquad (3-52)$$

则转速环结构框图可简化成图 3 - 33（b）所示。

　　为了实现转速无静差，在负载扰动作用点前面必须有一个积分环节，它应该包含在转速调节器 ASR 中（图 3 – 33（b））。现在扰动作用点后面已经有了一个积分环节，因此转速环开环传递函数应共有两个积分环节，所以应该设计成典型 II 型系统，这样的系统同时也能满足动态抗扰性能好的要求。至于其阶跃响应超调量较大，那是线性系统的计算数据，实际系统中转速调节器的饱和非线性性质会使超调量大大降低。由此可见，ASR 也应该采用 PI 调节器，其传递函数为

$$W_{\mathrm{ASR}}(s) = \frac{K_{\mathrm{n}}(\tau_{\mathrm{n}}s + 1)}{\tau_{\mathrm{n}}s} \tag{3 – 53}$$

式中　K_{n} ——转速调节器的比例系数；

　　　τ_{n} ——转速调节器的超前时间常数。

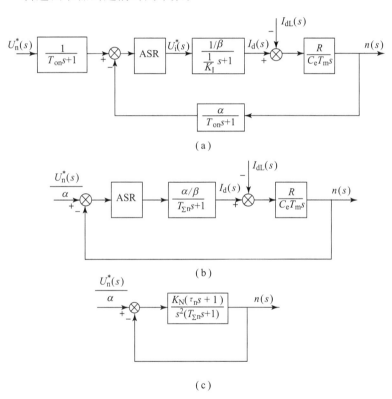

（a）

（b）

（c）

图 3 – 33　转速环的动态结构框图及其简化
（a）用等效环节代替电流环；（b）等效成单位负反馈系统和小惯性的近似处理；
（c）校正后成为典型 II 型系统

　　这样，调速系统的开环传递函数为

$$W_{\mathrm{n}}(s) = \frac{K_{\mathrm{n}}(\tau_{\mathrm{n}}s + 1)}{\tau_{\mathrm{n}}s} \cdot \frac{\dfrac{\alpha R}{\beta}}{C_{\mathrm{e}}T_{\mathrm{m}}s(T_{\Sigma\mathrm{n}}s + 1)} = \frac{K_{\mathrm{n}}\alpha R(\tau_{\mathrm{n}}s + 1)}{\tau_{\mathrm{n}}\beta C_{\mathrm{e}}T_{\mathrm{m}}s^{2}(T_{\Sigma\mathrm{n}}s + 1)} \tag{3 – 54}$$

令转速环开环增益 K_N 为

$$K_N = \frac{K_n \alpha R}{\tau_n \beta C_e T_m} \tag{3-55}$$

则

$$W_n(s) = \frac{K_N(\tau_n s + 1)}{s^2(T_{\Sigma n} s + 1)} \tag{3-56}$$

不考虑负载扰动时，校正后的调速系统动态结构框图如图 3-33（c）所示。

3.5.2 伺服系统位置环闭环设计

在调速系统的基础上，再设一个位置控制环，便形成三环控制的位置伺服系统，如图 3-34 所示。其中位置调节器 APR 就是位置环的校正装置，其输出限幅值决定着电动机的最高转速。

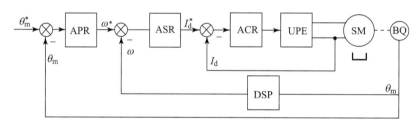

图 3-34　三环位置伺服系统

APR—位置调节器；ASR—转速调节器；ACR—电流调节器；

BQ—光电位置传感器；DSP—数字转速信号形成环节

直流转速闭环控制系统按典型 II 型系统设计，图 3-35 为转速环结构图，开环传递函数为

$$W_{nop}(s) = \frac{K_N(\tau_n s + 1)}{s^2(T_{\Sigma n} s + 1)} \tag{3-57}$$

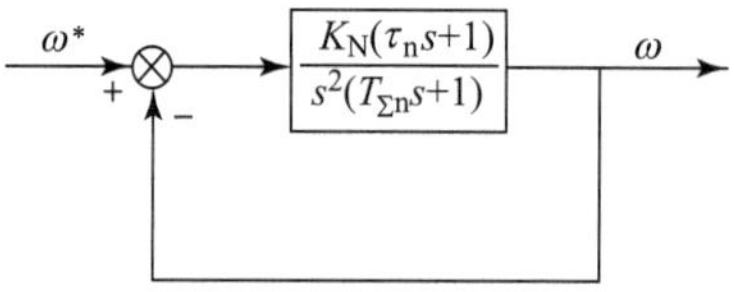

图 3-35　转速环结构图

与图 3-33（c）不同之处是转速用角速度 ω 表示，传递函数中参数的物理意义相同，但参数值略有不同。对于交流伺服电动机，假定磁链恒定，则矢量控制系统简化结构如图 3-36 所示，其中转速调节器 ASR 采用 PI 调节器，开环传递函数为

$$W_{nop}(s) = \frac{K_n C_T(\tau_n s + 1)/J}{T_n s^2(T_i s + 1)} = \frac{K_N(\tau_n s + 1)}{s^2(T_i s + 1)} \tag{3-58}$$

与式（3 – 57）的结构完全相同。

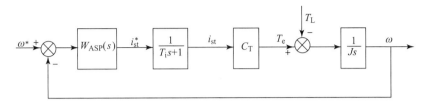

图 3 – 36 矢量控制系统结构示意

由式（3 – 57）导出转速闭环传递函数为

$$W_{\mathrm{ncl}}(s) = \frac{\omega(s)}{\omega^*(s)} = \frac{K_{\mathrm{N}}(\tau_{\mathrm{n}}s + 1)}{s^2(T_{\Sigma\mathrm{n}}s + 1) + K_{\mathrm{N}}(\tau_{\mathrm{n}}s + 1)} \tag{3 – 59}$$

$$= \frac{K_{\mathrm{N}}(\tau_{\mathrm{n}}s + 1)}{T_{\Sigma\mathrm{n}}s^3 + s^2 + K_{\mathrm{N}}\tau_{\mathrm{n}}s + K_{\mathrm{N}}}$$

再加上转角与转速的传递函数

$$W_{\theta}(s) = \frac{1}{J_s} \tag{3 – 60}$$

构成位置环的控制对象，如图 3 – 37 所示。

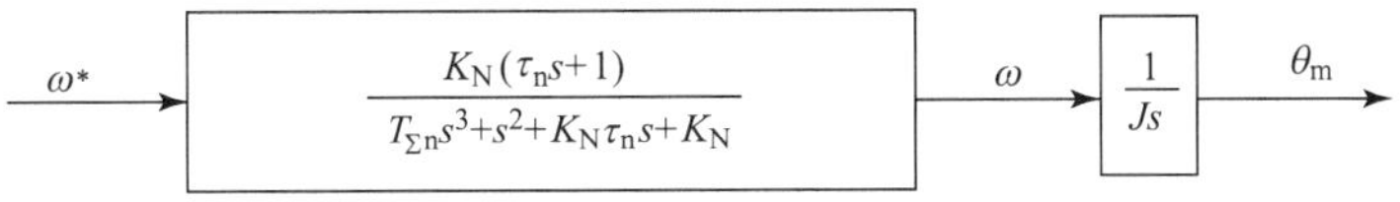

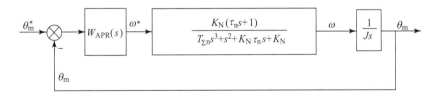

图 3 – 37 位置环的控制对象结构

位置环控制对象的传递函数为

$$W_{\theta\mathrm{obj}}(s) = \frac{\theta_{\mathrm{m}}(s)}{\omega^*(s)} = \frac{K_{\mathrm{N}}(\tau_{\mathrm{n}}s + 1)/Js}{s(T_{\Sigma\mathrm{n}}s^3 + s^2 + K_{\mathrm{N}}\tau_{\mathrm{n}}s + K_{\mathrm{N}})} \tag{3 – 61}$$

位置闭环控制结构图如图 3 – 38 所示，其中，APR 是位置调节器。开环传递函数为

图 3 – 38 位置闭环控制结构

$$W_{\theta\mathrm{op}}(s) = W_{\mathrm{APR}}(s) \frac{K_{\mathrm{N}}(\tau_{\mathrm{n}}s + 1)/Js}{s(T_{\Sigma\mathrm{n}}s^3 + s^2 + K_{\mathrm{N}}\tau_{\mathrm{n}}s + K_{\mathrm{N}})} \tag{3 – 62}$$

其中，位置调节器的传递函数为 $W_{\mathrm{APR}}(s)$。

由于控制对象在前向通道上有一个积分环节，当输入 θ_{m}^* 为阶跃信号时，APR 选用

P 调节器就可实现稳态无静差，则系统的开环传递函数可以改写为

$$W_{\theta op}(s) = \frac{K_p K_N(\tau_n s + 1)/Js}{s(T_{\Sigma n} s^3 + s^2 + K_N \tau_n s + K_N)}$$

$$= \frac{K_\theta(\tau_n s + 1)}{s(T_{\Sigma n} s^3 + s^2 + K_N \tau_n s + K_N)}$$

$$(3-63)$$

式中 K_p ——调节器的比例系数；

K_θ ——系统的开环放大系数，$K_\theta = \dfrac{K_p K_N}{Js}$。

伺服系统的闭环传递函数为

$$W_{\theta L}(s) = \frac{K_\theta(\tau_n s + 1)}{T_{\Sigma n} s^4 + s^3 + K_N \tau_n s^2 + (K_N + K_\theta \tau_n)s + K_\theta}$$

$$(3-64)$$

系统特征方程式为

$$T_{\Sigma n} s^4 + s^3 + K_N \tau_n s^2 + (K_N + K_\theta \tau_n) + K_\theta = 0 \qquad (3-65)$$

用 Routh 稳定判据，可求得系统的稳定条件为

$$\left.\begin{array}{l} K_\theta < \dfrac{K_N(\tau_n - T_{\Sigma n})}{T_{\Sigma n} \tau_n} \\[3mm] -T_{\Sigma n} \tau_n^2 K_\theta^2 + (\tau_n^2 K_{N_*} - 2T_{\Sigma n} K_N \tau_n - 1)K_\theta + K_N^2(\tau_n - T_{\Sigma n}) > 0 \end{array}\right\} \quad (3-66)$$

考虑到 $\tau_n = h T_{\Sigma n}$，$K_N = \dfrac{h+1}{2h^2 T_{\Sigma n}^2}$，$h$ 为中频段宽度，则式（3-66）可改写为

$$\left.\begin{array}{l} K_\theta < \dfrac{h^2 - 1}{2h^3 T_{\Sigma n}^2} \\[3mm] -h T_{\Sigma n}^3 \tau_\theta^2 K_\theta^2 + \dfrac{h^2 - 3h - 2}{2h} K_\theta + \dfrac{(h+1)^2 - (h-1)}{4h^4 T_{\Sigma n}^3} > 0 \end{array}\right\} \quad (3-67)$$

当输入 θ_m^* 为速度信号时，APR 选用 PI 调节器才能实现稳态无静差，控制系统结构更加复杂。

多环控制系统调节器的设计方法也是从内环到外环，逐个设计各环的调节器。逐环设计可以使每个控制环都稳定，从而保证了整个控制系统的稳定性。当电流环和转速环内的对象参数变化或受到扰动时，电流反馈和转速反馈能够起到及时的抑制作用，使之对位置环的工作影响很小。同时，每个环节都有自己的控制对象，分工明确，易于调整。但这样逐环设计的多环控制系统也有明显的不足，即对最外环控制作用的响应不会很快。

第4章　发射装置交流伺服系统

4.1　无刷直流伺服电动机及其工作原理[①]

4.1.1　无刷直流伺服电动机的发展现状

一个多世纪以来，电动机作为机电能量转换装置，其应用范围已遍及国民经济的各个领域以及人们的日常生活。电动机的类型按结构和工作原理不同主要有同步电动机、异步电动机和直流电动机三种，其容量小到几瓦，大到上万瓦。其中，直流电动机自从19世纪40年代出现以来，以其运行效率高和调速性能好等诸多优点，在相当长的一段时间里，一直在运动控制领域占据主导地位。但是，传统的直流电动机均采用电刷，以机械方式进行换向，存在相对的机械摩擦，由此带来了噪声、火花、电磁干扰等致命弱点，加之制造成本高、维修困难、维护复杂、寿命较短等缺点，使其应用范围受到了很大限制。为了取代直流电动机的电刷－换向器结构，人们做了长期的探索。1917年，Boliger提出用整流管代替直流电动机的机械式电刷，出现了无刷直流电动机的基本思想。1955年，美国的D. Harrison等人首次申请了应用晶体管换向代替电动机机械换向的专利，出现了现代无刷直流电动机的雏形。但由于该电动机没有启动转矩而只能处于实验室研究阶段，不能实现产品化。又经过多年的研究探索，借助于霍尔元件实现换向的无刷直流电动机终于在1962年问世，开创了无刷直流电动机产品化的新纪元。

与直流电动机相比较，无刷直流电动机的最大特点是它以半导体开关器件代替了由换向器和电刷组成的机械式换向结构。由于没有了滑动电接触，也就没有换向器的机械磨损、换向火花和电磁干扰，同时，转子采用永磁体激磁，没有激磁损耗，提高了电动机的整体效率，加之，容易发热的电枢绕组又位于定子上，热阻小，散热方便，使电动机温升容易控制。在电动机性能上，无刷直流电动机保持了直流电动机优良的

[①]　无刷直流伺服电动机是在直流电动机的基础上发展而来的，但其结构和原理一般认为是交流电动机，因此，4.1、4.2节内容放入本章介绍。

调速特性，转速控制方便。由于这些显著优点，无刷直流电动机在国防、航空、航天、航海以及国民经济各个领域都得到越来越广泛的应用。

无刷直流电动机的发展取决于现代科学技术的发展，特别是现代电力电子技术、永磁材料技术和现代控制技术等的发展。在无刷直流电动机发展的早期，由于当时大功率开关器件仅处于初级发展阶段，可靠性差，价格昂贵，加之永磁材料和驱动控制技术发展水平的制约，使得无刷直流电动机自发明以后的一个相当长的时间内，性能都不理想，只能停留在实验室发展阶段，无法推广使用。20 世纪 70 年代以来，随着电力电子工业的飞速发展，许多新型全控型半导体功率器件，如 GTR、MOSFET、IGBT 等相继问世，加之高磁能积永磁材料，如 SmCo、NdFeB 等的陆续出现，为无刷直流电动机的广泛应用奠定了坚实的基础，无刷直流电动机系统得以迅速发展。1978 年，原西德 MANNESMANN 公司的 Indramat 分部，在汉诺威贸易博览会上正式推出 MAC 无刷直流电动机系统，标志着无刷直流电动机技术已进入实用化阶段。

随着电动机本体及其相关技术的迅速发展，新型电动机不断涌现，"无刷直流电动机"的概念已由最初特指具有电子换向的直流电动机发展到泛指一切具备有刷直流电动机外部特性的电子换向式永磁电动机。

无刷直流电动机系统按其绕组反电势的波形和电流的波形可大致分为两大类：方波无刷直流电动机和正弦波无刷直流电动机。

方波无刷直流电动机国际上一般称为 Brushless DC Motor（BDCM），它是无刷直流电动机的最初形式，最早出现的无刷直流电动机就是这种类型，其绕组反电势波形为梯形波，电流波形为方波。

正弦波无刷直流电动机是在永磁同步电动机的基础上演变而来的。20 世纪 60 年代初，人们利用永磁体代替同步电动机的励磁线圈和滑环，产生激磁磁场，成功研制出了永磁同步电动机。这种电动机，由于消除了滑动电接触，提高了电动机的可靠性。在转子表面附加一个鼠笼绕组，用以产生启动转矩，实现在线启动。70 年代末，随着电力电子技术的发展，出现了逆变器驱动的永磁同步电动机。这种电动机的启动方式主要是逆变器变频启动，不再需要附加鼠笼，消除了鼠笼笼条发热对永磁体带来的不利影响，提高了电动机的性能。为了确保电动机不出现振荡失步现象，人们研制出了带有转子位置传感器的逆变器驱动永磁同步电动机系统。该系统源于同步电动机，其绕组反电势波形为正弦波，绕组电流波形也为正弦波，因此称为正弦波无刷直流电动机系统，国际上习惯采用其最初的名称——Permanent Magnet Synchronous Motor（PMSM）。

随着对无刷直流电动机特性了解的日益深入，无刷直流电动机的理论也逐渐得到完善。1986 年，H. R. Bolton 发表了一篇名为 "Investigation into a Class of Brushless DC Motor with Quasisquare Voltages and Currents" 的文献，对方波无刷直流电动机的特性进行了全面系统的总结，指出了该电动机主要的研究领域和研究方法，为今后的研究工作指明了方向。该论文已成为方波无刷直流电动机理论的经典文献，至今仍经常被其他文献引用。这篇论文也标志着方波无刷直流电动机在理论上已基本趋于成熟。

对正弦波无刷直流电动机系统的研究工作主要集中在绕组电流的控制方法上。1982 年，G. Pfaff 提出了静止参考坐标系下的两种电流控制法：电流反馈 SPWM 法和电流滞环法，用于产生正弦波绕组电流，指出了它们各自的应用范围，并通过试验加以验证。1987 年，P. Pillay 对正弦波无刷直流电动机的各种研究成果进行了总结，提出了旋转参考坐标系下的电流控制方法。这三种方法现在已成为正弦波无刷直流电动机绕组电流的主要控制方法。

经过二十多年的发展，无刷直流电动机系统已在运动控制领域得到了广泛的应用。其应用从最初的军事工业，向航空、航天、医疗、信息、家电以及工业自动化领域迅速发展。随着高磁能积永磁材料的不断涌现，无刷直流电动机正在向大功率方向发展。随着计算机和微电子技术的发展，无刷直流电动机应用现代控制技术进行实时控制得到快速发展，并在某些应用场合实现了无位置传感器控制。现在，无刷直流电动机系统正在逐步实现全数字化控制。

4.1.2　无刷直流伺服电动机的基本原理

无刷直流电动机是用电子换向代替传统的机械换向的一种新型机电一体化电动机。它由一台永磁同步电动机的本体，一套电子换向电路（又称逆变器）和转子位置传感器所组成。

无刷直流电动机保持着有刷直流电动机的优良机械及控制特性，在电磁结构上和有刷直流电动机一样，但它的电枢绕组放在定子上，转子上放置永久磁钢。无刷直流电动机的电枢绕组像交流电动机的绕组一样，采用多相形式，经由逆变器接到直流电源上，定子采用位置传感器实现电子换相来代替有刷直流电动机的电刷和换向器，各相逐次通电产生电流，定子磁场和转子磁极主磁场相互作用，产生转矩。

和有刷直流电动机相比，无刷直流电动机取消了电动机的滑动接触机构，因而消除了故障的主要根源。转子上没有绕组，也就没有了励磁损耗，又由于主磁场是恒定的，因此铁损也极小（在方波电流驱动时，电枢磁势的轴线是脉动的，会在转子铁芯内产生一定的铁损，采用正弦波电流驱动比方波电流铁损更小）。总的说来，除了轴承旋转产生磨损外，转子的损耗很小，因而进一步增加了工作的可靠性。

无刷直流电动机的基本工作原理是借助反映转子位置的位置信号，通过驱动电路驱动逆变电路的功率开关元件，使电枢绕组依一定顺序导通，从而在电动机气隙中产生旋转磁场，拖动永磁转子旋转。随着转子的转动，转子位置信号依一定规律变化，从而改变电枢绕组的通电状态，实现无刷直流电动机的机电能量转换。

1. 无刷直流电动机基本组成

无刷直流电动机的结构原理图如 4 – 1 所示。它主要由电动机本体、位置传感器和电子换向电路三部分组成。

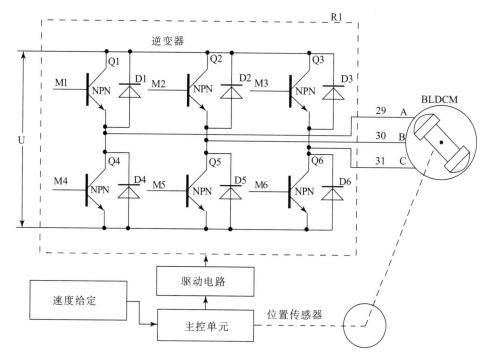

图 4 – 1 无刷直流电动机结构原理

1）电动机本体

无刷直流电动机本体在结构上与永磁同步电动机相似，但没有笼形绕组和其他气动装置。其定子绕组一般制成多相（三相、四相、五相不等），转子由永久磁钢按一定极对数（$2p = 2$，4，…）组成。

图 4 – 1 中的电动机为三相两极。三相定子绕组分别与电子开关线路中相应的功率开关器件相连接，图中的 A 相、B 相、C 相绕组分别与功率开关管 Q1Q4、Q5Q2、Q3Q6 相接。位置传感器负责跟踪转子并与电动机的转轴相连接。当定子绕组的某一相通电时，该电流与转子永久磁钢的磁极所产生的磁场相互作用而产生转矩，驱动转子旋转，再由位置传感器将转子位置信号变换成电信号，控制电子开关线路，从而使定子各相绕组按一定次序导通，定子相电流随转子位置的变化按一定的次序换相。由于电子开关线路的导通次序是与转子转角同步的，因而起到了换向器的作用。

2）位置传感器

位置传感器在直流无刷电动机中起着检测转子磁极位置的作用，安装在定子线圈的相应位置上。当定子绕组的某一相通电时，该电流与转子磁极所产生的磁场互相作用而产生转矩，驱动转子旋转，再由位置传感器将转子磁极位置变换成电信号，去控制电子换向线路，从而使定子各相绕组按一定次序通电，使定子相电流随转子位置的变化按一定的次序换相，从而使电动机能够连续工作。位置传感器的种类很多，且各具特点，目前在直流无刷电动机中常用的位置传感器主要有以下几种。

（1）电磁式位置传感器。

电磁式位置传感器是利用电磁效应来实现位置测量。电磁式位置传感器具有输出信号大、工作可靠、寿命长、使用环境要求不高、适应性强、结构简单等优点。但这种传感器的信噪比小，同时其输出波形为交流，一般需要经过整流、滤波后才可使用。

（2）光电式位置传感器。

光电式位置传感器利用光电效应制成，由跟随电动机转子一起旋转的遮光板和固定不动的光源及光电管等部件组成。这类传感器性能比较稳定，但存在输出信号信噪比较大、光源灯泡寿命短、使用环境要求高等缺点。

（3）磁敏式位置传感器。

磁敏式位置传感器是指它的某些电参数按一定规律随周围磁场变化的半导体敏感元件，其基本原理为霍尔效应和磁阻效应。目前常见的磁敏式传感器有霍尔元件、霍尔集成电路、磁敏电阻器及磁敏二极管等。霍尔传感器结构简单，性能可靠，成本低，是目前在无刷直流电动机上应用最多的一种位置传感器。霍尔效应原理图如4-2（a）所示。

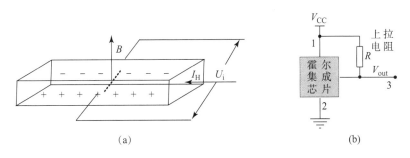

图 4 - 2　霍尔效应

（a）霍尔效应原理示意图；（b）霍尔开关应用电路

在长方形半导体薄片上通以电流 I_H，将半导体薄片置于外磁场中，并将其与外磁场垂直时，在与电流 I_H 和磁感应强度 B 构成的平面相垂直的方向上会产生一个电动势 E_H，称其为霍尔电动势，大小为

$$E_H = K_H I_H B$$

式中　K_{H} ——霍尔元件的灵敏度系数。

霍尔元件所产生的电动势很低，在应用时往往需要外接放大器，很不方便。随着半导体技术的发展，将霍尔元件与附加电路封闭为三端模块，构成霍尔集成电路。

霍尔集成电路有开关型和线性型两种。通常采用开关型霍尔集成电路作为位置传感元件。我们通常把开关型霍尔集成电路叫做霍尔开关，其应用电路如 4 - 2（b）所示。

使用霍尔开关构成位置传感器通常有两种形式。第一种是将霍尔开关粘贴于电动机端盖内表面，在靠近霍尔开关并与之有一定间隙处，安装着与电动机同轴的永磁体。第二种是直接将霍尔开关敷贴在定子电枢铁芯表面或绕组端部紧靠铁芯处，利用电动机转子上永磁体主磁极作为传感器的永磁体，根据霍尔开关的输出信号即可判定转子位置。对于两相导通星形三相六状态无刷直流电动机，三个霍尔开关在空间彼此相隔 120°电角度，传感器永磁体的极弧宽度为 180°电角度，这样，当电动机转子旋转时，三个霍尔开关便交替输出三个宽度为 180°电角度、相位互差 120°的矩形波信号。

无刷直流电动机转子位置传感器输出的脉冲信号，通过单片机控制器的 CAP 捕获电路送入单片机控制器，作为转子位置和速度的反馈信号，当任意一相转子位置信号发生变化时，产生中断，在中断处理程序中电动机实现换相。在电动机转子每个旋转周期内霍尔位置传感器会产生六个交变信号，因此只要算出两次信号交变的时间差，就可以由简单除法得到电动机实际速度值。

3）电子换向电路

电子换向电路的作用是将位置传感器检测到的转子位置信号进行处理，按一定的逻辑代码输出，触发功率开关。由于电子换向线路的导通次序与转子转角同步，因而起到了机械电刷和换向器的换向作用。因此，所谓无刷直流电动机，就其基本结构而言，可以认为是一个由电子换向电路、永磁式同步电动机以及位置传感器三者共同组成的闭环系统。

无刷直流电动机的电子换向电路是用来控制电动机定子上各相绕组的通电顺序和时间的，主要由功率逻辑控制开关单元和位置传感器信号处理单元两个部分组成。功率逻辑控制开关单元是控制电路的核心，其作用是将电源的功率以一定逻辑关系分配给无刷直流电动机定子上的各相绕组，以便使电动机产生持续不断的转矩。各相绕组导通的顺序和时间主要取决于来自位置传感器的信号。

电子换向电路分为桥式和非桥式两种，虽然电枢绕组与电子换向电路的连接形式多种多样，但应用最广泛的是三相星形全控状态和三相星形半控状态连接。早期的无刷直流电动机的换向器大多由晶闸管组成，由于其关断要借助反电动势或电流过零，而且晶闸管的开关频率较低，使得逆变器只能工作在较低频率范围内。随着新型可关断全控型器件的发展，在中小功率的电动机中换向器多由 MOSFET 或 IGBT 构成，具有驱动容易、开关频率高、可靠性高等诸多优点。

2. 无刷直流电动机的工作原理

有刷直流电动机由于电刷的换向，使得由永久磁钢产生的磁场与电枢绕组通电后产生的磁场在电动机运行过程中始终保持垂直，从而产生最大转矩，使电动机运转。无刷直流电动机的运行原理和有刷直流电动机基本相同，即在一个具有恒定磁通密度分布的磁极下，保证电枢绕组中通入的电流总量恒定，以产生恒定的转矩，且转矩只与电枢电流的大小有关。无刷直流电动机的运行还需依靠转子位置传感器检测出转子的位置信号，通过换相驱动电路驱动与电枢绕组连接的各功率开关管的导通与关断，从而控制定子绕组的通电，在定子上产生旋转磁场，拖动转子旋转。随着转子的转动，位置传感器不断地送出信号，以改变电枢的通电状态，使得在同一磁极下的导体中的电流方向保持不变。因此，就可产生恒定的转矩使无刷直流电动机运转起来。无刷直流电动机三相绕组主回路基本类型有三相半控和三相全控两种。三相半控电路的特点是简单，一个功率开关控制一相的通断，每个绕组只通电 1/3 的时间，另外 2/3 时间处于断开状态，时间没有得到充分的利用，所以我们采用三相全控式电路，如 4 - 3 所示。

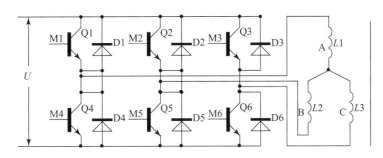

图 4 - 3   三相全控两两导通电路

在图 4 - 3 中，电动机的绕组为星形连接。Q1，Q2，…，Q6 为六个功率器件，起绕组的开关和驱动作用。采用两两导通工作方式，所谓两两导通方式是指每一个瞬间有两个功率管导通，每隔 1/6 周期（60°电角度）换相一次，每次换相一个功率管，每一功率管导通 120°电角度。各功率管的导通顺序 Q1Q5→Q1Q6→Q2Q6→Q2Q4→Q3Q4→Q3Q5→Q1Q5。当功率管 Q1Q5 导通时，电流从 Q1 管流入 A 相绕组，再从 C 相绕组流出，经 Q5 管回到电源。二相导通的星形三相六状态的导通顺序如表 4 - 1 所示。

表 4 – 1　两两导通的导通顺序

换相位置（电角度）/（°）	0	60	120	180	240	300	360
导通顺序	A			B		C	
	B		C		A		B
Q1	导通	导通					
Q2			导通	导通			
Q3						导通	导通
Q4						导通	
Q5	导通				导通		导通
Q6		导通	导通				

4.1.3　无刷直流伺服电动机的数学模型

方波无刷直流电动机的主要特征是反电动势为梯形波，包含有较多的高次谐波，这意味着定子和转子的互感是非正弦的，并且电感是非线性的。因此建立在旋转坐标系下的矢量控制理论在这里已经不是有效的分析方法，因为矢量控制理论只适用于气隙磁场为正弦分布的电动机，而直接利用电动机原有的相变量来建立数学模型既简单又能获得较准确的结果。在此，直接采用相变量法，根据转子位置，采用分段线性表示感应电动势。为简化数学模型的建立，在电动机模型建立时，认为电动机气隙是均匀的，并作以下假设：

（1）定子绕组为 60°相带整距集中绕组，星形连接；

（2）忽略齿槽效应，绕组均匀分布于光滑定子表面；

（3）转子上没有阻尼绕组，电动机无阻尼作用；

（4）磁路不饱和，忽略高次磁势谐波的影响，忽略磁滞、涡流的影响。

1. 电压平衡方程

由电动机电压平衡方程

$$U = R_i + L \frac{\mathrm{d}i}{\mathrm{d}t} + E \tag{4-1}$$

对于三相无刷直流电动机，方程可写成

$$\begin{bmatrix} u_a \\ u_b \\ u_c \end{bmatrix} = \begin{bmatrix} R_a & 0 & 0 \\ 0 & R_b & 0 \\ 0 & 0 & R_c \end{bmatrix} \times \begin{bmatrix} i_a \\ i_b \\ i_c \end{bmatrix} \times \begin{bmatrix} L_{aa} & L_{ab} & L_{ac} \\ L_{ba} & L_{bb} & L_{bc} \\ L_{ca} & L_{cb} & L_{cc} \end{bmatrix} \times P \times \begin{bmatrix} i_a \\ i_b \\ i_c \end{bmatrix} + \begin{bmatrix} e_a \\ e_b \\ e_c \end{bmatrix} \tag{4-2}$$

式中 u_a , u_b , u_c ——三相定子相电压；

$\quad\quad$ e_a , e_b , e_c ——三相定子反电动势；

$\quad\quad$ i_a , i_b , i_c ——三相定子相电流；

$\quad\quad$ R_a , R_b , R_c ——三相定子相电阻；

$\quad\quad$ L_{aa} , L_{bb} , L_{cc} ——三相定子绕组自感；

$\quad\quad$ L_{ab} , L_{ac} , L_{ba} , L_{bc} , L_{ca} , L_{cb} ——三相定子绕组间互感；

$\quad\quad$ P ——微分算子。

无刷直流电动机的结构决定了在一个360°电角度内转子的磁阻不随转子位置的变化而变化，并假定三相绕组对称。则有

$$L_{aa} = L_{bb} = L_{cc} = L \quad\quad\quad (4-3)$$

$$L_{ab} = L_{ac} = L_{ba} = L_{bc} = L_{ca} = L_{cb} = M \quad\quad\quad (4-4)$$

$$R_a = R_b = R_c = R \quad\quad\quad (4-5)$$

又因为在三相对称的电动机中存在 $i_a + i_b + i_c = 0$ ，因而 $Mi_a + Mi_b + Mi_c = 0$ ，故方程经整理可得

$$\begin{bmatrix} u_a \\ u_b \\ u_c \end{bmatrix} = \begin{bmatrix} R & 0 & 0 \\ 0 & R & 0 \\ 0 & 0 & R \end{bmatrix} \times \begin{bmatrix} i_a \\ i_b \\ i_c \end{bmatrix} \times \begin{bmatrix} L-M & 0 & 0 \\ 0 & L-M & 0 \\ 0 & 0 & L-M \end{bmatrix} \times P \times \begin{bmatrix} i_a \\ i_b \\ i_c \end{bmatrix} + \begin{bmatrix} e_a \\ e_b \\ e_c \end{bmatrix} \quad (4-6)$$

2. 转矩方程

无刷直流电动机的电磁转矩方程与普通直流电动机相似，其电磁转矩大小与磁通和电流幅值成正比，即

$$T_e = \frac{P_n(e_a i_a + e_b i_b + e_c i_c)}{\varpi} \quad\quad\quad (4-7)$$

式中 ϖ ——电动机的角速度；

$\quad\quad$ P_n ——电动机的极对数。

在忽略转动时的黏滞系数的假设下，无刷直流电动机的运动方程可写为

$$T_e = T_L + J\frac{d\varpi}{dt} \quad\quad\quad (4-8)$$

式中 T_L ——电动机的负载转矩；

$\quad\quad$ J ——电动机的转动惯量。

3. 传递函数

无刷直流电动机的运行和传统直流电动机基本相同，其动态结构图可以采用直流电动机通用的结构图，如图4-4所示。

由无刷直流电动机动态结构图得其传递函数为

$$n(s) = \frac{K_1}{1 + T_m s}U(s) - \frac{K_2}{1 + T_m s}T_L \quad\quad\quad (4-9)$$

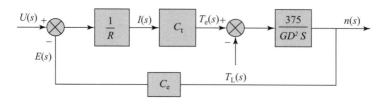

图4-4 无刷直流电动机动态结构

式中　K_1——电动势传递函数系数，$K_1 = 1/C_e$，C_e 为电动势系数；

　　　　K_2——转矩传递系数，$K_2 = R/(C_e C_t)$，R 为电动机内阻，C_t 为转矩系数；

　　　　T_m——机电时间常数，$T_m = RGD^2/(375 C_e C_t)$，$G$ 为转子重量，D 为转子直径。

4.2　无刷直流伺服电动机控制策略

4.2.1　无刷直流电动机的调速方法

1. 电势和调速方法

由无刷直流电动机数学模型可知，无刷直流电动机机械特性方程同一般有刷直流电动机机械特性方程在形式上完全一致。所以无刷直流电动机的调速方法也和有刷直流电动机的调速方法相似。有刷直流电动机调速方法包括：改变电动机主磁通调速；改变电枢回路电阻调速；调节电枢端电压调速。无刷直流电动机定子绕组相电势幅值由下式确定。

$$E = 2\pi n \frac{P_n}{60} N_1 \Phi = C_e \Phi n \qquad (4-10)$$

式中　$C_e = 2\pi P_n N_1/60$，表示电势系数；N_1 为相绕组等效匝数；P_n 为极对数；Φ 为每极磁通；n 为每分钟转速。

若考虑线路损耗及电动机内部压降（已归入 R_Σ），且120°导通型逆变器的输出电压幅值为 $U = U_d/2$，则电动机电势 E 与外加电压相平衡，$U = E + U_d/2$，即

$$\frac{1}{2} U_d = n C_e \Phi + \frac{1}{2} I_d R_\Sigma \qquad (4-11)$$

$$n = \frac{\frac{1}{2}(U_d - I_d R_\Sigma)}{C_e \Phi} \qquad (4-12)$$

式中　R_Σ——回路等效电阻，包括电动机两相电阻和管压降等效电阻。

式（4-12）表明，无刷直流电动机的转速公式与直流电动机的转速公式十分相似，可证明，当气隙分布为方波，电动机绕组为整距集中时，无刷直流电动机的转速

公式与直流电动机完全一样。

电枢端电压调速主要是从额定电压往下降低电枢电压，从电动机额定转速向下变速，属于恒转矩调速方法。该方法的主要优点有：降压特性曲线是一族与固有特性平行的直线，无论满载、轻载还是空载，都有明显的调速效果；降压特性曲线的硬度不变，低速时由于负载变化引起的转速波动不大，静态稳定性好，调速范围大；可以平滑地改变施于电动机的端电压，从而使转速平滑地调节，实现无级调速；电枢端电压调速方法调节过程中能量损耗小。因此这种调速方法被广泛应用在对启动、制动和调速性能要求较高的场合。

调节电枢端电压需要有专门的可控直流电源。常用的可控直流电源有四种：旋转变流机组、静止可控整流器、直流斩波器或脉宽调制变换器。通过脉宽调制变换器进行调制的方法又称为 PWM 调制方法，它是用恒定直流电源或不可控整流电源供电，利用开关器件来实现通断控制，将直流电压断续加到负载上，通过通、断电时间的变化来改变负载上直流电压的平均值，将固定直流电源变成平均值可调的直流电源。构成直流斩波器的开关器件过去用得较多的是普通晶闸管，它们本身没有自关断能力，因而限制了斩波器的性能。目前斩波器大都采用既能控制其导通又能控制其关断的全控型器件，如功率晶体管（GTR）、可关断晶闸管（GTO）、电力场效应管（P – MOSFET）、绝缘栅双极晶体管（IGBT）等。采用全控型器件的 PWM 调速系统，其脉宽调制电路的开关频率很高（可达 20 kHz 以上），因此系统的频带宽、响应速度快、动态抗干扰能力强。

本系统是通过调节逆变器功率器件的 PWM 触发信号的占空比来改变输入电动机的平均电压而实现调速的。

2. 电磁转矩

无刷直流电动机的电磁转矩可由电动机的电磁功率 P_e 和角速度 ω 求得

$$T_e = \frac{P_e}{\omega} = \frac{(U_d - I_d R_\Sigma) I_d}{2\pi n/60} \qquad (4-13)$$

将式（4 – 10）、式（4 – 11）和式（4 – 12）代入上式得

$$T_e = 2P_n N_1 \Phi I_d \qquad (4-14)$$

4.2.2　无刷直流电动机双闭环系统

1. 双闭环控制系统组成

要控制系统的仪器或设备，必然对其无刷直流电动机控制系统都有相应的静、动态性能要求。在一些高精尖领域（如航空、航天等），对无刷直流电动机控制系统的性能要求可以说是相当苛刻的。由于无刷直流电动机控制系统转速静差率的存在，采用开环控制技术不能消除静差率，不能满足控制系统稳、准、快的三个基本要求，故在

实际工程应用中的无刷直流电动机控制系统都是采用闭环控制技术实现的。

无刷直流电动机转速负反馈单闭环控制系统可以在保证系统稳定的条件下实现转速无静差，但又不能完全按照需要来控制动态过程的电流或转矩，因而常在对动态性能要求不高的场合采用。如果对系统的动态性能要求较高，例如要求快速启、制动，突加负载动态转速降小等，单闭环控制系统就难以满足需要。

为了改善无刷直流电动机控制系统的动态特性，就很有必要在速度负反馈单闭环控制系统的基础上再引入电流负反馈来控制系统动态过程的电流和转矩。为了实现转速和电流两种负反馈分别起作用，在系统中设置了两个调节器，分别调节转速和电流，二者之间实行串级连接，无刷直流电动机双闭环控制系统如图4-5所示。

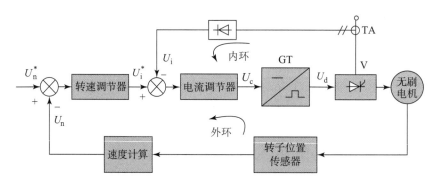

图4-5　无刷直流电动机双闭环控制系统

图4-5中，GT为驱动控制装置，V为功率开关管，U_n、U_n^*分别为转速给定电压和转速反馈电压，U_i、U_i^*分别为电流给定电压和电流反馈电压。这就是说，把转速调节器的输出当作电流调节器的输入，再用电流调节器的输出去控制功率开关管的触发装置，进而控制功率开关管的导通与关断，从而实现对无刷直流电动机转速、电流或转矩的控制。

2. 双闭环控制系统动态数学模型

无刷直流电动机有两个输入量，一个是外加电压信号U，另一个是负载转矩T_L；前者是控制输入量，后者是扰动输入量。将扰动输入量T_L的综合点移前，并进行等效变换，可得无刷直流电动机动态等效结构图，如图4-6所示。

要控制功率开关管整流装置总离不开控制触发电路，因此在分析系统时往往把它们当作一个环节来看待。这一环节的输入量是触发电路的控制电压U_{ct}，输出量是无刷直流电动机的外加电压U。如果把它们之间的放大系数K_s看成常数，又由于功率开关管装置存在滞后作用，故功率开关管的触发与整流装置可以看成是一个具有纯滞后的放大环节，其传递函数可近似成一阶惯性环节。

$$\frac{U(s)}{U_{ct}(s)} \approx \frac{K_s}{T_s s + 1} \tag{4-15}$$

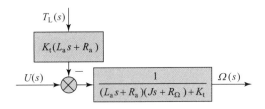

图 4 - 6　无刷直流电动机动态等效结构

L_a—电枢电感，H；R_a—电枢电阻，Ω；T_L—负载转矩，包括电动机轴上输出转矩和恒定阻力转矩，N·m；

K_t—转矩系数；R_Ω—阻力系数；Ω—转子机械角速度，rad/s；J—转子转动惯量，kg·m^2

其动态结构如图 4 - 7 所示。

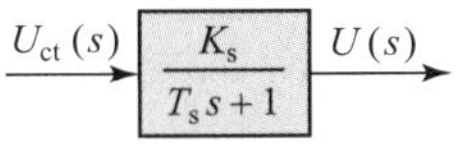

$$U_{ct}(s) \quad \boxed{\dfrac{K_s}{T_s s + 1}} \quad U(s)$$

图 4 - 7　功率开关管触发和整流装置动态结构图

速度、电流的计算和检测可以认为是瞬时的，因此它们的放大系数也就是它们的传递函数，即

$$\frac{U_n(s)}{\Omega(s)} = \alpha \tag{4-16}$$

$$\frac{U_i(s)}{I_a(s)} = \beta \tag{4-17}$$

了解各环节的传递函数后，把它们按图 4 - 5 所示在系统中的相互关系组合起来，就可以画出无刷直流电动机双闭环控制系统的动态结构框图，如图 4 - 8 所示。图中 $W_{ASR}(s)$ 和 $W_{ACR}(s)$ 分别表示转速和电流调节器。由于无刷直流电动机的机械特性与有刷直流电动机非常相似，所以其双闭环启动过程与有刷直流电动机也应该类似。双闭环直流调速系统启动过程的转速和电流的波形如图 4 - 9 所示。

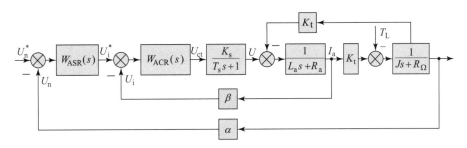

图 4 - 8　无刷直流电动机双闭环控制系统动态结构框图

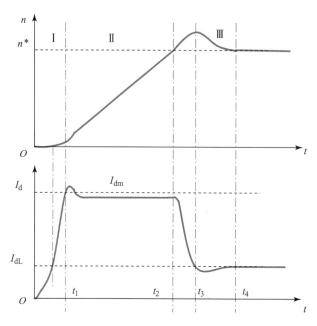

图 4 – 9 双闭环调速系统启动过程的转速和电流波形

4.3 永磁同步电动机及其工作原理

4.3.1 永磁同步电动机系统发展现状

1. 永磁同步电动机发展现状

同步电动机诞生于 1869 年，比感应电动机的发明几乎早了二十年。然而，20 世纪初感应电动机已经趋于成熟，因而在工业上得到了广泛的应用，尽管同步电动机有其不可比拟的优点，但是在 1920 年以前一直得不到认可。在 20 世纪的前 50 年，作为感应电动机的补充，科研工作者为同步电动机启动能力的提高而不懈努力。同步电动机得到进一步的推广应该归功于其对功率因数修正的优点，而同步电动机自动控制的发展，才最终使其摆脱了启动困难的局限性，并使之脱颖而出。

电动机自动控制的发明家、同步电动机发展的先驱 C. T. Hibbard 是美国明尼阿波尼斯市的一家电动机制造公司的首席工程师，该公司 1912 年开始生产同步电动机，5 年后 C. T. Hibbard 构思了他的自动控制思想，此后一直致力于同步电动机的发展和改进。

1869 年英国的 H. Wilde 在对交流发电机进行并联运行实验时发现，当有一台交流发电机还未驱动时，它仍然会和另一台并联在一起且随着已被驱动的发电机一起运转，后来人们把它命名为同步电动机。1883 年英国电气工程师 J. Hopkinson 在电气工程协会做工作报告，认为交流发电机理论上可以用作电动机来进行能量的传递。但是在电动机未启动时，交变的电枢电流会引起转子转矩的交变，导致同步电动机无法产生有效启动转矩，因此，需要一个专门的、复杂的启动设备，才能把同步电动机带入同步转速。这个先天的缺陷阻碍了同步电动机的发展，直到其自行启动手段的最终实现，才使得同步电动机得到了推广和应用。同步电动机自行启动方法最初是由感应电动机的发明者 N. Tesla 在 1888 年提出的，仿造感应电动机的鼠笼转子原理，在同步电动机的凸极顶端放置阻尼绕组，启动时阻尼绕组中的感应电流与磁场相互作用产生电磁力，启动完成后阻尼绕组不再起作用。但是由于传统感应电动机制造上的习惯优势，致使同步电动机的制造一直不受关注。直到 1912 年，C. T. Hibbard 看到了在低速运转的压缩机上应用同步电动机替代高速运转的感应电动机的潜力。制冰厂、冷库、食品加工处理厂、包装厂和酿酒厂的压缩机一般运行在 72 r/min 的低速状态，而同步电动机能够在较大范围的同步速度下运行，且具有较大的能量转换效率，同步电动机的定、转子气隙较大，机械加工方便，可以直接把凸极转子装在压缩机的轴上，从而取消了轴承和调速轮。感应电动机由于气隙小、低速时功率因数低，很不实用。同步电动机得到大力推广的另一个重要因素是电力部门对生产厂家功率因数的要求，当同步电动机设计成过励磁状态时，能够工作于超前功率因数，提供的磁化电流可以补偿其他负载的滞后功率因数。

永磁同步电动机的发展与永磁材料工业的进步和发展密切相关。1831 年发明的世界上第一台电动机其实就是永磁电动机，但是，由于采用的天然磁铁的磁性能太差，电动机的磁能积不足而很快被电励磁电动机取代。20 世纪 20 年代，美国 GE 公司利用铁氧体磁钢研制出一批微型永磁同步电动机，但功率太小，不实用。30 年代，美国贝尔实验室诞生了人工永磁材料，即铝镍钴合金，使永磁材料的发展进入了一个全新的阶段，人们开始使用这种新型永磁材料制造实用的永磁电动机。50 年代出现的铁氧体永磁材料，到 60 年代才在电动机中得到大量应用。60 年代又发明了高性能稀土永磁材料，特别是 80 年代出现了钕铁硼（NdFeB）稀土永磁材料，极大地推动了永磁同步电动机的研制和开发。德国西门子公司经过十几年的努力，研制成功了用于交流调速系统的 IUA3 系列永磁同步电动机，在同步电动机中用永磁体取代传统的电励磁磁极，取消了转子滑环和电刷，从而缩小了转子体积，同时由于省去了激磁直流电源，而消除了激磁损耗。

永磁同步电动机得以迅速推广和应用的另一个原因是电力电子技术的发展，电力电子技术是信息产业和传统产业间重要的接口，是弱电与被控强电之间的桥梁。自1958 年世界上第一个功率半导体开关——晶闸管发明以来，电力电子元件已经历了第一代半控式晶闸管、第二代有自关断能力的半导体器件、第三代复合场控器件和第四代功率集成模块 IPM。半导体开关器件性能的不断提高和成本的大大降低，促使功率控制电路日趋完美，70 年代出现了通用变频器的系列产品，可将工频电源转变为频率连续可调的变频电源，这就为交流电动机的变频调速创造了条件。在频率设定后变频器具有软启动功能，频率会以一定速率从零上升至设定频率，而且上升速率可以在很大的范围内任意调整，这对同步电动机而言就解决了启动问题。对于新型自同步永磁同步电动机，高性能电力半导体开关组成的逆变电路是其控制系统必不可少的功率环节。

永磁同步电动机的快速发展还应归功于现代控制理论的发展。1971 年，德国学者 Blaschke 和 Hasse 提出了交流电动机的矢量控制理论，从理论上解决了交流电动机转矩的高性能控制问题。矢量控制理论的基本思想是在普通的三相交流电动机上设法模拟直流伺服电动机转矩控制的规律，在磁场定向坐标上，将电流矢量分解成产生磁通的励磁电流分量和产生转矩的转矩电流分量，并使得两个分量互相垂直且彼此独立，以便于分别调节，目前矢量控制方法已成功地应用在交流伺服转矩控制系统中。由于该方法采用了坐标变换，因此对控制器的运算速度、数据处理能力、实时性和控制精度等提出了很高的要求。近年来各种集成化的数字信号处理器发展很快，性能不断改善，软件和开发工具越来越完善，出现了专门用于电动机控制的高性能、低价位的 DSP。规模集成电路和计算机技术的飞速发展完全改变了现代永磁同步电动机的控制，促进了电动机控制技术的发展与创新。

2. 永磁同步电动机控制技术发展现状

1）永磁同步电动机变频调速技术

变频调速是一种常见的永磁同步电动机调速方法，也是技术最为成熟的一种，不仅具有直流传动的调速性能，还有单机容量不受限制、体积小、重量轻、转动惯量小、动态响应好、维护简单、节约能源等许多优于直流传动的特点。永磁同步电动机的变频调速从控制方式上可分为两大类：他控式变频调速和自控式变频调速。他控式变频调速中所用变频装置的输出频率直接由外部给定信号决定，但由于存在同步电动机的失步、振荡等问题，在实际的调速场合很少使用。同步电动机变频调速系统一般采用自控式，即变频器供电给同步电动机，定子的频率由转子位置或磁场位置决定，并跟随转子位置的旋转自动变化，不存在失步问题。

早在 1930 年，德国就出现了采用栅极控制汞弧整流器的相控交 – 交变频器，它将50 Hz 的三相电能转变为 50/3 Hz 的单相电能，提供给铁路牵引用的交、直流两用机。差不多在同一时间，美国出现了第一个交流变频调速系统，它使用充气闸流管交 – 交变频器，用于控制一个 400 hp（注：hp，即马力，1 hp = 735 W）的同步电动机作为一个火电站的辅助机组。交 – 交变频调速传动技术由德国西门子公司率先开发，20 世纪80 年代，德国、法国、英国、美国、日本等国的主要电气公司也相继开发了交 – 交变频装置。我国在交流变频调速技术方面起步较晚，哈尔滨电动机厂从 1985 年起引进交 – 交变频器，1993 年试制成功了我国首台大型轧钢用 2500 kW 交 – 交变频调速同步电动机，填补了国内空白。之后，许多研究单位对交 – 交变频调速设计方法和控制原理进行研究和开发，并把它用于永磁同步电动机启动和速度控制之中。

随着控制技术和控制手段的不断提高，变频调速由 VVVF 的变压变频控制的 PWM

变频调速发展到了矢量控制变频调速，以及无速度传感器的变频调速。

PWM 变频调速功率因数低，直流回路需要大的储能电容，再生能量不能回馈到电网。矩阵式变换器作为一种补充和替代技术，被推上了变频调速的历史舞台。自 1979 年意大利学者 Venturini 和 Alesini 提出该理论以来，它便引起了广泛的关注，虽然目前尚未成熟，仍吸引着众多的学者深入研究。

2）永磁同步电动机矢量控制技术

交流电动机矢量控制技术的诞生和发展奠定了现代交流调速系统的基础。矢量控制理论是 1971 年由德国学者 Blaschke 首先提出的，它的出现对电动机控制技术的研究具有划时代的意义，使电动机控制的发展步入了一个新的阶段。此后二十多年，矢量控制技术获得了广泛应用，矢量控制技术的使用使得交流传动技术在静、动态性能上能与直流伺服电动机相媲美，直流传动系统逐渐被交流伺服系统所替代。尽管如此，矢量控制仍有许多技术问题需要进一步解决和完善。因此，各国的学者不断地对此进行研究和探索。

矢量控制的基本思想来源于直流伺服电动机的控制，它可以分别通过控制其电枢电流和激磁电流达到控制电动机转矩的目的。其基本思想是在普通的三相交流电动机上设法模拟直流伺服电动机转矩控制的规律，在磁场定向坐标上，将电流矢量分解成为产生磁通的励磁电流分量和产生转矩的转矩电流分量，并使得两个分量互相垂直，彼此独立，然后分别进行调节，其最终目的是通过控制定子电流改善电动机的转矩控制性能。矢量控制的关键仍是对电流矢量的幅值和空间位置（频率和相位）的控制。由于在定子侧的各个物理量，包括电压、电流、电动势、磁动势等都是交流量，其空间矢量在空间以同步转速旋转，调节、控制和计算都不是很方便。因此，需要借助于坐标变换，使得各个物理量从静止坐标系转换到同步旋转坐标系中。然后，站在同步旋转坐标系上进行观察，电动机的各个空间矢量都变成了静止矢量，在同步坐标系上的各个空间矢量就都变成了直流量，根据转矩公式的几种形式，找到转矩和被控矢量的各个分量之间的关系，可以实时地计算出转矩控制所需要的被控矢量的各个分量值，即直流给定量。按照这些给定量进行实时控制，就可以达到直流伺服电动机的控制性能。由于这些直流给定量在物理上是不存在的、虚构的，因此，还必须再经过坐标的逆变换过程，从旋转坐标系回到静止坐标系，把上述的直流给定量变换成实际的交流给定量，在三相定子坐标系上对交流量进行控制，使其实际值等于给定值。后来这种控制思想被拓展应用到永磁同步电动机控制中，其基本的控制思想是通过控制垂直于转子磁链的定子电流来控制电动机的电磁转矩。

永磁同步电动机矢量控制系统中采用的电流控制方法主要有：

（1）$i_d = 0$ 控制；

（2）转矩电流比最大控制；

（3） $\cos \varphi = 1$ 控制；

（4）恒磁链控制。

每种控制方法有其各自的特点，适用于不同的运行场合。

永磁同步电动机矢量控制系统能实现高精度、高动态性能、大范围的调速或定位控制。随着工业领域对高性能伺服系统需求的不断增加，特别是机器人、数控机床等技术的发展，永磁同步电动机矢量控制系统有了更广阔的发展和应用前景。因此，对该系统的研究已成为中小容量交流调速和伺服系统研究的重点之一。

3）永磁同步电动机直接转矩控制技术

自 20 世纪 70 年代矢量控制技术发展以来，交流传动技术从理论上解决了交流调速系统的高性能控制。然而在实际应用中，由于转子磁链难以观测，系统特性受电动机参数的影响较大，且在等效直流伺服电动机控制过程中所用矢量旋转变换较复杂，矢量控制的实际效果难以达到理想分析的结果。

1977 年 A. B. Plunkeet 首次在 IEEE 杂志上发表了采用转矩和磁链的 PI 调节以及 SPWM 方式实现电动机控制的方法，其中的控制结构和控制思想与现在的直接转矩控制类似。1985 年德国 Bochum - Ruhr 大学的 M. Depenbrock 教授和日本的 I. Takahashi 分别提出了基于六边形磁链和基于圆形磁链的直接转矩控制（Direct Torque Control，DTC）或叫做直接自控制（Direct Self Control，DSC）理论。M. Depenbrock 教授于 1987 年申请了美国专利，并将该技术推广到弱磁控制。该技术在很大程度上解决了上述矢量控制的不足，并以新颖的控制思想、简洁明了的系统结构和优良的静态性能得到了迅速发展。1991 年，第一台直接转矩控制的三电平大功率电力机车在德国投入使用。美国、日本等国都竞相发展此项技术，各国的学者对此展开了广泛的研究。

4.3.2 永磁同步电动机的组成及工作原理

1. 永磁同步电动机的组成

永磁同步电动机的转子采用永久磁铁代替励磁绕组，永久磁铁固定在磁极上，产生励磁磁通，定子为电枢，采用交流绕组形式，一般制成多相对称分布式绕组。

根据安装在电动机转子磁极的位置不同，永磁同步电动机转子结构可以分为外置式和内置式两种。

图 4 - 10 所示的是外置式转子结构，在这种转子结构中，永磁体通常做成瓦片状，一般用环氧树脂将永磁体粘贴在转子铁芯上，再用纤维质丝带固定，或在永磁体外表面套一种非磁性金属套筒，以防止转子高速运转时离心力将永磁体甩出。外置式转子磁路结构又可分为面贴式和插入式两种。在如图 4 - 10（a）所示的面贴式转子结构中，由于永磁体的相对磁导率接近气隙磁导率，交直轴的磁路基本对称，所以面贴式在电磁性能上属于隐极式结构。而在插入式转子结构中，如图 4 - 10（b）所示，两块永磁

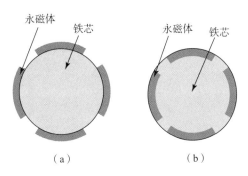

图 4 - 10　永磁同步电动机外置式转子结构

（a）面贴式；（b）插入式

体之间的介质是铁芯，其磁导率和气隙的磁导率相差很大，造成交直轴的磁路不对称，所以插入式转子结构属于凸极式。面贴式转子结构具有结构简单、制造成本低、转动惯量小等特点，永磁磁极易实现优化设计，使电动机气隙磁密空间分布接近于正弦，在恒功率运行范围不宽的永磁同步电动机（PMSM）和永磁无刷直流伺服电动机（BLDCM）中得到了广泛的应用，但由于永磁体粘贴在表面，在高速时永磁体受离心力作用，容易脱落，所以一般多用于低速电动机。插入式转子结构可以充分利用转子磁路不对称所产生的磁阻转矩，提高电动机功率密度，改善电动机动态性能，制造工艺比较简单，但漏磁系数和制造成本比面贴式大。

在内置式结构中，永磁体位于转子内部，永磁体表面与定子铁芯内圆之间有铁磁材料制成的极靴，永磁体受到极靴的保护，其转子磁路结构的不对称所产生的磁阻转矩也有助于提高电动机的过载能力和功率密度，而且易于弱磁扩速。内置式转子磁路结构又可以分为径向式、切向式和混合式三种，如图 4 - 11 所示。

图 4 - 11（a）是内置径向式结构，该结构的特点是永磁体径向充磁，利用非磁性材料有效地阻止了永磁体漏磁，提高了永磁体利用率，且转子机械强度高，安装永磁体后转子不易变形，但这种结构的气隙磁通密度在一定程度上会受到永磁体面积的限制。图 4 - 11（b）是内置切向式结构，在这种结构中，永磁体内装有非磁性套筒，永磁体横向充磁，且每极磁通大，但这种结构加工难度大，制造成本较径向结构高。图 4 - 11（c）是内置混合式结构，该结构的永磁体既不是径向放置，也不完全是横向放置的，它结合了径向式和切向式的特点，使得永磁体径向和横向都有充磁，但这种结构和制造工艺都较前两者复杂，制造成本也较前两者高。上述三种内置式转子结构的永磁体都位于转子铁芯内部，能有效地避免永磁体失磁，且电动机气隙较小，具有明显的凸极性。在力学性能方面，由于永磁体安装在铁芯里面，结构更加牢固，适合应用于高速电动机中。

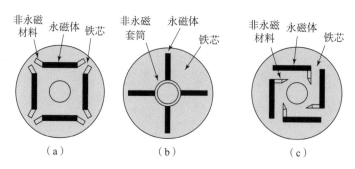

图 4-11　永磁电动机内置式转子结构

（a）径向式；（b）切向式；（c）混合式

2. 永磁同步电动机的工作原理

永磁同步电动机是在直流有刷电动机的基础上发展起来的，就内部电磁场产生的过程来说，本质上没有多大差别。一般直流有刷电动机的永磁体磁钢安装在定子上，其主要作用是在气隙中产生励磁磁场，转子则作为电枢，通电后产生电枢反应，通过电刷的换向作用，使得励磁磁场和电枢反应产生的磁场的方向在电动机运行过程中始终保持垂直，根据毕奥·萨伐尔定律，在电枢中就会产生洛仑磁力，从而产生电磁转矩，驱动电动机运转。永磁同步电动机则把永磁体磁钢安装在转子上，以在电动机气隙中产生励磁磁场，把定子作为电枢，为了与运动中的转子励磁磁场产生相互作用，要求电枢中通以交流电流，在现代电动机控制中，这项工作通常由电子开关电路来实现。电子开关电路根据控制器发出的控制信号，控制每个开关器件的通断，达到电枢绕组中的电流换相的目的，使得电动机在运行过程中，电枢反应产生的磁场和转子励磁磁场在空间保持垂直。

永磁同步电动机定子绕组的接线方式一般有星形连接和三角形连接，最常用的是星形接法，如图 4-12 所示。其导通方式主要是三三导通方式，指在同一时刻有三只功率管导通（同一桥臂只能有一个功率管导通），也就是每隔 1/6 周期换相一次，每个功率管导通为 180°电角度。

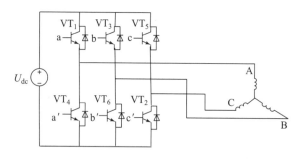

图 4-12　永磁电动机星形连接示意

对于正弦波永磁同步电动机，一般采用空间矢量脉宽调制（SVPWM）或正弦波脉宽调制（SPWM）的方法控制电子开关的通断。

下面以三相星形连接全控电路三三导通方式为例说明永磁同步电动机的工作原理。逆变器开关的导通逻辑顺序为 $VT_1VT_6VT_2$、$VT_1VT_3VT_2$、$VT_4VT_3VT_2$、$VT_4VT_3VT_5$、$VT_4VT_6VT_5$、$VT_1VT_6VT_5$、$VT_1VT_6VT_2$，…，其工作原理如图 4 – 13 所示。

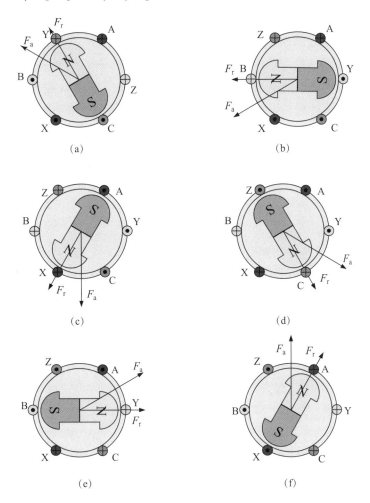

图 4 – 13　永磁同步电动机工作原理示意图

（a）$VT_1VT_6VT_2$ 通；（b）$VT_1VT_3VT_2$ 通；（c）$VT_4VT_3VT_2$ 通；（d）$VT_4VT_3VT_5$ 通；
（e）$VT_4VT_6VT_5$ 通；（f）$VT_1VT_6VT_5$ 通

假定转子旋转到如图 4 – 13（a）所示的位置，当 $VT_1VT_6VT_2$ 导通时，电流从 VT_1 流入 A 相绕组，经 VT_6 和 VT_2 分别从 B 相和 C 相绕组流回电源负极，形成回路。此时，电枢绕组在空间产生的合成磁动势与转子磁场相互作用，使电动机转子旋转。当转子在空间转过 60°时，控制电路输出的转子位置检测信号使逆变器开关逻辑从 $VT_1VT_6VT_2$

切换到 $VT_1VT_3VT_2$ 时（VT_6 要先关断，VT_3 后导通，否则会造成桥臂短路），这时电流就会分别经 VT_1 和 VT_3 流入 A 相和 B 相绕组，分别从 C 相经 VT_2 流回电源负极形成回路。定子绕组在空间形成的合成磁动势如图 4-13（b）所示。而后依次类推，经定子绕组形成合成磁场与转子磁场相互作用，使电动机转子不断旋转。

4.3.3 永磁同步电动机的数学模型

1. 三相定子坐标系（A，B，C 坐标系）上的模型

1）电压方程

三相永磁同步电动机的定子绕组呈空间分布，轴线互差 120° 电角度，每相绕组电压与电阻压降和磁链变化相平衡。永磁同步电动机由定子三相绕组电流和转子永磁体产生。定子三相绕组电流产生的磁链与转子的位置角有关，其中，转子永磁磁链在每相绕组中产生反电动势。由此可得到定子电压方程为

$$\begin{cases} U_A = R_s I_A + p\Phi_A \\ U_B = R_s I_B + p\Phi_B \\ U_C = R_s I_C + p\Phi_C \end{cases} \tag{4-18}$$

式中 U_A ，U_B ，U_C ——三相绕组相电压；

R_s ——每相绕组电阻；

I_A ，I_B ，I_C ——三相绕组相电流；

Φ_A ，Φ_B ，Φ_C ——三相绕组的磁链；

$p = d/dt$ ，是微分算子。

2）磁链方程

定子每相绕组磁链不仅与三相绕组电流有关，而且与转子永磁极的励磁磁场和转子的位置角有关，因此磁链方程可以表示为

$$\begin{cases} \Phi_A = L_{AA}I_A + M_{AB}I_B + M_{AC}I_C + \Phi_{fA} \\ \Phi_B = M_{BA}I_A + L_{BB}I_B + M_{BC}I_C + \Phi_{fB} \\ \Phi_C = M_{CA}I_A + M_{CB}I_B + L_{CC}I_C + \Phi_{fC} \end{cases} \tag{4-19}$$

其中 L_{AA} ，L_{BB} ，L_{CC} ——每相绕组互感；

$M_{AB} = M_{BA}$ ，$M_{BC} = M_{CB}$ ，$M_{CA} = M_{AC}$ ，为两相绕组互感；

Φ_{fA} ，Φ_{fB} ，Φ_{fC} ——三相绕组的磁链的转子每极永磁磁链。

Φ_f 是定子电枢绕组最大可能的转子每极永磁磁链，分别为

$$\begin{cases} \Phi_{fA} = \Phi_f\cos\theta \\ \Phi_{fB} = \Phi_f\cos(\theta - 2\pi/3) \\ \Phi_{fC} = \Phi_f\cos(\theta + 2\pi/3) \end{cases} \tag{4-20}$$

3）转矩方程

$$T_{\text{em}} = \frac{P_{\text{em}}}{\Omega} \approx \frac{mpUE_0}{\omega X_{\text{d}}}\sin\theta + \frac{mpU^2}{2\omega}\left(\frac{1}{X_{\text{q}}} - \frac{1}{X_{\text{d}}}\right)\sin2\theta \tag{4-21}$$

式中　ω——电角速度；

　　　X_{q}，X_{d}——交、直流同步电抗。

2. 静止坐标系（α，β坐标系）上的模型

1）电压方程

$$\begin{bmatrix} U_{\alpha} \\ U_{\beta} \end{bmatrix} = R_{\text{s}}\begin{bmatrix} i_{\alpha} \\ i_{\beta} \end{bmatrix} + \frac{\text{d}}{\text{d}t}\begin{bmatrix} \psi_{\alpha} \\ \psi_{\beta} \end{bmatrix} \tag{4-22}$$

2）磁链方程

$$\begin{bmatrix} \psi_{\alpha} \\ \psi_{\beta} \end{bmatrix} = \sqrt{\frac{2}{3}}\begin{bmatrix} 1 & -\dfrac{1}{2} & -\dfrac{1}{2} \\ 0 & \dfrac{\sqrt{3}}{2} & -\dfrac{\sqrt{3}}{2} \end{bmatrix}\begin{bmatrix} \psi_{\text{a}} \\ \psi_{\text{b}} \\ \psi_{\text{c}} \end{bmatrix} \tag{4-23}$$

3）转矩方程

$$T_{\text{e}} = \frac{3}{2}P_{\text{n}}(\psi_{\alpha}i_{\beta} - \psi_{\beta}i_{\alpha}) \tag{4-24}$$

3. 旋转坐标系（d，q坐标系）上的模型

永磁同步电动机由电磁式同步电动机发展而来，它用永磁体代替了电励磁，从而省去了励磁线圈、滑环和电刷，而定子与电磁式同步电动机基本相同，仍要求输入三相对称正弦电流。现对其在d，q坐标系的数学模型描述如下。

1）电压方程

$$\begin{cases} U_{\text{d}} = \dfrac{\text{d}\psi_{\text{d}}}{\text{d}t} - \omega_{\text{r}}\psi_{\text{q}} + R_{\text{s}}I_{\text{d}} \\ U_{\text{q}} = \dfrac{\text{d}\psi_{\text{q}}}{\text{d}t} + \omega_{\text{r}}\psi_{\text{d}} + R_{\text{s}}I_{\text{q}} \end{cases} \tag{4-25}$$

式中　U_{d}，U_{q}——d、q轴上的电压分量；

　　　I_{d}，I_{q}——d、q轴上的电流分量；

　　　ω_{r}——d、q坐标系旋转角频率；

　　　ψ_{d}，ψ_{q}——永磁体在d、q轴上的磁链。

2）磁链方程

$$\psi_{\text{d}} = L_{\text{d}}I_{\text{d}} + \psi_{\text{f}}$$
$$\psi_{\text{q}} = L_{\text{q}}I_{\text{q}} \tag{4-26}$$

式中　ψ_{d}，ψ_{q}——永磁体在d，q轴上的磁链；

　　　L_{d}，L_{q}——d，q坐标系上的等效电枢电感；

I_d，I_q——d，q 轴上的电流分量；

ψ_f——永磁体产生的磁链。

3）电磁转矩方程

$$T_{em} = p_n(\psi_f I_q - \psi_f I_d) = p_n[\psi_f I_q + (L_d - L_q) \cdot I_d I_q] \tag{4-27}$$

式中　T_{em}——输出电磁转矩；

p_n——磁极对数。

4.3.4　空间矢量脉宽调制技术

空间矢量脉宽调制技术是近年来发展起来的一种比较新颖的控制方法，由三相功率逆变器的六个功率开关元件组成特定开关模式产生脉宽调制波，能够使输出电流波形尽可能接近于理想的正弦波形。空间电压矢量 SVPWM 与传统的正弦 SPWM 不同，传统的正弦 SPWM 是从纯粹的电源角度出发，而空间电压矢量 SVPWM 则是将永磁同步电动机与电源看做一个整体，从三相输出电压的整体效果出发，其着眼点在于如何使获得一个理想圆形磁链轨迹。SVPWM 技术与 SPWM 相比较，绕组电流波形的谐波成分小，使得电动机转矩脉动降低，旋转磁场更逼近圆形，提高了直流母线电压的利用率，且更易于实现数字化。

1. 空间矢量脉宽调制技术原理

SVPWM 的理论基础是平均值等效原理，即在一个开关周期内通过对基本电压矢量加以组合，使其平均值与给定电压矢量相等。在某个时刻，电压矢量旋转到某个区域中，可由组成这个区域的两个相邻的非零矢量和零矢量在时间上的不同组合来得到。两个矢量的作用时间在一个采样周期内分多次施加，从而控制各个电压矢量的作用时间，使电压空间矢量接近圆轨迹旋转，通过逆变器的不同开关状态所产生的实际磁通去逼近理想磁通圆，并由两者的比较结果来决定逆变器的开关状态，从而形成 PWM 波形。

如图 4-14 所示，对于三相电压源型逆变器，图中 $VT_1 \sim VT_6$ 为逆变器的六个开关器件，a、b、c 为上面三个管的开关控制信号，U_{dc} 为逆变器的直流母线电压。三相永磁同步电动机的相电压取决于逆变器开关器件的开关状态，这里把桥臂的开关状态抽象为三个开关函数 S_A、S_B、S_C，如果某个桥臂 i 的上管导通下管关闭，则定义该状态为 $S_i = 1$；反之则定义为 $S_i = 0$。为避免电源短路，逆变器上、下桥臂的开关器件在任何时间都不能同时导通，所以可采用三个开关函数（S_A、S_B、S_C）来描述逆变器的工作状态。利用相关专业知识可以推导出开关变量矢量 $[S_a \quad S_b \quad S_c]^T$ 和电动机相电压输出矢量 $[u_a \quad u_b \quad u_c]^T$ 之间的关系表达式

$$\begin{bmatrix} u_a \\ u_b \\ u_c \end{bmatrix} = \frac{U_{dc}}{3} \begin{bmatrix} 2 & -1 & -1 \\ -1 & 2 & -1 \\ -1 & -1 & 2 \end{bmatrix} \begin{bmatrix} S_a \\ S_b \\ S_c \end{bmatrix} \qquad (4-28)$$

式中　U_{dc}——电源逆变器的直流母线电压。

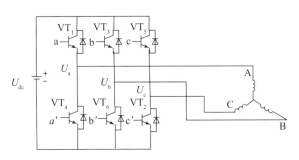

图 4-14　三相电压源型逆变器

三相电压源型逆变器共有八个开关状态，包括六个有效状态和两个无效状态。六个有效状态是 100、110、010、001、101，两个无效状态是 111、000。六个有效状态对应的六个电压矢量依次是 V_4（100）、V_6（110）、V_2（010）、V_3（011）、V_1（001）、V_5（101），两个无效状态分别对应的两个零电压矢量为 V_0（000）、V_7（111），逆变器的开关状态与电压矢量的对应关系如图 4-15 所示。

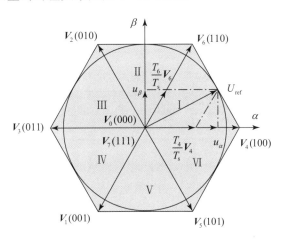

图 4-15　逆变器开关状态与空间电压矢量对应关系

图 4-15 中，模值为零的零电压矢量位于中心原点，六个有效电压矢量在空间相差 60°，其模值为 $\frac{2U_{dc}}{3}$，把电压空间矢量复平面等分成 6 个扇区，在空间矢量落在某一扇区内时，利用该扇区的两个相邻的有效电压矢量和零矢量来合成该空间的电压矢量。空间矢量从一个扇区旋转到另一个扇区的过程中，应当遵循逆变器功率器件的开关状

态变化最少的原则，利用这八种电压矢量的线性组合，就可以得到与参考电压矢量相同的电压空间矢量。实际上由于开关频率和电压矢量组合的限制，合成的空间电压矢量只能以步进方式旋转，从而使矢量端点的运动轨迹为一多边形准圆。随着开关频率的提高，多边形准圆轨迹也就越逼近标准圆。

2. 空间电压矢量的生成方法

实现空间电压矢量的主要问题是要解决在每个 PWM 开关周期中需要使用的基本电压矢量和它们的作用时间以及作用顺序，一般可分为以下几个步骤来实现。

（1）确定参考电压矢量 U_{ref} 所在扇区。

$$\begin{cases} V_a = u_\beta \\ V_b = \dfrac{\sqrt{3}u_\alpha - u_\beta}{2} \\ V_c = \dfrac{-\sqrt{3}u_\alpha - u_\beta}{2} \end{cases} \quad (4-29)$$

式中　V_a，V_b，V_c——定义的三个中间变量；

　　　u_α，u_β——U_{ref} 在 $\alpha - \beta$ 坐标系下的坐标分量。

如果 $V_a > 0$，则 $A = 1$，否则 $A = 0$；如果 $V_b > 0$，则 $B = 1$，否则 $B = 0$；如果 $V_c > 0$，则 $C = 1$，否则 $C = 0$；A、B、C 间共有八种组合，由于三者不会同时为 0 或 1，所以实际上只有六种组合状态，这与六个扇区刚好能够一一对应，因此可以根据公式 $N = A + 2B + 4C$ 的计算值确定出给定参考电压矢量 U_{ref} 所在的扇区，对应关系如表 4-2 所示。

表 4-2　扇区与 N 值关系表

扇区	I	II	III	IV	V	VI
N	2	6	1	4	3	5

（2）确定参考电压矢量 U_{ref} 所在扇区两相邻矢量的作用时间。

空间电压矢量技术实质上是通过一定规则，适当地组合基本空间电压矢量的开关状态来近似表示参考电压矢量 U_{ref}。实际应用中，可以用一个采样周期 T_s 内输出电压的平均值来表示参考电压的值 U_{ref}。图 4-15 中所示的参考电压矢量 U_{ref} 落在了第一扇区内，为了使该扇区的两个有效电压矢量 V_4 和 V_6 以及零矢量合成的电压矢量等效于参考电压矢量 U_{ref}，有下式成立

$$\begin{cases} V_4 T_4 + V_6 T_6 = U_{ref} T_s \\ T_4 + T_6 + T_0 = T_s \end{cases} \quad (4-30)$$

式中　T_4，T_6——有效电压矢量 V_4、V_6 的作用时间，s；

　　　T_0——零矢量的作用时间，s；

T_s——采样周期，s。

如图 4 – 15，将参考电压矢量 U_{ref} 分解到 $\alpha - \beta$ 坐标系下，则各电压矢量在 $\alpha - \beta$ 坐标系下可表示为

$$\begin{cases} \dfrac{2U_{dc}}{3}T_4 + \dfrac{2U_{dc}}{3}T_6\cos\left(\dfrac{\pi}{3}\right) = u_\alpha T_s \\[3mm] \dfrac{2U_{dc}}{3}T_6\sin\left(\dfrac{\pi}{3}\right) = u_\beta T_s \\[3mm] T_4 + T_6 + T_0 = T_s \end{cases} \tag{4-31}$$

求解上式可得

$$\begin{cases} T_4 = \left(\dfrac{3}{2}u_\alpha - \dfrac{\sqrt{3}}{2}u_\beta\right)\dfrac{T_s}{U_{dc}} \\[3mm] T_6 = \sqrt{3}u_\beta\dfrac{T_s}{U_{dc}} \\[3mm] T_0 = T_s - T_4 - T_6 \end{cases} \tag{4-32}$$

用同样的方法可求得当参考电压矢量落在其他扇区时对应电压矢量的作用时间。总结六个扇区相邻两个矢量的作用时间，可用下式来表示，即

$$\begin{cases} X = \sqrt{3}u_\beta\dfrac{T_s}{U_{dc}} \\[3mm] Y = \left(\dfrac{\sqrt{3}}{2}u_\alpha + \dfrac{3}{2}u_\beta\right)\dfrac{T_s}{U_{dc}} \\[3mm] Z = \left(-\dfrac{3}{2}u_\alpha + \dfrac{\sqrt{3}}{2}u_\beta\right)\dfrac{T_s}{U_{dc}} \end{cases} \tag{4-33}$$

那么各扇区相邻两矢量的作用时间 t_1 和 t_2 如表 4 – 3 所示。

表 4 – 3　空间矢量作用时间取值

扇区	I	II	III	IV	V	VI
t_1	$-Z$	Z	X	$-X$	$-Y$	Y
t_2	X	Y	$-Y$	Z	$-Z$	$-X$

（3）确定逆变器上桥臂三个开关器件开启时间。

在空间电压矢量算法的实现过程中，开关状态一般情况下是通过调节这个周期内脉冲占空比来达到控制逆变器开关器件开关的目的的，为了计算开启时间，定义如下公式。

$$\begin{cases} t_{\mathrm{aon}} = \dfrac{(T_s - t_1 - t_2)}{4} \\[2mm] t_{\mathrm{bon}} = t_{\mathrm{aon}} + \dfrac{1}{2}t_1 \\[2mm] t_{\mathrm{con}} = t_{\mathrm{bon}} + \dfrac{1}{2}t_2 \end{cases} \tag{4-34}$$

那么在不同扇区内时开关器件的开关时间如表 4-4 所示。

表 4-4　逆变器开关器件开关点赋值

扇区	I	II	III	IV	V	VI
T_a	t_{aon}	t_{bon}	t_{con}	t_{con}	t_{bon}	t_{aon}
T_b	t_{bon}	t_{aon}	t_{aon}	t_{bon}	t_{con}	t_{con}
T_c	t_{con}	t_{con}	t_{bon}	t_{aon}	t_{aon}	t_{bon}

根据以上所述的 SVPWM 的实现方法，对 DSP 事件管理器的相关定时器和比较寄存器进行设置，就可以获得所需要的 SVPWM 波。

4.4　永磁同步电动机矢量控制系统

4.4.1　永磁同步电动机矢量控制基本原理

1971 年，德国科学家 Blaschke 和 Hasse 提出了交流电动机的矢量理论，运用矢量控制可以使交流调速得到与直流调速同样优良的控制性能。其基本思想是在普通的三相交流电动机上模拟直流伺服电动机转矩控制的规律与方法，在磁场定向坐标上，将电流矢量分解成为产生磁通的励磁电流分量和产生转矩的转矩电流分量，并使得两个分量互相垂直，彼此独立，然后对励磁电流分量和转矩电流分量进行调节。通过这种方法，交流电动机的转矩控制，从原理和特性上就和直流伺服电动机的转矩控制相类似了。因此矢量控制的关键仍是对电流矢量的幅值和空间位置（频率和相位）的控制。虽然矢量控制的目的是能够提高转矩控制的性能，但最终实施仍然是对定子电流的控制。由于在定子侧的各个物理量，包括电压、电流、电动势、磁动势等，采用的都是交流量，其空间矢量在空间以同步转速旋转，调节、控制和相对应的计算都不是很方便。因此，针对这一点，需要借助坐标变换，使得各个物理量从两相静止坐标系（α，β 坐标系）转换到两相转子同步旋转坐标系（d，q 坐标系），然后，从同步旋转坐标系上进行观察，电动机的各个空间矢量都变成了静止矢量，电流和电压都成了直流量，然后通过转矩公式，根据转矩和被控矢量的各个分量之间的数学关系，实时地计算出转矩控制所需要的被控矢量的各个分量值。按照这些分量值进行实时控制，就可以达到直流伺服电动机的控制性能的目的。

永磁同步电动机矢量控制与异步电动机、普通电流励磁同步电动机等交流电动机一样，都是一种基于转子磁场定向的控制策略，对转子磁链和电动机转矩进行解耦，实现对磁链和转矩分别进行连续控制。永磁同步电动机建立在旋转坐标系（d,q 坐标系）下的矢量控制数学模型，如式（4-25）、式（4-26）和式（4-27）所示，坐标系如图 4-16 所示。

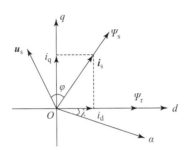

图 4-16　永磁同步电动机矢量控制坐标系

矢量控制按照转子磁场定向的控制方法将永磁同步电动机的磁链定在 d 轴，也是永磁同步电动机转子永磁体的磁场方向，通过对 i_d 和 i_q 的控制就可以分别控制电动机磁链和电动机的转矩，实现直流伺服电动机的控制性能。

只是由于永磁同步电动机转子永磁体提供的磁场恒定，且电动机结构和参数不同，所以相应的控制方法也有所差别。永磁同步电动机矢量控制方法主要有：

（1）$i_d = 0$ 的控制方法。其最大的优点是电动机的输出转矩与定子电流的幅值成正比，即实现了 PMSM 的解耦控制，其性能类似于直流伺服电动机，控制简单，且无去磁作用，因此得到了非常广泛的应用，尤其是对隐极式同步电动机控制的系统。但使用该方法的电动机功率因数较低，电动机和逆变器的容量不能充分利用。

（2）$\cos \varphi = 1$ 的控制方法。其特点是电动机的功率因数恒定为 1，逆变器的容量得到了充分利用，但该方法所能输出的最大转矩比较小。

（3）磁链恒定的控制方法。其特点是电动机的功率因数较高，电压基本是恒定的，转矩线性且可控，但需要较大的定子电流磁场分量来助磁。

（4）最优转矩控制方法。也称定子电流最小的控制方法，或称为最大转矩电流控制方法，是指在转矩给定的情况下，最优配置 d, q 轴的电流分量，使定子的电流最小，即单位电流下电动机输出转矩最大的矢量控制方法。该方法可以减小电动机的铜耗，提高运行效率，从而使整个系统的性能得到优化。此外，由于逆变器所需要输出的电流比较小，对逆变器容量的要求可相对降低。

4.4.2 基于 $i_d = 0$ 的永磁同步电动机矢量控制系统

从转矩方程（4-27）可以看出，若能在永磁同步电动机整个运行过程中保证 $i_d = 0$，那么转矩只受定子电流 q 轴分量 i_q 的影响，而且对于要求产生转矩一定的情况下，需要的定子电流最小，可以大大降低铜耗，提高效率，这也是面贴式永磁同步电动机 $i_d = 0$ 控制策略的原因所在。

当采用 $i_d = 0$ 方式时，定子电压 q 轴分量可以表示为

$$u_q = R_s i_q + L_q \frac{\mathrm{d}i_q}{\mathrm{d}t} + \omega \psi_f$$

$$u_q - \omega \psi_f = R_s i_q + L_q \frac{\mathrm{d}i_q}{\mathrm{d}t} \tag{4-35}$$

由于

$$E_f = p\omega \psi_f = K_e \omega \tag{4-36}$$

则有

$$u_q - E_f = R_s i_q + L_q \frac{\mathrm{d}i_q}{\mathrm{d}t} = R_s \left(i_q + T \frac{\mathrm{d}i_q}{\mathrm{d}t} \right) \tag{4-37}$$

式中，$T = \dfrac{L_q}{R_s}$，为永磁同步电动机的电气时间常数。

对于转子永磁体为表面式的永磁同步电动机，$L_q = L_d = L$，那么永磁同步电动机的电气时间常数为 $T = L/R$。

将式（4-37）进行变换，可得电压、电流的传递函数为

$$\frac{I_q(s)}{U_q(s) - E_f(s)} = \frac{K_s}{Ts + 1}, \quad K_s = 1/R_s \tag{4-38}$$

将转矩方程代入机械运动方程，可得到

$$i_q - i_L = \frac{J\mathrm{d}\omega_m}{K_e \mathrm{d}t} + \frac{B\omega_m}{K_e} \tag{4-39}$$

其中 $i_L = T_L/K_e$，即负载转矩的等效电流；ω_m 为转子机械角速度，$\omega_m = P_n \omega$，P_n 为电动机极对数。

将上式进行拉氏变换，整理可得

$$\frac{\omega_m(s)}{i_q(s) - i_L(s)} = \frac{1}{Js/K_e + B/K_e} \tag{4-40}$$

由于 $E_f \omega \psi_f = P_n \omega_m \psi_f = P_n K_e \omega$，代入上式，就可得到感应反电势与电流之间的传递函数

$$\frac{E(s)}{i_q(s) - i_L(s)} = \frac{1}{Js/(K_m K_e) + B/(K_m K_e)}, \quad K_m = P_n K_e \tag{4-41}$$

如果忽略电动机阻尼系数 B 的影响，由式（4-38）和式（4-39）可得永磁同步

电动机的动态结构，如图 4 – 17 所示。由图可知，永磁同步电动机有两个输入量，给定输入电压 U_q 和负载扰动等效电流 I_L，这样的结构与直流电动机结构相同。

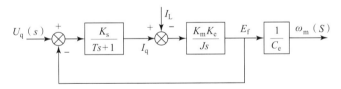

图 4 – 17　永磁同步电动机的动态结构

永磁同步电动机矢量控制的基本思想是模仿直流伺服电动机的控制方式，具有转矩响应快、速度控制精确等优点。矢量控制是通过控制定子电流的转矩分量来间接控制电动机转矩，所以内部电流环调节器的参数会影响到电动机转矩的动态响应性能。而且，为了实现高性能的速度和转矩控制，需要准确知道转子磁链矢量的空间位置，这就需要电动机额外安装位置编码器，会提高系统的造价，并使得电动机的结构变得复杂。

$i_d = 0$ 转子磁链定向矢量控制的永磁同步电动机伺服系统原理如图 4 – 18 所示，是一个速度和电流的双闭环系统。控制方案结构简洁明了，主要包括定子电流检测、转子位置与速度检测、速度环调节器、电流环调节器、Clarke 变换、Park 变换与逆变换、电压空间矢量 PWM 控制等几个环节。具体的实现过程如下：通过位置传感器准确检测电动机转子空间位置（d 轴），计算得到转子速度和电角度；速度调节器输出定子电流 q 轴分量的参考值 i_{qref}；由电流传感器测得定子相电流，分解得定子电流的 d 轴分量和 q 轴分量；由两个电流调节器分别预测需要施加的空间电压矢量的 d 轴分量 u_{dref} 和 q 轴分量 u_{qref}，将预测得到的空间电压矢量经坐标变换后，形成 SVPWM 控制信号，驱动逆变器对电动机施加电压。

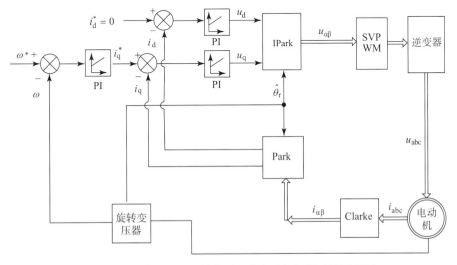

图 4 – 18　基于 $i_d = 0$ 的永磁同步电动机伺服系统原理图

4.4.3 基于最大转矩电流比的永磁同步电动机矢量控制系统

最大转矩电流比（Maximum Torque Per Ampere，MTPA）是以追求最小的电流输出最大转矩的控制方式，是凸极永磁同步电动机中用得较多的一种电流控制策略。在产生要求的转矩控制情况下，只需要最小的定子电流，从而使损耗下降，有利于变流器开关器件工作，提高了效率。因此该方法是一种较适合永磁同步电动机的电流控制方法，其缺点是功率因数随着输出转矩的增大下降较快。最大转矩电流比控制原理是将永磁同步电动机的电枢电流经过 Clarke - Park 变换后，电动机的电磁转矩表达式为

$$T_{em} = p_n(\psi_f I_q - \psi_f I_d) = p_n[\psi_f I_q + (L_d - L_q) \cdot I_d I_q] \qquad (4-42)$$

设 γ_1 为电枢电流空间矢量与直轴位置的相位角，可得到

$$\begin{cases} i_d = i_s \cos \gamma \\ i_q = i_s \sin \gamma \end{cases} \qquad (4-43)$$

则电磁转矩公式可写成

$$T_{em} = \frac{3}{2} p_n \psi_f i_s \sin \gamma + \frac{3}{4} p_n (L_d - L_q) i_s^2 \sin 2\gamma \qquad (4-44)$$

由此得到单位电流电磁转矩关于电流相位角的关系式

$$f(\gamma) = \frac{T_{em}}{i_s} = \frac{3}{2} p_n \psi_f \sin \gamma + \frac{3}{4} p_n (L_d - L_q) i_s \sin 2\gamma \qquad (4-45)$$

认为电流 i_s 的幅值保持恒定，则单位电流电磁转矩取最大值时 $\partial f(\gamma)/\partial \gamma = 0$，可得到

$$(L_d - L_q) i_s \cos 2\gamma + \varphi_f \cos \gamma = 0 \qquad (4-46)$$

$$(L_d - L_q) i_s (2\cos^2 \gamma - 1) + \varphi_f \cos \gamma = 0 \qquad (4-47)$$

解得

$$\cos \gamma = \frac{-\varphi_f + \sqrt{\varphi_f^2 + 8(L_d - L_q)^2 i_s^2}}{4(L_d - L_q) i_s} \qquad (4-48)$$

将上式代入式（4-43），可得到

$$i_d = \frac{-\varphi_f + \sqrt{\varphi_f^2 + 8(L_d - L_q)^2 i_s^2}}{4(L_d - L_q)} \qquad (4-49)$$

根据式（4-43）i_q 和 i_d 的关系，用 i_q 表示 i_d

$$i_d = \frac{-\varphi_f + \sqrt{\varphi_f^2 + 4(L_d - L_q)^2 i_q^2}}{2(L_d - L_q)} \qquad (4-50)$$

把式（4-50）代入式（4-42）得到电磁转矩与交轴分量的关系

$$T_{em} = \frac{3}{4} p_n i_q \left[\sqrt{\psi_f^2 + 4(L_d - L_q)^2 i_q^2} + \psi_f \right] \qquad (4-51)$$

永磁同步电动机最大转矩电流比控制系统框图如图 4 - 19 所示，系统为了验证转矩和电流的关系，直接设定转矩 T_{em}^*，通过转矩和电流关系式（4 - 51）解方程得到控制量 i_q^*、i_d^*，之后通过 PI 调节经过 Park 变换得 U_d、U_q，利用 SVPWM 得到驱动脉冲去控制电动机。$i_d = 0$ 控制与最大转矩电流比控制方法之间的差别在于电流环指令值的来源不同。

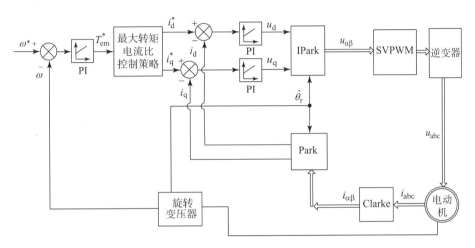

图 4 - 19　永磁同步电动机最大转矩电流比控制系统框图

4.5　永磁同步电动机直接转矩控制系统

交流电动机矢量控制技术的提出具有划时代的意义，它通过解耦电流把交流电动机模拟成直流伺服电动机来控制交流电动机电磁转矩，使其具有了类似直流伺服电动机的优良调速性能。但是在实际的运行过程中永磁同步电动机各种参数变化较大，矢量控制中坐标变换运算也很复杂，综合各种不利因素的影响，实际应用中永磁同步电动机矢量控制的效果并没有达到理论上的性能。

交流电动机直接转矩控制是继矢量控制之后的又一种新型的交流调速技术。一般文献认为它是由德国鲁尔大学的 M. Depenbrock 教授和日本的 I. Takahashi 于 1985 年分别提出的。直接转矩控制基本思想是在准确观测定子磁链空间位置并保持其幅值基本恒定和准确计算电磁转矩的前提下，通过控制电动机瞬时输入电压来控制电动机定子磁链瞬时旋转速度，从而达到直接控制电动机电磁转矩的目的。

交流电动机直接转矩控制方法不再采用矢量控制中的解耦思想，而是用定子磁通定向取代转子磁通定向，它直接在电动机定子坐标系上计算磁链和电磁转矩，通过对磁链和电磁转矩的直接控制实现系统的高动态性能。直接转矩控制具有转矩响应快、结构简单以及对参数鲁棒性好等优点，但传统直接转矩控制是建立在转矩滞环和磁链滞环的 Bang – Bang 控制基础之上的控制方法，而 Bang – Bang 控制造成了低速开关频率低、转矩脉动大等问题，限制了直接转矩控制在电动机低速区的应用。

4.5.1 永磁同步电动机直接转矩控制基本原理

三相永磁同步电动机中电流、磁链和电压的矢量关系如图 4 – 20 所示。图中 $\alpha - \beta$ 是固定于定子上的静止参考坐标系，其中 α 轴与定子 a 相绕组的轴线方向相同，β 轴超前于 α 轴 90° 电角度；$d - q$ 是固定于转子上的参考坐标系，d 轴与转子的磁链方向相同，q 轴超前于 d 轴 90° 电角度，θ_r 是 d 轴与 α 轴之间的夹角，i_d 是定子电流 i_s 在 d 轴上的分量，i_q 是定子电流 i_s 在 q 轴上的分量；$M - T$ 是固定于定子上的参考坐标系，它和 $d - q$ 轴系同步旋转，其中 M 轴与定子的磁链方向相同，T 轴超前于 M 轴 90° 电角度，θ_s 是 M 轴与 α 轴之间的夹角，ψ_s 是定子磁链，i_M 是定子电流 i_s 在 M 轴上的分量，i_T 是定子电流 i_s 在 T 轴上的分量。β 是定子磁链 ψ_s 与 i_s 之间的夹角，ψ_d 是定子磁链 ψ_s 在 d 轴上的分量，ψ_q 是定子磁链 ψ_s 在 q 轴上的分量；δ 为负载角，定义为 M 与 d 轴之间的夹角，或者为 ψ_s 与转子永磁体磁链 ψ_f 之间的夹角。

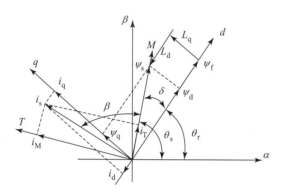

图 4 – 20　永磁同步电动机在各坐标系中的矢量图

在定子 $M - T$ 坐标系下，永磁同步电动机的电压、磁链与转矩方程如下。

（1）电压方程。

$$\begin{bmatrix} u_M \\ u_T \end{bmatrix} = \begin{bmatrix} R_s & 0 \\ 0 & R_s \end{bmatrix} \begin{bmatrix} i_M \\ i_T \end{bmatrix} + \begin{bmatrix} p\psi_M \\ \omega_r\psi_M \end{bmatrix} \tag{4-52}$$

（2）磁链方程。

$$\begin{bmatrix} \psi_M \\ \psi_T \end{bmatrix} = \begin{bmatrix} L + \Delta L\cos(2\delta) & -\Delta L\sin(2\delta) \\ -\Delta L\sin(2\delta) & L - \Delta L\cos(2\delta) \end{bmatrix} \begin{bmatrix} i_M \\ i_T \end{bmatrix} + \begin{bmatrix} \cos\delta \\ -\sin\delta \end{bmatrix} \psi_f \tag{4-53}$$

（3）转矩方程。

在 $M - T$ 坐标系下定子磁链的方向与 M 轴相同，因此 $\psi_s = \psi_M$、$\psi_T = 0$，在 $M - T$ 坐标系下永磁同步电动机的电磁转矩表达式为

$$T_e = \frac{3}{2} P_n |\psi_s| i_T \tag{4-54}$$

利用式（4-53）可以分别求解出 M 轴和 T 轴上的电流 i_M、i_T

$$\begin{cases} i_M = \dfrac{\psi_f \sin\delta - [L + \Delta L\cos(2\delta)]}{\Delta L\sin(2\delta)} \\[4mm] i_T = \dfrac{\psi_s \Delta L\sin(2\delta) + \psi_f(L - \Delta L)\sin\delta}{L^2 - \Delta L^2} \end{cases} \tag{4-55}$$

式（4-55）代入式（4-54）可以得到电磁转矩公式为

$$T_e = \frac{3}{2} P_n |\psi_s| \frac{\psi_s \Delta L\sin(2\delta) + \psi_f(L - \Delta L)\sin\delta}{L^2 - \Delta L^2} \tag{4-56}$$

从式（4-56）可以看出，这里所表达的电磁转矩是以定子磁链矢量 $\boldsymbol{\psi}_s$ 和负载角 δ 来表征的，在电动机参数确定以后，电磁转矩大小取决于定子磁链矢量 $\boldsymbol{\psi}_s$ 的幅值和负载角 δ，转矩的调整可以通过改变 $\boldsymbol{\psi}_s$ 的幅值和负载角 δ 来实现。永磁同步电动机的电磁转矩由励磁转矩和磁阻转矩两部分组成，前者是由转子永磁体磁链产生的，后者则是由凸极性永磁同步电动机的磁阻效应产生的。如果保持电动机定子磁链的幅值为不变的常值，那么就可以通过调整负载角 δ 的大小来实现对电动机转矩的控制。一般来说，电动机的电气时间常数要远远小于其机械时间常数，因此对定子磁链旋转速度的调整相对于对转子机械旋转速度的调整更容易实现。直接转矩控制的基本思想就是通过改变定子磁链的旋转速度和方向来实现负载角 δ 的调整，从而最终实现对永磁同步电动机电磁转矩的控制。

4.5.2　永磁同步电动机直接转矩控制系统框图

传统的基于查表法的直接转矩调速系统原理框图如图4-21所示，主要由电动机、位置传感器、逆变器、转矩估算单元、磁链估算单元、转矩调节器、磁链调节器、扇区判断模块和空间电压矢量开关表等几部分组成。其原理是通过查表的方式来选择六

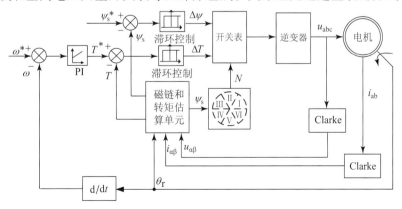

图 4-21　直接转矩调速系统原理框图

个基本电压空间矢量中相应的矢量来控制负载角 δ，通过选取不同的电压空间矢量，可以改变逆变器的开关状态和永磁同步电动机的输入电压，从而实现对永磁同步电动机的直接转矩控制。

图 4 - 21 中，转子速度通过一个位置传感器获得，参考转速与电动机实际转速的比较值作为 PI 调节器的输入，产生参考转矩再与估算出的转矩进行比较，经过一个滞环比较器得到控制信号；给定磁链与估算出的磁链进行比较，也通过一个滞环比较器得到控制信号。这两个控制信号与扇区选择信号共同输入开关表选择逆变器的开关矢量，改变逆变器的状态，使电动机按照要求调节转矩，达到调速的目的。

基于查表法的永磁同步电动机直接转矩控制策略原理简单，动态响应快，但是转矩脉动大，降低了电动机控制系统运行时的稳定性，其原因是在一个控制周期中，采用的电压空间矢量的大小和方向均固定不变。为了解决这个问题，可以引入电压空间矢量调制技术，通过在一个控制周期内利用相邻两个电压矢量及零矢量作用时间的长短来合成电压空间矢量。这种方法弥补了查表法在一个周期内空间电压矢量固定不变而导致较大转矩脉动的缺陷，提高了传动系统的动静态性能，这就是基于空间电压矢量调制技术的直接转矩调速系统的基本原理和功能。

1. 逆变器与开关表

逆变器和开关表都是三相永磁同步电动机直接转矩控制系统的重要组成部分。

在三相永磁同步电动机直接转矩控制系统中，我们选择三相桥式电压逆变器来实现逆变功能。其结构如图 4 - 14 所示，它的特点是每一支桥臂都导通 $180°$，A、B、C 各相导通的电角度相差 $120°$，同一相的上下两个桥臂交替导通。在任意一个时间里都有 3 支桥臂导通，上下两桥臂交替换流，所以三相桥式电压源逆变电路的换流方式为纵向换流。我们可以假定 6 个空间矢量来表示三相桥式电压源逆变电路的 6 种状态，它们分别是 V_1（100），V_2（110），V_3（010），V_4（011），V_5（001）和 V_6（101）。其中第一位数字代表 A 相，第二位数字代表 B 相，第三位数字代表 C 相；1 代表导通，0 代表关断。

在这 6 个空间矢量的基础上，再引入两个无意义的零矢量，就是图 4 - 15 的空间电压矢量的分布情况。两个零矢量 V_7（000）和 V_8（111）位于坐标原点，其余的 6 个矢量把坐标平面分成 6 等份，每一等份是 $60°$。

由电压空间矢量分布图可知，在每一个区域中，我们能用两个相邻的电压矢量来控制定子磁链的值，从而使开关频率最小，尽量减小电磁转矩的脉动。例如在 $60° \sim 120°$ 的区域中，定子磁链正在逆时针旋转。这时，就可以用空间电压矢量 V_3 增加定子磁链的值，用空间电压矢量 V_4 减小定子磁链的值。

根据空间电压矢量的控制理论，可以通过磁链的位置、滞环比较器输出的磁链的值和转矩的值，去确定应用哪一电压矢量来控制三相桥式电压源逆变电路的通断，这就是空间电压矢量开关表（表 4-5）的原理。

表 4-5 空间电压矢量开关表

ψ	τ	θ					
		θ_1	θ_2	θ_3	θ_4	θ_5	θ_6
$\psi=1$	$\tau=1$	$V_2(110)$	$V_3(010)$	$V_4(011)$	$V_5(001)$	$V_6(101)$	$V_1(100)$
	$\tau=-1$	$V_6(101)$	$V_1(100)$	$V_2(110)$	$V_3(010)$	$V_4(011)$	$V_5(001)$
$\psi=-1$	$\tau=1$	$V_3(010)$	$V_4(011)$	$V_5(001)$	$V_6(101)$	$V_1(100)$	$V_2(110)$
	$\tau=-1$	$V_5(001)$	$V_6(101)$	$V_1(100)$	$V_2(110)$	$V_3(010)$	$V_4(011)$

若 $\psi=1$，说明实际的定子磁链小于给定的磁链，此时应增大定子磁链。若 $\psi=-1$,说明实际的定子磁链大于给定的定子磁链，此时应减小定子磁链。同理可得转矩的调节方法。

2. 定子磁链的测定

定子磁链的值在永磁同步电动机直接转矩控制中，作用举足轻重，所以测定定子磁链的方法的选择很重要。定子磁链的测定方法主要有两种，分别是电流模型测定法和电压模型测定法。

图 4-22 所示为电流模型测定法，把在 $\alpha-\beta$ 坐标系下的两个电流分量输入到 $\alpha-\beta$ 坐标系与 $d-q$ 坐标系的转换环节中，由 $d-q$ 坐标系下的磁链方程确定定子磁链的 d 轴分量和 q 轴分量，然后再分别把两个分量经过 $d-q$ 坐标系与 $\alpha-\beta$ 坐标系的转换，得到定子磁链 α 轴的分量和 β 轴的分量。这种定子磁链的测定方法运用到一次 Park 变换和一次 Park 的逆变换，计算量比较大，操作起来比较麻烦，所以这种方法的应用并不广泛。

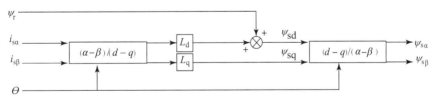

图 4-22 电流模型测定法

$$\psi_{s\alpha} = \int (U_{s\alpha} - i_{s\alpha}R_s)\,dt \qquad (4-57)$$

$$\psi_{s\beta} = \int (U_{s\beta} - i_{s\beta}R_s)\,dt \qquad (4-58)$$

图 4-23 为电压模型测定法，根据式（4-57）和式（4-58）可以构造如图 4-23 的模型。由图可知，只要经过两次积分，就可以把测得的定子电压和电流的 α 轴的分量和 β 轴的分量转化为定子磁链的 α 轴的分量和 β 轴的分量。与电流模型测定法相比，省去了两次坐标转换，使计算变得简单，大大提高了运算速度。所以电压模

型测定法应用相当广泛，且特别适合用于高速控制的场合。

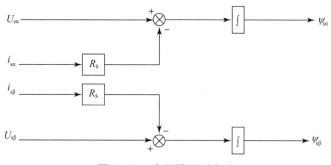

图 4 - 23　电压模型测定法

3. 电磁转矩的测定

电磁转矩是永磁同步电动机直接转矩控制中必要的检测量，但是在实际操作中，很难直接测定。所以，要通过间接测量的办法，去求得电磁转矩的值。根据式（4 - 59）可知，只要测出定子电流的 α 轴分量和 β 轴分量以及用电压模型测定法测出的定子磁链的 α 轴分量和 β 轴分量，就能求得电磁转矩，如图 4 - 24 所示。

$$T_e = \frac{3}{2}P(\psi_\alpha i_\beta - \psi_\beta i_\alpha) \tag{4 - 59}$$

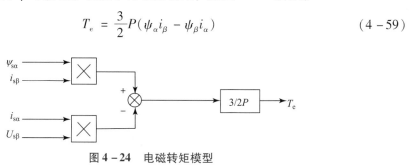

图 4 - 24　电磁转矩模型

4.6　永磁同步电动机新型控制策略

4.6.1　永磁同步电动机自抗扰控制策略

目前，在应用矢量控制方法进行伺服控制的系统中，大多仍采用 PID 控制器。PID 控制器的优点是采用给定参考值与系统输出之间的误差确定控制策略，使控制器不依赖于系统数学模型。但由于初始误差较大，易引起控制系统的超调，而且理想微分器物理上不易实现，所以工业实际中常使用 PI 调节器，但是误差积分项的引入，容易造成系统的不稳定，常使闭环系统的动态特性变差。

通过对 PID 控制策略的分析研究，中国科学院的韩京清研究员提出了克服 PID 缺点的自抗扰控制策略，具体办法是：通过提取非线性跟踪微分器实现合适的过渡过程；探讨合适的非线性滤波方法（Nonlinear Filter，NF）；采用扩张状态观测器（Extended

State Observer，ESO）实现对扰动项的估计。

1. 自抗扰控制技术的基本原理

自抗扰控制（ADRC）是一种非线性控制技术，继承了 PID 控制技术的优点，即不依赖于控制对象精确的数学模型，把不确定因素或参数摄动产生的影响归结为系统的干扰项，并通过扩张状态观测器观测出干扰项，利用误差反馈进行实时补偿，实现对控制对象的精确控制。

自抗扰控制器主要由三部分组成：非线性跟踪微分器（TD）、扩张状态观测器（ESO）和非线性状态误差反馈控制器（NLSEF），其结构如图 4 – 25 所示。

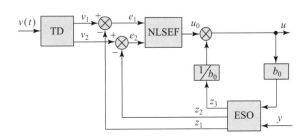

图 4 – 25 二阶自抗扰控制器结构图

1）非线性跟踪微分器

在自抗扰控制技术中，非线性跟踪微分器主要起过渡作用。由于经典 PID 控制器在初始时刻的误差较大，容易引起超调过大，造成对系统的冲击，通过非线性跟踪微分器的过渡作用，使得初始误差较小，从而减小了超调量。另外，由于给定的参考输入信号可能包含有干扰成分，微分跟踪器对输入的给定参考信号起着一定的滤波作用。

所谓"非线性跟踪微分"是这样一个非线性动态环节：对其输入一个信号 $v(t)$，它将给出两个输出信号 v_1 和 v_2，其中 v_1 跟踪输入信号 v，v_2 是输入信号 v 的近似微分信号。它实际上是 v 的"广义微分"，是一种品质很好的微分。

本书采用由二阶最速开关系统得到的非线性二阶跟踪微分器，其形式为

$$\begin{cases} \dot{v_1} = v_2 \\ \dot{v_2} = -r \cdot \mathrm{sign}\left(v_1 - v + \dfrac{v_2\,|v_2|}{2r}\right) \end{cases} \quad (4-60)$$

式中　r——调速因子，r 越大跟踪输入信号速度越快，v_2 也就越接近输入信号的微分。

非线性跟踪微分器的离散形式为

$$\begin{cases} fh = \mathrm{fhan}(v_1(k) - v(k), v_2(k), r, h) \\ v_1(k+1) = v_1(k) + hv_2(k) \\ v_2(k+1) = v_2(k) + h \cdot fh \end{cases} \quad (4-61)$$

式中　h——步长。

上式的 fhan 函数可以用下式表示

$$
\begin{cases}
d = rh \\
d_0 = hd \\
y = v_1 + hv_2 \\
a_0 = \sqrt{d^2 + 8r|y|} \\
a = \begin{cases} v_2 + \dfrac{a_0 - d}{2}\mathrm{sign}(y), & |y| > d_0 \\[2mm] v_2 + \dfrac{y}{h}, & |y| \leqslant d_0 \end{cases} \\
\mathrm{fhan} = -\begin{cases} r\mathrm{sign}(a), & |a| > d \\[2mm] \dfrac{ra}{d}, & |a| \leqslant d \end{cases}
\end{cases} \tag{4-62}
$$

2）扩张状态观测器

扩张状态观测器实际是一组非线性微分方程，和普通的状态观测器的区别在于它将系统的参数摄动及其数学模型不确定性形成的内扰和各种外扰统一归结为总扰动，作为系统的一个状态变量，利用系统已知的输入与输出量实现对系统状态的重构。扩张状态观测器是自抗扰控制理论的核心，由于能实时估计出扰动项并加以补偿，因此自抗扰控制具有很强的鲁棒性。

为分析问题的方便，假设有一受未知外扰作用的非线性二阶不确定性系统的状态方程为

$$
\begin{cases}
\dot{x}_1 = x_2 \\
\dot{x}_2 = f(x_1, x_2, t) + w(t) + b_0 u \\
y = x_1
\end{cases} \tag{4-63}
$$

式中　$f(x_1, x_2, t)$ ——未知非线性函数；

　　　$w(t)$ ——未知的扰动项；

　　　b_0 ——系统控制增益；

　　　u ——系统控制量；

　　　y ——系统输出变量。

式（4-63）中，由于函数 $f(x_1, x_2, t)$ 和扰动 $w(t)$ 都是未知项，因此可以把其作为总扰动，即令 $a(t) = f(x_1, x_2, t) + w(t)$，则式（4-63）可简化为

$$
\begin{cases}
\dot{x}_1 = x_2 \\
\dot{x}_2 = a(t) + b_0 u \\
y = x_1
\end{cases} \tag{4-64}
$$

如果将 $a(t)$ 视为状态变量，即 $x_3 = a(t)$，假定其微分 $a_0(t)$ 存在且有界，则状态

变量扩张后的状态方程为

$$\begin{cases} \dot{x}_1 = x_2 \\ \dot{x}_2 = x_3 + b_0 u \\ \dot{x}_3 = a_0(t) \\ y = x_1 \end{cases} \quad (4-65)$$

从式（4-65）可以看出，经过状态变量扩张，就把原来的非线性控制系统变换成线性的控制系统。利用构造扩张状态观测器的方法，可构造出该对象的扩张状态观测器如下

$$\begin{cases} e = z_1 - y \\ \dot{z}_1 = z_2 - g_1(e) \\ \dot{z}_2 = z_3 - g_2(e) + b_0 u \\ \dot{z}_3 = -g_3(e) \end{cases} \quad (4-66)$$

式中　$g_1(e)$，$g_2(e)$，$g_3(e)$——非线性函数。

由式（4-66）减去式（4-65）可得

$$\begin{cases} \dot{e}_1 = e_2 - g_1(e) \\ \dot{e}_2 = e_3 - g_2(e) + b_0 u \\ \dot{e}_3 = -g_3(e) - a_0(t) \end{cases} \quad (4-67)$$

对于一定范围内随意变化的 $a_0(t)$，通过选取合适的非线性函数 $g_1(e)$、$g_2(e)$、$g_3(e)$，使得式（4-67）中各 e 均对原点稳定，则式（4-66）中的各状态变量将能够分别跟踪式（4-65）中的各状态变量。

在工程实际中，非线性函数 $g_i(e)$ 通常取下式表示，即

$$g_i(e) = \beta_i \cdot \mathrm{fal}(e, \alpha_i, \delta) \quad (4-68)$$

其中

$$\mathrm{fal}(e, \alpha_i, \delta) = \begin{cases} \dfrac{e}{\delta^{\alpha_i - 1}}, & |e| \leqslant \delta \\ |e|^{\alpha_i} \mathrm{sign}(e), & |e| > \delta \end{cases} \quad (4-69)$$

式中　δ，α_i——大于零的可调参数。

为便于 DSP 等进行数据处理，通常将式（4-66）所表示的非线性扩张状态观测器进行线性化处理，令非线性函数 $g_i(e)$ 中的 α_i 等于1，可得

$$\begin{cases} e = z_1 - y \\ \dot{z}_1 = z_2 - \beta_1 e \\ \dot{z}_2 = z_3 - \beta_2 e + b_0 u \\ \dot{z}_3 = -\beta_3 e \end{cases} \quad (4-70)$$

3）非线性状态误差反馈控制器

经典 PID 控制是对误差的比例、积分、微分进行简单的加权求和，效率低下。非线性状态误差反馈控制器利用系统输入与输出之间误差及误差的各阶微分，根据小误差、大增益，大误差、小增益的原则，通过非线性组合配置来提取控制量，并对系统总扰动进行补偿，将整个非线性系统化为积分串联型系统，从而构造理想的控制器，达到更好的控制效果。

非线性误差反馈控制器是跟踪微分器和扩张状态观测器产生的状态变量估计之间的误差的非线性组合，它与 ESO 对总扰动的补偿量一起组成控制量，即

$$u_0 = k_1 \text{fal}(v_1 - z_1, \alpha_1, \delta) + k_2 \text{fal}(v_2 - z_2, \alpha_2, \delta) \tag{4-71}$$

式中 k_1，k_2——可调参数。

式（4-71）实际是一种非线性 PID 控制，由于非线性函数的引入，使得非线性 PID 控制器的控制效果要好于经典 PID 的控制效果。

同理，为便于 DSP 处理器计算，可将式（4-71）线性化为

$$u_0 = k_1(v_1 - z_1) + k_2(v_2 - z_2) \tag{4-72}$$

为了将整个非线性系统化为线性的积分串联型系统，根据扩张状态观测器一节的研究知道，把非线性不确定项统一为干扰项作为系统扩张的状态变量，并通过扩张状态观测器能观测出这个扩张的状态变量。这样在最终的控制量中可以通过补偿消除这个被扩张的状态变量，即

$$u = u_0 - \frac{z_3}{b_0} \tag{4-73}$$

将式（4-73）代入式（4-64）中，可以得到

$$\begin{cases} \dot{x}_1 = x_2 \\ \dot{x}_2 = b_0 u_0 \\ y = x_1 \end{cases} \tag{4-74}$$

从式（4-74）可以看出，原系统已经变成了一个线性的积分串联型系统，这样就可以用状态误差反馈来设计理想的控制器了。

2. 基于自抗扰控制策略的永磁同步电动机控制系统

采用自抗扰控制器代替永磁同步电动机矢量控制中的 PID 控制器，可以实现基于自抗扰控制策略的永磁同步电动机矢量控制系统，如图 4-26 所示。其中 ADRC 为自抗扰控制器，其结构与图 4-25 类似，可根据上述的自抗扰原理进行设计。

采用同样的设计思路，将自抗扰控制策略用于 SVM-DTC 策略系统的直接转矩控制系统中，为简化系统结构，提高系统的抗干扰性能，图 4-27 中磁链观测与 SVPWM 参考电压的产生采用自抗扰控制器实现。为了进一步改善系统的动态和静态性能，速度环也采用自抗扰控制器。

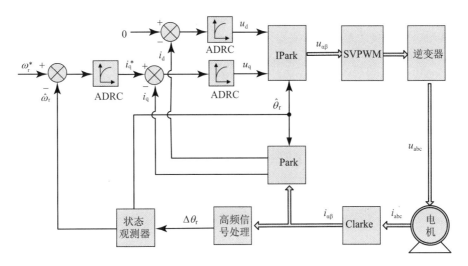

图 4-26　基于自抗扰控制的永磁同步电动机矢量控制框图

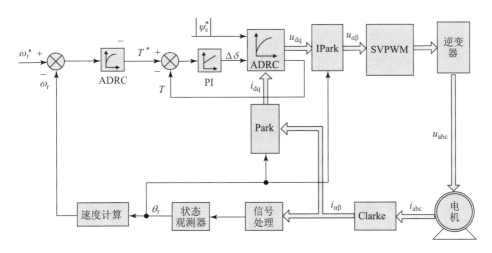

图 4-27　基于自抗扰控制的永磁同步电动机直接转矩控制框图

4.6.2　永磁同步电动机卡尔曼滤波器控制策略

在 1960 年，R. E. Kalman 发表了一篇著名论文，描述了解决关于离散线性数据滤波问题的一种递归方法。由于在数字处理领域的巨大发展，此后，卡尔曼滤波器成为人们在研究和应用领域的热点。本节首先介绍了离散卡尔曼滤波器的原理及特点，并给出了离散卡尔曼递推方程的详细论证，在此基础上详细阐述了扩展卡尔曼滤波器的原理以及连续方程的离散化问题。

1. 卡尔曼滤波器基本原理

1）离散卡尔曼滤波器

离散卡尔曼滤波器解决了关于离散控制过程的状态 $x \in \boldsymbol{R}^n$（$\boldsymbol{R}^n$：n 维空间向量）的估计问题，它的线性差分状态方程如下

$$x_k = Ax_{k-1} + Bu_{k-1} + w_{k-1} \qquad (4-75)$$

测量值 $z \in \boldsymbol{R}^m$ 的测量方程如下

$$z_k = Hx_k + v_k \qquad (4-76)$$

变量 w_k 和 v_k 代表过程噪声和测量噪声，它们之间相互独立。

变量 w_k 和 v_k 随机变量有如下的概率分布

$$p(w) \sim N(0,Q)$$
$$p(v) \sim N(0,R)$$

并且

$$\begin{cases} E[w_k] = 0, \mathrm{cov}[w_k,w_j] = E[w_k w_j^{\mathrm{T}}] = Q_k \delta_{kj} \\ E[v_k] = 0, \mathrm{cov}[v_k,v_j] = E[v_k v_j^{\mathrm{T}}] = R_k \delta_{kj} \\ \mathrm{cov}[w_k,v_j] = E[w_k v_j^{\mathrm{T}}] = 0 \quad k = 0,1,2,\cdots \end{cases} \qquad (4-77)$$

式中 $E[\ ]$，$cov[\ ]$ 为数学期望和协方差函数；$\boldsymbol{Q}_k = \mathrm{var}[w_k] = E[w_k w_k^{\mathrm{T}}]$ 称为过程噪声协方差阵，$\boldsymbol{R}_k = \mathrm{var}[v_k] = E[v_k v_k^{\mathrm{T}}]$ 为测量噪声协方差阵。

实际上，过程噪声协方差阵 $\boldsymbol{Q}$ 和测量噪声协方差阵 $\boldsymbol{R}$ 可能会随着每一次状态更新或者测量而改变，这里假定它是恒定的。

在知道了系统 k 时刻前的状态后，假定 $\hat{x}^- \in \boldsymbol{R}^n$ 是对于第 k 时刻状态的初步估计，假定 $\hat{x} \in \boldsymbol{R}^n$ 是对于 k 时刻鉴于实际值 z_k 的最终估计，就能定义初步估计误差和最终估计误差如下

$$e_k^- = x_k - \hat{x}_k^- \qquad (4-78)$$

$$e_k = x_k - \hat{x}_k \qquad (4-79)$$

初步估计误差的协方差为

$$P_k^- = E[e_k^- e_k^{-\mathrm{T}}] \qquad (4-80)$$

最终估计误差的协方差为

$$P_k = E[e_k e_k^{\mathrm{T}}] \qquad (4-81)$$

为了得到卡尔曼滤波器的方程，将最终估计 $\hat{x}_k$ 看作最初估计 $\hat{x}_k^-$、真实测量值和测量估计值的线性组合。方程如下

$$\hat{x}_k = \hat{x}_k^- + K(z_k - H\hat{x}_k^-) \qquad (4-82)$$

方程中的 $z_k - H\hat{x}_k^-$ 称为测量更新，这个值反映了实际值和估计测量值的差值。$n \times m$ 阶矩阵 K 是用来减小最终估计误差协方差的增益，这个最优化过程可以通过上式代入误差计算式，然后再代入式（4-81），使 P_k 最小，进行相应计算，得到 K 值。对于 K 值，一种表达形式如下

$$K_k = P_k^- H^{\mathrm{T}}(H_k P_k^- H^{\mathrm{T}} + R)^{-1} = \frac{P_k^- H^{\mathrm{T}}}{H_k P_k^- H^{\mathrm{T}} + R} \tag{4-83}$$

通过上式可观察到，当观测误差协方差 R 越接近于 0 的时候，增益 K 的值越大

$$\lim_{R \to 0} K_k = H_k^{-1} \tag{4-84}$$

在另一方面，当初步估计误差协方差接近于 0 时，增益越小

$$\lim_{P_k^- \to 0} K_k = 0 \tag{4-85}$$

卡尔曼滤波器利用反馈控制的形式来进行估计，滤波器先对在某一时刻一个过程进行估计，然后通过测量得到反馈值。因此，卡尔曼滤波器的等式分为两组，即时间更新方程和测量更新方程。时间更新方程负责通过当前时刻状态估计和误差协方差估计更新下一步的初步估计值；测量更新方程负责通过反馈将初步估计换算到最终估计，如图 4 – 28 所示。

图 4 – 28　循环进行的卡尔曼滤波周期图

时间更新和测量更新的方程如下

$$\hat{x}_k^- = A\hat{x}_{k-1} + Bu_{k-1} \tag{4-86}$$

$$P_k^- = AP_{k-1}A^{\mathrm{T}} + Q \tag{4-87}$$

此方程组通过 $k-1$ 时刻的状态获得 k 时刻的状态，得到初步状态估计、初步误差协方差。

离散卡尔曼滤波器测量更新方程

$$K_k = P_k^- H^{\mathrm{T}}(HP_k^- H^{\mathrm{T}} + R)^{-1} \tag{4-88}$$

$$\hat{x}_k = \hat{x}_k^- + K_k(z_k - H\hat{x}_k^-) \tag{4-89}$$

$$P_k = (I - K_k H)P_k^- \tag{4-90}$$

在测量更新过程中的首要任务是计算卡尔曼增益 K，下一步是获得实际测量值，然后产生一个最终的状态估计，最后一步是通过式（4 – 90）获得最终误差协方差。

在每次的时间更新和测量更新后，得到的最终估计值将成为下次过程的 $k-1$ 时刻状态值，再进行新一次状态的估计。

下面我们来求证在最小均方误差条件下的增益矩阵和最终估计误差的协方差的递推表达式，初始状态 x_0 与 w_k 均不相关。k 时刻滤波的均方误差阵（即误差的协方差矩

阵）为

$$P_k = E[e_k e_k^{-T}] \qquad (4-91)$$

而未考虑噪声时

$$P_k^- = E[e_k^- e_k^{-T}] \qquad (4-92)$$

将式（4-75）、式（4-76）代入式（4-81）得

$$\hat{x}_k = (I - K_k H_k)A_k \hat{x}_{k-1} + K_k H_k(A_k x_{k-1} + w_{k-1}) + K_k v_k + Bu_{k-1} \qquad (4-93)$$

$$e_k = (I - K_k H_k)[A_k(x_{k-1} - \hat{x}_{k-1}) + w_{k-1}] - K_k v_k \qquad (4-94)$$

推导之后可得

$$P_k = (I - K_k H_k)P_k^- \qquad (4-95)$$

2）扩展卡尔曼滤波器（EKF）

在遇到非线性情况下，类似于泰勒级数，可通过对状态方程和测量方程的部分微分来对当前估计进行线性化来计算估计值。设状态矢量 $\hat{x} \in \mathbf{R}^n$，它的状态方程为非线性，如下

$$x_k = f(x_{k-1}, u_{k-1}, w_{k-1}) \qquad (4-96)$$

观测方程为

$$z_k = h(x_k, v_k) \qquad (4-97)$$

实际上不可能知道每一步的 w_k 和 v_k 值。但是可以暂不考虑它们，对状态和观测变量进行估计

$$x_k^- = f(\hat{x}_{k-1}, u_{k-1}, 0) \qquad (4-98)$$

$$z_k^- = h(x_k^-, 0) \qquad (4-99)$$

估算这种非线性化过程，先对其进行线性化，如下

$$x_k \approx x_k^- + \mathbf{A}(x_{k-1} - \hat{x}_{k-1}) + \mathbf{W}w_{k-1} \qquad (4-100)$$

$$z_k \approx z_k^- + \mathbf{H}(x_k - \hat{x}_k) + \mathbf{V}v_k \qquad (4-101)$$

式中　x_k，z_k——实际状态变量和观测变量；

x_k^-，z_k^-——近似的状态变量和观测变量；

$\hat{x}_k$——在第 k 步对于状态变量的最终估计；

w_k，v_k——过程噪声和测量噪声，是随机变量；

$\mathbf{A}$——f 函数对于 x 偏微分的雅克比矩阵，如下

$$\mathbf{A}_{[i,j]} = \frac{\partial f_{[i]}}{\partial x_{[j]}}(\hat{x}_{k-1}, u_{k-1}, 0) \qquad (4-102)$$

$\mathbf{W}$——f 函数对于 w 偏微分的雅克比矩阵，如下

$$\mathbf{W}_{[i,j]} = \frac{\partial f_{[i]}}{\partial w_{[j]}}(\hat{x}_{k-1}, u_{k-1}, 0) \qquad (4-103)$$

$\mathbf{H}$——h 函数对于 x 偏微分的雅克比矩阵，如下

$$\boldsymbol{H}_{[i,j]} = \frac{\partial h_{[i]}}{\partial x_{[j]}}(x_k^-,0) \qquad (4-104)$$

$\boldsymbol{V}$——h 函数对于 v 偏微分的雅克比矩阵，如下

$$\boldsymbol{V}_{[i,j]} = \frac{\partial h_{[i]}}{\partial v_{[j]}}(x_k^-,0) \qquad (4-105)$$

最终可得完整扩展卡尔曼滤波器方程，$\boldsymbol{A}$、$\boldsymbol{W}$、$\boldsymbol{H}$ 和 $\boldsymbol{V}$ 在每一步都是不同的。

扩展卡尔曼滤波器时间更新方程

$$\hat{x}_k^- = f(\hat{x}_{k-1},u_{k-1},0) \qquad (4-106)$$

$$\boldsymbol{P}_k^- = \boldsymbol{A}_k\boldsymbol{P}_{k-1}\boldsymbol{A}_k^{\mathrm{T}} + \boldsymbol{W}_k\boldsymbol{Q}_{k-1}\boldsymbol{W}_k^{\mathrm{T}} \qquad (4-107)$$

和基本的离散卡尔曼滤波器一样，时间更新方程通过上一步的各状态量对当前状态和协方差进行估计。

EKF 测量更新方程

$$\boldsymbol{K}_k = \boldsymbol{P}_k^-\boldsymbol{H}_k^{\mathrm{T}}(\boldsymbol{H}_k\boldsymbol{P}_k^-\boldsymbol{H}_k^{\mathrm{T}} + \boldsymbol{V}_k\boldsymbol{R}_k\boldsymbol{V}_k^{\mathrm{T}})^{-1} \qquad (4-108)$$

$$\hat{x}_k = \hat{x}_k^- + K_k[z_k - h(\hat{x}_k^-,0)] \qquad (4-109)$$

$$\boldsymbol{P}_k = (\boldsymbol{I} - \boldsymbol{K}_k\boldsymbol{H}_k)\boldsymbol{P}_k^- \qquad (4-110)$$

测量更新方程通过实际测量值 z_k 对状态和协方差变量进行修正。

2. 基于卡尔曼滤波器的永磁同步电动机控制系统

永磁同步电动机是一个多变量、强耦合的时变系统。采用矢量控制的交流控制系统是通过矢量变换的方法将交流电动机模拟成直流电动机进行控制，从而获得类似直流电动机的控制性能。为了保证良好的控制性能，矢量控制系统由速度环和电流环两个闭环组成，其中电流环为内环，速度环为外环，可以实现系统运行时的速度稳定性、电流响应快速性。

根据矢量控制的原理，在控制过程中，需要知道速度和位置信号，速度信号用来作为速度环的反馈，而位置反馈信号则用来对永磁同步电动机进行解耦。所以速度和位置信号的精度直接影响到系统运行的稳定性。永磁同步电动机在低速运行时，速度信号的反馈精度非常低，卡尔曼滤波器可以提高观测的精确度。

根据永磁同步电动机模型、矢量控制原理和有位置传感器卡尔曼滤波器原理，得出如图 4-29 所示模型，系统包含电流环、速度环两个闭环，主要包括定子电流检测、转子位置检测、卡尔曼速度观测器和负载转矩观测器、速度调节器、电流调节器、Clarke 变换、Park 变换与逆变换、电压空间矢量 SVPWM 调制等环节，两个闭环均采用比较简单的 PI 调节器。速度给定值与实际速度比较输出 q 轴电流分量的参考值，同时给定 d 轴电流为 0；由电流传感器测得定子相电流，通过坐标变换得定子电流的 d、q 轴分量 i_d 和 i_q；通过两个电流调节器输出需要施加的空间电压矢量的 d、q 轴分量 u_d 和 u_q，经坐标变换后，得到 SVPWM 调制信号，驱动逆变器对电动机施加电压。

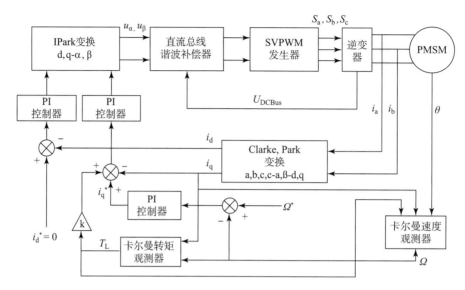

图 4-29   基于卡尔曼滤波器的永磁同步电动机有位置传感器矢量控制系统模型

直接转矩控制系统的性能很大程度上取决于定子磁链估计精度，而它们的精度既取决于合适磁链的估计模型或策略，又取决于定子电流、电压的测量精度。扩展卡尔曼滤波器在所建立的电动机模型上，既能在全速范围内有效地估计定子磁链和转速，又能滤去电流、电压测量值的随机干扰，而且能估算出转速信号。从图 4-30 可看出扩展卡尔曼滤波器不仅具有以上功能，而且还将能通常所必需的定子磁链模型集成到滤波算法中，因此能很好地用在无速度传感器直接转矩控制系统中，提高控制系统在低速下的动、静态性能，并且能避免过多地增大控制系统计算量。

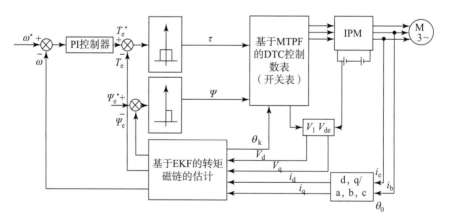

图 4-30   基于扩展卡尔曼滤波的直接转矩控制系统框图

4.6.3 永磁同步电动机无位置传感器控制策略

矢量控制是目前实际应用最广泛的永磁同步电动机控制策略，它能够满足对速度和电流的精确控制，但需要同时获得精确的转子位置和速度信息。获得转子位置信息最常用的方法是通过光电编码器、旋转变压器、测速发电机、霍尔感应器件等传感器直接测量，从对各种工况的适应能力来看，它仍是目前最可靠的解决方案。但另一方面，安装位置传感器需要一定的空间，并且需要通过导线等传输媒介把速度位置信号传递给处理器，这增加了系统的成本和复杂性，降低了机械强度，也降低了对电磁噪声、机械振动以及温度的抗干扰能力，从而降低了系统的整体可靠性。为了提高运行效率，降低运行成本，增强在特殊工况下的可靠性，采用无位置传感器控制方式的永磁同步电动机驱动系统是永磁电动机控制技术发展的主流趋势。

无位置传感器永磁同步电动机的全速度范围运行包含转子初始位置定位、启动加速和额定运行这三个关键过程。电动机系统在不同速度段采用不同的控制策略，需要同时考虑策略与策略之间的匹配和切换、对硬件资源的需求，以及算法的复杂程度对处理器运算能力的影响等问题。结合多种无位置传感器的算法和控制策略，有多种不同的方案来实现永磁同步电动机的无位置传感器全速度运行。

P. D. Chandana Perera 等提出使用 V/F 开环电压控制策略结合频率自稳定技术的方案，使得电动机能够带载运行在 5% ~ 100% 的速度范围，并已应用到水泵、风机类负载中。

Gheorghe – Daniel Andreescu，Cesar Silva 等采用低速高频注入法和高速反电势磁链观测器相结合的方法，实现了永磁同步电动机的无位置传感器全速度运行。

秦峰、侯利民、郝雯娟、黄鹏等对低速高频注入法和高速模型参考自适应法相结合的控制策略进行了理论推导、仿真分析和实验，并讨论了两种算法之间的切换过程。

Marius Fatu，Alin Stirban，Dong Jiang 等应用低速 I/F 开环启动和高速反电势积分的方法，实现了永磁同步电动机的无位置传感器全速度运行。Mohamed Boussak，Manfred Schrodl 研究了基于电感间接检测的转子初始位置辨识方法（INFORM），结合扩展卡尔曼滤波器法实现了永磁同步电动机的无位置传感器全速度运行。

Junggi Lee 采用了一种非线性观测器算法，实现了永磁电动机从静止到高速的全速度运行，但是无法保证该种策略在零速和低速时有良好的动态性能。

综合以上各种策略整合方案，可以采用低速 I/F 速度开环、电流闭环启动，高速时基于反电势积分法的速度 – 电流双闭环矢量控制的综合策略，以实现针对泵和压缩机的永磁同步电动机无位置传感器全速度运行，系统运行流程如图 4 – 31 所示。这一综合方案的优点在于，I/F 电流闭环控制具有一定的抗负载扰动能力，基于反电势积分法的双闭环矢量控制运行效率高、动态性能好、算法简单可靠、在高速段对电动机参数不敏感、通用性佳，适合于实际应用。另外，从 I/F 半开环启动切换到速度 - 电流双闭环运行的过渡过程是研究的重点，现有文献对这一过渡过程问题的研究鲜有涉及。

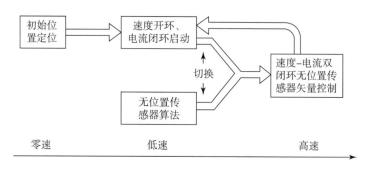

图 4 - 31　系统全速度范围运行流程图

1. 转子初始位置定位

初始位置辨识法是向永磁同步电动机定子注入高频电压信号，根据电动机的凸极饱和效应计算转子的初始位置。它的定位精度高于预定位法，而且不会使转子随机转动，这符合提升机、电动汽车等应用的要求。低速高频注入法主要有以下两种。

一种注入法采用向绕组中注入一系列脉冲电压矢量的方法，比较电流响应的幅值，寻找使电流幅值最大的电压矢量，再逐步细分，逼近至转子位置。随着电压矢量向真实转子位置不断逼近，电流响应的幅值差异越来越小，幅值判断越来越困难。当转子处于某些特定位置时，位置估算精度会受到电流采样误差以及分辨率的影响，因此可靠性很难得到保证。

另一种注入法是通过检测注入脉冲电压矢量时电动机的瞬态电流响应来实现对低速、零速下具有凸极效应的永磁同步电动机的转子初始位置的计算。该方法根据 d、q 轴电感差异原理，向绕组施加两组等宽瞬时脉冲电压，得到瞬态电流响应，再计算出含有位置信息的电感参数矩阵，从而计算出转子位置。对于凸极效应不明显的面贴式永磁同步电动机，其直轴电感与交轴电感接近，但由于永磁体磁链在 d 轴上存在饱和作用，使得等效直轴电感略小于交轴电感，从而使面贴式永磁同步电动机仍具有一定的凸极效应。该方法的原理是基于电感间接测量法，当转子处于静止状态时，电动机的电压方程可写为

$$\begin{bmatrix} u_{\alpha(k)} \\ u_{\beta(k)} \end{bmatrix} = R_s \begin{bmatrix} i_{\alpha(k)} \\ i_{\beta(k)} \end{bmatrix} + \begin{bmatrix} L_{11} & L_{12} \\ L_{21} & L_{22} \end{bmatrix} \cdot \begin{bmatrix} \dfrac{\mathrm{d}i_{\alpha(k)}}{\mathrm{d}t_k} \\ \dfrac{\mathrm{d}i_{\beta(k)}}{\mathrm{d}t_k} \end{bmatrix} \qquad (4-111)$$

若对永磁同步电动机定子施加两次线性无关的电压矢量，可以得到两次电流响应，从而解出电感矩阵

$$\begin{bmatrix} u_{\alpha 1} & u_{\alpha 2} \\ u_{\beta 1} & u_{\beta 2} \end{bmatrix} = R_{s} \cdot \begin{bmatrix} i_{\alpha 1} & i_{\alpha 2} \\ i_{\beta 1} & i_{\beta 2} \end{bmatrix} + \begin{bmatrix} L_1 + L_2\cos 2\theta_{r} & L_2\sin 2\theta_{r} \\ L_2\sin 2\theta_{r} & L_1 - L_2\cos 2\theta_{r} \end{bmatrix} \cdot \frac{d}{dt}\begin{bmatrix} i_{\alpha 1} & i_{\alpha 2} \\ i_{\beta 1} & i_{\beta 2} \end{bmatrix}$$

$$(4-112)$$

$$\begin{bmatrix} L_{11} & L_{12} \\ L_{21} & L_{22} \end{bmatrix} = R_{s} \cdot \begin{bmatrix} u_{\alpha 1} - R i_{\alpha 1} & u_{\alpha 2} - R i_{\alpha 2} \\ u_{\beta 1} - R i_{\beta 1} & u_{\beta 2} - R i_{\beta 2} \end{bmatrix} \begin{bmatrix} \dfrac{di_{\alpha 1}}{dt} & \dfrac{di_{\alpha 2}}{dt} \\ \dfrac{di_{\beta 1}}{dt} & \dfrac{di_{\beta 2}}{dt} \end{bmatrix}^{-1} \qquad (4-113)$$

$$\theta_{r} = \frac{1}{2}\tan^{-1}\frac{L_{12}+L_{21}}{L_{11}-L_{22}} \qquad (4-114)$$

式（4-114）获得的转子位置 θ_r 确定了转子 d 轴所在的方向，但不包含转子极性信息，因此需要进一步施加电压矢量以区分 NS 极。其原理是，施加两个沿转子 d 轴方向的互为反相的电压矢量，其中一个电压矢量对转子 d 轴起充磁作用，增强了定子铁芯在 d 轴方向上的磁饱和度，d 轴电感减小，电流幅值增大；另一个电压矢量对 d 轴起去磁作用，减弱了磁饱和度，d 轴电感增大，电流幅值减小。对比两次电流的幅值，即可判断式（4-114）计算得到的位置是处于 N 极还是 S 极：若前一个电压矢量的电流响应大于后者，则处于 N 极，反之则为 S 极。

2. I/F 开环启动

低速 I/F 启动和高速反电势无位置算法矢量控制相结合的运行系统框图如图 4-32 所示。在低速启动阶段，基于反电势无位置算法的位置观测器不能获得精确稳定的位置和速度信号，只能对系统进行电流闭环控制，而速度环可由开环位置角发生器替代。

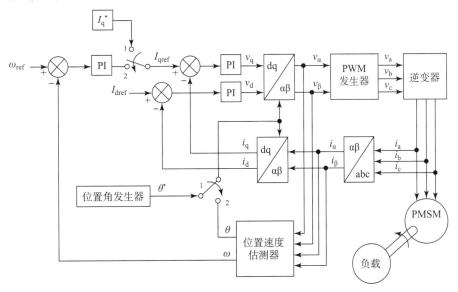

图 4-32 开环启动与闭环运行系统框图

如图 4 - 32 所示，当两个软件开关均处在 1 的位置，位置角发生器给定指令位置角用于定子电流的 d，$q - \alpha$，β 坐标变换，指令位置角、转速、加速度之间的关系为

$$\begin{cases} \theta_\mathrm{d}^* = \int \omega^* \mathrm{d}t \\ \omega^* = \int K_\omega \mathrm{d}t \end{cases} \qquad (4-115)$$

3. 基于反电势无位置算法的双闭环矢量控制

反电势直接计算法是最简单、应用最广泛的无位置传感器算法。它在电动机运行的中高速段能获得精确可靠的估算结果，结合矢量控制能获得良好的动态性能，并适用于各种类型的永磁同步电动机。它的思路是：采样电动机定子的瞬时端电压和端电流，计算电动机定子磁链、转子磁链和反电势矢量的相位，从而得到转子位置信息，再进一步得到转速信息，具体实施如下。

在同步 d，q 坐标系下，永磁同步电动机的数学模型可表示为

$$\begin{bmatrix} u_\mathrm{d} \\ u_\mathrm{q} \end{bmatrix} = \begin{bmatrix} R_\mathrm{s} & 0 \\ 0 & R_\mathrm{s} \end{bmatrix} \cdot \begin{bmatrix} i_\mathrm{d} \\ i_\mathrm{q} \end{bmatrix} + \frac{\mathrm{d}}{\mathrm{d}t} \begin{bmatrix} \psi_\mathrm{d} \\ \psi_\mathrm{q} \end{bmatrix} + \omega_\mathrm{r} \begin{bmatrix} 0 & -1 \\ 1 & 0 \end{bmatrix} \begin{bmatrix} \psi_\mathrm{d} \\ \psi_\mathrm{q} \end{bmatrix} \qquad (4-116)$$

$$\begin{bmatrix} \psi_\mathrm{d} \\ \psi_\mathrm{q} \end{bmatrix} = \begin{bmatrix} L_\mathrm{d} & 0 \\ 0 & L_\mathrm{q} \end{bmatrix} \cdot \begin{bmatrix} i_\mathrm{d} \\ i_\mathrm{q} \end{bmatrix} + \begin{bmatrix} \psi_\mathrm{pm} \\ 0 \end{bmatrix} \qquad (4-117)$$

式中，u，i，ψ 分别为定子电压、电流和磁链，下标表示在 d，q 轴上的分量；R_s，L_d，L_q 分别为定子绕组电阻、d 轴电感和 q 轴电感；ψ_pm 为永磁磁链；θ_r 为转子位置；ω_r 为 d，q 轴旋转角速度，即同步转速、转子转速。

为便于反电势法分析，给出在 α，β 坐标系下电动机数学模型

$$\begin{bmatrix} u_\alpha \\ u_\beta \end{bmatrix} = \begin{bmatrix} R_\mathrm{s} & 0 \\ 0 & R_\mathrm{s} \end{bmatrix} \cdot \begin{bmatrix} i_\alpha \\ i_\beta \end{bmatrix} + \frac{\mathrm{d}}{\mathrm{d}t} \begin{bmatrix} \psi_\alpha \\ \psi_\beta \end{bmatrix} \qquad (4-118)$$

$$\begin{bmatrix} u_\alpha \\ u_\beta \end{bmatrix} = \begin{bmatrix} L_1 + L_2\cos2\theta_\mathrm{r} & L_2\sin2\theta_\mathrm{r} \\ L_2\sin2\theta_\mathrm{r} & L_1 - L_2\cos2\theta_\mathrm{r} \end{bmatrix} \cdot \begin{bmatrix} i_\alpha \\ i_\beta \end{bmatrix} + \begin{bmatrix} \cos\theta_\mathrm{r} \\ \sin\theta_\mathrm{r} \end{bmatrix} \cdot \psi_\mathrm{pm} \qquad (4-119)$$

定义共模电感 $L_1 = (L_\mathrm{d} + L_\mathrm{q})/2$，差模电感 $L_2 = (L_\mathrm{d} - L_\mathrm{q})/2$。对于面贴式永磁同步电动机，$L_2 \approx 0$，则上式化简为

$$\begin{cases} u_\alpha = R_\mathrm{s}i_\alpha + p(L_1 i_\alpha + \psi_\mathrm{pm}\cos\theta_\mathrm{r}) \\ u_\beta = R_\mathrm{s}i_\beta + p(L_1 i_\beta + \psi_\mathrm{pm}\sin\theta_\mathrm{r}) \end{cases} \qquad (4-120)$$

上式中下标 α，β 表示各物理量在 α，β 坐标系下的分量，则估测的转子位置和角速度可表示为

$$\begin{cases} \theta_\mathrm{r} = \tan^{-1}\dfrac{\psi_\beta - L_1 i_\beta}{\psi_\alpha - L_1 i_\alpha} \\ \omega_\mathrm{r} = \dfrac{\mathrm{d}\theta_\mathrm{r}}{\mathrm{d}t} \end{cases} \qquad (4-121)$$

反电势积分法可在 10% 额定转速以上具有良好的转速和位置跟踪效果，但在低速区（低于 5% 额定转速）估算结果不稳定，容易造成启动过程中转子失步或锁死。由于反电动势幅值与转速成正比，在静止时反电势积分法失效。

当图 4 - 32 中的软件开关从位置 1 切换到位置 2 以后，系统运行在基于反电势无位置算法的双闭环矢量控制状态：由电流传感器采样定子电流，一方面通过 α，$\beta - d$，q 变换输入到电流控制器，另一方面输入到速度 - 位置观测器中由反电势积分算法得到转子位置和速度，再分别输入到坐标变换和速度控制器中，构成双闭环结构。

系统运行在额定速度以后，有可能因为速度指令的变化而减速到低速区，这时候需要从矢量控制模式重新切换到 I/F 开环模式，软件开关从位置 2 切换回到位置 1。如图 4 - 32 所示，可以设置一个切换速度阈值，当转速从阈值以上降到阈值以下时，实施切换。由于从 FOC 模式切换回 I/F 模式时，转子位置角是精确已知的，所以反切换过程可以瞬间完成，I/F 模式下的电流幅值为 i_{q}^{*}，指令位置角可以表示为

$$\theta_{d}^{*} = \theta_{est} - \cos^{-1}(i_{qref}^{-}/i_{q}^{*}) \tag{4 - 122}$$

切换速度阈值应该设置为滞环特性，即正向加速时的切换速度阈值要高于逆向减速时的切换速度阈值，这样可以避免系统在两种运行模式间频繁地切换。

第5章　发射装置全数字化伺服控制器设计

伺服控制器技术是伺服系统的核心技术，它是随着现代日益发展的电动机技术、电力电子技术、计算机技术和先进的控制理论的发展而发展起来的。控制器的控制对象电动机是伺服系统的执行元件，电动机自诞生之日起的每一次跨越也引领着控制器的不断进步，其特性对于构建高性能伺服系统具有极其重要的意义。由于直流电动机具有运行效率高和调速性能好等诸多优点，在工业生产和生活中得到了极为广泛的应用。但是，随着生产技术的不断发展，直流电动机的薄弱环节逐渐显现出来。

永久磁性材料性能的提高是伺服电动机高性能化、小型化不可缺少的重要条件。永磁同步电动机由于采用了高性能永磁材料，因此有着较高的效率和较小的体积，且构造简单、速度准确恒定、工作可靠。对于要求高性能位置伺服或速度伺服的武器系统，交流永磁同步电动机以其无可比拟的优越性，已经成为新一代航空、航天和航海领域伺服系统驱动设备的首选。随之发展起来的伺服控制器也经历了从模拟控制到混合控制，再到全数字控制方式的发展阶段。全数字交流伺服控制系统的伺服电动机的位置环、速度环、电流环的控制和监控通信功能全部由软件完成。实现全数字化的控制系统不仅体积大大缩小、可靠性明显提高，而且便于自适应控制等先进控制策略的实现。

全数字化数字控制器作为一门综合性技术设备，随着传感器、电力半导体器件、微处理器件和控制算法技术水平的提高而不断发展。

传感器技术是信息时代的关键技术之一，它是获取准确可靠信息的重要手段。高性能的伺服控制系统是带有反馈的闭环控制系统，这就需要传感器实时、准确检测反映系统工作各个物理量的信息，并反馈给伺服控制器，使之与输入的命令进行比较，控制器根据这些反馈信息，做出决定、发布命令、指示驱动器和执行电动机下一步的动作。从控制器的功能组成来看，至少需要提供有能检测转子位置和电流的传感器。

（1）传感器技术。

位置检测的精度直接影响到伺服系统的定位精度，对于采用矢量控制的永磁同步伺服系统，位置检测还直接影响坐标变换的精度。实际应用的位置传感器有光电编码器、旋转变压器和光栅传感器。光电编码器的优点是数据处理电路简单，价格便宜，噪声容限较大，容易实现高分辨率，检测精度高；其缺点是对于机械振动以及烟雾尘埃等恶劣条件很敏感，不耐冲击及振动，容易受温度变化影响。旋转变压器传送的是低频的正弦波信号，结构坚固耐用，不怕振动冲击，可在高温下工作，具有很强的适应环境的能力，可以通过电路来改变其分辨率；其缺点是需要专用的检测和转换芯片，成本较高，处理电路复杂。光栅传感器以其低惯量、低噪声、高精度和高分辨率的特点在数字测速中正得到不断应用，缺点是成本太高。在实际应用中，带有简单磁极定位功能的增量式光电编码器应用较为广泛，而在武器系统中，作为位置和速度检测的传感器通常采用旋转变压器。

电流反馈环节用于伺服电动机定子相电流的检测，参与电流环控制策略及坐标变换，是影响控制器指标的关键因素。电流检测可以采用电阻采样法、电流互感器法和霍尔电流传感器法。电阻采样法线路简单，无延迟，但精度受温度影响较大，而且缺少隔离，适用于低压小电流电路。电流互感器法是利用变压器原理，方法简单；但有一定的延迟滞后，精度稍差，适用于高压大电流的场合。霍尔电流传感器法是利用霍尔效应，把电流产生的磁信号转换为电信号，其优点是可以实现隔离，而且精度较好。实际应用中一般采用无接触式的霍尔电流传感器采样电动机的定子电流。

（2）电力电子技术。

电力电子技术是信息流与能量流之间的重要纽带，用于将小的控制信号转换为大的功率信号，实现高压、大电流信号的控制，保证电动机输出能量的控制。尽管当前信息技术和微电子技术正引领着新技术的发展潮流，但如果没有电力电子变换，则信息就只能是信息，不可能真正用来控制生产。在大功率电力电子装置中，功率器件对整个装置的性能、体积、重量和价格的影响非常大。伺服控制器所采用的功率器件的发展，经历了从整流二极管、晶闸管、GTO、GTR、P-MOSFET、IGBT，到现在高性能伺服系统中主要采用的智能功率模块（IPM）。IPM是采用微电子技术和先进的制造工艺，把智能功率集成电路与微电子器件及外围功率器件组装成一体，能实现智能功率控制的产品化部件。其优点是：

①开关速度快，驱动电流小，控制驱动更为简单；

②内含电流传感器，可以高效快速地检测出过电流和短路电流，能对功率芯片给予足够的保护，故障率大大降低；

③由于在器件内部电源电路和驱动电路的配线设计上做到优化，所以浪涌电压、门极振荡、噪声引起的干扰等问题能得到有效控制；

④保护功能较为丰富，如电流保护、电压保护、温度保护一应俱全，随着技术的进步，保护功能将日臻完善；

⑤IPM售价已接近IGBT，而由于采用IPM后的开关电源容量、驱动功率容量的减小和时间的节省以及综合性能提高等因素，在许多场合其性价比已高过IGBT，有很好的经济性。

电力电子器件发展到现在，伺服控制器中功率逆变器件普遍采用IGBT和IPM，其他功率器件已逐渐被淘汰，由于耐压及功率限制，大功率伺服控制器（大于100kW）一般采用IGBT，中小功率控制器（小于100kW）一般采用IPM。电力电子技术正处于高速的发展阶段，新的器件和变换技术正在不断涌现。

（3）微处理器技术。

微处理器是交流伺服控制器的核心，机型的选择往往直接影响系统的控制功能和效果，适用于交流伺服控制器的微处理器通常有单片微型计算机（单片机）和数字信号处理器（DSP）两种。一般来说，单片机是面向控制的，在片内集成了较多的I/O接口和外围部件，但运算速度比较慢；DSP是面向快速信号处理的，运算速度比同一时期的单片机要快1~2个数量级，但价格相对昂贵。为了满足实际需要，单片机和DSP都在沿着扩大集成度、增加位数、加快速度、提高数据和信号处理能力、扩展功能、降低成本的方向发展。控制用DSP芯片是传统DSP与单片机相结合的产物，它既具有传统DSP的高速处理器内核，又集成了类似于单片机的丰富外设资源。与传统DSP相比，它具有适合控制应用的外围模块，更丰富的内部RAM和Flash存储器，更强的中断处理能力；与单片机相比，它具有更快的处理速度，适合电动机控制的高端应用场合。经过近几年的发展，DSP芯片已取代单片机成为伺服控制领域的主流控制芯片，目前DSP芯片的主要供应商有TI公司、AD公司和Motorola公司等。

微处理器技术和计算机控制技术的发展，高速度、低成本、高集成度的芯片的问世及商品化，特别是面向电动机控制专用DSP的出现，为伺服系统采用先进的控制理论以及复杂的控制算法提供了有力的支持，使先进控制策略在交流伺服系统中的应用成为可能，为全数字化伺服控制器提供了有力的保证。

在交流伺服系统中，由于电动机本身具有非线性和强耦合特性，所以其控制方法相当复杂，用常规控制方法很难满足高性能控制系统的要求。为了能够使三相电流达到完全解耦，研究人员提出了各种先进的控制算法，但是由于系统实时性的要求，用一个单片机往往很难取得良好的控制效果，因此开发出适合电动机控制专用芯片成为市场的需求。现在已经有很多公司推出了多系列、高性能、强适应性的DSP芯片，这些芯片易于实现复杂的矢量控制算法，可有效地解决电动机的强耦合特性，并满足大运算量的要求。美国TI公司的TMS320C2000系列芯片就是专门为电动机控制设计的，它把许多在电动机控制中常用的硬件电路固化在芯片中，同时提供了充分的程序空间和各种外围接口，利用其超强的数据处理能力和方便的外围设备来设计PMSM全数字交流伺服控制器。TMS320C28×系列广泛应用于全数字交流伺服控制器中，是TI公司推出的一种高性能、高精度的32位定点DSP控制用芯片。TMS320C28×系列是在×24×基础上发展起来的新一代DSP处理器，但与×24×及×24××系列相比，其性能提高了10倍，功耗进一步降低，处理速度进一步提高。先进的内部和外设结构使得该处理器特别适合电动机及其他运动控制。

综上所述，未来交流伺服系统的主流将向更高性能的全数字化、智能化软件伺服的方向发展，它将代表着交流伺服系统发展的水平和主导方向。

5.1　伺服系统数字控制器设计基础

5.1.1　数字信号处理器 TMS320F2812

1. DSP 技术发展简述

随着微电子技术、数字信号处理、计算技术等学科的发展，一种体现这三个学科综合科研成果的新器件——数字信号处理器，即 DSP 问世了。它可以用于语言处理、图像处理、高速控制、数字通信、振动和噪声信号处理、声呐和雷达信号处理、仪器仪表、机器人等多领域。由于它能把数字信号处理的一些理论和算法实时实现，并迅速地推广到应用方面，因此得到了学术界和工程界的高度重视，被认为是实现数字化革命的催化剂。

从 1988 年至今，DSP 的市场每年增长 40%，处于高速增长的阶段。这就意味着市场将引入更高性能的 DSPs（与 DSP 有关的产品），并以较低的价格销售。结果有双重意义：第一，随着时间的推移，更多的信号处理可在更快和更复杂的处理器内完成；第二，便宜的 DSP 应用于更多产品，如手持电话、无磁带电话录答机、寻呼机、高保真度立体声设备和汽车中的主动悬挂系统。

数字信号处理系统以数字信号处理为基础，因此具有数字处理的全部优点。

（1）接口和编程方便。DSP 系统与其他以现代数字技术为基础的系统或设备都是相互兼容的，与这样的系统接口以实现某种功能要比模拟系统与这些系统接口容易得多。另外，DSP 系统中的可编程 DSP 芯片可使设计人员在开发过程中灵活地对软件进行修改和升级。

（2）稳定性和可重复性好。DSP 系统以数字处理为基础，受环境温度、湿度、噪声、电磁场的干扰和影响较小，可靠性高；数字系统的性能基本不受元器件参数性能变化的影响，因此数字系统便于测试、调试和大规模生产。

（3）精度高。

（4）特殊应用。有些应用只有数字系统才能实现，例如信息无失真压缩、V 形滤波器、线性相位滤波器等。

（5）集成方便。DSP 系统中的数字部件有高度的规范性，便于大规模集成。

2. 数字信号处理器 TMS320F2812 功能

TMS320C28× 系列数字信号处理器是 TI 公司最新推出的一种高性能、高精度的 32 位 DSP，是目前国际市场上最先进、功能最强大的定点 DSP 芯片。它既具有数字信号处理能力，又具有强大的事件管理能力和嵌入式控制功能，特别适用于有大批量处理的测控场合，如工业控制、智能化仪器仪表及电动机、马达伺服系统等领域。该系列处理器的内部和外设结构使得该处理器特别适合电动机及其他运动控制，具有较高的性价比，已成为全数字化交流调速系统的首选。尤其 TMS320F2812 系列产品，是在TMS320F24 × 的基础上开发的高性能数字定点芯片，大大地提高了处理能力。F28 × 产品支持全新 CCS 环境的 C compiler，提供 C 语言中直接嵌入汇编语言的程序开发界面，可在 C 语言的环境中搭配汇编语言来撰写程序。值得一提的是，F28 × DSP 支持特殊的IQ - math 函数库，系统开发人员可以使用便宜的定点 DSP 来发展所需的浮点运算算法。F28 × 系列 DSP 预计发展至 400 MHz，目前已发展至 150 MHz 的 Flash 形式。TMS320F2812 功能结构模块图如图 5 - 1 所示。

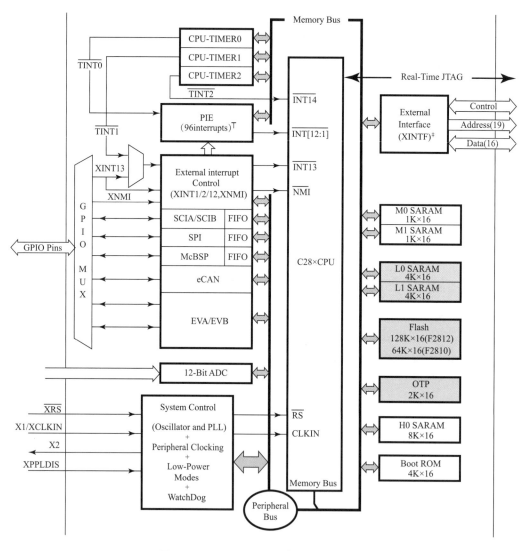

图 5 - 1 TMS320F2812 功能结构模块图

TMS320C28×系列 DSP 有如下性能和特点：

（1）采用高性能静态 CMOS 技术。内核电压为 1.8 V，主频可达 150 MHz（指令周期 6.67ns），可以保证坐标变换、矢量控制算法等大运算量的实现。芯片使用 3.3 V 供电，Flash 编程电压也为 3.3 V，从而使芯片的功耗更低。

（2）高性能 32 位 CPU，哈佛总线结构，中断响应和处理速度较快。

（3）大容量芯片上（On – Chip）内存。

128 K×16 bit Flash 用于存储控制器执行程序。当程序代码长度小于 18 K×16 bit 时，内部 RAM 空间就能够满足用户的需求；当程序过大时，可绕进 Flash 运行。128 K×16 bit ROM 用于存储函数运算表、字符发生器等。18 K×16 bit SRAM 用于存储动态数据，也可存储指令代码；1 K×16 bit OTP ROM 作为程序空间或者数据空间。

（4）频率与系统控制。具有基于动态 PLL（相位锁定模块）的时钟发生器、振动芯片用于系统时钟周期控制以及为外设提供时钟信号，看门狗定时器模块用于掉电监测及复位控制。

（5）丰富的中断系统。3 个外部中断源，外设中断扩展模块最多支持 45 个外部中断，用于实现伺服系统故障状态监测及系统保护。

（6）3 个 32 位定时器，定时器 1 和 2 被系统保留，只有定时器 0 可以供用户使用，用于定时一个周期产生中断来控制运算及信号处理。

（7）专用电动机控制的外设。具有两个事件管理器、12 通道 PWM 输出、3 个可配置死区的比较器、3 个单端比较单元、4 个捕获单元。比较单元用来产生 PWM 波形，每个比较单元可以产生一对（两路）互补的 PWM 波，3 个比较单元生成的 6 路 PWM 波正好可以驱动一个三相全桥电路。捕获单元的功能是捕获外部输入脉冲波形的上升沿或下降沿，可以统计脉冲的间隔，也可以统计脉冲的个数。利用 6 个边沿检测单元测量外部信号的时间差，从而可以确定电动机转子的转速。

（8）16 路 12 位的 ADC 转换器。2×8 个多路复用的输入通道、2 种采样/保持电路、可选择两个时间管理器触发功能，时钟频率最高可配置为 25 MHz，采样频率最高为 12.5 MHz，也就是说每秒最高能完成 12.5 百万次的采样。ADC 模块用于控制器电流采集、电压采集、温度信号采集以及速度控制模式下的模拟速度指令输入信号采集。12 位 ADC 模块的采样精度正常都比理论值少 3 位，采样精度在比较好的情况下能够达到 9 位，在实际应用过程中，精度往往不尽如人意，采样值与实际值误差较大（超过 15%），需要采用采样校正技术。

（9）多种标准串口外设。SPI 模块、2 个 SCI 模块（UART 标准）、eCAN 模块。SPI 是一种高速的同步串行输入/输出接口，通常用于 DSP 与外围设备或者 DSP 与其他控制器之间进行通信，可以用于外扩高精度的 ADC、LED 显示驱动器或者外扩 E2PROM 等接口。SCI 是具有接收和发送两根信号线的异步串口，一般可以看作是

UART，将 ADC 采样之后得到的电动机电压、电流、转速等数据传给计算机进行显示和监测，也可以通过 SCI 接口接收上位机发过来的指令。DSP 集成了增强型控制器局域网通信接口 eCAN，能够支持 CAN2.0B 协议，与 SPI 通信和 SCI 通信不同，CAN 总线是一种多主的局域网，可提供高达 1Mb/s 的数据传输速率，便于实现实时控制，丰富了数字控制器的接口，是网络化伺服控制系统实现的必要条件。

（10）56 个可单独编程或复用的 GPIO 引脚。这些引脚既可以作为 DSP 片内外设，例如 EV、SCI、SPI、CAN 等的功能引脚，也可以作为通用的数字 I/O 口。数字控制器中用于数字 I/O 口的功能主要包括外设故障输入信号以及使能和复位等输入信号、报警等输出接口信号。

（11）支持 JTAG 扫描。

（12）128 位保护密码，用于保护 Flash/ROM/OTP 及 L0/L1SARAM 和防止逆向工程。

TMS320F2812 的事件管理器提供了强大而丰富的控制功能，非常适合应用于运动控制和电动机控制等领域。F2812 DSP 有两个事件管理器模块 A 和 B，它们具有完全相同的结构和功能，因此能够用于多电动机的控制。事件管理器模块中包含通用定时器、全比较/PWM 单元、捕获单元及正交编码脉冲（QEP）电路。在电动机控制应用中，当功率管需要互补控制时，每个事件管理器能够控制三对桥，同时每个事件管理器还提供两路互补的 PWM 信号输出。

3. OSC 与 PLL 模块

F2812 芯片上设计了一个相位锁定模块（PLL），这个模块将提供整个芯片所需频率源。PLL 模块的原理图如图 5 - 2 所示，PLL 提供了 4 位（PLLCR［3：0］）的 PLL 倍率选择，共 10 种放大倍率，可动态改变 CPU 的频率。

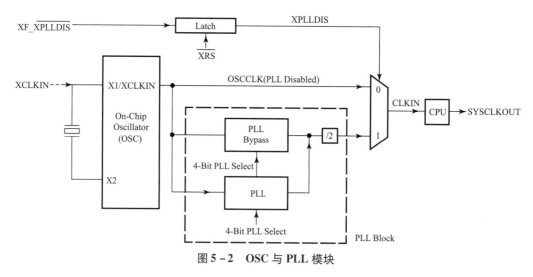

图 5 - 2　OSC 与 PLL 模块

XCLKIN：外部频率源输入。

OSCCLK：与 XCLKIN 的频率一样。

CLKIN：CPU 维持正常工作所需的频率源，是整个芯片的最高频率。

SYSCLKOUT：与 CLKIN 的频率一样，提供给外围电路使用。

4. 系统频率控制

如图 5 - 3 所示，所有外围电路的频率都是由 SYSCLKOUT 经过除频而来，F2812 将所有外围分成两类，分别是：

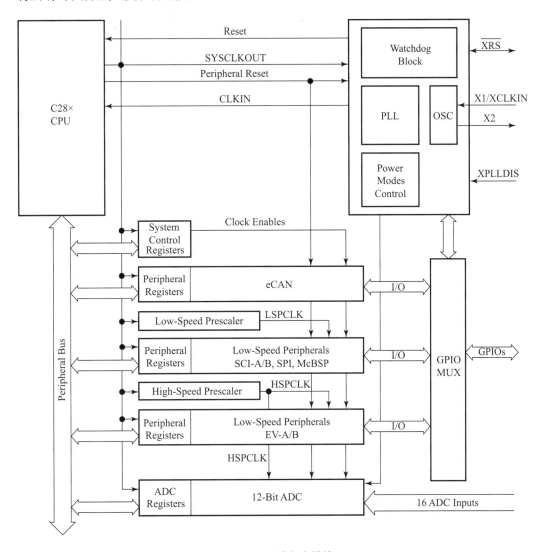

图 5 - 3　系统频率模块

（1）高速外围：包括事件管理模块（EVA，EVB）及 ADC。

（2）低速外围：包括 SCI - A/B、SPI、McBSP。

HSPCLK：高速外围的频率，可经由 HISPCP 缓存器改变其频率。

LSPCLK：低速外围的频率，可经由 LOSPCP 缓存器改变其频率。

5. 事件管理模块（EVA，EVB）

如图 5 −4 所示，事件管理模块包括一般用途定时器（General-Purpose Timer，GPTimer）、全比较（Full − Compare）/PWM 单元、捕获单元（Capture）及四象限编码器电路，如此丰富的功能足以用于动态控制（Motion Control）及电动机控制（Motor Control）。这两个事件管理模块有相同的外围，能够控制两个三相电动机，可以应用于多轴动态控制。

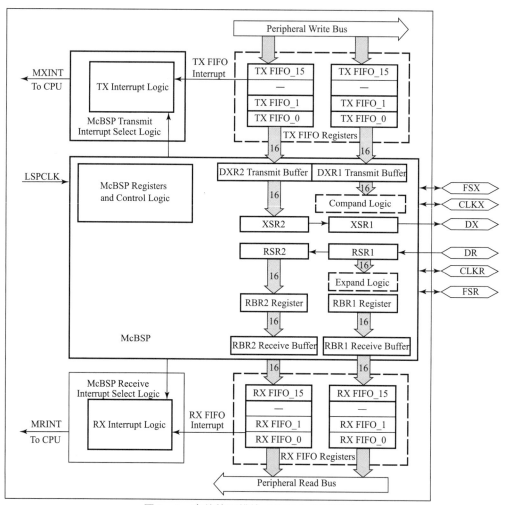

图 5 −4　事件管理模块（EVA）功能模块

事件管理器是 TMS320F2812 系列 DSP 最具特色的功能模块，它提供了大量的函数和功能部件，可用于运动控制，每个 2812 器件都包括两个事件管理模块 EVA 和 EVB，每个事件管理器模块包括以下功能块：

（1）2 个通用定时器（GPTimer）。

（2）3 个全比较单元。

（3）3个捕获单元。

（4）1个正交编码器脉冲电路。

（5）脉宽调制电路，死区发生单元和输出逻辑。

（6）4个16位通用定时器可用于产生采样周期，为捕捉单元和QEP单元提供时基，每个通用定时器有4种可选择的操作模式：停止/保持模式、连续增计数模式、定向增/减计数模式、连续增/减计数模式，且各带一个比较逻辑单元，当计数器值与比较器值相等时，比较匹配发生，产生相应动作。

（7）每个全比较单元都以定时器为时基，可输出3路带可编程死区的PWM波，对于每个EV模块，可产生6路PWM输出，作为直流无刷电动机功率放大器的输入信号，进行矢量PWM控制。

6. ADC 模块

ADC模块（图5-5）包括2个带内置采样/保持电路的12位ADC。TMS320F2812 PGF共有16个模拟输入通道，2个独立的最多可选择8个模拟转换通道的排序器（SEQ1和SEQ2），可以独立工作在双排序器模式，每个单元的最大转换频率为25 MHz，最高采样频率为12.5MHz，通过查询或者中断方式读取转换结果。并且当AD转换工作在连续方式或由时间管理器启动时，其过程不受CPU干预。

16个结果寄存器存放ADC的转换结果，转换后的数字量表示为

数字值 = 4095 ×（输入模拟值 - ADCLO）/3（ADCLO 指 AD 采样值为 0 时的输入模拟电压）

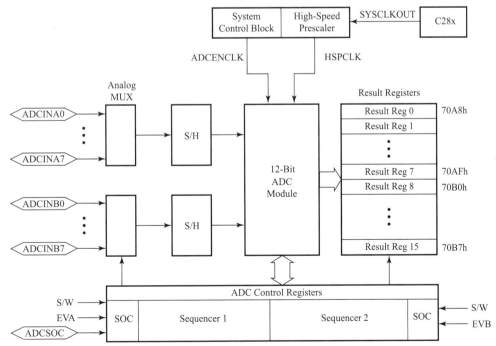

图 5 - 5　**F2812 的 ADC 模块原理图**

7. 看门狗和实时中断模块

看门狗（WD）与实时中断（RTI）模块包括两个定时器——WD定时器和RTI定时器。WD定时器监视软件和硬件的运行状态，若定时器不按照软件正确写入服务，就会产生一个系统复位信号，它由WD时钟信号使能。RTI按照特定频率产生周期中断，这些中断可由软件使能/禁止。在正常工作情况下，程序会周期性地对定时器进行清零，一旦程序运行出错（飞出或者死机），定时器就会溢出，从而产生复位信号，使系统复位软件重新开始执行，提高了系统的可靠性。

8. 串行通信接口（SCI）模块（图5-6）和串行外设接口（SPI）模块

TMS320F2812 PGFA的可编程SCI接口支持使用标准NRZ（非归零）格式的异步设备之间的数字通信。SCI的接收器和发送器均为双缓冲结构，有各自独立的使能位和中断位，二者可以相互独立或同时工作于全双工模式。SCI有两种多处理器协议，即空闲线路多处理器模式和位地址多处理模式，这些协议允许在多个处理器之间进行有效

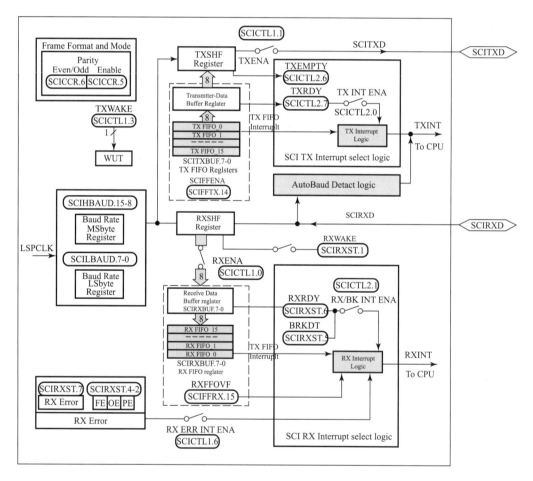

图5-6　TMS320F2812串行通信接口模块

的数据传输。SCI 的功能是可以通过软件配置设置控制位，编程初始化预定的 SCI 通信格式，其中包括操作模式和协议、波特率值、字符长度、有无奇偶校验位、停止位的位数、中断优先级和使能等。

串行外设接口是一个高速同步串行输入/输出端口，它允许一个具有可编程长度（1 ~ 8 位）的串行位流，以可编程的位传输速率从设备移入或移出。SPI 通常用于 DSP 控制器与外部设备或其他控制器的通信，典型的应用包括外部 I/O 或者通过移位寄存器、显示驱动器和数模转换器（ADC）等设备进行外设扩展。

9. TMS320F2812 中断说明

TMS320F28×系列 DSP 片上都有非常丰富的外设，每个片上外设均可产生 1 个或多个中断请求。中断由两级组成，其中一级是 PIE 中断，另一级是 CPU 中断。CPU 中断包括 NMI、L、12 个用户定义的软件中断 USER1 ~ USER12 和 16 个可屏蔽中断（INT1 ~ INT14、RTOSINT 和 DLOGINT）。所有软件中断均属于非屏蔽中断。由于 CPU 没有足够的中断源来管理所有的片上外设中断请求，所以在 TMS320F28×系列 DSP 中设置了一个外设中断扩展控制器（PIE）来管理片上外设和外部引脚引起的中断请求。

PIE 中断共有 96 个，被分为 12 个组，每组内有 8 个片上外设中断请求，片上外设中断请求信号可记为 INTxy（x = 1，2，…，12；y = 1，2，…，8）。每个组输出一个中断请求信号给 CPU，即 PIE 的输出 INTx（x = 1，2，…，12）对应 CPU 中断输入的 INT1 ~ INT12。TMS320F28×系列 DSP 的 96 个可能的 PIE 中断源中有 45 个被 TMS320F2812 使用，其余的被保留作以后的 DSP 器件使用。ADC、定时器、SCI 编程等均以中断方式进行，可提高 CPU 的利用率。

1）TMS320F2812 的 PIE 控制器概述

F2812 器件有很多外设，每个外设都会产生一个或者多个外设级中断。由于 CPU 没有能力处理所有 CPU 级的中断请求，因此需要一个中断扩展控制器来仲裁这些中断。系统中 PIE 向量表是用来存放每个中断服务程序的地址的，每个中断都有自己的中断向量，在系统初始化时，需要定位中断向量表，在操作的过程中也可对中断向量表的位置进行调整，图 5 - 7 所示为中断扩展模块图。

2）外设级中断

外设产生中断时，中断标志寄存器（IF）相应的位将被置 1，如果中断使能寄存器（IE）中相应的使能位也被置位，则外设产生的中断将向 PIE 控制器发出中断申请。如果外设级中断没有被使能，中断标志寄存器的标志位将保持不变，除非采用软件清除。如果中断产生后才被使能，且中断标志位没有清除，同样会向 PIE 申请中断。需要注意的是外设寄存器的中断标志必须采用软件进行清除。

3）PIE 级中断

PIE 模块复用 8 个外设中断引脚向 CPU 申请中断，这些中断被分成 12 组，每一组

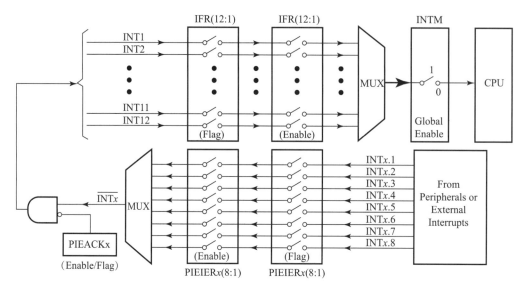

图 5 - 7 中断扩展模块

有一个中断信号向 CPU 申请中断。例如，PIE 第 1 组复用 CPU 的中断 1（INT1），PIE 第 12 组复用 CPU 的中断 12（INT12），其余的中断直接连接到 CPU 中断上且不复用。对于不复用的中断，PIE 直接将这些中断连接到 CPU。对于复用中断，在 PIE 模块内每组中断有相应的中断标志位（PIEIFR$x.y$）和使能位（PIEIER$x.y$）。除此之外，每组 PIE 中断（INT1 到 INT12）有一个响应标志位（PIEACKx）。一旦 PIE 控制器有中断产生，相应的中断标志位（PIEIFR$x.y$）将被置 1。如果相应的 PIE 中断使能位也被置 1，PIE 将检查相应的 PIEACKx 确定 CPU 是否准备响应该中断。如果相应的 PIEACKx 被清零，PIE 向 CPU 申请中断。如果 PIEACKx 被置 1，PIE 将等待直到相应的 PIEACKx 被清零才向 CPU 申请中断。

4）CPU 级中断

一旦向 CPU 申请中断，CPU 级中断标志（IFR）位将被置 1。中断标志位锁存到标志寄存器后，只有 CPU 中断使能寄存器（IER）或中断调试使能寄存器（DBGIER）相应的使能位和全局中断屏蔽位（INTM）被使能时才会响应中断申请。CPU 级使能可屏蔽中断采用 CPU 中断使能寄存器（IER）还是中断调试使能寄存器（DBGIER）和中断处理方式有关。标准处理模式下，不使用中断调试使能寄存器（DBGIER）。只有当 F2812 使用实时调试（Real-time Debug）且 CPU 被停止（Halt）时，才使用中断调试使能寄存器（DBGIER），此时 INTM 不起作用。如果 F281x 使用实时调试（Real-time Debug）而 CPU 仍然正常运行，则采用标准的中断处理。

10. CCS 开发环境介绍

在进行 TI 的 DSP 软件开发时，TI 提供带有 C 编译器和其他相关开发软件，使用户可以直接用标准 C 语言进行程序编写，同时 TI 的 DSP 带有功能齐全的优化编译器。这个编译器用一种先进的优化扫描技术来生成针对不同系列 DSP 结构的高效简洁的 C 代码，对 TMS320F2812 来说则可以充分利用这款芯片的独有结构特点。TI 提供的 C 编译器支持函数嵌入等技术以提高 C 代码的执行效率。

CCS 集成开发环境是一个功能齐全的优化的编译器。它的主要功能是把标准的 AN-SI C 程序转化为能够识别执行的汇编语言代码，这个开发环境提供了编程环境配置、汇编文件编辑、程序调试、程序分析、程序跟踪、程序优化等工具，从而使用户在一个开发环境中就可以完成上述所有的开发步骤。该编译器的几个重要特征如下：

（1）C 编译器、汇编优化器和连接器（代码生成工具）；

（2）指令集仿真器；

（3）实时的基础软件（DSP/BIOS）；

（4）主机和目标机之间的实时数据交换（RTDX）；

（5）实时分析和数据可视化；

（6）紧密集成允许同时插入主机和目标机，使开发者扩展其开发环境。

由于 CCS 拥有众多的优点，用它进行软件的开发和调试能极大地提高工作效率。目前，几乎所有从事 TI 的 DSP 产品开发工作的研发人员都采用相应的 CCS 集成环境。

使用 CCS 开发应用程序的步骤如下。

步骤 1：编写源文件。

开发一个 DSP 的 C 语言程序，需要以下 4 种类型的文件：

（1）C 语言文件；

（2）汇编语言文件；

（3）头文件；

（4）命令文件。

C 语言文件为".C"格式。汇编文件为".ASM"格式。头文件中定义 DSP 系统用到的一些寄存器映射地址、用户用到的常量和用户自定义的寄存器，文件后缀名为".H"，书写一次后可被其他程序反复使用。命令文件的后缀名为".CMD"，该文件实现对程序存储器空间和数据存储器空间的分配。

步骤 2：建立一个工程。

DSP 的 C 语言应用程序引入了工程管理的概念，利用 PROJECT 的选项建立工程，并将该工程要用到的文件添加到该工程中。

步骤 3：编译链接和调试程序。

执行"Build All"选项。如果在汇编连接中没有错误，则生成一个名字和工程名相同的可执行 .out 文件。选择 LoadProgram 装载程序，则系统将可执行的 .out 文件下载到实验版上。将文件下载后，就可对文件进行在线调试，用户可以根据需要，选择任意一种或者多种调试方式，详见 Debug 调试菜单。

在调试过程中，通常希望看到某些寄存器和状态位的变化，CCS 集成仿真环境支持这种功能。通过选择 CPU 寄存器可以将 CPU 寄存器等窗口打开，用户可观察到在仿真过程中累加器、乘积寄存器、状态寄存器等辅助寄存器的单元值变化状况。当用户对具体某一外设进行操作，希望能观察到与该外设有关寄存器变化的情况时，可通过输入该外设所处的地址范围来观察结果。在调试时，可以对数据存储器空间中的某些单元进行修改，以满足调试需要。若用户想观察某个特定变量或表达式的变化情况时，可以在观察窗口中输入要观察的变量或表达式。调试过程中，用户还可以选择单步执行并进入子程序来观察程序执行每一步时相应寄存器单元变化，或者选择单步执行但不进入子程序来观察执行子程序结果，或者采用全速运行来运行程序等。若想观察程序执行到某处时相应寄存器的值，可以设置断点，程序在运行到断点处时自动停止，重新选择运行后又可以继续运行。

5.1.2 M/T 测速方法

1. 测频法：M 法

在一定测量时间 T 内，测量脉冲发生器（替代输入脉冲）产生的脉冲数 m_1 来测量转速，如图 5-8 所示为 M 法测量转速脉冲，设在时间 T 内，转轴转过的弧度数为 X_τ，则转速 n 可由下式表示

$$n = \frac{60 X_\tau}{2 \pi T} \tag{5-1}$$

转轴转过的弧度数 X_τ 可用下式表示

$$X_\tau = \frac{2 \pi m_1}{P} \tag{5-2}$$

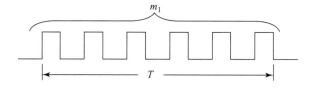

图 5-8 M 法测量转速脉冲

将式（5-2）代入式（5-1），得转速 n 的表达式为

$$n = \frac{60 m_1}{TP} \tag{5-3}$$

式中　P——转轴转 1 周脉冲发生器产生的脉冲数；

　　　n——转速，r/min；

　　　T——定时时间，s。

在该方法中，测量精度的误差是由于定时时间 T 和脉冲不能保证严格同步，以及在 T 内能否正好测量外部脉冲的完整周期可能产生的 1 个脉冲的量化误差。因此，为了提高测量精度，T 要有足够长的时间。定时时间可根据测量对象情况预先设置，设置的时间过长，可以提高精度，但在转速较快的情况下，所计的脉冲数增大（码盘孔数已定情况下），限制了转速测量的量程；而设置的时间过短，测量精度会受到一定的影响。

2. 测周期法：T 法

转速可以用两脉冲产生的间隔宽度 T_P 来表示。用以采集数据的码盘，可以是单孔或多孔，对于单孔码盘，测量两次脉冲间的时间就可测出转速数据，T_P 也可以用时钟脉冲数来表示；对于多孔码盘，其测量的时间只是每转的 $1/N$，N 为码盘孔数。如图 5-9 所示为 T 法脉宽测量，T_P 通过定时器测得。定时器对时基脉冲（频率为 f_c）进行计数定时，在 T_P 内计数值若为 m_2，则计算公式为

$$n = \frac{60}{PT_P} \tag{5-4}$$

即

$$n = \frac{60f_c}{Pm_2} \tag{5-5}$$

式中　f_c——硬件产生的基准时钟脉冲频率，Hz；

　　　　n——转速，r/min；

　　　　m_2——时基脉冲数。

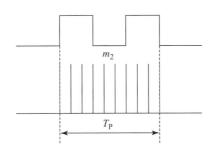

图 5-9　T 法脉宽测量

由 T 法脉宽测量可知 T 法测量精度的误差主要有两个方面，一是两脉冲的上升沿触发时间不一致，二是计数和定时起始和关闭不一致。因此要求脉冲的上升沿（或下降沿）陡峭和计数、定时严格同步。测周期法在低转速时精度较高，但随着转速的增加，精度变差，有小于一个脉冲的误差存在。

3. 测频测周法：M/T 法

所谓测频测周法，即是综合了 T 法和 M 法分别对高、低转速具有的不同精度，结合各自的优点而产生的方法，精度位于两者之间，图 5-10 所示为 M/T 法定时/计数

测量。

M/T法采用三个定时/计数器，同时对输入脉冲、高频脉冲（由振荡器产生）及预设的定时时间进行定时和计数，m_1 反映转角、m_2 反映测速的准确时间，通过计算可得转速值 n，该法在高速及低速时都具有相对较高的精度。测速时间 T_d 由脉冲发生器脉冲来同步，即 T_d 等于 m_1 个脉冲周期。由图可见，从 a 点开始，计数器对 m_1 和 m_2 计数，到达 b 点预定的测速时间时，单片机发出停止计数的指令。因为 T_c 不一定正好等于整数个脉冲发生器脉冲周期，所以，计数器仍对高频脉冲继续计数，到达 c 点时，脉冲发生器脉冲的上升沿使计数器停止，这样，m_2 就代表了 m_1 个脉冲周期的时间。

M/T法综合了 T 法和 M 两种方法，转速计算如下。

设高频脉冲的频率为 f_c，脉冲发生器每转发出 P 个脉冲，则 M/T 法时电动机转速计算公式为

$$n = \frac{60f_c m_1}{Pm_2} \qquad (5-6)$$

式中　n——转速值，r/min；

　　　f_c——晶体振荡频率，Hz；

　　　m_1——输入脉冲数，反映转角；

　　　m_2——时基脉冲数。

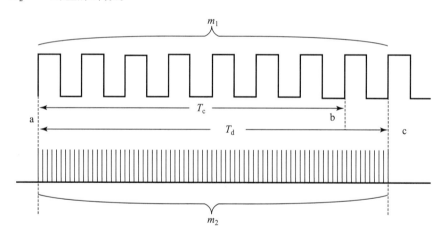

图 5 - 10　M/T 法定时/计数测量

4. 转速测量系统中测量方法的选择

通过上面的分析可知，M 法适合于高速测量，转速越低，产生的误差会越大。T 法适合于低速测量，转速增高，误差增大。M/T 这种转速测量方法的相对误差与转速 n 无关，只与晶体振荡产生的脉冲有关，故可适合各种转速下的测量，保证其测量精度的途径是增大定时时间 T，或提高时基脉冲的频率 f_c。因此，在实际操作时往往采用一种称为变 M/T 法的测量方法，即所谓变 M/T 法。它是在 M/T 法的基础上，让测量时

间 T_c 始终等于转速输入脉冲信号的周期之和，并根据第一次所测转速及时调整预测时间 T_c，可以兼顾高低转速时的测量精度。

5.1.3　常用位置和速度传感器

1. 光电编码器

1）光电编码器基本原理

光电编码器，是一种通过光电转换将输出轴上的机械几何位移量转换成脉冲或数字量的传感器，是一种角度（角速度）检测装置。它将输入给轴的角度量，利用光电转换原理转换成相应的电脉冲或数字量，具有体积小、精度高、工作可靠、接口数字化等优点，广泛应用于数控机床、回转台、伺服传动、机器人、雷达、军事目标测定等需要检测角度的装置和设备中。

光电编码器由光栅盘和光电检测装置组成，光栅盘是通过在一定直径的圆板上等分地开通若干个长方形孔制作而成。由于光栅盘与电动机同轴，电动机旋转时，光栅盘与电动机同速旋转，经发光二极管等电子元件组成的检测装置检测就可以输出若干脉冲信号，其原理示意图如图 5 – 11 所示。通过计算每秒光电编码器输出脉冲的个数就能反映当前电动机的转速。此外，为判断旋转方向，码盘还可提供相位相差90°的两路脉冲信号。

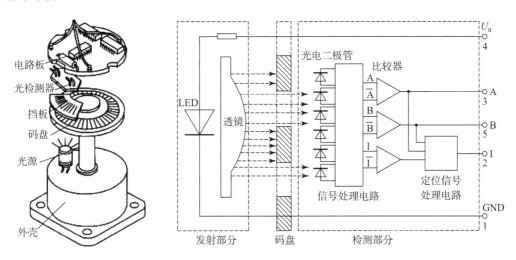

图 5 – 11　旋转光电编码器原理

光电编码器根据其用途的不同分为旋转光电编码器和直线光电编码器，分别用于测量旋转角度和直线尺寸。光电编码器的关键部件是光电编码装置，在旋转光电编码器中是圆形的码盘（code wheel 或 code disk），而在直线光电编码器中则是直尺形的码尺（code strip）。码盘和码尺根据用途和成本的需要，可由金属、玻璃和聚合物等材料制作，其原理都是在运动过程中产生代表运动位置的数字化的光学信号。

图 5 – 11 可用于说明旋转光电编码器的原理。在与被测轴同心的码盘上刻制了按一定编码规则形成的遮光和透光部分的组合。在码环的一边是发光二极管或白炽灯光源,另一边则是接收光线的光电器件。码盘随着被测轴的转动使得透过码盘的光束产生间断,通过光电器件的接收和电子线路的处理,产生特定电信号的输出,再经过数字处理可计算出位置和速度信息。

增量编码器的码盘如图 5 – 12 所示。在现代高分辨率码盘上,透光和遮光部分都是很细的窄缝和线条,因此也被称为圆光栅。相邻的窄缝之间的夹角称为栅距角,透光窄缝和遮光部分大约各占栅距角的 1/2。码盘的分辨率以每转计数（Counts Per Revolution, CPR）表示,即码盘旋转一周在光电检测部分可产生的脉冲数。例如某码盘的 CPR 为 2048,则可以分辨的角度为 10′32.8125″。在码盘上,往往还另外安排一个（或一组）特殊的窄缝,用于产生定位（index）或零位（zero）信号,测量装置或运动控制系统可利用这个信号产生回零或复位操作。

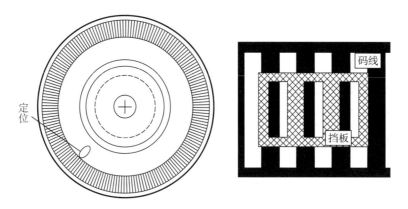

图 5 – 12　增量码盘与挡板的作用

从原理分析,光电器件输出的电信号应该是三角波。但是由于运动部分和静止部分之间的间隙所导致的光线衍射和光电器件的特性,得到的波形近似于正弦波,而且其幅度与码盘的分辨率无关。

在图 5 – 11 的设计中安排了六组这样的挡板和光电器件组合,其中两组用于产生定位脉冲信号 I（有的文献中为 Z）;其他四组由于位置的安排,产生 4 个在相位上依次相差 90° 的准正弦波信号,分别称为 A、B、$\overline{A}$ 和 $\overline{B}$。将相位相差 180° 的 A 和 $\overline{A}$ 送到一个比较器的两个输入端,则在比较器的输出端得到占空比为 50% 的方波信号 A。同理,由 B 和 $\overline{B}$ 也可得到方波信号 B。这样通过光电检测器件位置的特殊安排,得到了双通道的光电脉冲输出信号 A 和 B（见图 5 – 13）。这两个信号有如下特点:

（1）两者的占空比均为 50%;

（2）如果朝一个方向旋转时 A 信号在相位上领先于 B 信号 90° 的话,那么旋转方向反过来的时候,B 信号会在相位上领先于 A 信号 90°。

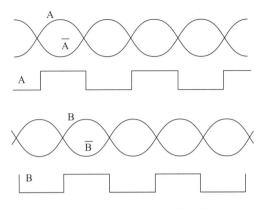

图 5 – 13　双通道信号的形成

这种双通道信号的特点为测量分辨率的提高和方向信号的获取提供了条件。占空比为 50% 的方波信号 A 和 B 中有 4 个特殊的时刻，就是它们波形的前沿和后沿。两个信号的前后信号在波形的一个周期中是按 90° 平均分布的。将这些沿信号取出并加以利用，可得到 4 倍频的脉冲信号，这样就可把光电编码器的分辨率提高 4 倍。

2）增量式光电编码器

增量式充电编码器直接利用光电转换原理输出三组方波脉冲 A、B 和 Z 相，A、B 两组脉冲相位差 90°，从而可方便地判断出旋转方向；而 Z 相为每转一个脉冲，用基准点定位。它的优点是原理构造简单，机械平均寿命可在几万小时以上，抗干扰能力强，可靠性高，适合长距离传输；缺点是无法输出轴转动的绝对位置信息。

3）绝对式光电编码器

绝对式充电编码器是直接输出数字量的传感器，在它的圆形码盘上沿径向有若干同心码道，每条道上由透光和不透光的扇形区相间组成，相邻码道的扇区数目是双倍关系，码盘上的码道数就是它的二进制数码的位数，在码盘的一侧是光源，另一侧对应每一码道有一光敏元件。当码盘处于不同位置时，各光敏元件根据受光照与否转换出相应的电平信号，形成二进制数。这种编码器的特点是不需要计数器，在转轴的任意位置都可读出一个固定的与位置相对应的数字码。显然，码道越多，分辨率就越高，对于一个具有 N 位二进制分辨率的编码器，其码盘必须有 N 条码道。目前国内已有 16 位的绝对编码器产品。

绝对式编码器是利用自然二进制或循环二进制（格雷码）方式进行光电转换的。绝对式编码器与增量式编码器不同之处在于圆盘上透光、不透光的线条图形，绝对式编码器可有若干编码，根据读出码盘上的编码，检测绝对位置。编码的设计可采用二进制码、循环码、二进制补码等。它的特点是：

（1）可以直接读出角度坐标的绝对值；

（2）没有累积误差；

（3）电源切除后位置信息不会丢失。但是分辨率是由二进制的位数来决定的，也就是说精度取决于位数，目前有 10 位、14 位等多种。

4）光电编码器应用电路

增量编码器是以脉冲形式输出的传感器，其码盘比绝对编码器码盘要简单得多且分辨率更高，一般只需要三条码道产生计数脉冲。它的码盘的外道和中间道有数目相同均匀分布的透光和不透光的扇形区（光栅），但是两道扇区相互错开半个区。当码盘转动时，它的输出信号是相位差为 90° 的 A 相和 B 相脉冲信号，以及只有一条透光狭缝的第三码道所产生的脉冲信号（它作为码盘的基准位置，给计数系统提供一个初始的零位信号），从 A，B 两个输出信号的相位关系（超前或滞后）可判断旋转的方向。由图 5 – 14（a）可见，当码盘正转时，A 通道脉冲波形比 B 通道超前 π/2；反转时，A 通道脉冲波形比 B 通道滞后 π/2。图 5 – 14（b）是一实际电路，用 A 通道整形波的下沿触发单稳态产生的正脉冲与 B 道整形波相"与"，当码盘正转时只有正向口脉冲输出；反之，只有逆向口脉冲输出。因此，增量编码器是根据输出脉冲源和脉冲计数来确定码盘

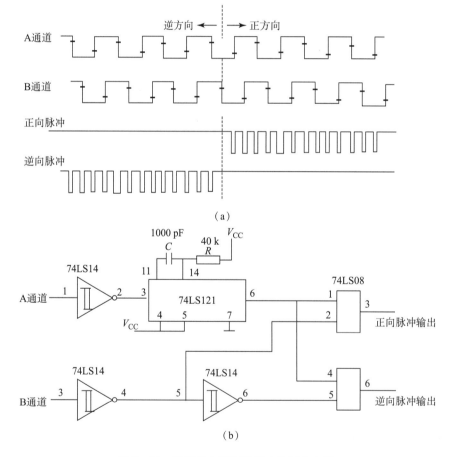

图 5 – 14　增量光电编码器基本波形和电路

（a）基本波形；（b）实际电路

的转动方向和相对角位移量的。通常，若编码器有 N 个输出信号（码道），其相位差为 π/N，可计数脉冲为 $2N$ 倍光栅数，现在 $N=2$。图 5-14（b）电路的缺点是有时会产生误记脉冲造成误差，这种情况出现在当某一道信号处于"高"或"低"电平状态，而另一道信号正处于"高"和"低"之间的往返变化状态时，此时码盘虽然未产生位移，但是会产生单方向的输出脉冲。例如，码盘发生抖动或手动对准位置时。

图 5-15 是一个既能防止误记脉冲又能提高分辨率的四倍频细分电路。在这里，采用了有记忆功能的 D 型触发器和时钟发生电路。由图 5-15 可见，每一通道有两个 D 触发器串接，这样，在时钟脉冲的间隔中，两个 Q 端（如对应 B 通道的 34LS175 的第 2、7 引脚）保持前两个时钟期的输入状态，若两者相同，则表示时钟间隔中无变化；否则，可以根据两者关系判断出它的变化方向，从而产生"正向"或"反向"输出脉冲。当某通道由于振动在"高""低"间往复变化时，将交替产生"正向"和"反向"脉冲，这在对两个计数器取代数和时就可消除它们的影响（下面仪器的读数也将涉及

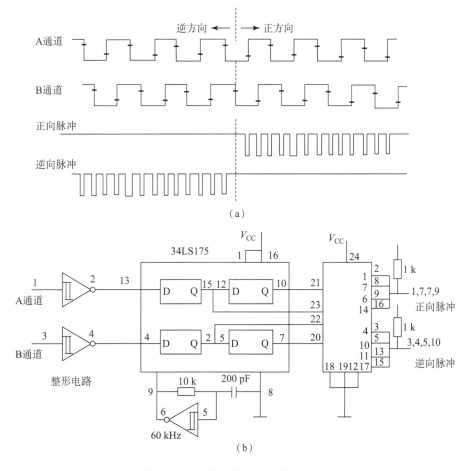

图 5-15　四倍计数方式波形和电路

（a）波形；（b）实际电路

这点）。由此可见，时钟发生器的频率应大于振动频率的可能最大值。由图 5 - 15 还可看出，在原一个脉冲信号的周期内，得到了四个计数脉冲。例如，原每圈脉冲数为 1 000 的编码器可产生 4 倍频的脉冲数，即 4 000 个，其分辨率为 0.09°。实际上，目前这类传感器产品都将光敏元件输出信号的放大整形等电路与传感检测元件封装在一起，所以只要加上细分与计数电路就可以组成一个角位移测量系统（74159 是 4 - 16 译码器）。

2. 旋转变压器

1）旋转变压器的结构

（1）旋转变压器的发展。

旋转变压器用于运动伺服控制系统中，作为角度位置的传感和测量用。早期的旋转变压器用于计算解答装置中，作为模拟计算机中的主要组成部分之一。其输出是随转子转角作某种函数变化的电气信号，通常是正弦、余弦、线性等。这些函数是最常见的，也是容易实现的。在对绕组做专门设计时，也可产生某些特殊函数的电气输出。但这样的函数只用于特殊的场合，不是通用的。自 20 世纪 60 年代起，旋转变压器逐渐用于伺服系统中，作为角度信号的产生和检测元件。三线的三相自整角机，早于四线的两相旋转变压器应用于系统中，所以作为角度信号传输的旋转变压器，有时被称作四线自整角机。随着电子技术和数字计算技术的发展，数字式计算机早已代替了模拟式计算机。所以实际上，旋转变压器目前主要是用于角度位置伺服控制系统中。由于两相的旋转变压器比自整角机更容易提高精度，所以旋转变压器应用得更广泛。特别是在高精度的双通道、双速系统中，广泛应用的多极电气元件，原来采用的是多极自整角机，现在基本上都是采用多极旋转变压器。旋转变压器是目前国内的专业名称，简称"旋变"。俄文里称作"Вращающийся Трансформатор"，词义就是"旋转变压器"。英文名字叫"resolver"，根据词义，一般把它称作为"解算器"或"分解器"。

早期的旋转变压器，由于信号处理电路比较复杂、价格比较贵，应用受到了限制。因为旋转变压器无可比拟的可靠性以及足够高的精度，在许多场合有着不可代替的地位，特别是在军事以及航天、航空、航海等方面。随着电子工业的发展，电子元器件集成化程度的提高，元器件的价格大大下降；另外，随着信号处理技术的进步，旋转变压器的信号处理电路变得简单、可靠，价格也大大下降。而且，又出现了软件解码的信号处理，使得信号处理问题变得更加灵活、方便。因此，旋转变压器的应用得到了更大的发展，其优点得到了更大的体现。和光学编码器相比，旋转变压器有下面几个明显的优点：

①无可比拟的可靠性，非常好的抗恶劣环境条件的能力。

②可以运行在更高的转速下。（在输出 12 位的信号下，电动机的允许转速可达 60 000 r/min；而光学编码器，由于光电器件的频响一般在 200 kHz 以下，在输出信号为 12 位时，转速只能达到 3 000 r/min）

③方便的绝对值信号数据输出。

（2）旋转变压器的应用。

旋转变压器的应用，近期发展很快，除了传统的、要求可靠性高的军用、航空、航天领域之外，在工业、交通以及民用领域也得到了广泛的应用。特别应该提出的是，这些年来，随着工业自动化水平的提高，以及节能减排的要求越来越高，效率高、节能显著的永磁交流电动机的应用越来越广泛。而永磁交流电动机的位置传感器原来是以光学编码器居多，这些年来，却迅速地被旋转变压器代替。可以举几个明显的例子，在家电中，不论是冰箱、空调还是洗衣机，目前都是向变频变速发展，采用的是正弦波控制的永磁交流电动机。目前各国都非常重视的电动汽车中所用的位置、速度传感器都是旋转变压器。例如，驱动用电动机和发电机的位置传感、电动助力方向盘电动机的位置和速度传感、燃气阀角度测量、真空室传送器角度位置测量等，都是采用的旋转变压器。在塑压系统、纺织系统、冶金系统以及其他领域，伺服系统中的关键部件——伺服电动机上，也是用旋转变压器作为位置、速度传感器。旋转变压器的应用已经成为一种趋势。

（3）旋转变压器的结构。

根据转子电信号引进、引出的方式，分为有刷旋转变压器和无刷旋转变压器。在有刷旋转变压器中，定子、转子上都有绕组。转子绕组的电信号，通过滑动接触，由转子上的滑环和定子上的电刷引进或引出。由于有刷结构的存在，使得旋转变压器的可靠性很难得到保证。因此目前这种结构形式的旋转变压器应用很少，我们着重于介绍无刷旋转变压器。目前无刷旋转变压器有三种结构形式：环形无刷旋转变压器、磁阻式旋转变压器和多极旋转变压器。

①环形无刷旋转变压器。

图 5-16 所示为环形无刷旋转变压器的结构，这种结构很好地实现了无刷、无接

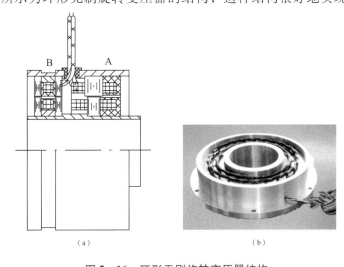

（a）　　　　　　　　　　　　　　（b）

图 5-16　环形无刷旋转变压器结构

（a）示意图；（b）实物图

触。图 5-16 (a) 中右侧 A 部分是典型的旋转变压器的定子、转子，在结构上和有刷旋转变压器一样，由定子、转子绕组做信号变换；左侧 B 部分是环形变压器，它的一个绕组在定子上，一个在转子上，同心放置。

转子上的环形变压器绕组和做信号变换的转子绕组相连，它的电信号的输入输出由环形变压器完成。

②磁阻式旋转变压器。

图 5-17 所示是一个 10 对极的磁阻式旋转变压器的结构。磁阻式旋转变压器的励磁绕组和输出绕组放在同一套定子槽内，固定不动，但励磁绕组和输出绕组的形式不一样。两相绕组的输出信号，仍然应该是随转角做正弦变化、彼此相差 90°电角度的电信号。转子磁极形状做特殊设计，使得气隙磁场近似于正弦；转子形状的设计也必须满足所要求的极数。可以看出，转子的形状决定了极对数和气隙磁场的形状。

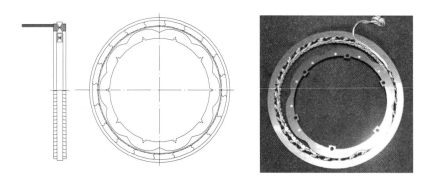

图 5-17 磁阻式旋转变压器结构

磁阻式旋转变压器一般都做成分装式，不组合在一起，以分装形式提供给用户，由用户自己组装配合。

③多极旋转变压器。

图 5-18 所示是多极旋转变压器的结构。图 5-18 (a)、(b) 是共磁路结构，粗、精机，定子、转子绕组共用一套铁芯。所谓粗机，是指单对磁极的旋转变压器，它的精度低，所以称为粗机；精机是指多对磁极的旋转变压器，由于精度高，所以称为精机。其中图 5-18 (a) 表示的是旋转变压器的定子和转子组装成一体，由机壳、端盖和轴承将它们连在一起，称为组装式；图 5-18 (b) 的定、转子是分开的，称为分装式。图 5-18 (c)、(d) 是分磁路结构，粗、精机，定子、转子绕组各有自己的铁芯。其中图 5-18 (c)、(d) 都是组装式，只是粗、精机位置安放的形式不一样，图 5-18 (c) 的粗、精机平行放置，图 5-18 (d) 的粗、精机垂直放置，粗机在内腔。另外，很多时候也有单独的多极旋转变压器，应用时，若仍需要单对磁极的旋转变压器，则另外配置。

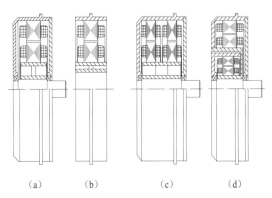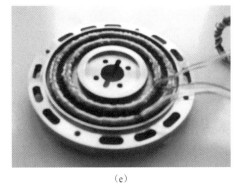

图 5 - 18　多极旋转变压器

（a）组装式；（b）分装式；（c）粗、精机平行放置；（d）粗、精机垂直放置；（e）实物图

多极旋转变压器一般必须和单极旋转变压器组成统一的系统。在旋转变压器的设计中，如果单极旋转变压器和多极旋转变压器设计在同一套定、转子铁芯中，且分别有自己的单极绕组和多极绕组，那么这种结构的旋转变压器称为双通道旋转变压器。如果单极旋转变压器和多极旋转变压器都是单独设计，都有自己的定、转子铁芯，那么这种结构的旋转变压器称为单通道旋转变压器。

2）旋转变压器的工作原理

（1）旋转变压器角度位置伺服控制系统。

图 5 - 19 是一个比较典型的角度位置伺服控制系统。XF 称作旋变发送机，XB 称作旋变变压器。旋变发送机发送一个与机械转角有关的、做一定函数关系变化的电气信号；旋变变压器接收这个信号，并产生和输出一个与双方机械转角之差有关的电气信号。伺服放大器接收旋变变压器的输出信号，作为伺服电动机的控制信号，经放大，驱动伺服电动机旋转，并带动接收方旋转变压器转轴及其他相连的机构，直至达到和发送机方一致的角位置。

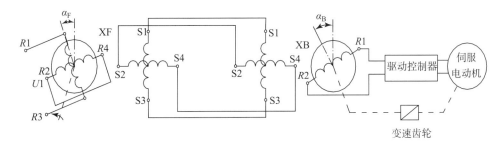

图 5 - 19　旋转变压器角度位置伺服控制系统

旋变发送机的初级，一般在转子上设有正交的两相绕组，其中一相作为励磁绕组，输入单相交流电压；另一相短接，以抵消交轴磁通，改善精度。次级也是正交的两相绕组。旋变变压器的初级一般在定子上，由正交的两相绕组组成；次级为单项绕组，

没有正交绕组。

（2）工作原理。

由于旋转变压器在结构上保证了其定子和转子（旋转一周）之间空气间隙内磁通分布符合正弦规律，因此，当激磁电压加到定子绕组上时，通过电磁耦合，转子绕组便产生感应电势。图 5-20 为两极旋转变压器电气工作原理图，Z 为阻抗。设加在定子绕组 S_1S_2 的激磁电压为

$$V_s = V_m \sin \omega t \qquad (5-7)$$

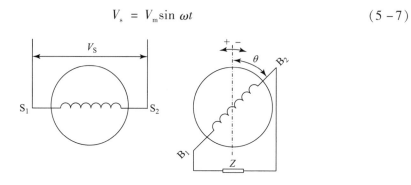

图 5-20　两极旋转变压器

根据电磁学原理，转子绕组 B_1B_2 中的感应电势则为

$$V_B = KV_s \sin \theta = KV_m \sin \theta \sin \omega t \qquad (5-8)$$

式中　K——旋转变压器的变化；

V_m—— V_s 的幅值；

θ——转子的转角，当转子和定子的磁轴垂直时，$\theta = 0$。如果转子安装在机床丝杠上，定子安装在机床底座上，则 θ 角代表的是丝杠转过的角度，它间接反映了机床工作台的位移。

由式（5-8）可知，转子绕组中的感应电势 V_B 为以角速度 ω 随时间 t 变化的交变电压信号。其幅值 $KV_m \sin \theta$ 随转子和定子的相对角位移 θ 以正弦函数变化。因此，只要测量出转子绕组中的感应电势的幅值，便可间接地得到转子相对于定子的位置，即 θ 角的大小。

以上是两极绕组式旋转变压器的基本工作原理，在实际应用中，考虑到使用的方便性和检测精度等因素，常采用四极绕组式旋转变压器。这种结构形式的旋转变压器可分为鉴相式和鉴幅式两种工作方式。

①鉴相式工作方式。

鉴相式工作方式是一种根据旋转变压器转子绕组中感应电势的相位来确定被测位移大小的检测方式。如图 5-21 所示，定子绕组和转子绕组均由两个匝数相等互相垂直的绕组组成。图中 S_1S_2 为定子主绕组，K_1K_2 为定子辅助绕组。当 S_1S_2 和 K_1K_2 中分别通以交变激磁电压时

$$V_S = V_m \cos \omega t \tag{5-9}$$

$$V_K = V_m \sin \omega t \tag{5-10}$$

根据线性叠加原理，可在转子绕组 $B_1 B_2$ 中得到感应电势 V_B，其值为激磁电压 V_S 和 V_K 在 $B_1 B_2$ 中产生感应电势 V_{BS} 和 V_{BK} 之和，即

$$
\begin{aligned}
V_B &= V_{BS} + V_{BK} = KV_S \sin(-\theta) + KV_K \cos \theta \\
&= -KV_m \cos \omega t \sin \theta + KV_m \sin \omega t \cos \theta \\
&= KV_m \sin(\omega t - \theta)
\end{aligned} \tag{5-11}
$$

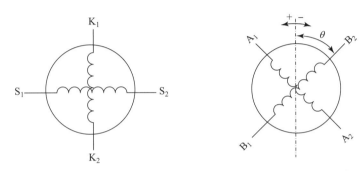

图 5 – 21　旋转变压器电气工作原理

由式（5 – 10）和式（5 – 11）可见，旋转变压器转子绕组中的感应电势 V_B 与定子绕组中的激磁电压同频率，但相位不同，其差值为 θ。而 θ 角正是被测位移，故通过比较感应电势 V_B 与定子激磁电压信号 V_K 的相位，便可求出 θ。

在图 5 – 21 中，转子绕组 $A_1 A_2$ 接一高阻抗，它不作为旋转变压器的测量输出，主要起平衡磁场的作用，目的是提高测量精度。

②鉴幅式工作方式。

鉴幅式工作方式是通过对旋转变压器转子绕组中感应电势幅值的检测来实现位移检测的。其工作原理如下：

参看图 5 – 21，设定子主绕组 $S_1 S_2$ 和辅助绕组 $K_1 K_2$ 分别输入交变激磁电压

$$V_S = V_m \cos \alpha \sin \omega t \tag{5-12}$$

$$V_K = V_m \sin \alpha \sin \omega t \tag{5-13}$$

式中 $V_m \cos \alpha$ 和 $V_m \sin \alpha$ 分别为激磁电压 V_S 和 V_K 的幅值。α 角可以改变，称其为旋转变压器的电气角。

根据线性叠加原理，得出转子绕组 $B_1 B_2$ 中的感应电势 V_B 如下

$$
\begin{aligned}
V_B &= V_{BS} + V_{BK} = KV_S \sin(-\theta) + KV_K \cos \theta \\
&= -KV_m \cos \alpha \sin \omega t \sin \theta + KV_m \sin \alpha \sin \omega t \cos \theta \\
&= KV_m \sin(\alpha - \theta) \sin \omega t
\end{aligned} \tag{5-14}
$$

由式（5 – 14）可以看出，感应电势 V_B 是幅值为 $KV_m \sin(\alpha - \theta)$ 的交变电压信号，

只要逐渐改变 α 值，使 V_B 的幅值等于零，这时，因 $KV_m \sin(\alpha - \theta) = 0$，故可得

$$\theta = \alpha \qquad\qquad (5-15)$$

α 值就是被测角位移 θ 的大小。由于 α 是我们通过对它的逐渐改变，实现使 V_B 幅值等于零的，其值自然是知道的。

（3）旋转变压器输出角度的周期性。

在旋转变压器的鉴相式工作方式中，感应信号 V_B 和激磁信号 V_K 之间的相位差 θ 角，可通过专用的鉴相器线路检测出来并表示成相应的电压信号，设为 $U(\theta)$，通过测量该电压信号，便可间接地求得 θ 值。但由于 V_B 是关于 θ 的周期性函数，$U(\theta)$ 是通过比较 V_B 和 V_K 之值获得的，因而它也是关于 θ 的周期性函数，即

$$U(\theta) = U(n \times 2\pi + \theta) \qquad (n = 1, 2, 3, \cdots) \qquad (5-16)$$

故在实际应用中，不但要测出 $U(\theta)$ 的大小，而且还要测出 $U(\theta)$ 的周期性变化次数 n，或者将被测角位移 θ 角限制在 $\pm\pi$ 之内。

在旋转变压器的鉴幅式工作方式中，V_B 的幅值设为 V_{Bm}，由式（5-14）可知

$$V_{Bm} = KV_m \sin(\alpha - \theta) \qquad\qquad (5-17)$$

它也是关于 θ 的周期性函数，在实际应用中，同样需要将 θ 角限制在 $\pm\pi$ 之内或者测出周期性变化次数。

3）旋转变压器的主要参数和性能指标

旋转变压器的主要指标有以下几个：

（1）额定励磁电压和励磁频率。励磁电压都采用比较低的数值，一般在 10 V 以下。旋转变压器的励磁频率通常采用 400 Hz 以及 5~10 kHz 之间。

（2）变压比和最大输出电压。变压比是指当输出绕组处于感生最大输出电压的位置时，输出电压和原边励磁电压之比。

（3）电气误差。输出电动势和转角之间应符合严格的正、余弦关系，如果不符，就会产生误差，这个误差角称为电气误差。根据不同的误差值确定旋转变压器的精度等级，不同的旋转变压器类型，所能达到的精度等级不同。多极旋转变压器可以达到高的精度，电气误差可以用角秒来计算。一般的单极旋转变压器，电气误差在 5′~15′ 之内；对于磁阻式旋转变压器，由于结构原理的关系，电气误差偏大。磁阻式旋变一般都做到两对极以上，两对极磁阻式旋变的电气误差，一般做到 60′（1°）以下。但是，在现代的理论水平和加工条件下，增加极对数，也可以提高精度，电气误差也可控制在数角秒之内。

（4）阻抗。一般而言，旋转变压器的阻抗随转角变化而变化，和初、次级之间相互角度位置有关。因此，测量时应该取特定位置。有这样 4 个阻抗：开路输入阻抗、开路输出阻抗、短路输入阻抗、短路输出阻抗。在目前的应用中，作为旋转变压器负载的电子电路阻抗都很大，因而往往都把电路看作空载运行。在这种情况下，实际上只给出开路输入阻抗即可。

（5）相位移。在次级开路的情况下，次级输出电压相对于初级励磁电压在时间上的相位差称作相位移。相位差的大小，随着旋转变压器的类型、尺寸、结构和励磁频率不同而变化。一般小尺寸、频率低、极数多时相位移大，磁阻式旋变相位移最大，环形变压器式的相位移次之。

（6）零位电压。输出电压基波同相分量为零的点称为电气零位，此时所具有的电压称为零位电压。

（7）基准电气零位。确定为角度位置参考点的电气零位点称作基准电气零位。

4）几种不同类型旋转变压器的比较

由于结构形式和原理的不同，在性能和抗恶劣环境条件能力上，各种类型的旋转变压器的特点不一样。表 5 - 1 给出了旋转变压器的情况比较。

表 5 - 1 各种类型的旋转变压器性能、特点比较

类型	精度	工艺性	相位移	可靠性	结构	成本
有刷	高	差	小	差	复杂	高
环形无刷	高	一般	比较大	好	一般	一般
磁阻	低	好	大	最好	简单	低

从表 5 - 1 可看出，有刷旋转变压器可以得到最小的电气误差、最大的精度，但是由于在结构上，存在着电的滑动接触，因此可靠性差；环形无刷旋变也可达到高的精度，工艺性、结构情况、可靠性以及成本都比较好；磁阻式旋变的可靠性、工艺性、结构性以及成本都是最好的，但精度比其他两种低。出于可靠性的考虑，目前基本上不用有刷的旋转变压器，而是采用无刷的旋转变压器。

5）旋转变压器的信号变换

旋转变压器的信号输出是两相正交的模拟信号，它们的幅值随着转角做正、余弦变化，频率和励磁频率一致。这样的信号不能直接应用，需要角度数据变换电路，把这样一个模拟量变换成明确的角度量，这就是 RDC（Resolver Digital Converter，旋转变压器数字变换器）电路。在数字变换中有两个明显的特征：①为了消除由于励磁电源幅值和频率的变化，所引起的副边输出信号幅值和频率的变化，从而造成角度误差，信号的检测采用正切法，即检测两相信号的比值 $\dfrac{\sin\theta}{\cos\theta}$，这就避免了幅值和频率变化的影响；②采用实时跟踪反馈原理测角，这是一个快速的数字随动系统，属于无静差系统。

目前采用的大多都是专用集成电路，例如美国 AD 公司的 AD2S80A、AD2S1200、AD2S1205 带有参考振荡器的 12 位数字 RDC 变换器、AD2S1210 10 到 16 位数字、带有参考振荡器的数字可变 RDC 变换器以及 AD2S80A、AD2S80A83 等 RDC 变换器。图 5 - 22 是旋转变压器和 RDC 的连接示意图，位置信号和速度信号都是绝对值信号，它们的

位数由 RDC 的类型和实际需要决定（10 ~ 16 位），它有两种形式的输出：串行或并行。上述的几种 RDC 芯片，还可将输出信号变换成编码器形式的输出，即正交的 A、B 和每转一个的 Z 信号。励磁电源同时接到旋转变压器和 RDC，在 RDC 中作为相位的参考。

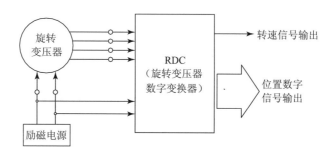

图 5 - 22　旋转变压器和 RDC 的连接示意图

利用 DSP 技术和软件技术，不用 RDC 芯片，直接用 DSP 做旋转变压器位置和速度变换，已经成为现实。例如采用 TI 公司的 DSP 芯片 TMS320F240 就得到成功的应用。用 DSP 实现旋转变压器的解码，具有这样一些明显的优点：

（1）降低成本，取消了专用的 RDC IC 芯片；

（2）采用数字滤波器，可以消除速度带来的滞后效应。用软件实现带宽的变换，以折中带宽和分辨率的关系，并使带宽作为速度的函数；

（3）抗环境噪声的能力更强。

5.1.4　功率开关器件

电力电子技术是应用电力电子器件对电能进行变换和控制的技术，其中电力电子器件是电力电子技术的重要基础。以电力电子器件为核心的电力电子装置中器件所占的价值虽然只有装置总价值的 20% ~ 30%，但器件的性能对整个装置的各项技术指标和性能有着重要的影响。

1. 功率开关器件的发展过程

电力电子器件又称为功率开关器件，是应用于电力领域的电子器件，其控制功率范围可以从 1W 以下到数百 MW，甚至 GW。对于电力电子器件而言，它的工作特性应当是：导通状态能流过大电流且导通电压降低，截止状态能承受高电压；开关转换时，开关时间短，开关过程中要能承受足够高的 di/dt 和 dv/dt，能控制器件的开通和关断。

目前，电力电子器件有多种分类方式。例如，按照其可控程度可分为，不可控器件、半控型器件、全控型器件及模块化器件；按照器件的结构和工作机理可分为，双极型器件、单极型器件和混合型器件。

2. 半控型器件

20 世纪 50 年代，美国通用电气公司发明了世界上第一只硅晶闸管（SCR），标志着电力电子技术的诞生。此后，晶闸管得到了迅速发展，器件容量越来越大，性能得到不断提高，并产生了各种晶闸管派生器件，如快速晶闸管、逆导晶闸管、双向晶闸管、光控晶闸管等。但是，晶闸管作为半控型器件，只能通过门极控制其开通，不能控制其关断，要关断器件必须通过强迫换相电路，从而使整个装置体积增加，复杂程度提高，效率降低。另外，晶闸管为双极型器件，存在少子存储效应，所以工作频率低，一般低于 400Hz。由于以上这些原因，晶闸管的应用受到很大限制。

虽然晶闸管有以上一些缺点，但由于它的高电压、大电流特性，使它在高压直流输电、静止无功补偿（SVC）、大功率直流电源及超大功率和高压变频调速等方面的应用仍占有十分重要的地位。

3. 全控型器件

随着半导体技术的不断发展，电力电子器件从早期的小功率、半控型、低频器件发展为现在的大功率、全控型、高频器件。从 20 世纪 70 年代后期开始，GTO、GTR 器件及模块相继实用化。此后，各种高频全控型器件不断问世，并得到迅速发展，如 IG-BT、MOSFET、IGCT、MCT 器件等，这些器件的产生和发展，形成了新型全控型电力电子器件的大家族。

1）大功率晶体管

大功率晶体管（Giant Transistor，GTR）也称巨型晶体管，是三层结构的双极全控型大功率高反压晶体管，它具有自关断能力，控制十分方便，并有饱和压降低和比较宽的安全工作区等优点，在许多电力变流装置中得到应用。

GTR 是一种电流控制型器件，所需驱动功率较大、驱动电路较复杂，且由于其固有的二次击穿问题，其安全工作区受各项参数影响而变化，所以，GTR 存在热容量小、过流能力低等缺点。目前，GTR 已经基本被 GTO 取代。

2）可关断晶闸管

GTO（Gate Turn-Off Thyristor）是 20 世纪 60 年代初问世的，在此后的三四十年内得到了很大的发展，至今仍是重要的电力半导体器件。传统 GTO 的基本结构与普通晶闸管一样，也是 4 层 3 端结构，它几乎具有晶闸管的全部优点，但它的门极不仅具有普通晶闸管控制阴阳极主回路导通的能力，而且当在门极上施加负电压时，能使处于导通状态的晶闸管转变为关断状态，重新恢复阻断能力，实现门极关断，为全控型器件。

为了改善关断特性，GTO 器件均采用多个子器件并联的方式，即在同一硅片上，制作成千上万个细小的 GTO 子器件。它们有共同的门极，阴极相互分开独立，采用适当的封装结构，将这些子器件并联在一起，器件外观和大功率普通晶闸管完全一样。

传统 GTO 器件存在固有的缺陷，如 GTO 的最大可关断阳极电流与加在门极的负脉冲电流有关，二者之比为 GTO 的电流关断增益。另外，传统 GTO 的电流关断增益只有 3~5，而 GTO 在关断过程中，各子器件关断不均匀，很可能造成关断过程拖尾时间长，电流甚至集中在某些子器件上，这种电流局部集中现象称为电流的"挤流效应"。"挤流效应"的存在将导致器件局部热点的产生，严重时会使 GTO 器件被烧毁，这些都限制了 GTO 的应用范围。但是 GTO 所具有的高的导通电流密度、高的阻断电压、阻断状态下高的 dv/dt 等优点，使它在高压、大功率牵引、工业和电力逆变器中得到广泛应用。

3）效应晶体管

功率场效应晶体管分为两种：结型和绝缘栅型，其工作原理与普通 MOSFET 一样。通常所说的是绝缘栅型中的 MOS（Metal Oxide Semiconductor）型 FET，简称功率 P-MOSFET（Power MOSFET）。P-MOSFET 是用栅极电压来控制漏极电流，它的显著特点是驱动电路简单、驱动功率小。P-MOSFET 为单极型器件，开关速度快、工作频率高，是目前所有电力电子器件中工作频率最高的器件，其工作频率可达 MHz。但是 P-MOSFET 通态电阻大、器件导通时压降大，使得器件电流容量小、耐压低，因此常用于高频、小功率的电力电子装置中。

4）绝缘栅极双极型晶体管

绝缘栅极双极型晶体管（IGBT）是 RCA 公司和 GE 公司 1982 年为了解决 MOSFET 在高压下存在的导通电阻大的问题而开发的，于 1986 年开始正式生产并逐渐系列化。它是一种复合型器件，可看做是 MOS 输入的达林顿管。IGBT 一经问世，即得到飞速发展，目前是新型电力电子器件的主流器件之一。

IGBT 在性能上兼有双极型器件和 MOS 器件的优点，其特点是栅极为电压驱动、驱动电路简单、所需驱动功率小、开关损耗小、工作频率高、承受电压较高、载流密度大、通态压降小、热稳定性好、没有"二次击穿"问题、安全工作区大、不需要缓冲电路。IGBT 的不足之处在于高压 IGBT 的导通电阻较大，导致导通损耗大，在高压应用领域，通常需要多个串联，并且过压、过流、抗冲击、抗干扰等承受能力较低。

IGBT 自问世以来，其工艺技术和参数不断得到改进和提高，已由低功率 IGBT 发展到了 IGBT 功率模块，其电性能参数日趋完善。目前 IGBT 的制造水平除低压（1 700 V/1 200 A）外，已开发出高压 IGBT，可达 3.3 kV/1.2 kA 或 4.5 kV/0.9 kA 的水平，器件工作频率可达几百 kHz。

5）智能功率模块

IPM（Intelligent Power Module），即智能功率模块，不仅把功率开关器件和驱动电路集成在一起，而且内藏有过电压、过电流和过热等故障检测电路，并可将检测信号送到 CPU。它由高速低功耗的管芯和优化的门极驱动电路以及快速保护电路构成，即使发生负载事故或使用不当，也可以保证 IPM 自身不受损坏。IPM 一般使用 IGBT

作为功率开关元件，内藏电流传感器及驱动电路的集成结构。IPM 以其高可靠性，使用方便赢得越来越大的市场，尤其适合于驱动电动机的变频器和各种逆变电源，是变频调速、冶金机械、电力牵引、伺服驱动、变频家电的一种非常理想的电力电子器件。

6）集成门极换流晶闸管（IGCT）

集成门极换流晶闸管是一种复合型器件，主要用于大功率电力电子装置中，它的应用使变流装置在功率、可靠性、开关速度、效率、成本、重量和体积等方面都取得了极大进展，给电力电子装置带来了新的飞跃。

IGCT 是在 GTO 基础上发展起来的，也是 4 层 3 端器件。它的阳极内侧多了缓冲层，以透明（可穿透）阳极代替 GTO 的短路阳极，为逆导 GTO 结构，门极为特殊环状，引出端安排在器件的周边，门、阴极之间的距离较常规 GTO 小得多，所以在门极加负偏压实现关断时，门、阴极间可立即形成耗尽层。从阳极注入基区的主电流，在关断瞬间全部流入门极，关断增益为"1"，从而使器件迅速关断。

由于关断 IGCT 时需要提供与主电流相等的瞬时关断电流，所以要求包括 IGCT 门、阴极在内的门极驱动回路必须具有很小的引线电感，实际上它的门极和阴极之间的电感只有 GTO 的 1/10。另外，IGCT 有一个极低的引线电感与管饼集成在一起的门极驱动器，采用多层薄板状的衬板与主门极驱动电路连接，门极驱动电路由衬板及许多并联的功率 MOS 管及放电电容组成，包括 IGCT 及门极驱动电路在内的总引线电感可减小到 GTO 的 1/100。由于 IGCT 在结构上采取的这一系列措施，使其具有晶体管和晶闸管两种器件的优点，即晶体管的稳定关断能力和晶闸管的低通态损耗。IGCT 在导通期间发挥晶闸管的性能，关断阶段则类似晶体管。IGCT 具有电流大、电压高、开关频率高、可靠性高、结构紧凑和损耗低等优点。此外，IGCT 还像 GTO 一样，具有制造成本低和成品率高的特点，有极好的应用前景，是 GTO 的替代产品。

目前，IGCT 已经商品化，ABB 公司制造的 IGCT 产品的最高性能参数为 4.5 kV/4 kA，最高研制水平为 6 kV/4 kA。1998 年，三菱公司也开发了直径为 88 mm 的 6 kV/4 kA 的 IGCT 晶闸管。

在实际应用中需注意，电压较低时选用 IGBT 较为合算；电压较高时选用 IGCT 较为合算。根据应用和设计的标准不同，在 1 800 ~ 3 300 V 之间，两种器件交叉使用，IGBT 更适于功率较小的装置，而 IGCT 则较适用于功率较大的装置。

5.1.5　正弦波发生技术

在交流伺服控制中需要用到正、余弦波形，本小节讨论正、余弦波发生的方法，一般来说，利用 DSP 产生正弦波的方法主要有以下几种。

1. 查表法产生正弦波

查表法是使用比较普遍的方法，也是本装置采用的方法，首先自己生成正弦数据表，再进行查表、D/A 转换后，得到所需要的波形。它的优点是处理速度快，调频调相容易，较采样回放法，避免了数据的单一，增加了精度。如果存储空间足够大，那么就可以通过制作较大的查找表来得到较高的精度。如建立一个 200 个数据点的正弦数据表，具体过程如下，采用查表法来实现对某一正弦波的频率及幅值的设定，在程序里要建立一张正弦查找表，根据分析及计算得到每周期最多向 D/A 送多少个数据点，假设送 200 个数据，因此建立一张有 200 个数据的正弦查找表。对于频率为 f 的正弦波来说，若每周期取 200 点数据，则取样间隔为 $(1/f)/200 = 1/(200f)$，则对幅值为 1 的正弦波表示如下式

$$\sin nw = \sin(2\pi f \cdot \frac{n}{200f}) = \sin\left(\frac{n\,\pi}{100}\right) \quad (n = 0,\ 1,\ 2,\ \cdots,\ 199) \quad (5-18)$$

可以采用 MATLAB 软件来产生一个 200 个数据点的正弦波数据文件，之后将其添加到 CCS 工程中进行编译、连接、调试直至成功。

利用下面一段 MATLAB 程序来产生 sin 200. dat 的数据文件。

sin e = sin（[0：199] * 2 * pi/200）;% 生成正弦数据

save sin200. dat   sine － ascii   % 输出数据文件 sin200. dat

2. 查表结合插值法产生正弦波

查表结合插值法是在查表法的基础上加以改进得到的。发生相同性能的正弦波，查表法结合插值法的长度远远要小于单纯查表法的表格长度，从而克服了查表法中占用大量内存资源的缺点，节约了存储空间。查表结合插值法的表格格式如表 5 - 2 所示，先将一个周期的单位正弦波 N 等分，并计算所有离散点的幅值，之后将这些幅值依次排列存入数据区，从而构成一张表格。

表 5 - 2　查表结合插值法的表格格式

序号	度数	函数值
0	$0 \times 360°/N$	$\sin\ (0°/N)$
1	$1 \times 360°/N$	$\sin\ (360°/N)$
2	$2 \times 360°/N$	$\sin\ (720°/N)$
...	...	...
$N-2$	$(N-2) \times 360°/N$	$\sin\ [(N-2) \times 360°/N]$
$N-1$	$(N-1) \times 360°/N$	$\sin\ [(N-1) \times 360°/N]$

查表结合插值法产生正弦波的方法是通过在两个表项点之间插入若干个值来实现的，插入值的大小取决于相邻的两个表项值和插入点的位置。考虑到 DSP 的处理速度，

一般采用线性插值。每一个插值根据下式得到

$$\sin\left[360°(I+D)/N\right] = \sin(360°I/N) + D\left\{\sin\left[360°(I+1)/N\right] - \sin(360°I/N)\right\}$$

$$(5-19)$$

其中，D 是一个介于 0 到 1 之间的小数，表示插值点离左边表项点的相对位置；N 是表格长度；$\sin(360°I/N)$ 和 $\sin\left[360°(I+1)/N\right]$ 是相邻的两个表项值。

3. 泰勒级数法产生正弦波

在高等数学中，正弦函数和余弦函数可以展开成泰勒级数，其表达式为

$$\sin x = x - \frac{x^3}{3!} + \frac{x^5}{5!} - \frac{x^7}{7!} + \frac{x^9}{9!} - \cdots \qquad (5-20)$$

$$\cos x = 1 - \frac{x^2}{2!} + \frac{x^4}{4!} - \frac{x^6}{6!} + \frac{x^8}{8!} - \cdots \qquad (5-21)$$

若要计算一个角度 x 的正弦和余弦值，可取泰勒级数的前五项进行近似计算。

$$\sin x = x - \frac{x^3}{3!} + \frac{x^5}{5!} - \frac{x^7}{7!} + \frac{x^9}{9!} = x\left\{1 - \frac{x^2}{2\times3}\left[1 - \frac{x^2}{4\times5}\left[1 - \frac{x^2}{6\times7}\left(1 - \frac{x^2}{8\times9}\right)\right]\right]\right\}$$

$$(5-22)$$

$$\cos x = 1 - \frac{x^2}{2!} + \frac{x^4}{4!} - \frac{x^6}{6!} + \frac{x^8}{8!} = 1 - \frac{x^2}{2}\left\{1 - \frac{x^2}{3\times4}\left[1 - \frac{x^2}{5\times6}\left(1 - \frac{x^2}{7\times8}\right)\right]\right\}$$

$$(5-23)$$

由式（5-20）、式（5-23）可以推导出

$$\sin(nx) = 2\cos x\sin\left[(n-1)x\right] - \sin\left[(n-2)x\right] \qquad (5-24)$$

$$\cos(nx) = 2\cos x\sin\left[(n-1)x\right] - \cos\left[(n-2)x\right] \qquad (5-25)$$

由传递公式可以看出，在计算正弦和余弦值时，不仅需要已知 $\cos x$，而且还需要知道 $\sin(n-1)x$、$\sin(n-2)x$、$\cos(n-2)x$ 的值。

程序的编程思想：正弦波的波形可以看作由无数点组成，这些点与 x 轴的每一个角度值相对应，可以利用 DSP 处理器处理大量重复计算的优势来计算 x 轴每一点对应的 y 的值（在 x 轴取 360 个点来进行逼近）。$x = f\times2\pi/f_s$（f_s 是采样频率，f 是所要发生的信号频率）。如给出 x 值为 $\frac{\pi}{4} = 0.7854$ rad，执行结果：$\sin x = 0.707106$，误差在万分之一内，如果改变 x 值，便可以计算其他角度的正弦值了。

利用式（5-22）、式（5-23），可以计算出一个角度 x 的正弦值和余弦值，可采用子程序调用的方式来实现。在调用前先在数据存储器 dxs 单元以及 dxc 单元存放 x 的弧度值，计算结果存放在单元 dsin 和 dcos 中。具体实现步骤如下：

（1）计算 0°~45° 的正弦和余弦值；

（2）利用正弦函数倍角公式 $\sin(2x) = 2\sin x\cos x$，计算 0°~90° 的正弦；

（3）通过复制，获得 0°~359° 的正弦值；

（4）将 0°~359° 的正弦值重复输出，便可以得到正弦波。

在实际中，正弦波是通过 D/A 口输出的。选择每个正弦周期中的样点数，改变每个采样点之间的延迟，就能够产生不同频率的波形，也可以利用软件改变波形的幅度以及起始相位。

4. 迭代法产生正弦波

迭代法是利用数字振荡器通过迭代方法来产生正弦波。首先介绍数字振荡器原理。正弦函数 $\sin x$ 可以表示为指数形式

$$\sin x = \frac{1}{2j}(e^{jx} - e^{-jx}) \tag{5-26}$$

由此可以得到正弦序列

$$x[k] = \sin(k\omega T) \tag{5-27}$$

z 变换

$$x[z] = \frac{1}{2j}\left(\frac{z}{z - e^{j\omega T}} - \frac{z}{z - e^{-j\omega T}}\right) = \frac{z\sin(\omega T)}{z^2 - 2z\cos(\omega T) + 1} = \frac{Cz}{z^2 - Az - B} \tag{5-28}$$

式（5-28）在 $|z| > 1$ 时成立，且式中的 $A = 2\cos(\omega T)$，$B = -1$，$C = \sin(\omega T)$。

设单位冲击序列经过一系统后，其输出为正弦序列 $C = \sin(k\omega T)$，则系统的传递函数为

$$H(z) = \frac{Cz}{z^2 - Az - B} = \frac{Cz^{-1}}{1 - Az^{-1} - Bz^{-2}} \tag{5-29}$$

就是正弦序列 $\sin(k\omega T)$ 的 z 变换，求其极点为

$$P_{1,2} = \frac{A \pm \sqrt{A^2 + 4B}}{2} = \frac{2\cos(\omega T) \pm \sqrt{4\cos^2(\omega T) - 4}}{2} = \cos(\omega T) \pm j\sin(\omega T) \tag{5-30}$$

由上式可以看出，$P_{1,2}$ 是一对复根，幅值为 1，相角为 ωT。幅值为 1 的极点对应一个数字振荡器，其振荡频率由系数 A、B、C 来决定。因此，振荡器主要用于确定系数。由式（5-29）得

$$Y(z) - Az^{-1}Y(z) - Bz^{-2}Y(z) = Cz^{-1}X(z) \tag{5-31}$$

设初始值为 0，求上式的 z 反变换，得

$$y[k] = Ay[k-1] + By[k-2] + Cx[k-1] \tag{5-32}$$

这是一个二阶差分方程，其单位冲击响应为 $\sin(k\omega T)$。利用单位冲击函数 $x[k-1]$ 的性质，即当 $k = 1$ 时，$x[k-1] = 1$，代入上式得

$$k = 0 \quad y[0] = Ay[-1] + By[-2] + 0 = 0$$
$$k = 1 \quad y[1] = Ay[0] + By[-1] + C = C$$
$$k = 2 \quad y[2] = Ay[1] + By[0] + 0 = Ay[1] \qquad (5-33)$$
$$k = 3 \quad y[3] = Ay[2] + By[1]$$
$$\vdots \qquad\qquad \vdots$$
$$k = n \quad y[n] = Ay[n-1] + By[n-2]$$

当 $k > 2$ ，$y[k]$ 能用 $y[k-1]$ 和 $y[k-2]$ 算出，这是一个递归差分方程。

以上就是数字振荡器的原理。根据此原理，一个正弦波序列可以通过递归的方法得到，系数 A、B 和 C 一旦确定后，代入上式就可以得到期望频率的正弦序列。

5.1.6　信号采集和保持

随着脉冲和数字信号技术的发展，在伺服控制系统中，出现了离散化的控制器，连续信号经过采样和量化，变成幅值和时间上都是断续的数字信号，这类系统称为数字控制系统。由于在数字控制系统中存在着脉冲或者数字的离散信号以及信号的变换过程，在研究这种系统时，不仅可以借鉴在连续系统中已经成熟的那些方法，而且可以利用它本身的特点，例如用 z 域来代替 s 域进行分析。

1. 信号采集

所谓理想采样，就是把一个连续信号 $e(t)$，按一定的时间间隔逐点地取其瞬时值，从而得到一串脉冲序列信号 $e^*(t)$。可见在采样瞬时，$e^*(t)$ 的脉冲强度等于相应瞬时 $e(t)$ 的幅值，即 $e(0T)$，$e(1T)$，$e(2T)$，$\cdots$，$e(nT)$，$\cdots$，如图 5-23 所示。因此，理想采样过程可以看成是一个幅值调制过程，如图 5-24 所示。采样器好比是一个幅值调制器，理想脉冲序列 $\delta_{\mathrm{T}}(t)$ 作为幅值调制器的载波信号，$\delta_{\mathrm{T}}(t)$ 的数学表达式为

$$\delta_{\mathrm{T}}(t) = \sum_{n=-\infty}^{\infty} \delta(t - nT) \qquad (5-34)$$

其中，$n = 0$，± 1，± 2，$\cdots$

$e(t)$ 调幅后得到的信号，即采样信号 $e^*(t)$ 为

$$e^*(t) = e(t)\delta_{\mathrm{T}}(t) = e(t) \sum_{n=-\infty}^{\infty} \delta(t - nT) \qquad (5-35)$$

通常在控制系统中，假设当 $t < 0$ 时，信号 $e(t) = 0$，因此

$$e^*(t) = e(0)\delta(t) + e(T)\delta(t-T) + e(2T)\delta(t-2T) + \cdots + e(nT)\delta(t-nT) + \cdots \qquad (5-36)$$

或

$$e^*(t) = \sum_{n=0}^{\infty} e(nT)\delta(t - nT) \qquad (5-37)$$

式（5-37）为一无穷项和，每一项中的 $\delta(t - nT)$ 表示脉冲出现的时刻；而 $e(nT)$ 代表这一时刻的脉冲强度。

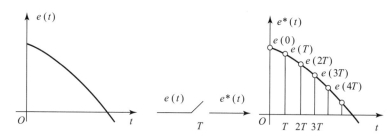

图 5-23 理想采样信号

式（5-35）和式（5-37）表示了采样前的连续信号与采样后的离散信号之间的关系。然而，一个值得提出的问题是：采样后的断续信号能否全面而真实地代表原来的连续信号呢？或者说它是否包含了原连续信号的全部信息？因为从采样（离散化）过程来看，"采样"是有可能损失信息的。下面我们将从频率域着手研究这个问题。

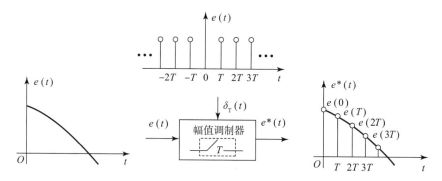

图 5-24 采样的脉冲调制过程

2. 采样信号的频谱

假设连续信号 $e(t)$ 的富氏变换式为 $E(j\omega)$，采样后信号 $e^*(t)$ 的富氏变换式用 $E^*(j\omega)$ 表示，下面我们来看 $E^*(j\omega)$ 的具体表达式。

由于理想脉冲序列 $\delta_T(t)$ 是一个周期函数，其周期为 T，因此它可以展开成指数形式的富氏级数，即

$$\delta_T(t) = \frac{1}{T}\sum_{n=-\infty}^{\infty} e^{jn\omega_s t} \tag{5-38}$$

其中，$\omega_s = \dfrac{2\pi}{T}$，为采样角频率。

将式（5-38）的结果代入式（5-35），得

$$e^*(t) = e(t)\delta_T(t) = \frac{1}{T}\sum_{n=-\infty}^{\infty} e(t)e^{jn\omega_s t} \tag{5-39}$$

根据复位移定理，若 $F[e(t)] = E(j\omega)$，则

$$F[e(t)e^{\pm at}] = E(j\omega \mp a) \tag{5-40}$$

因此，式（5-39）的富氏变换式为

$$F[e^*(t)] = E^*(j\omega) = \frac{1}{T}\sum_{n=-\infty}^{\infty} E(j\omega - jn\omega_s) \qquad (5-41)$$

假定连续信号 $e(t)$ 的频谱如图 5-25（a）所示，则根据式（5-41）可得采样（离散）信号 $e^*(t)$ 的频谱如图 5-25（b）所示。

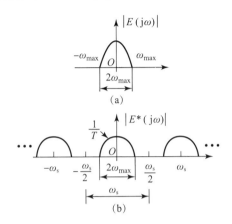

图 5-25　理想采样器输入和输出信号的频谱

（a）连续信号频谱；（b）采样信号频谱

由图 5-25，可得到如下结论：

（1）$n = 0$ 的项为 $\frac{1}{T}E(j\omega)$，通常称为基本频谱。它正比于原连续信号 $e(t)$ 的频谱。

（2）同时派生出以 ω_s 为周期的，无限多个高频频谱分量 $\frac{1}{T}E(j\omega - jn\omega_s)$，其中 $n = \pm 1, \pm 2, \cdots$

以上表明了连续信号与它所对应的离散信号在频谱上的差别。从富氏变换及其反变换的有关定理可知，在一定条件下，原函数 $e(t)$ 与其富氏变换式 $E(j\omega)$ 是一一对应的，亦即由富氏变换式 $E(j\omega)$ 可以唯一地还原成原函数 $e(t)$。可以设想，如果让采样信号通过一个图 5-26 所示的理想滤波器，将所有派生出来的高频分量全部滤掉，而同时保留其基本频谱信号。那么经过这样处理后的信号，只要将其幅值放大 T 倍，就能完全重现原信号。

由图 5-25 不难看出，要想完全滤掉高频分量，筛选出基本频谱，从而根据采样信号 $e^*(t)$ 来复现采样前的连续信号 $e(t)$，采样频率 ω_s 必须大于或等于连续信号 $e(t)$ 频谱中最高频率 ω_{max} 的两倍，即

$$\omega_s \geqslant 2\omega_{max} \qquad (5-42)$$

这就是有名的香农（Shannon）采样定理。这一定理告诉我们，只要采样频率足够高，我们完全不必担心采样过程会损失任何信息。

由图 5 - 25 也可看出，若采样频率不够高，即 $\omega_s < 2\omega_{max}$ 时，将会出现如图 5 - 27 所示的频谱重叠现象。很明显，这时，我们就无法再把基本频谱和派生高频频谱分开，从而也就无法重现原信号，或者说，采样过程将损失信息。另外，需要指出的是，如图 5 - 26 所示的理想滤波器，实际上是不存在的。因此在工程上，通常采用性能与理想滤波器相近似的低通滤波器，其中最常用的低通滤波器就是零阶保持器。

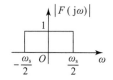

图 5 - 26　理想滤波器的频率特性

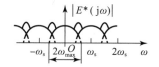

图 5 - 27　频谱重叠现象

3. 零阶保持器的数学模型

零阶保持器的输入、输出关系如图 5 - 28 所示。零阶保持器的作用是在信号传递过程中，把第 nT 时刻的采样信号值一直保持到第 $(n+1)T$ 时刻的前一瞬时，把第 $(n+1)T$ 时刻的采样值一直保持到 $(n+2)T$ 时刻，依次类推，从而把一个脉冲序列 $e^*(t)$ 变成一个连续的阶梯信号 $e_h(t)$。因为在每一个采样区间内 $e_h(t)$ 的值均为常值，亦即其一阶导数为零，故称为零阶保持器，可用"ZOH"来表示。

如果把阶梯信号 $e_h(t)$ 的中点连起来，则可以得到与 $e(t)$ 形状一致而时间上滞后半个采样周期 $\left(\dfrac{T}{2}\right)$ 的响应曲线 $e\left(t - \dfrac{T}{2}\right)$，如图 5 - 28 中的虚线所示。由此也可初步估计零阶保持器对于系统动态性能的影响。

为了求取零阶保持器（ZOH）的数学模型，可以从图 5 - 28 中任取一个采样周期来进行分析。零阶保持器的输入是脉冲函数，为了叙述方便，假设脉冲强度为 1，即为单位脉冲函数，于是零阶保持器的输出就是单位脉冲过渡函数，该单位脉冲过渡函数的拉氏变换式，即为零阶保持器的传递函数。

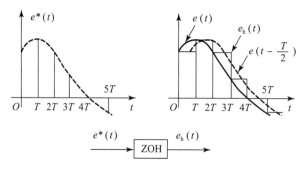

图 5 - 28　零阶保持器的输入、输出关系

零阶保持器的单位脉冲过渡函数的图形是高度为 1、宽度为 T 的矩形波，如图 5 - 29（a）所示。为了求其拉氏变换式，可以把它分解成两个阶跃函数之和，如图 5 - 29（b）所示。于是，脉冲过渡函数可表示为

$$y(t) = 1(t) - 1(t - T)　　　　　　　　(5 - 43)$$

相应的拉氏变换式为

$$Y(s) = \frac{1}{s} - \frac{1}{s}\mathrm{e}^{-Ts} = \frac{1 - \mathrm{e}^{-Ts}}{s}　　　　　(5 - 44)$$

这就是零阶保持器的传递函数，即

$$G_{\mathrm{h}}(s) = \frac{1 - \mathrm{e}^{-Ts}}{s}　　　　　　　　(5 - 45)$$

而零阶保持器的频率特性为

$$G_{\mathrm{h}}(\mathrm{j}\omega) = \frac{1 - \mathrm{e}^{-\mathrm{j}\omega T}}{\mathrm{j}\omega} = \frac{T\sin\left(\dfrac{\omega T}{2}\right)}{\dfrac{\omega T}{2}} \angle -\frac{\omega T}{2}$$

其频率特性曲线如图 5 - 30 所示。与理想滤波器频率特性图 5 - 26 相比较，可见，两者都能起低通滤波作用。不过零阶保持器的频率特性不是很理想，信号经过零阶保持器以后，其高频分量不能完全滤掉。此外，零阶保持器具有 $\dfrac{\omega T}{2}$ 的相角滞后。因此，零阶保持器的引入将会使系统的稳定性变差。

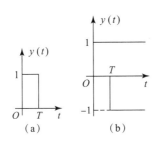

图 5 - 29　零阶保持器的脉冲过渡函数

（a）零阶保持器的单位脉冲过渡函数；

（b）分解成两个阶跃函数之和

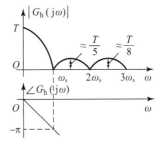

图 5 - 30　零阶保持器的
幅频和相频特性

零阶保持器的一个优点是，可以近似地用无源网络来实现。如果将零阶保持器传递函数中的 e^{Ts} 项展开成幂级数，并取前两项，则有

$$G_{\mathrm{h}}(s) = \frac{1 - \mathrm{e}^{-Ts}}{s} = \frac{1}{s}\left(1 - \frac{1}{\mathrm{e}^{Ts}}\right) \approx \frac{1}{s}\left(1 - \frac{1}{1 + Ts}\right) = \frac{T}{Ts + 1}　(5 - 46)$$

这是就图 5 - 31 所示 RC 网络的传递函数。

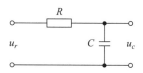

图 5 – 31　近似实现零阶保持器的 RC 网络

5.1.7　数字滤波器

在信号处理过程中，处理的信号往往混有噪声，从接收到的信号中消除或减弱噪声是信号传输和处理中十分重要的问题。根据有用信号和噪声的不同特性，提取有用信号的过程称为滤波，实现滤波功能的系统称为滤波器。数字滤波技术是数字信号分析、处理技术的重要分支。无论是信号的获取、传输，还是信号的处理和交换都离不开滤波技术，它对信号安全可靠和有效灵活的传输至关重要。

1. 数字滤波器的分类

作为线性时不变系统的数字滤波器可以用系统函数来表示，而实现一个系统函数表达式所表示的系统可以用两种方法：一种是采用计算机软件实现；另一种是用加法器、乘法器和延迟器等元件设计出专用的数字硬件系统，即硬件实现。不论软件实现还是硬件实现，在滤波器设计过程中，由同一系统函数可以构成很多不同的运算结构。对于无限精度的系数和变量，不同结构可能是等效的，与其输入和输出特性无关；但是在系数和变量精度是有限的情况下，不同运算结构的性能就有很大的差异。

如果滤波器用单位脉冲响应序列 $h(n)$ 表示，其输入 $x(n)$ 与输出 $y(n)$ 之间的关系可以表示为

$$y(n) = x(n) \cdot h(n) \tag{5 – 47}$$

$h(n)$ 的 z 变换称为系统函数。数字滤波器从实现的网络结构或者从单位脉冲响应分类，可以分成无限脉冲响应（IIR）滤波器和有限脉冲响应（FIR）滤波器。它们的系统函数分别为

$$H(z) = \frac{\displaystyle\sum_{k=0}^{M} b_k z^{-k}}{1 + \displaystyle\sum_{k=1}^{N} a_k z^{-k}} \tag{5 – 48}$$

$$H(z) = \sum_{n=0}^{N-1} h(n) z^{-n} \tag{5 – 49}$$

2. 数字滤波器的基本结构

1）IIR 滤波器的基本结构

一个数字滤波器可以用系统函数表示为

$$H(z) = \frac{\sum_{k=0}^{M} b_k z^{-k}}{1 + \sum_{k=1}^{N} a_k z^{-k}} = \frac{Y(z)}{X(z)} \tag{5-50}$$

由这样的系统函数可以得到表示系统输入与输出关系的常系数线性差分方程为

$$y(n) = \sum_{k=0}^{N} a_k y(n-k) + \sum_{k=0}^{M} b_k x(n-k) \tag{5-51}$$

可见数字滤波器的功能就是把输入序列 $x(n)$ 通过一定的运算变换成输出序列 $y(n)$。不同的运算处理方法决定了滤波器实现结构的不同。无限冲激响应滤波器的单位抽样响应 $h(n)$ 是无限长的，其差分方程如式（5-51）所示，是递归式，即结构上存在着输出信号到输入信号的反馈，其系统函数具有式（5-50）的形式，因此在 z 平面的有限区间（$0 < |z| < \infty$）有极点存在。

对于一个给定的线性时不变系统的系统函数，有着各种不同的等效差分方程或网络结构。由于乘法是一种耗时运算，而每个延迟单元都要有一个存储寄存器，因此通常采用最少乘法器和最少延迟支路的网络结构，以便提高运算速度和减少存储器。然而，当需要考虑有限寄存器长度的影响时，往往也采用并非最少乘法器和最少延迟单元的结构。ⅡR 滤波器实现的基本结构有（图 5-32）：

（1）ⅡR 滤波器的直接型结构。

优点：延迟单元减少一半，变为 N 个，可节省寄存器或存储单元。

缺点：其他缺点同直接 Ⅰ 型。

通常在实际中很少采用上述两种结构实现高阶系统，而是把高阶变成一系列不同组合的低阶系统（一、二阶）来实现。

（2）ⅡR 滤波器的级联型结构。

优点：

①系统实现简单，只需一个二阶节系统，通过改变输入系数即可完成；

②极点位置可单独调整；

③运算速度快（可并行进行）；

④各二阶网络的误差互不影响，总的误差小，对字长要求低。

缺点：不能直接调整零点，因多个二阶节的零点并不是整个系统函数的零点，当需要准确的传输零点时，级联型最合适。

（3）ⅡR 滤波器的并联型结构。

优点：

①简化实现，用一个二阶节，通过变换系数就可实现整个系统；

②极、零点可单独控制、调整，调整 α_{1i}、α_{2i} 只单独调整了第 i 对零点，调整 β_{1i}、

β_{2i}则单独调整了第i对极点；

③各二阶节零、极点的搭配可互换位置，优化组合以减小运算误差；

④可流水线操作。

缺点：二阶节电平难控制，电平大易导致溢出，电平小则使信噪比减小。

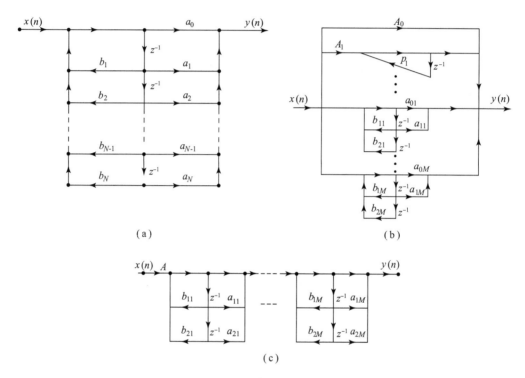

图 5 - 32　ⅡR 滤波器的基本结构

（a）直接型；（b）并联型；（c）串联型

2）FIR 滤波器的基本结构

FIR 滤波器的单位抽样响应为有限长度，一般采用非递归形式实现。通常的 FIR 数字滤波器有横截性和级联型两种基本结构。

（1）FIR 滤波器的横截型结构。

表示系统输入、输出关系的差分方程可写作

$$y(n) = \sum_{m=0}^{N-1} h(m) x(n-m) \qquad (5-52)$$

直接由差分方程得出的实现结构如图 5 - 33 所示。

若 $h(n)$ 呈现对称特性，即此 FIR 滤波器具有线性相位，则可以简化横截型结构，如图 5 - 34 和图 5 - 35 所示。

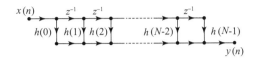

图 5 - 33　横截型（直接型、卷积型）

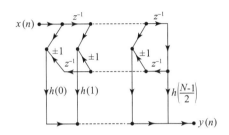

图 5 - 34　N 为奇数时线性相位
FIR 滤波器实现结构

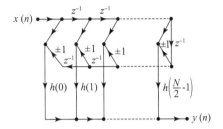

图 5 - 35　N 为偶数时线性相位
FIR 滤波器实现结构

（2）FIR 滤波器的级联型结构。

将 $H(z)$ 分解成实系数二阶因子的乘积形式

$$H(z) = \sum_{n=0}^{N-1} h(n) z^{-n} = \prod_{k=1}^{\left[\frac{N}{2}\right]} b_{0k} + b_{1k} z^{-1} + b_{2k} z^{-2} \tag{5-53}$$

这时 FIR 滤波器可用二阶节的级联结构来实现，每个二阶节用横截型结构实现，如图 5 - 36 所示。

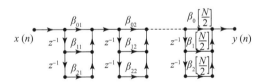

图 5 - 36　FIR 滤波器的级联型结构

这种结构的每一节控制一对零点，因而在需要控制传输零点时可以采用这种结构。

3. 数字滤波器的设计方法

1）数字滤波器的设计原理

数字滤波器根据其冲激响应函数的时域特性，可分为两种，即无限长冲激响应滤波器和有限长冲激响应滤波器。ⅡR 滤波器的特征是，具有无限持续时间冲激响应，这种滤波器一般需要用递归模型来实现，因而有时也称之为递归滤波器。FIR 滤波器的冲激响应只能延续一定时间，在工程实际中可以采用递归的方式实现，也可以采用非递归的方式实现。数字滤波器的设计方法有多种，如双线性变换法、窗函数设计法、插值逼近法和切比雪夫（Chebyshev）逼近法等。随着 MATLAB 软件尤其是 MATLAB 的信号处理工作箱的不断完善，不仅数字滤波器的计算机辅助设计有了可能，而且还可以使设计达到最优化。数字滤波器设计的基本步骤如下：

（1）确定技术指标。

在设计一个滤波器之前，必须首先根据工程实际的需要确定滤波器的技术指标。在很多实际应用中，数字滤波器常常被用来实现选频操作。因此，指标的形式一般在频域中给出幅度和相位响应。幅度指标主要以两种方式给出：第一种是绝对指标，它提供对幅度响应函数的要求，一般应用于 FIR 滤波器的设计；第二种是相对指标，它以分贝值的形式给出要求，在工程实际中，这种指标最受欢迎。对于相位响应指标，通常希望系统在通频带中具有线性相位。运用线性相位响应指标进行滤波器设计具有如下优点：

①只包含实数算法，不涉及复数运算；

②不存在延迟失真，只有固定数量的延迟；

③长度为 N 的滤波器（阶数为 $N-1$），计算量为 $N/2$ 数量级。因此，本文中滤波器的设计就以线性相位 FIR 滤波器的设计为例。

（2）逼近。

确定了技术指标后，就可以建立一个目标数字滤波器模型，通常采用理想的数字滤波器模型。之后，利用数字滤波器的设计方法，设计出一个实际滤波器模型来逼近给定的目标。

（3）性能分析和计算机仿真。

上两步的结果是得到以差分或系统函数或冲激响应描述的滤波器。根据这个描述就可以分析其频率特性和相位特性，以验证设计结果是否满足指标要求；或者利用计算机仿真实现设计的滤波器，分析滤波结果来判断。

2）滤波器的性能指标

我们在进行滤波器设计时，需要确定其性能指标。一般来说，滤波器的性能要求往往以频率响应的幅度特性的允许误差来表征。以低通滤波器特性为例，频率响应有通带、过渡带及阻带三个范围。

在通带内：$1-A_p \leq |H(e^{j\omega})| \leq 1$

$$|\omega| \leq \omega_c$$

在阻带中：$|H(e^{j\omega})| \leq A_{st}$

$$\omega_{st} \leq |\omega| \leq \omega_c$$

其中，ω_c 为通带截止频率；ω_{st} 为阻带截止频率；A_p 为通带误差；A_{st} 为阻带误差，如图 5 - 37 所示。

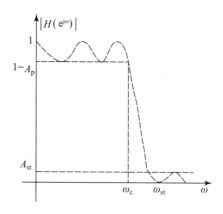

图 5 - 37　低通滤波器频率响应

与模拟滤波器类似，数字滤波器按频率特性划分为低通、高通、带通、带阻、全通等类型，且数字滤波器的频率响应是周期性的，周期为 2π，各种理想数字滤波器的幅度频率响应如图 5-38 所示。

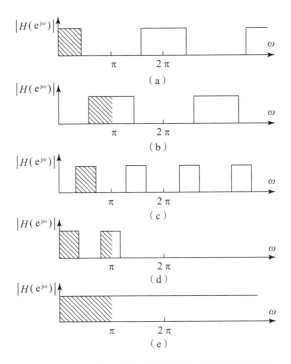

图 5-38　各种理想数字滤波器的幅度频率响应

（a）低通；（b）高通；（c）带通；（d）带阻；（e）全通

3）ⅡR 数字滤波器的设计方法

目前，ⅡR 数字滤波器设计最通用的方法是借助于模拟滤波器的设计方法。模拟滤波器设计已经有了一套相当成熟的方法，它不但有完整的设计公式，而且还有较为完整的图表供查询，因此，充分利用这些已有的资源将会给数字滤波器的设计带来很大方便。ⅡR 数字滤波器的设计步骤是：

（1）按一定规则将给出的数字滤波器的技术指标转换为模拟滤波器的技术指标；

（2）根据转换后的技术指标设计模拟低通滤波器 $H(s)$；

（3）再按一定规则将 $H(s)$ 转换为 $H(z)$。

若所设计的数字滤波器是低通的，那么上述设计工作可以结束；若所设计的是高通、带通或者带阻滤波器，那么还有步骤：

（4）将高通、带通或者带阻数字滤波器的技术指标先转化为低通滤波器的技术指标，然后按上述步骤（2）设计出模拟低通滤波器 $H(s)$，再由冲击响应不变法或双线性变换法将 $H(s)$ 转换为所需的 $H(z)$。

$s-z$ 映射的方法有：冲激响应不变法、阶跃响应不变法、双线性变换法等。下面讨论双线性变换法。

双线性变换法是指首先把 s 平面压缩变换到某一中介平面 s_1 的一条横带（宽度为 $2\pi T$，即从 $-\pi T$ 到 πT），然后再利用 $z = e^{s_1 T}$ 的关系把 s_1 平面上的这条横带变换到整个 z 平面。这样 s 平面与 z 平面是一一对应关系，消除了多值变换性，也就消除了频谱混叠现象。

s 平面到 z 平面的变换可采用

$$\Omega = \tan\left(\frac{\Omega_1 T}{2}\right) \tag{5-54}$$

$$j\Omega = \frac{e^{j\frac{\Omega_1 T}{2}} - e^{-j\frac{\Omega_1 T}{2}}}{e^{j\frac{\Omega_1 T}{2}} + e^{-j\frac{\Omega_1 T}{2}}} \tag{5-55}$$

令 $j\Omega = s$，$j\Omega_1 = s_1$，有

$$s = \frac{e^{\frac{s_1 T}{2}} - e^{-\frac{s_1 T}{2}}}{e^{\frac{s_1 T}{2}} + e^{-\frac{s_1 T}{2}}} = \frac{1 - e^{-s_1 T}}{1 + e^{-s_1 T}} \tag{5-56}$$

从 s_1 平面到 z 平面的变换，即

$$z = e^{s_1 T} \tag{5-57}$$

代入上式，得到

$$s = \frac{1 - z^{-1}}{1 + z^{-1}} \tag{5-58}$$

一般来说，为使模拟滤波器的某一频率与数字滤波器的任一频率有对应关系，可引入待定常数 c

$$\Omega = c\tan\left(\frac{\Omega_1 T}{2}\right) \tag{5-59}$$

则

$$s = c\frac{1 - z^{-1}}{1 + z^{-1}} \tag{5-60}$$

这种 s 平面与 z 平面间的单值映射关系就是双线性变换。有了双线性变换，模拟滤波器的数字化只须用式（5-60）进行置换。

4）FIR 数字滤波器的设计方法

ⅡR 滤波器的优点是可利用模拟滤波器设计的结果，缺点是相位是非线性的，若需要线性相位，则要用全通网络进行校正。FIR 滤波器的优点是可方便地实现线性相位。

（1）FIR 滤波器单位冲激响应 $h(n)$ 的特点。

单位冲激响应 $h(n)$ 是有限长的（$1 \le n \le N-1$），系统函数为

$$H(z) = \sum_{n=0}^{N-1} h(n) z^{-n} \tag{5-61}$$

在有限 z 平面有（$N-1$）个零点，且它的（$N-1$）个极点均位于原点 $z=0$ 处。

（2）FIR 滤波器线性相位的特点。

如果 FIR 滤波器的单位抽样响应 $h(n)$ 为实数，而且满足以下任一条件：

偶对称

$$h(n) = h(N-1-n) \tag{5-62}$$

奇对称

$$h(n) = -h(N-1-n) \tag{5-63}$$

则其对称中心在 $n=(N-1)/2$ 处，滤波器具有准确的线性相位。

（3）窗函数设计法。

一般是先给定所要求的理想滤波器频率响应 $H_d(e^{j\omega})$，由 $H_d(e^{j\omega})$ 导出 $h_d(n)$。我们知道理想滤波器的冲击响应 $h_d(n)$ 是无限长的非因果序列，而要设计的 $h_d(n)$ 是有限长的 FIR 滤波器，所以要用有限长序列 $h_d(n)$ 来逼近无限长序列 $h_d(n)$，设：

$$h_d(n) = \frac{1}{2\pi} \int_{-\pi}^{\pi} H_d(e^{j\omega}) e^{j\omega} d\omega \tag{5-64}$$

常用的方法是用有限长度的窗函数 $w(n)$ 来截取 $h_d(n)$，即

$$h(n) = w(n) h_d(n) \tag{5-65}$$

这里窗函数就是矩形序列 $R_N(n)$，加窗以后对理想低通滤波器的频率响应将产生什么样的影响呢？在时域是相乘关系，在频域则是卷积关系

$$H(e^{j\omega}) = \frac{1}{2\pi} \int_{+\pi}^{-\pi} H_d(e^{j\omega}) W_R[e^{j(\omega-\theta)}] d\theta \tag{5-66}$$

其中，$W_R[e^{j(\omega-\theta)}]$ 为矩形窗谱，$H_d(e^{j\omega})$ 是 FIR 滤波器频率响应。

通过频域卷积过程看 $H(e^{j\omega})$ 的幅度函数 $H(\omega)$ 的起伏现象，可知，加窗处理后，对理想矩形的频率响应产生以下几点影响：

①使理想频率特性不连续点处边沿加宽，形成一个过渡带，其宽度等于窗的频率响应的主瓣宽度。

②在截止频率两边即过渡带两边的地方，出现最大的肩峰值，肩峰的两侧形成起伏振荡，其振荡幅度取决于旁瓣的相对幅度，而振荡的多少，则取决于旁瓣的多少。

③改变 N，只能改变窗谱的主瓣宽度，改变 ω 的坐标比例以及绝对值大小，不能改变主瓣与旁瓣的相对比例（此比例由窗函数的形状决定）。

④对窗函数的要求：窗谱主瓣尽可能窄，以获取较陡的过渡带；尽量减小窗谱的最大旁瓣的相对幅度，即能量集中于主瓣，使肩峰和波纹减小，增大阻带的衰减。

（4）频率抽样法。

窗函数设计法是从时域出发，把理想的 $h_d(n)$ 用一定形状的窗函数截取成有限长的 $h(n)$，来近似理想的 $h_d(n)$，这样得到的频率响应 $H(e^{j\omega})$ 逼近于所要求的理想的频率响应 $H_d(e^{j\omega})$。

频率抽样法则是从频域出发，把给定的理想频率响应 $H_d(e^{j\omega})$ 加以等间隔抽样得到 $H_d(k)$，然后以此 $H_d(k)$ 作为实际 FIR 滤波器的频率特性的抽样值 $H(k)$，即

$$H_d(k) = H_d(e^{jw}) \mid \omega = \frac{2\pi}{N}k \qquad (5-67)$$

知道 $H(k)$ 后，由 DFT（快速傅里叶变换）定义可唯一确定有限长序列 $h(n)$，根据这 N 个频域抽样值 $H(k)$ 利用频率内插公式可得 FIR 滤波器的系统函数 $H(z)$ 及频率响应 $H(e^{j\omega})$。

频率抽样法内插公式

$$H(z) = \frac{1 - z^{-N}}{N} \sum_{k=0}^{N-1} \frac{H(k)}{1 - W_N^{-k}z^{-1}} \qquad (5-68)$$

频率抽样法小结：

优点：可以在频域直接设计，并且适用于最优化设计。

缺点：抽样频率只能等于 $2\pi/N$ 的整数倍，或 $2\pi/N$ 的整数倍加上 π/N，因而不能确保截止频率 ω_c 的自由取值。要想实现自由地选择截止频率，必须增加抽样点数 N，但这又使计算量增大。

为了提高逼近质量，减少通带边缘由于抽样点的陡然变化而引起的起伏振荡。有目的地在理想频率响应的不连续点的边缘，加上一些过渡的抽样点，增加过渡带，减少起伏振荡。

5）ⅡR 滤波器与 FIR 滤波器的对比分析（表 5-3）

前面已经介绍了ⅡR 和 FIR 数字滤波器的设计方法，选择哪一种滤波器取决于滤波器的优点在设计中的重要性。为了能在实际工作中恰当地选用合适的滤波器，现将两种滤波器特点比较分析如下：

（1）选择数字滤波器时必须考虑经济问题，通常将硬件的复杂性、芯片的面积或计算速度等作为衡量经济问题的因素。在相同的技术指标要求下，由于ⅡR 数字滤波器存在输出对输入的反馈，因此可以用较少的阶数来满足要求，所用的存储单元少，运算次数少，较为经济。例如，用频率抽样法设计一个阻带衰减为 20 dB 的 FIR 数字滤波器，要 33 阶才能达到要求，而用双线性变换法只需 4~5 阶的切比雪夫ⅡR 滤波器就可达到同样的技术指标。这就是说 FIR 滤波器的阶数要高 5~10 倍。

（2）在很多情况下，FIR 数字滤波器的线性相位与它的高阶数带来的额外成本相比是非常值得的。对于ⅡR 滤波器，选择性越好，其相位的非线性越严重。如果要使ⅡR 滤波器获得线性相位，又满足幅度滤波器的技术要求，必须加全通网络进行相位

校正，这同样将大大增加滤波器的阶数。就这一点来看，FIR 滤波器优于 ⅡR 滤波器。

（3）FIR 滤波器主要采用非递归结构，因而无论在理论还是实际的有限精度运算中它都是稳定的，有限精度运算误差也较小。ⅡR 滤波器必须采用递归结构，极点必须在 z 平面单位圆内才能稳定。对于这种结构，运算中的舍入处理有时会引起寄生振荡。

（4）对于 FIR 滤波器，由于冲激响应是有限长的，因此可以用快速傅里叶变换算法，这样运算速度可以快得多。ⅡR 滤波器不能进行这样的运算。

（5）从设计上看，ⅡR 滤波器可以利用模拟滤波器设计的现成的闭合公式、数据和表格，可以用完整的设计公式来设计各种选频滤波器。一旦选定了已知的一种逼近方法（如巴特沃斯、切比雪夫等），就可以直接把技术指标代入一组设计方程计算出滤波器的阶次和系统函数的系数（或极点和零点）。FIR 滤波器则一般没有现成的设计公式。窗函数法只给出了窗函数的计算公式，但计算通带和阻带衰减仍无显式表达式。一般 FIR 滤波器设计仅有计算机程序可以利用，因而要借助于计算机。

（6）ⅡR 滤波器主要是设计规格化、频率特性为分段常数的标准低通、高通、带通和带阻滤波器。FIR 滤波器则灵活很多，例如频率抽样法可适应各种幅度特性和相位特性的要求。因此 FIR 滤波器可设计出理想正交变换器、理想微分器、线性调频器等各种网络，适应性很广。而且，目前已经有很多 FIR 滤波器的计算机程序可供使用。

表 5－3　两种滤波器特点比较分析

	FIR 滤波器	ⅡR 滤波器
设计方法	一般无解析的设计公式，要借助计算机程序完成	利用 AF 的成果，可简单、有效地完成设计
设计结果	可得到幅频特性（可以多带）和线性相位（最大优点）	只能得到幅频特性，相频特性未知，如需要线性相位，须用全通网络校准，会增加滤波器阶数和复杂性
稳定性	极点全部在原点（永远稳定），无稳定性问题	有稳定性问题
阶数	高	低
结构	非递归系统	递归系统
运算误差	一般无反馈，运算误差小	有反馈，由于运算中的四舍五入会产生极限环

4. 由模拟滤波器设计 ⅡR 数字滤波器

理想的滤波器是非因果的，即物理上不可实现的系统。工程上常用的模拟滤波器都不是理想的滤波器。但按一定规则构成的实际滤波器的幅频特性可逼近理想滤波器的幅频特性，例如巴特沃斯（Butterworth）、切比雪夫滤波器、椭圆（Cauer）滤波器、贝塞尔（Bessel）滤波器等，这些滤波器都有严格的设计公式、现成的曲线和图表供设计人员使用。

1）模拟低通滤波器的设计指标及逼近方法

模拟低通滤波器的设计指标有 α_p，Ω_p，α_s 和 Ω_s。其中 Ω_p 和 Ω_s 分别称为通带截止频率和阻带截止频率，α_p 是通带 Ω（$0 \sim \Omega_p$）中的最大衰减系数，α_s 是阻带 $\Omega \geqslant \Omega_s$ 的最小衰减系数，α_p 和 α_s 一般用 dB 数表示。对于单调下降的幅度特性，可表示成

$$\alpha_p = 10\lg \frac{|H_a(j\Omega)|^2}{|H_a(j\Omega_p)|^2} \tag{5-69}$$

$$\alpha_s = 10\lg \frac{|H_a(j\Omega)|^2}{|H_a(j\Omega_s)|^2} \tag{5-70}$$

如果 $\Omega = 0$ 处幅度已归一化到 1，即 $|H_a(j0)| = 1$，α_p 和 α_s 表示为

$$\alpha_p = -10\lg |H_a(j\Omega_p)|^2 \tag{5-71}$$

$$\alpha_s = -10\lg |H_a(j\Omega_s)|^2 \tag{5-72}$$

以上技术指标用图 5-39 表示，图中 Ω_c 称为 3 dB 截止频率，因

$$|H_a(j\Omega_c)| = 1/\sqrt{2}, \quad -20\lg |H_a(j\Omega_c)| = 3 \text{ dB} \tag{5-73}$$

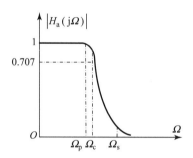

图 5-39　低通滤波器的幅度特性

滤波器的技术指标给定后，需要设计一个传输函数 $H_a(s)$，希望其幅度平方函数满足给定的指标 α_p 和 α_s，一般滤波器的单位冲激响应为实数，因此

$$|H_a(j\Omega_c)|^2 = H_a(s)H_a(-s)|_{s=j\Omega} = H_a(j\Omega)H_a^*(j\Omega) \tag{5-74}$$

2）巴特沃斯低通滤波器

巴特沃斯低通滤波器的特点是具有通带内最大平坦的幅频特性，且随 f 增加，幅频特性单调递减。

其幅度平方函数 $|H_a(j\Omega)|^2$ 为

$$A(\Omega^2) = |H_a(j\Omega)|^2 = \frac{1}{1 + \left(\dfrac{j\Omega}{j\Omega_c}\right)^{2N}} \tag{5-75}$$

式中，N 为滤波器阶数，如图 5-40 所示。

图 5-40 中，N 增加，通带和阻带的近似性越好，过渡带越陡。

通带内，分母 $\Omega/\Omega_c < 1$，$(\Omega/\Omega_c)^{2N} < 1$，则有 $A(\Omega^2) \to 1$。

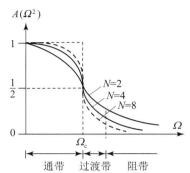

图 5 - 40 巴特沃斯滤波器幅值平方特性

通带—使信号通过的频带；阻带—抑制噪声通过的频带；

过渡带—通带到阻带间过渡的频率范围；Ω_c—截止频率

过渡带和阻带，$\Omega/\Omega_c > 1$，$(\Omega/\Omega_c)^{2N} > 1$，$\Omega$ 增加，则有 $A(\Omega^2)$ 快速减小。

如果 $\Omega = \Omega_c$，$A(\Omega^2) = \dfrac{1}{2}$，$\dfrac{A(\Omega_c^2)}{A(0)} = \dfrac{1}{2}$，幅度衰减，相当于 3 db 衰减点。

将幅度平方函数 $|H_a(j\Omega)|^2$ 写成 s 的函数

$$H_a(-s) \cdot H_a(s) = \frac{1}{1 + \left(\dfrac{s}{j\Omega_c}\right)^{2N}} \qquad (5-76)$$

此式表明幅度平方函数有 $2N$ 个极点，它们均匀对称地分布在 $|s| = \Omega_c$ 的圆周上，图 5 -41 所示为三阶巴特沃斯滤波器极点分布，极点 s_k 用下式表示：

$$s_k = (-1)^{\frac{1}{2N}}(j\Omega_c) = \Omega_c e^{j\pi\left(\frac{1}{2} + \frac{2k+1}{2N}\right)} \qquad (5-77)$$

为形成稳定的滤波器，$2N$ 个极点中只取 s 平面左半平面的 N 个极点构成 $H_a(s)$，而右半平面的 N 个极点构成 $H_a(s)$。$H_a(s)$ 的表示式为

$$H_a(s) = \frac{\Omega_c^N}{\prod\limits_{k=0}^{N-1}(s - s_k)} \qquad (5-78)$$

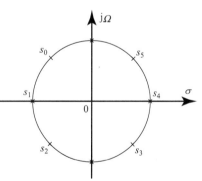

图 5 -41 三阶巴特沃斯滤波器极点分布

设 $N = 3$，极点有 6 个，它们分别为

$$s_0 = \Omega_c e^{j\frac{2}{3}\pi}$$

$$s_1 = -\Omega_c$$

$$s_2 = \Omega_c e^{-j\frac{2}{3}\pi}$$

$$s_3 = \Omega_c e^{-j\frac{1}{3}\pi}$$

$$s_4 = \Omega_c$$

$$s_5 = \Omega_c e^{j\frac{1}{3}\pi}$$

取 s 平面左半平面的极点 s_0，s_1，s_2，组成 $H_a(s)$

$$H_a(s) = \frac{\Omega_a^3}{(s + \Omega_c)(s - \Omega_c^{j\frac{2}{3}\pi})(s - \Omega_c^{-j\frac{2}{3}\pi})} \tag{5-79}$$

由于各滤波器的幅频特性不同，为使设计统一，将所有的频率归一化。这里采用对 3 dB 截止频率 Ω_c 归一化，归一化后的 $H_a(s)$ 表示为

$$H_a(s) = \frac{1}{\displaystyle\prod_{k=0}^{N-1}\left(\frac{s}{\Omega_c} - \frac{s_k}{\Omega_c}\right)} \tag{5-80}$$

式中　$s/\Omega_c = j\Omega/\Omega_c$。

令 $\lambda = \Omega/\Omega_c$，$\lambda$ 称为归一化频率；令 $p = j\lambda$，p 称为归一化复变量。这样归一化巴特沃斯的传输函数为

$$H_a(p) = \frac{1}{\displaystyle\prod_{k=0}^{N-1}(p - p_k)} \tag{5-81}$$

式中，p_k 为归一化极点，用下式表示

$$p_k = e^{j\pi\left(\frac{1}{2} + \frac{2k+1}{2N}\right)}, k = 0, 1, \cdots, N-1 \tag{5-82}$$

将极点表示式 (5-82) 代入式 (5-81)，得到的 $H_a(p)$ 的分母是 p 的 N 阶多项式，用下式表示

$$1 + \left(\frac{\Omega_p}{\Omega_c}\right)^{2N} = 10^{a_p/10} \tag{5-83}$$

将 $\Omega = \Omega_s$ 代入式 (5-75) 中，再将 $|H_a(j\Omega_s)|^2$ 代入式 (5-72) 中，得到

$$1 + \left(\frac{\Omega_s}{\Omega_c}\right)^{2N} = 10^{a_s/10} \tag{5-84}$$

由式 (5-83) 和式 (5-84) 得到

$$\left(\frac{\Omega_p}{\Omega_s}\right)^N = \sqrt{\frac{10^{a_p/10} - 1}{10^{a_s/10} - 1}} \tag{5-85}$$

令 $\lambda_{sp} = \Omega_s/\Omega_p$，$k_{sp} = \sqrt{\dfrac{10^{a_p10} - 1}{10^{a_s10} - 1}}$，则 N 由下式表示

$$N = -\frac{\lg k_{sp}}{\lg \lambda_{sp}} \tag{5-86}$$

用上式求出的 N 可能有小数部分，应取大于等于 N 的最小整数。关于 3 dB 截止频率 Ω_c，如果技术指标中没有给出，可以按照式 (5-83) 或式 (5-84) 求出，由式 (5-83) 得到

$$\Omega_c = \Omega_p (10^{0.1a_p} - 1)^{-\frac{1}{2N}} \tag{5-87}$$

由式 (5-84) 得到

$$\Omega_{c} = \Omega_{s}(10^{0.1a_{s}} - 1)^{-\frac{1}{2N}} \tag{5-88}$$

综上所述，低通巴特沃斯滤波器的设计步骤如下：

（1）根据技术指标 Ω_p，α_p，Ω_s 和 α_s，用式（5-86）求出滤波器的阶数 N。

（2）按照式（5-82），求出归一化极点 p_k，将 p_k 代入式（5-81），得到归一化传输函数 $H_a(p)$。

（3）将 $H_a(p)$ 去归一化。将 $p = s/\Omega_c$ 代入 $H_a(p)$，得到实际的滤波器传输函数 $H_a(s)$。

5.2　数字 PID 控制器设计

5.2.1　PID 控制原理与程序流程

工业的自动化水平是衡量各行各业现代化水平高低的一个重要标志，而 PID 控制理论在整个工业控制的发展历史中始终都占据着举足轻重的地位。PID 控制是最早发展起来的控制策略之一，由于其算法简单、鲁棒性好和可靠性高，被广泛应用于工业过程控制。

1. 模拟 PID 控制器

1）模拟 PID 控制系统组成（图 5-42）

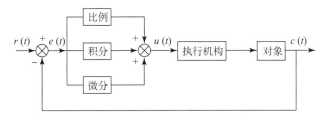

图 5-42　模拟 PID 控制系统原理框图

2）模拟 PID 控制器的微分方程和传输函数

PID 控制器是一种线性控制器，它将给定值 $r(t)$ 与实际输出值 $c(t)$ 的偏差的比例（P）、积分（I）、微分（D）通过线性组合构成控制量，对控制对象进行控制。

（1）PID 控制器的微分方程。

$$u(t) = K_P\left[e(t) + \frac{1}{T_I}\int_0^t e(t)\,\mathrm{d}t + T_D\frac{\mathrm{d}e(t)}{\mathrm{d}t}\right] \tag{5-89}$$

式中　$e(t) = r(t) - c(t)$。

（2）PID 控制器的传输函数。

$$D(S) = \frac{U(S)}{E(S)} = K_P\left(1 + \frac{1}{T_I S} + T_D S\right) \tag{5-90}$$

3) PID 控制器各校正环节的作用

（1）比例环节：即时呈比例地反应控制系统的偏差信号 $e(t)$，偏差一旦产生，控制器立即产生控制作用以减小偏差。

（2）积分环节：主要用于消除静差，提高系统的无差度。积分作用的强弱取决于积分时间常数 T_I，T_I 越大，积分作用越弱，反之则越强。

（3）微分环节：能反应偏差信号的变化趋势（变化速率），并能在偏差信号的值变得太大之前，在系统中引入一个有效的早期修正信号，从而加快系统的动作速度，减小调节时间。

2. 数字 PID 控制器

1) 模拟 PID 控制规律的离散化（表 5-4）

表 5-4　模拟形式与离散化形式

模拟形式	离散化形式
$e(t) = r(t) - c(t)$	$e(n) = r(n) - c(n)$
$\dfrac{\mathrm{d}e(t)}{\mathrm{d}T}$	$\dfrac{e(n) - e(n-1)}{T}$
$\displaystyle\int_0^t e(t)\,\mathrm{d}t$	$\displaystyle\sum_{i=0}^{n} e(i)T = T\sum_{i=0}^{n} e(i)$

2) 数字 PID 控制器的差分方程

$$u(n) = K_P\left\{e(n) + \frac{T}{T_I}\sum_{i=0}^{n} e(i) + \frac{T_D}{T}[e(n) - e(n-1)]\right\} + u_0 \tag{5-91}$$

$$= u_P(n) + u_I(n) + u_D(n) + u_0$$

式中，$u_P(n) = K_P e(n)$，称为比例项；$u_I(n) = K_P \dfrac{T}{T_I}\displaystyle\sum_{i=0}^{n} e(i)$，称为积分项；$u_D(n) = K_P \dfrac{T_D}{T}[e(n) - e(n-1)]$，称为微分项。

3) 常用的控制方式

（1）P 控制：$u(n) = u_P(n) + u_0$

（2）PI 控制：$u(n) = u_P(n) + u_I(n) + u_0$

（3）PD 控制：$u(n) = u_P(n) + u_D(n) + u_0$

（4）PID 控制：$u(n) = u_P(n) + u_I(n) + u_D(n) + u_0$

4) PID 算法的两种类型

（1）位置型控制。

$$u(n) = K_P\left\{e(n) + \frac{T}{T_I}\sum_{i=0}^{n}e(i) + \frac{T_D}{T}[e(n) - e(n-1)]\right\} + u_0 \qquad (5-92)$$

（2）增量型控制。

$$\Delta u(n) = u(n) - u(n-1)$$

$$= K_P[e(n) - e(n-1)] + K_P\frac{T}{T_I}e(n) \qquad (5-93)$$

$$+ K_P\frac{T_D}{T}[e(n) - 2e(n-1) + e(n-2)]$$

3. PID 算法的程序流程

1）增量型 PID 算法的程序流程

（1）增量型 PID 算法的算式。

$$\Delta u(n) = a_0 e(n) + a_1 e(n-1) + a_2 e(n-2) \qquad (5-94)$$

式中，$a_0 = K_P\left(1 + \frac{T}{T_I} + \frac{T_D}{T}\right)$；$a_1 = -K_P\left(1 + \frac{2T_D}{T}\right)$；$a_2 = -K_P\frac{T_D}{T}$。

（2）增量型 PID 算法的程序流程见图 5-43（a）所示。

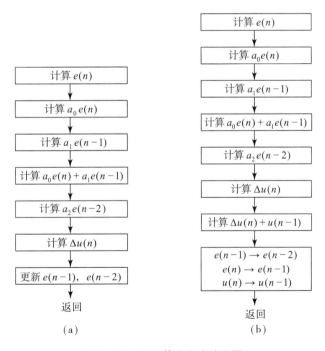

图 5-43   PID 算法程序流程图

（a）增量型 PID 算法程序流程；（b）位置型 PID 算法程序流程

2）位置型 PID 算法的程序流程

（1）位置型的递推算式。

$$u(n) = u(n-1) + \Delta u(n) = u(n-1) + a_0 e(n) + a_1 e(n-1) + a_2 e(n-2) \quad (5-95)$$

（2）位置型 PID 算法的程序流程。

只需在增量型 PID 算法的程序流程基础上增加一次加运算 $\Delta u(n) + u(n-1) = u(n)$ 和更新 $u(n-1)$ 即可，如图 5-43（b）所示。

3）对控制量的限制

（1）控制算法总是受到一定运算字长的限制。

（2）执行机构的实际位置不允许超过上（下）极限。

$$u(n) = \begin{cases} u_{\min} & u(n) \leqslant u_{\min} \\ u(n) & u_{\min} < u(n) < u_{\max} \\ u_{\max} & u(n) \geqslant u_{\max} \end{cases} \quad (5-96)$$

5.2.2　标准 PID 算法的改进

1. 微分项的改进

1）不完全微分型 PID 控制算法

（1）不完全微分型 PID 算法传递函数，如图 5-44 所示。

$$G_C(s) = K_P \left(1 + \frac{1}{T_I s} \right) \left(\frac{T_D s + 1}{\frac{T_D}{K_D} s + 1} \right) \quad (5-97)$$

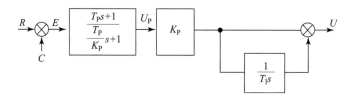

图 5-44　不完全微分型 PID 算法传递函数框图

（2）完全微分和不完全微分作用的区别，如图 5-45 所示。

（3）不完全微分型 PID 算法的差分方程。

$$u_D(n) = u_D(n-1) + \frac{T_D}{\frac{T_D}{K_D} + T} [e(n) - e(n-1)] + \frac{T}{\frac{T_D}{K_D} + T} [e(n) - u_D(n-1)]$$

$$(5-98)$$

$$\Delta u(n) = K_P \frac{T}{T_I} u_D(n) + K_P [u_D(n) - u_D(n-1)] \quad (5-99)$$

2）微分先行和输入滤波

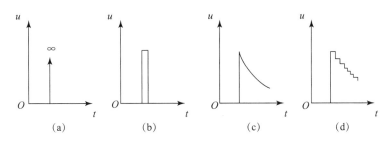

图 5 - 45　完全微分和不完全微分作用的区别

（a）理想微分；（b）数字式完全微分；（c）模拟式不完全微分；（d）数字式不完全微分

（1）微分先行。

微分先行是把对偏差的微分改为对被控量的微分，这样，在给定值变化时，不会产生输出的大幅度变化。而且由于被控量一般不会突变，即使给定值已发生改变，被控量也是缓慢变化的，从而不致引起微分项的突变。微分项的输出增量为

$$\Delta u_{\mathrm{D}}(n) = \frac{K_{\mathrm{P}} T_{\mathrm{D}}}{T} \big[\Delta c(n) - \Delta c(n-1) \big] \qquad (5-100)$$

（2）输入滤波。

输入滤波就是在计算微分项时，不直接应用当前时刻的误差 $e(n)$，而是采用滤波值 $e(n)$，即用过去和当前四个采样时刻的误差的平均值，再通过加权求和形式近似构成微分项

$$u_{\mathrm{D}}(n) = \frac{K_{\mathrm{P}} T_{\mathrm{D}}}{6T} \big[e(n) + 3e(n-1) - 3e(n-2) - e(n-3) \big] \qquad (5-101)$$

$$\Delta u_{\mathrm{D}}(n) = \frac{K_{\mathrm{P}} T_{\mathrm{D}}}{6T} \big[e(n) + 2e(n-1) - 6e(n-2) + 2e(n-3) + e(n-4) \big] \tag{5-102}$$

2. 积分项的改进

1）抗积分饱和

积分作用虽能消除控制系统的静差，但它也有一个副作用，即会引起积分饱和，在偏差始终存在的情况下，造成积分过量。当偏差方向改变后，需经过一段时间，输出 $u(n)$ 才脱离饱和区。这样就造成调节滞后，使系统出现明显的超调，恶化调节品质。这种由积分项引起的过积分作用称为积分饱和现象。

克服积分饱和的方法：

（1）积分限幅法。

积分限幅法的基本思想是当积分项输出达到输出限幅值时，即停止积分项的计算，这时积分项的输出取上一时刻的积分值。其算法流程如图 5 - 46 所示。

（2）积分分离法。

积分分离法的基本思想是在偏差大时不进行积分，仅当偏差的绝对值小于一预定的门限值 ε 时才进行积分累积。这样既防止了偏差大时有过大的控制量，也避免了过积分现象。其算法流程如图 5-47 所示。

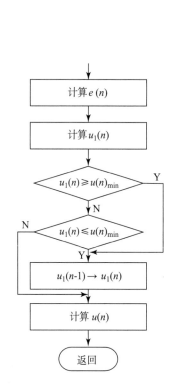

图 5-46　积分限幅法程序流程

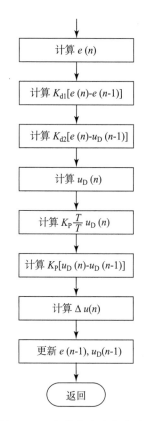

图 5-47　积分分离法程序流程

（3）变速积分法。

变速积分法的基本思想是在偏差较大时积分慢一些，而在偏差较小时积分快一些，以尽快消除静差，即用 $e'(n)$ 代替积分项中的 $e(n)$。

$$e'(n) = f(|e(n)|)e(n) \tag{5-103}$$

$$f(|e(n)|) = \begin{cases} \dfrac{A - |e(n)|}{A} & |e(n)| < A \\ 0 & |e(n)| \geqslant A \end{cases} \tag{5-104}$$

式中，A 为一预定的偏差限。

2）消除积分不灵敏区

（1）积分不灵敏区产生的原因。

$$\Delta u_1(n) = K_P \frac{T}{T_I} e(n) \tag{5-105}$$

当计算机的运行字长较短，采样周期 T 也短，而积分时间 T_1 又较长时，$\Delta u_1(n)$ 容易出现小于字长的精度而丢数，此积分作用消失，这就称为积分不灵敏区。

（2）消除积分不灵敏区的措施。

①增加 A/D 转换位数，加长运算字长，这样可以提高运算精度。

②当积分项小于输出精度 ε 的情况时，把它们一次次累加起来，即

$$S_1 = \sum_{i=1}^{N} \Delta u_1(i) \tag{5-106}$$

其程序流程如图 5-48 所示。

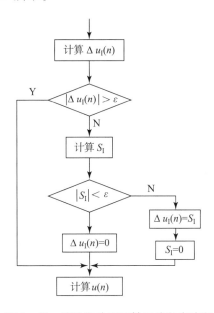

图 5-48　消除积分不灵敏区法程序流程

5.2.3　数字 PID 参数的选择

1. 选择采样周期的重要性

采样周期越小，数字模拟越精确，控制效果越接近连续控制。对大多数算法，缩短采样周期可使控制回路性能改善，但采样周期缩短时，频繁的采样必然会占用较多的计算工作时间，同时也会增加计算机的计算负担，而且对有些变化缓慢的受控对象无须很高的采样频率即可满意地进行跟踪，过多的采样反而没有多少实际意义。

2. 选择采样周期的原则：采样定理

最大采样周期

$$T_{\max} = \frac{1}{2f_{\max}} \tag{5-107}$$

式中，$f_{\max}$ 为信号频率组分中最高频率分量。

3. 选择采样周期应综合考虑的因素

1）给定值的变化频率

加到被控对象上的给定值变化频率越高，采样频率也应越高，以使给定值的改变通过采样迅速得到反映，而不致在随动控制中产生大的时延。

2）被控对象的特性

（1）考虑对象变化的缓急，若对象是慢速的热工或化工对象时，T 一般取得较大；在对象变化较快的场合，T 应取得较小。

（2）考虑干扰的情况，从系统抗干扰的性能要求来看，采样周期应尽量短，使扰动能迅速得到校正。

3）采样周期和执行机构的类型

（1）采样周期太小，会使积分作用、微分作用不明显。同时，因受微机计算精度的影响，当采样周期小到一定程度时，前后两次采样的差别反映不出来，调节作用因此而减弱。

（2）执行机构的动作惯性大，采样周期的选择要与之适应，否则执行机构来不及反映数字控制器输出值的变化。

4）控制的回路数

要求控制的回路较多时，相应的采样周期应越长，以使每个回路的调节算法都有足够的时间来完成。控制的回路数 n 与采样周期 T 有如下关系

$$T \geqslant \sum_{j=1}^{n} T_j \qquad (5-108)$$

式中，T_j 是第 j 个回路控制程序的执行时间。

5.3   全数字化直流电动机伺服控制器设计

5.3.1   控制器的硬件设计

1. 控制器的整体硬件电路结构

硬件电路的实现是软件设计的基础，控制系统的硬件电路以 TI 公司的 TMS320F2812 为处理核心，配合电源电路、驱动电路和电流采集信号处理电路构成一套完整的控制系统硬件电路。其整体硬件结构如图 5-49 所示。

系统的电源供电部分由开关电源输入经过 DC-DC 变换后给各个部分供电；光耦隔离用来将弱电部分控制芯片生成的两路 PWM 波隔离后输入驱动电路，光耦采用 HC-PL062N 高速光耦；驱动电路以 TI 公司的 DRV8412 电动机专用驱动芯片为核心，其内部集成两路全桥，可驱动两路电动机；直流电动机同轴自带的光电编码器用来反

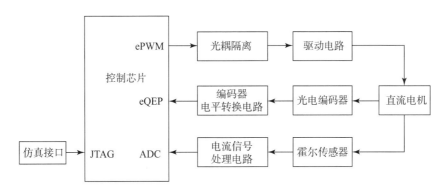

图 5-49 整体硬件结构

馈电动机转动时形成的脉冲；编码器 5 V 供电，控制芯片 3.3 V 供电，需经过编码器电平转换电路，该电路利用 MOS 管的导通特性搭建而成；霍尔传感器用来进行直流电动机的电流信号采集；电流信号处理电路用来将传感器采集的电流信号进行滤波整形。

整个硬件电路的工作原理为：首先由主控芯片的增强型 ePWM 模块输出占空比可调并带死区的 PWM 方波，经过光电隔离后，驱动 H 桥电路，进而驱动电动机使其转动。电动机转动的同时，通过光电编码器反馈脉冲个数，也就是速度信号和位置信号，经过电平转换后进入控制芯片的增强型 eQEP 模块进行位置和速度的计算，形成速度与位置闭环；霍尔传感器采集直流电动机的电流信号，采集后的信号经过信号调理电路后进入控制芯片的 A/D 转换模块进行 A/D 转换，形成电流闭环。整个电动机的数字信号处理与计算部分均由 DSP 控制芯片进行，其强大的数字运算能力保证了整个系统的正常高效运转。

2. 电源模块设计

稳定的电源系统是整个控制系统正常运行的必备条件，控制系统总共需要 3.3 V、5 V、12 V、24 V、±15 V 六种电源。24 V 为电源转换芯片的输入电源电压与驱动芯片的全桥电源电压，±15 V 为电流采集信号电路里放大芯片 TL084 的供电电源，它们均由开关电源直接给出。需要设计的为其余几路电源，其中 3.3 V 用于 DSP 芯片的供电，5 V 用于光电编码器和电流传感器的供电，12 V 为驱动芯片 DRV8412 电路的门极驱动电压，由于控制级电路与驱动级电路分别属于弱电和强电，中间还需要加入光耦隔离以保证系统安全，因此整个系统实际上是由两组供电电源组成。另外，由于霍尔电流传感器本身带有电磁隔离，因此与控制级电路采用一组电源供电即可。

3. 复位电路

为保证控制芯片电路的稳定运行，可靠的复位电路是必不可少的。该芯片含有两

个复位引脚 **A_XRSTn** 和 **B_XRSTn**，分别用于模拟部分的复位和数字部分的复位。设计的复位电路包含上电复位和手动复位两种复位方式。其中 0 Ω 电阻保证两个管脚同电位，具体实现电路如图 5 - 50 所示。

该电路的工作原理如下：V_{CC} 上电时，电容充电，在 3 kΩ 电阻上出现电压，使得芯片复位；经过几个毫秒，电容充电完成，电阻上电流降为 0，电压也为 0，使得芯片进入工作状态。工作期间，按下开关 S1，电容开始放电。开关 S1 弹起后，电容又开始充电，在电阻上重新建立压降，使得芯片复位。经过约 3 k · 0.1 μF = 0.3 ms 的高电平复位时间后，芯片重新进入工作状态。

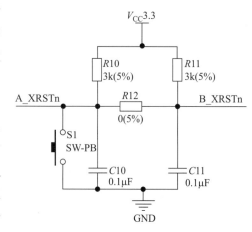

图 5 - 50　复位电路

4. PWM 输出隔离电路

由 DSP 处理器的 ePWM 模块生成的两路 PWM 信号为幅值 3.3V、频率 20 kHz 的方波，其后接 DRV8412 驱动电路，两者之间需要进行信号的隔离处理，考虑到 PWM 波的频率为 20 kHz，需要使用高速光耦。使用常见的 HCPL062N 高速光耦，该光耦最高支持速度 10 Mb/s，满足 PWM 波的频率要求。具体电路如图 5 - 51 所示。

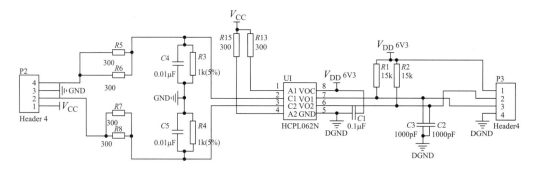

图 5 - 51　PWM 输出隔离电路

如果直接将 HCPL062N 的正输入端接 PWM 波而负输入端接地，会导致输出的 PWM 波与输入波形正好是反向的，为了让处理器芯片产生的 PWM 波更加直观地显示在电动机速度上，同时也为了让控制程序编写更为容易，需要让输入与输出同从 HC-PL062N 的输出端考虑。结合 HCPL062N 的内部电路，其输出端三极管的 S 极本身已内部接地，无法从输出端将信号反向。再从 HCPL062N 的输入端考虑，将芯片的正输入端接电源，负输入端接 PWM 信号，这样 HCPL062N 的输出端就与输入端同向。光耦内部二极管的导通电流 I_F 典型值为 10 mA，$V_{CC} = 3.3$ V，取 $R15 = R13 = 300$ Ω，则导通

电流 $I_F = 3.3/300 = 11$ （mA），满足导通要求。

5. 电动机驱动电路

电动机驱动电路采用 T1 的电动机专用驱动芯片 DRV8412 进行电动机的驱动。该芯片内部具有双全桥能够驱动两路电动机，每一路驱动电流可达 3 A；支持的 PWM 工作频率高达 500 kHz；H 桥电源最大支持 52 V；其功率级的驱动效率高达 97%。输入驱动芯片的 PWM 方波由控制芯片的 ePWM 模块产生并经过光耦隔离，DRV8412 内部的全桥电路产生能够驱动电动机的 PWM 方波。上一级光耦的输出端为幅值 3.3 V、频率 20 kHz 的方波，DRV8412 芯片最高支持的 PWM 方波频率为 500kHz，且其 PWM_X 口的输入电压范围为 −0.3 ~ 4.2 V，因此 DRV8412 的输入符合 HCPL062N 的输出要求。电动机驱动电路如图 5 − 52 所示。

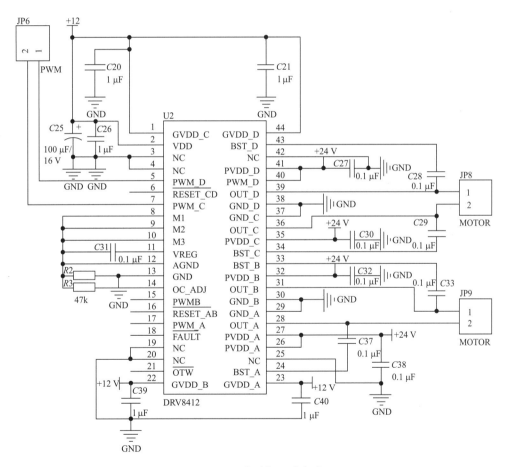

图 5 − 52　电动机驱动电路

图 5 − 52 中 + 24 V 为 H 桥电源电压，+ 12 V 为 MOS 管驱动电压。$C28$、$C29$、$C33$ 和 $C37$ 为自举电容，与其内部的二极管组合形成自举电路。电容存储电压，二极管防

止电流倒灌。当输出低的时候，电容充电；输出高的时候，也就是当 PWM 波的占空比较小的时候，自举电路的电压就是电路输入的电压加上电容上的电压，起到升压的作用，保证 MOS 管可靠导通。

6. 编码器电平转换电路

为了实现速度与位置闭环，需要采集电动机的当前运行速度和位置。光电编码器是目前普遍采用的一种方法。采用伺服电动机本身自带的 200 线增量式光电编码器进行位置信息的采集。电动机转动时，光电编码器反馈 A、B、Z 三路脉冲，其中 A 和 B 相脉冲相互正交，用来计算电动机的速度和方向；Z 相脉冲在电动机每转过一圈时产生，用来进行电动机的定位。编码器与电动机需分开供电，采用 5 V 供电，其输出需要接 5 V 上拉才能输出正确的方波波形。另外处理器芯片最大接收 3.3 V 的信号，需要进行 5 V 到 3.3 V 的电压转换。图 5 – 53 所示为采用型号为 2N7002 的 NMOS 管搭建的电平转换电路。

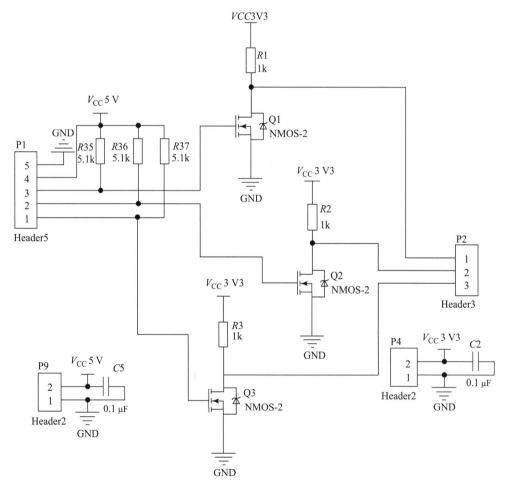

图 5 – 53　电平转换电路

7. 电流采集信号调理电路

在直流电动机伺服控制系统中，为了实现电流闭环，必须进行电流信号的采样。如前所述，直流电流的采样有两种方法。一种是直接串联采样电阻法，该方法将采样电阻直接串接到电流回路中，通过测量该电阻两端的电压间接地获得该回路的电流大小。此种方法未经过隔离，很容易将电路中的噪声带入计算中；而且需要进行强、弱电的隔离电路，增加了电路设计的复杂性。另一种是采用霍尔电流传感器的方法，霍尔传感器是根据霍尔效应制作的一种磁场传感器。霍尔效应是指在半导体薄片两端通以控制电流，并在薄片的垂直方向施加均匀磁场，则将产生垂直于电流和磁场方向上的霍尔电压。因此霍尔效应具有很好的隔离性和响应速度。具体测量时将待测电流绕组接到传感器的原边，根据其在原边产生的磁通量与副边电流产生的磁通量平衡的原理来精确地反映原边电流的大小。

采用莱姆（LEM）公司生产的霍尔电压型电流传感器 LTS15 – NP 进行电动机电流的采集。该电流传感器采用 5 V 电源供电，内置采样电阻，直接输出电压信号，省去了采样电阻的匹配问题。另外它的测量精度达 0.2%，响应时间为 300 ns，默认输出电压范围（2.5 ± 0.625）V，由于变化范围比较小，需要将这个信号进行处理使其在控制芯片 A/D 模块接口的电压输入范围（0 ~ 3 V），并且要使电压的变化范围尽量宽。首先用 MC1403 稳压芯片产生 2.5 V 的基准电源，再经过精密电阻分压 2.3 V，经过减法电路将电压变化范围变为 0.075 ~ 0.325 V，并放大 4 倍，其后再接一个二阶有源低通滤波电路并进行 2 倍放大，最终电路的总放大倍数为 8 倍。最后 A/D 接口输入电压的变化范围为 0.6 ~ 2.6 V。二阶有源低通滤波电路的特点是输入阻抗高（抗干扰能力强），输出阻抗低（带载能力强）。具体实现电路如图 5 – 54 所示。

图 5 – 54 中稳压芯片采用 MC1403，可以产生 2.5 V ± 25 mV 的基准电压。运放芯片采用 TL084，它是一款双电源 ±15 V 供电的四运放芯片，与通用型运放（如 LM324）相比，失调电压低、对信号响应较好、不会引入高频分量。TL084 属于 J – FET 输入，所以输入阻抗较高，适合对弱信号的放大。首先由 MC1403 稳压芯片产生 2.5 V 基准电源 V_{i1}，经过一级电压跟随器后，与霍尔传感器输出的电压 V_{i2} 作差，经过差分放大电路后再经过二阶有源低通滤波电路对信号进行滤波处理，最后再经过一级电压跟随器输出给控制芯片。两级电压跟随器均起到缓冲、隔离的作用。图中差分放大电路是反相输入和同相输入相结合的放大电路，该级的输出电压为

$$V_{o} = \left(1 + \frac{R_6}{R_3}\right)\left(\frac{R_4/R_3}{1 + R_4/R_3}\right)V_{i2} - \frac{R_6}{R_3}V_{i1} \tag{5 – 109}$$

选择 $R_4/R_3 = R_6/R_5$，则输出电 V_o 可以简化为

$$V_{o} = \frac{R_4}{R_3}(V_{i2} - V_{i1}) \tag{5 – 110}$$

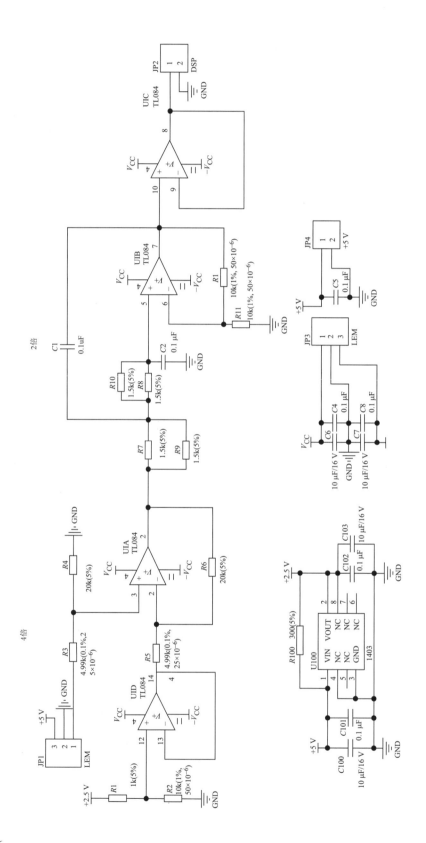

图 5 - 54　电流采集信号处理电路

该级的电压增益为 $\dfrac{R_4}{R_3}$，选择 $R_4 = 10\ \text{k}\Omega$，$R_3 = 2.5\ \text{k}\Omega$，则该级的放大倍数为 4。

二阶有源低通滤波电路是由两节滤波电路和同相比例放大电路组成，同相比例放大电路的电压增益就是低通滤波器的通带电压增益，即 $A_{\text{VF}} = 1 + R_f/R_{11}$。设该级电路的输入为 V_i，输出为 V_o，$C_1 = C_2 = C$，$R_7 = R_8 = R$，则该级电路的传递函数为

$$A(s) = \frac{V_o(s)}{V_i(s)} = \frac{A_{\text{VF}}}{1 + (3 - A_{\text{VF}})sCR + (sCR)^2} \qquad (5-111)$$

令截止频率 $\omega_c = \dfrac{1}{RC}$，式（5 − 111）表明当 $A_{\text{VF}} < 3$ 时，电路才能稳定工作；而当 $A_{\text{VF}} \geqslant 3$ 时，电路将自激振荡。选取 $R_f = R_{11} = 4.99\ \text{k}\Omega$，则 $A_{\text{VF}} = 2$。设截止频率 f_c 为 330 Hz，选取 $C = 0.1\ \mu\text{F}$，则 $R = \dfrac{1}{2\pi f_c C} = 4.825\ \text{k}\Omega$，选择标准电阻 $R = 4.71\ \text{k}\Omega$。

5.3.2　控制器的软件设计

直流电动机伺服控制系统的软件开发平台是 TI 公司提供的 CCS，该软件主要针对 TI 的 DSP 芯片进行开发工作。该软件提供了大量的库函数，因此可以方便地完成代码的编写、程序的仿真与在线调试以及软件的烧写工作，极大地提高了开发者的工作效率。系统软件部分主要由两个模块组成：主程序模块和定时器 T0 中断服务程序模块。

1. 主程序设计

主程序模块负责系统的初始化，完成系统时钟以及各个功能模块时钟的初始化，内存变量定义、寄存器相关配置、中断矢量及其函数声明和各个功能块初始化的工作，随后进入循环等待 T0 中断状态，其流程图如图 5 − 55 所示。

2. 中断服务程序设计

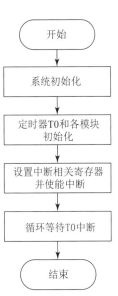

图 5 − 55　主程序流程图

中断服务程序包括定时器 T0 中断子程序、QEP 中断子程序。其中 QEP 中断用于检测电动机的转速和位置，建立电动机的速度与位置反馈。定时器 T0 中断用来完成三个闭环的数学计算，包括最外环的位置环、中间的速度环和内环的电流环调节，从而实现电动机的运行控制。

定时器 T0 中断子程序是整个调速系统实现的核心部分。位置环调节计算、速度环调节计算、电流 A/D 采样与电流环调节计算均在该子程序中实现。控制系统设计可以运行于两种模式——速度模式和位置模式，其程序流程图如图 5 − 56 所示。

速度模式使电动机保持恒定速度运行，位置模式实现电动机的精确定位。定时器

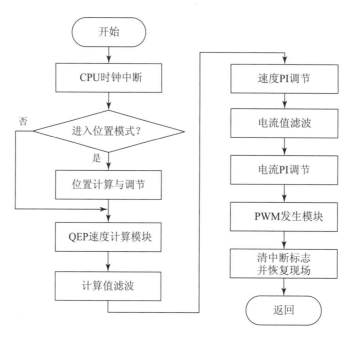

图 5 - 56   T0 中断服务子程序流程图

T0 的下溢周期为 0.05 ms，即频率为 20 kHz，此频率也是 PWM 控制信号的输出频率。由于电流量变化最快，其次是速度，最慢是位置，因此设置电流环调节周期为 1 个中断周期，速度环调节周期为 10 个中断周期，位置环调节周期为 100 个中断周期。中断定时器 T0 中断对应控制芯片的 INT1 型中断。

3. 电流环软件实现

电流环控制的是电动机的电流，作为最内环的调节器，它在电动机启动时可以保证电动机获得最大的启动电流，从而加快动态过程；它能够对电网电压的波动及时做出反应并进行调节，如果电动机过载甚至堵转，它可以限制电动机电流的最大值，起到保护作用。电流环的输入是速度环的输出，电流环的反馈是电动机当前运行状态的电流值。电动机的电流是通过采样得到的，采样得到的电流需要送入控制芯片的 A/D 模块转换成数字量方能实现数字控制。

在进行电流的采样之前需要对芯片的 A/D 模块进行校正，不校正会导致实际采样值和理论值相差很多。影响 A/D 转换的精度主要有增益误差和漂移误差。校正原理如图 5 - 57 所示。

TMS320F2812 的 12 位 A/D 转换输入满刻度为 3 V，对应的最大数字量输出为 4 096。图中可以看出理想的 A/D 转换是没有增益误差和漂移误差的，模拟量输入 X 和数字量输出 Y 的关系为一条经过原点的斜线，数学表达式为

$$Y = k_1 \cdot X \tag{5 - 112}$$

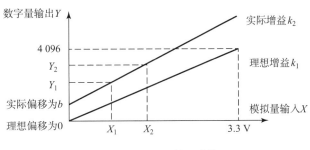

图 5 – 57　A/D 校正曲线

由式（5 – 112）可得理想增益 $k_1 = 1\ 365.33$，实际 A/D 转换中 Y 与 X 的关系为
$$Y = k_2 \cdot X + b \tag{5 – 113}$$

A/D 校正实际上就是求出式（5 – 113）中的实际增益 k_2 和实际偏移 b。取图 5 – 57 中差异较大的两点 (X_1, Y_1) 和 (X_2, Y_2)，代入式（5 – 113）形成一个二元一次方程组

$$\begin{cases} Y_1 = k_2 \cdot X_1 + b \\ Y_2 = k_2 \cdot X_2 + b \end{cases} \tag{5 – 114}$$

联立可解得实际增益 k_2 和实际偏移 b。这样每采集一次得到数字量 Y 代入式（5 – 113）中可得实际模拟量输入 X，再将 X 代入式（5 – 112）中就可以得到校正后的数字量输出值。实际校正时，取零点值 $X_1 = 0$ 和满刻度值 $X_2 = 3$ V，可以简化方程组（5 – 114）的计算，而且少设计一路基准源。

采集得到的 A/D 转换值需要进行滤波处理，滤波环节采用过采样技术进行电流采样值的滤波。所谓过采样技术，就是连续对同一通道进行多次采样，求取它们的平均值作为最后的采样值进行程序计算。设置每个 PWM 周期触发一次 A/D 转换器，A/D 模块中总共有 16 个转换器，将这 16 个转换器的触发模式均设为 PWM 的产生周期，将它们的转换通道均设置为通道 0（电流信号的输入引脚）。这样每到达一个 PWM 周期，将触发 16 个 A/D 转换器，这 16 个转换器将进行同一通道的 A/D 采样转换，最终这 16 个 A/D 转换值会依次存于寄存器 ADCRESULT0 – 15 中，剔除采集数据中的最大值和最小值，取剩余数据的平均值作为最终的采样值。

在取得电动机正确的电流数字量后，进行电流环的 PI 调节。电流环 PI 调节输出的是 PWM 波的占空比的控制量，改变占空比也就改变了电动机电枢两端的电压，从而改变了电动机的速度。在输出 PWM 波的时候，相应的寄存器设有死区，以防止 H 桥上同一桥臂同时导通而造成驱动芯片损坏。

4. 速度环软件实现

速度环主要完成测速与调速功能，能够对负载的变化起抗扰作用。速度检测采用电动机自带的 200 线增量式光电编码器进行速度反馈脉冲的计算来测量速度。实际运用中经过芯片内部的4倍频电路后电动机转过一圈可以产生800个脉冲，这样增加了测量精度。增量式编码器总共反馈 QEPA、QEPB 和 QEPI 三相脉冲信号，其中 A、B 两相信号相差90°，均反馈脉冲的总个数，用来计算电动机的速度；I 信号在电动机每转过一圈时产生，用来清零 A、B 相信号以消除累计误差。电动机的转向用 A、B 相相差的角度来识别，若 A 相信号超前 B 相90°，表示电动机正转，反之则表示电动机反转。

实际运用中，QEP 中断模块在计算速度时，可通过两个寄存器来判断选择哪一种速度计算方式。一个是 unit timeout 事件，一个是 unit position 事件，分别对应 M 法和 T 法测速。QEP 模块主要包含三个引脚 QEPA、QEPB 和 QEPI，其中 QEPA 和 QEPB 引脚接收光电编码器的 A 相和 B 相脉冲，QEPI 引脚接收光电编码器的 Z 相零位信号，计算速度时将此模块设为积分模式。

为了简化计算机计算流程，加快计算速度。实际编程时的速度计算采用速度系数乘以基本转数的实现方式，并设置速度阈值，考虑到正转速度为正值、反转时为负值，因此当设定的速度参考值 $speed_{ref}$ 的绝对值大于这个阈值时，采用 M 法测速；小于这个阈值时，采用 T 法测速。速度环的流程图如图 5-58 所示。

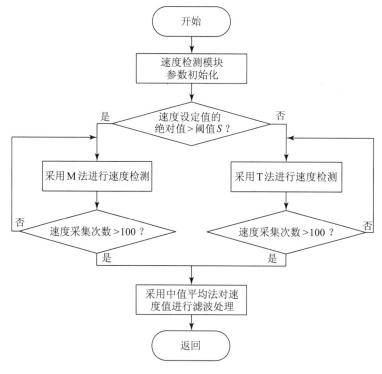

图 5-58　速度环的流程图

另外，在进行速度采集的时候，难免会有波动。设速度参考值为 X，可以认为 $0.8X$ 和 $1.2X$ 之间的值为速度有效值。采集速度值时排除不在这个范围内的其他值，之后采用中值求平均的方法进行滤波，在连续采集若干个速度值后，对这些数从小到大进行排列，舍弃最大值和最小值，取中间的数据求平均值作为最终的速度测量值进行速度环的 PI 运算。检测获取到正确的速度值后，送入速度环 PI 调节器进行运算调节，输出为电流环的给定值以进行电流环的控制。

5. 位置环软件实现

控制系统依靠位置环实现精确定位，位置环控制的是电动机的位置，具体实现时以电动机转动时形成的脉冲总数为基准。位置环接收脉冲信号，与电动机编码器反馈回来的脉冲信号进行比较，然后经过位置调节器的运算，其输出为速度环的给定值。电动机的定位需要经历启动加速、匀速运行和减速停止三个过程，电动机首先以某一加速度启动，在达到指定的运行速度后保持该速度匀速运行，在快接近指定位置时实行减速指令，最终在速度减为 0 时正好到达指定的位置。如何合理分配与实现这三个过程是实现精确伺服的关键。

当加速度、减速度参数均设为常数 a 时，由牛顿公式 $v = at$ 和 $s = s_0 + vt + \dfrac{at^2}{2}$，开始位置曲线为一向下凹的抛物线，速度曲线为斜线，如图 5 - 59 中 $O \sim t_1$ 段所示；在加速至指定速度后，电动机以该速度匀速运行，此时位置曲线为斜线，速度曲线为直线，如图 5 - 59 中 $t_1 \sim t_2$ 所示；之后电动机开始减速，由于 a 为负值，因此位置曲线为向上凸的抛物线，速度曲线为斜线，如图 5 - 59 中 $t_2 \sim t_3$ 所示。

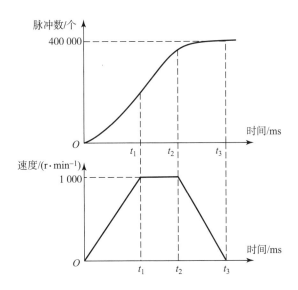

图 5 - 59　电动机的理想的加减速曲线

具体设计时，逐步增加位置环的给定值，相当于逐步增加速度环给定，这样经过三个环的数字运算，电流环的输出即占空比的控制量在逐步增大，电动机开始加速，其启动加速度由给定值增加的步长决定，步长越大，加速度越大。以速度环的反馈值（当前电动机的速度值）为判断信号，当电动机速度达到需要运行的速度时，停止增加位置环给定，此时电动机保持恒定速度运行。可设定电动机到达指定位置的 1/3 处，给电动机一个减速停机的信号，以某一减速度逐渐减少电动机的占空比，电动机减速至速度为 0 时正好停在指定位置处。

良好的加速算法可以使电动机迅速地加速到指定运行速度。同之前叙述的原理类似，具体实现时，将电动机的加速度值设为常数，即位置环的给定值逐步增加，此时电动机速度按斜坡形式增长，位置按曲线形式增加。位置环的软件算法流程图如图 5 - 60 所示。

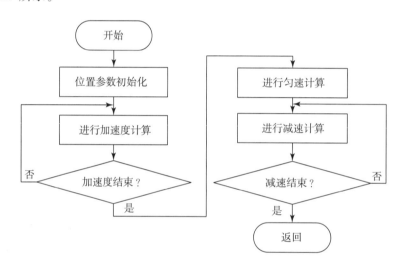

图 5 - 60　位置环软件算法流程图

5.4　全数字化无刷直流电动机伺服控制器设计

5.4.1　无刷直流电动机伺服系统的硬件设计

目前，无刷直流电动机数字控制系统主要采用两种控制方案。一种采用专用集成电路，这种方案可以降低设备投资，提高装置的可靠性，但不够灵活。另一种是以微处理器或者 DSP 为控制核心的硬件系统，这种方案可以编程控制，应用范围广，可以对多种输入信号进行逻辑综合，为驱动电路提供各种控制信号；产生 PWM 脉宽调制信号，实现电动机的调速；实现短路、过流、欠压等故障保护功能。

与有刷直流电动机控制器一样，这里依然采用 TI 公司的 TMS320F2812 DSP 作为主控芯片。用编程的方法来模拟无刷电动机的控制逻辑，其特点是使用灵活，通过修改程序可适应不同规格的无刷电动机，增加系统功能方便，通常将此类控制器称为数字式控制器。

无刷电动机控制方法主要分为有位置传感器控制和无位置传感器控制两种。在有位置传感器的控制系统中，广泛采用安装方便、性价比高的霍尔传感器，作为无刷直流电动机调速和换向的传感器，采用光电编码器作为位置环的反馈来实现位置伺服。无刷直流电动机控制系统框图如图 5 – 61 所示，其硬件控制系统主要包括以下几个部分。

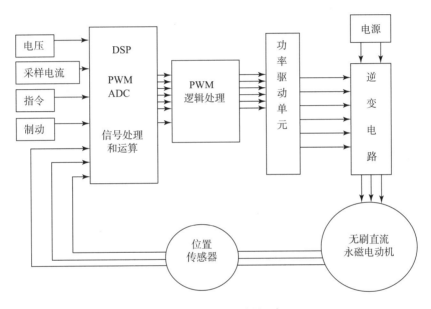

图 5 – 61　电动机驱动控制框图

（1）数字信号处理器。

主要功能是根据指令和光电编码器的位置反馈信号生成电动机转速指令以及根据电动机旋转方向的要求和来自霍尔转子位置传感器的输出信号，将它们处理成功率驱动单元的六个功率开关器件所要求的驱动顺序。另外 DSP 还要根据电压、电流和转速等反馈模拟信号以及随机发出的制动信号，经过 A/D 变换和必要的运算后，借助内置的时钟信号产生一个带有上述各种信息的脉宽调制信号。

（2）功率驱动单元。

主要包括功率开关器件组成的三相全桥逆变电路和自举电路。自举电路由分立器件构成，也可以采用专门的集成模块等高性能驱动集成电路。

（3）位置传感器。

霍尔传感器在无刷直流电动机中起着测定转子磁极位置的作用，为逻辑开关电路提供正确的换相信息，光电编码器提供转子实际位置信号。

（4）周边辅助、保护电路。

主要有电流采样电路、电压比较电路、过电流保护电路、伺服指令信号和制动信号等输入电路。

1. 功率开关主电路

功率开关主电路原理图如图 5-62 所示，逆变器将直流电转换成交流电向电动机供电。与一般逆变器不同，它的输出频率不是独立调节的，而是受控于转子位置信号，是一个"自控式逆变器"。由于采用自控式逆变器，无刷直流电动机输入电流的频率和电动机转速始终保持同步，电动机和逆变器不会产生振荡和失步。

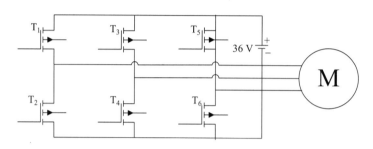

图 5-62 功率开关主电路原理图

2. 逆变开关管驱动电路设计

1）IR2110 功能介绍

（1）IR2110 的特点。

输出驱动隔离电压可达 500 V；芯片自身的门输入驱动范围为 10~20 V；输入端带施密特触发器；可实现两路分立的驱动输出，可驱动高压、高频器件，如 IGBT、功率 MOSFET 等；工作频率可高达 500 kHz，开通、关断延迟小，分别为 120 ns 和 94 ns；逻辑电源的输入范围（脚 9）5~15 V，可方便地与 TTL，CMOS 电平相匹配。

（2）IR2110 主要功能及技术参数。

IR2110 采用 CMOS 工艺制作，逻辑电源电压范围为 5~20 V，适应 TTL 或 CMOS 逻辑信号输入，具有独立的高端和低端 2 个输出通道。由于逻辑信号均通过电平耦合电路连接到各自的通道上，容许逻辑电路参考地（V_{SS}）与功率电路参考地（COM）之间有 -5 V 和 +5 V 的偏移量，并且能屏蔽小于 50 ns 的脉冲，这样有较理想的抗噪声效果。采用 CMOS 施密特触发输入，可以提高电路抗干扰能力。

IR2110 浮置电源采用自举电路，其高端工作电压可达 500 V，工作频率可达到 500 kHz。两路通道均带有滞后欠压锁定功能。

（3）IR2110 内部功能如图 5-63 所示。

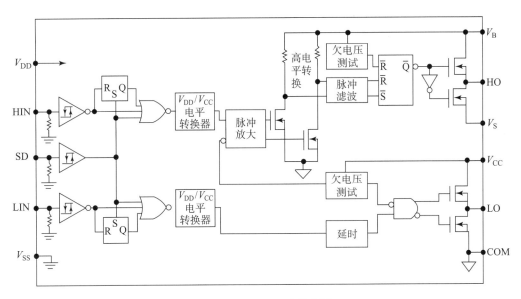

图 5 – 63　IR2110 内部框图

①说明。

LO：低端输出；　　　　　　　　　　V_{DD}：逻辑电源电压；

COM：公共端；　　　　　　　　　　HIN：逻辑高端输入；

V_{CC}：低端固定电源电压；　　　　　　SD：关断；

V_S：高端浮置电源偏移电压；　　　　LIN：逻辑低端输入；

V_B：高端浮置电源电压；　　　　　　V_{SS}：逻辑电路地电位端，其值可以为 0V。

HO：高端输出；

②功能概述。

IR2110 驱动器将逻辑输入信号送到相应的低阻抗输出，高端输出 HO 和低端输出 LO 分别以浮置电压 V_{BS} 和固定电压 V_{CC} 为基准。逻辑电路为两路输出提供相应的控制脉冲，HO 和 LO 输出分别与 HIN 和 LIN 输入同相位，当 SD 输入高电平时两路均关闭。

当 V_{DD} 低于欠电压阈值时，欠电压 UV 检测电路关闭两路输出。同样，当 V_{BS} 低于规定的欠电压点时，欠电压检测电路也会使高端输出中断。逻辑输入采用带有 $0.1\ V_{DD}$ 滞后的施密特触发电路，以提高抗扰能力。高抗噪声平移位电路将逻辑信号送到输出驱动级。

低端延时电路可简化控制脉冲定时要求，两路输出的传播延时是匹配的。当 V_s 为 500 V 或接近 500 V 时，高端功率 MOSFET 关断。输出驱动 MOSFET 接成源极跟随器，另一只输出驱动 MOSFET 接成共源极电路，高端的脉冲发生器驱动 HV 电平转化器并触发 RS 置位或复位。由于每个高电压 DMOS 电平转换器仅在很狭窄的脉冲持续期内才导通，所以功率很低。

2）自举电路原理

以一相为例，如图 5-64 所示，当下管导通上管截止时，IR2110 LO 输出为高，HO 为低，隔离二极管导通，自举电容 C8 充电，三极管 C 极电压近似等于电源正极电压；当下管截止上管导通时，隔离二极管 D2 截止，自举电容 C8 储存的电荷给三极管 C 极供电，IR211 HO 为高，三极管导通，驱动 MOSFET 管栅极，使上管保持导通。

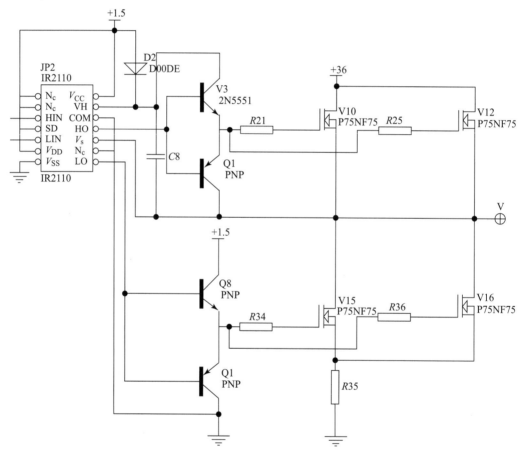

图 5-64　驱动电路

3. 控制器的选择

目前，市场上有很多无刷电动机专用控制芯片，大部分电动车生产厂商采用 Motorola 公司的 MC3303 无刷电动机专用控制芯片，它具有无刷直流电动机控制系统所需要的基本功能。本设计采用 TMS320F2812 作为主控芯片，不仅可以实现专用控制芯片 MC33035 的全部功能，而且容易实现系统扩展，通过软硬件设计，实现多功能的电动机控制，关于 TMS320F2812 在本章第一节已经进行了介绍。

4. 传感器选择

霍尔器件是一种磁传感器，可用于磁场的测量和控制。按照霍尔器件的功能可将它们分为：霍尔线性器件和霍尔开关器件。前者输出模拟量，后者输出数字量。霍尔器件具有许多优点，它们的体积小，重量轻，寿命长，安装方便，功耗小，频率高（可达 1 MHz），耐震动，不怕灰尘、油污、水汽及盐雾等的污染或腐蚀。霍尔开关器件无触点、无磨损、输出波形清晰、无抖动、无回跳、位置重复精度高。此外，其工作温度范围宽，可达 −55 ℃~150 ℃。

当霍尔传感器用作无刷直流电动机转子位置信息检测装置时，将其安放在电动机定子的适当位置，霍尔器件的输出与控制部分相连。当无刷直流电动机的永磁转子经过霍尔器件附近时，永磁转子的磁场令霍尔器件输出一个电压信号，该信号被送到控制部分，由控制部分发出信号使得定子绕组供电电路导通，给相应的定子绕组供电，从而产生和转子磁场极性相同的磁场，推斥转子继续转动。当转子到下一位置时，前一位置的霍尔器件停止工作，下一位置的霍尔器件输出电压信号，控制部分使得对应定子绕组通电，产生推斥场使转子继续转动，如此循环，维持电动机运转。

采用增量式编码器作为转子位置信号检测传感器时，光电编码器直接利用光电转换原理输出三组方波脉冲 A、B 和 Z 相；A、B 两组脉冲相位差 90°，从而可方便地判断出旋转方向，而 Z 相为每转一个脉冲，用于基准点定位。它的优点是原理构造简单，机械平均寿命可在几万小时以上，抗干扰能力强，可靠性高。

5. 周边保护电路

1）电流采样及过电流保护（图 5-65）

（1）电流信号。

电动机主回路电流信号经采样电阻获得。电流信号经过 LM358 放大，由 DSP 的 A/D 通道输入，并进行控制处理。同时，电流采样信号通过 LM358 与一固定电压值比较，当电动机的电流过大时，LM358 输出高电平，送入 GAL16V8 直接关断输出，进行逻辑保护。

（2）电流采样。

通常对电动机三相电流进行控制需要三个独立的电流闭环，而永磁无刷直流电动机采用两相导通方式，即电动机三相定子绕组在某一时刻只有两相通电，导通的两相绕组的电流大小相等，方向相反，因此任意时刻只需控制一个电流量。

电流采样可采取直接采样两相电流的方法或采样直流母线电流的方法，对于永磁无刷直流电动机多采用后一种方法。采样直流母线电流有两种方法，一种是

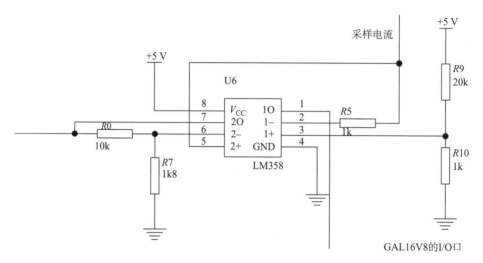

图 5 – 65　电流采样及过流保护图

在待测电路上串入一个小电阻，用小电阻上的压降反映电流的大小；另一种是采用电流传感器。在电流较大或要求电隔离的情况下，可以采用磁场平衡式霍尔电流传感器。

（3）过流保护。

过流保护电路可以对 MOSFET 进行保护，将最大电流控制在设定范围内，当达到阈值时关闭电动机，避免了 MOSFET 上通过大电流被烧毁的危险。过流保护是控制器的最后防线，过流保护电阻用的是康铜丝，当系统电流超过最大保护电流值时，康铜丝会烧断，从而起到保护作用，如图 5 – 66 所示。

2）欠电压保护

如图 5 – 67 所示，电源电压经分压后，由 DSP 采入进行监控，当电源电压过低时给出欠电压信号，输出截止。对于无刷直流电动机控制器，由于输入控制变量比较多，控制器可以利用各种输入信号对控制系统完成相当完善与灵活的保护，这些保护功能可以大大提高无刷直流电动机控制器的可靠性。

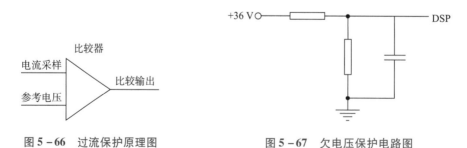

图 5 – 66　过流保护原理图　　　　　　　图 5 – 67　欠电压保护电路图

6. 电源电路

如图 5 - 68 所示，36 V 电压送入 U13、U14、U15 稳压器，输出 + 15 V、+ 5 V 和 + 3.3 V 给 DSP 和 IR2110 供电。

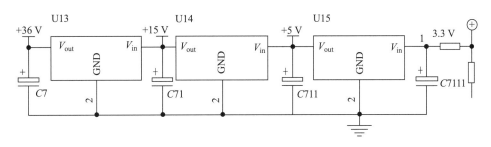

图 5 - 68　电源电路图

5.4.2　无刷直流电动机伺服系统的软件设计

1. 初始化程序

系统的初始化设置包括以下几个部分：

（1）DSP 系统初始化。主要是对 DSP 的宏观系统进行初始化，包括存储空置，将存储空间里的 B0 区域设置为数据存储空间；系统时钟设置；系统看门狗设置；系统中断设置，开系统总中断，清全部中断标志，设置中断屏蔽寄存器（IMR）。

（2）内设单元初始化。内设单元初始化是对本系统中所用到的局部功能 DSP 内部模块进行初始化。本调速系统用到了 DSP 内设的事件管理器 A、事件管理器 B、数模转换单元和 FO 端口设置等。

2. 电动机启动模块

直流无刷电动机采用电子换向，需要不断检测转子位置，确定逆变器功率管开关状态。电动机启动模块就是用来读取三个霍尔信号的状态，以确定逆变器的换相顺序。当电动机处于运行状态时，电动机三个霍尔信号端不断输出互差 120°电角度的方波，这时 DSP 捕获模块可以捕获到霍尔信号的跳变沿，通过读取捕获端口的状态，即可确定出电动机所处的状态。然而当电动机在停止状态时，三个霍尔信号都不可能产生跳变，从而也不可能发生捕获中断。因此电动机由停止状态开始运转时，必须首先让电动机运动起来以产生捕获中断，在软件中由电动机启动模块实现，电动机启动模块流程如图 5 - 69 所示。

3. 控制部分主程序

根据系统所要实现的功能，该控制程序主要由主程序、位置、速度反馈与换向驱动模块，信号采样模块（包括电流反馈采样子程序、位置给定采样子程序），控制器算法模块（包括位置调节子程序、转速调节子程序、电流调节子程序）组成，控制部分

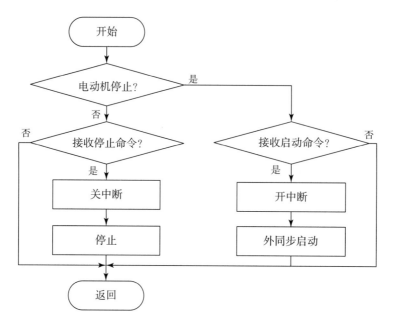

图 5-69　电动机启动模块流程图

软件的主程序流程图如图 5-70 所示。

流程图中电流反馈采样子程序，通过模数转换器采样电流传感器的输出电压值，从而获得目前主电路的电流情况；位置设定采样子程序，通过模数转换器采样位置的给定信号，通过与当前位置进行比较计算得出目前的位置误差信号，以及误差的变化率。控制器算法模块由位置调节子程序、转速调节子程序、电流调节子程序组成。位置调节子程序，将位置误差和位置误差的变化率作为输入值，通过调用模糊控制算法，得出在当前的位置误差和位置误差的变化率情况下应当施加的转速值。转速调节子程序以位置调节子程序的输出速度给定值和速度采样子程序得到的速度反馈值作为输入，通过调用转速 PI 算法，得出电流的给定输出值。电流调节子程序，以转速调节器的输出电流给定值和电流采样子程序得到的电流反馈值之间的偏差作为输入量，通过调用电流调节器的 PI 算法，给出目前功率模块的 PWM 占空比。

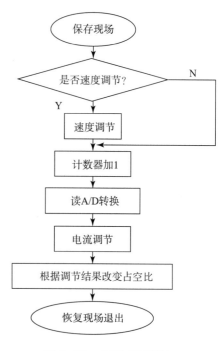

图 5-70　主程序流程图

4. 中断子程序处理

中断服务子程序主要包括相电流 A/D 中断服务程序、通用定时器 T1 下溢中断服务程序和通用定时器 T2 周期中断服务程序。各中断模块流程图如图 5 - 71 ~ 图 5 - 73 所示。

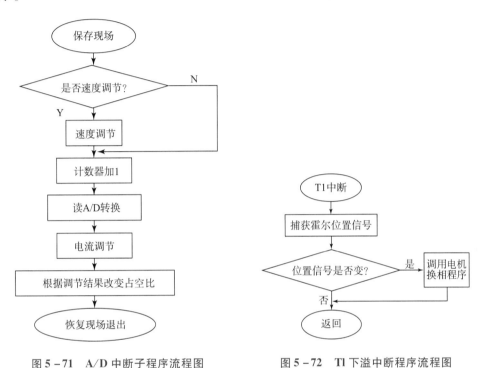

图 5 - 71 A/D 中断子程序流程图

图 5 - 72 T1 下溢中断程序流程图

5. 电流调节模块

电流调节的目的是为了确定定子电枢绕组导通所需要的电压平均值或 PWM 信号的占空比。电流的检测是用电流传感器来实现的。每一个 PWM 周期对电流采样一次，再通过计算对电流进行调节。

先根据实际给定速度与估算速度相比较得到速度误差，通过速度调节器确定定子电枢绕组电流的指令值。无刷直流电动机的电磁转矩指令值与电枢绕组电流指令值成正比，因此有了电枢绕组电流指令值，便可以根据转子位置霍尔信号确定定子电枢绕组的正确导通顺序。最终再根据实际电枢绕组电流检测值确定定子电枢绕组导通所需要的电压平均值或 PWM 信号的占空比，本部分电流调节采用的是比例积分调节。

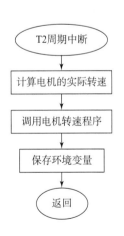

图 5 - 73 T2 周期中断程序流程图

6. 转速调节模块

电动机的速度调节是通过调节电动机的相电流实现的，与电流调节的方法类似，参考相电流输入即为速度调节环的输出。常用测速方法有三种：M 法、T 法以及 M/T 法。本系统中采用的是 M 法测速，程序当中只用几条语句即可实现。流程图如图 5 - 74 所示。

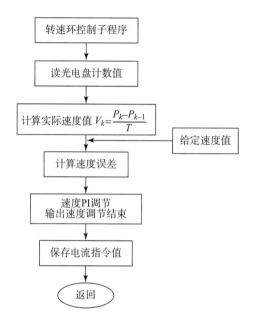

图 5 - 74 速度调节器算法流程框图

7. 位置调节模块

在本系统中，DSP 共有四个捕获单元：EVA 的 CAP1、CAP2、CAP3 用来换相，EVB 的 QEP 用来计算速度。DSP 的四个捕获单元共同占用 DSP 内核中断，所以在每次中断入口，必须首先判断出中断的来源。

如果是 CAP1、CAP2、CAP3 中的一个或几个发出中断，表示是由于转子的旋转，引起了霍尔位置传感器发出了脉冲信号，这时需要换相。霍尔传感器的组合信号是周期性出现的，为了方便换相，把霍尔信号组合与功率管的导通关系列出来，以表格的形式存储在程序存储器中。在程序运行过程中，只需要根据目前的霍尔信号组合以及位置误差的正负，就可以通过查表的方式得出实现本次换相的全比较控制器的输出设置，以及为了捕获下一次的转子位置所进行的捕获单元控制器的设置。

捕获单元 QEP 发出的中断信号，表示光栅发出的脉冲信号，这个时候需要进行的是位置误差的计算以及位置变化率和速度反馈值的计算。在初始定位过程中已经确定了转子的初始位置，所以只需求得转子相对于上一采样周期的转角增量 $\Delta\theta_m$，就可以得到任一时刻转子的实际位置。

$$\theta_{m} = \theta_{m0} + \Delta\theta_{m}$$

式中　θ_{m0}——上一采样周期转子的位置。

位置调节子程序的程序流程图如图 5-75 所示。

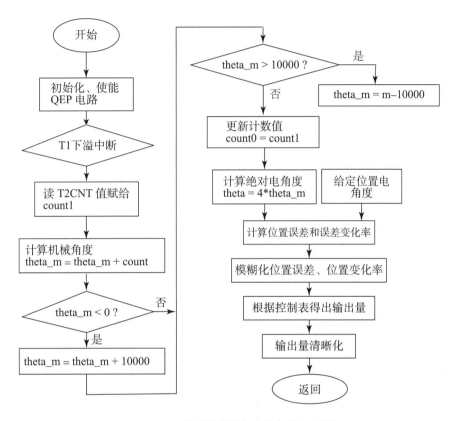

图 5-75　位置调节子程序的程序流程图

5.5　全数字化交流电动机伺服控制器设计

5.5.1　数字控制器的硬件设计

数字控制器电路组成框图如图 5-76 所示。

1. DSP 主控板

DSP 主控板是驱动器的控制核心，它主要完成控制器控制算法的实现、速度指令的接收以及控制器状态信息的采集等功能。

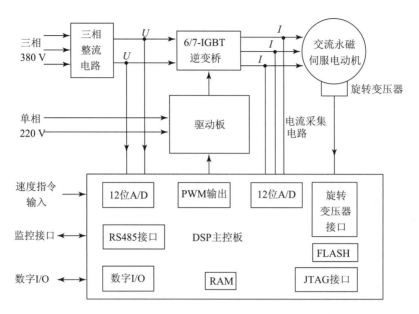

图 5 - 76 数字控制器电路组成框图

根据发射装置伺服系统控制特点，采用 TI 公司先进的电动机专用 DSP 控制芯片 TMS320F2812A 作为微处理器，再配以相应的外设及输入、输出接口，共同完成 DSP 主控板的功能。

DSP 主控板的设计功能如下：

（1）模拟量输入接口：16 路 A/D 输入，精度 12 位，完成对速度指令、电压、电流等模拟信号的采集；

（2）数字 I/O 接口：共有 4 路开关量输出、7 路开关量输入，完成系统使能输入和故障状态输出；

（3）PWM 输出接口：输出 6 路 PWM 控制信号，控制 IGBT 的通断；

（4）工作频率：150 MHz；

（5）旋转变压器接口：完成伺服电动机位置传感器的信号解调；

（6）RS485 接口：完成驱动器内部信息监控。

针对 DSP 主控板的电磁兼容性问题，主要从以下几个方面进行设计：

（1）印制板布线的合理性，对重要信号、易受干扰信号进行保护性走线；

（2）旋变信号的供电电路、信号增加三端滤波器；

（3）由于旋变电路易受干扰，把旋变电路与其他电路分开，隔离在一个区域进行走线。

看门狗电路采用 TI 公司的专用复位芯片 TPS3823-33，25ms 的复位脉冲保证 DSP 的可靠复位。DSP 芯片供电电源均采用磁珠滤波，最大限度地避免外部干扰对控制芯片的影响。虽然 TMS320F2812A 已经有了很大的片内存储器，但片外存储器仍是不可缺少的，用 EPROM/Flash 等非易失存储器为 DSP 固化程序代码。这需要一个加载过程，即 DSP 在加电后，从 EPROM/Flash 中读取固化代码，将其装到片内和片外 RAM 后再运行，省去了加载过程，并且掉电后不会丢失有用数据。控制器使用了快速静态 RMA 芯片 IS61LV12816 作为扩展存储器和串行 CMOS 电可擦除程序存储器 24LC64。IS61LV12816 采用 3.3 V 电源供电，可存储 128 K × 16 bit，存取时间可达 8 ns，CMOS 低功耗运行。

1）DSP 芯片的供电电路

由于 TMS320F2812A 芯片使用的是 3.3 V 电源供电，因此必须使芯片两边端口输出摆幅达到满电源幅值。系统采用双电源的电平移位器 74LVC4245A，其工作原理如图 5 - 77 所示。5 V 端用 5 V 电源作为 V_{CC}（A），而 3.3 V 端则用 3.3 V 作为 V_{CC}（B），74LVC4245A 的电平移位在内部进行。这样就保证了两边端口的输出摆幅都能达到满电源幅值，并且有很好的噪声抑制性能。

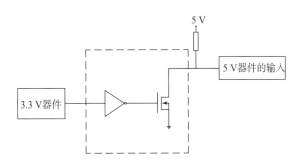

图 5 - 77　74LVC4245A 电平移位器工作原理图

2）输入输出电路

为提高系统的抗干扰能力，控制器的输入、输出都由光耦进行隔离，数字地和模拟地分离，如图 5 - 78 和图 5 - 79 所示。

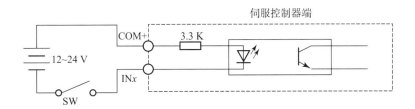

图 5 - 78　开关量输入接口

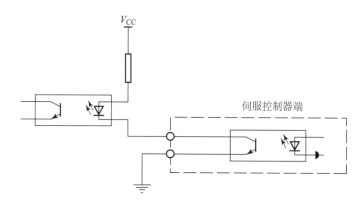

图 5 - 79 开关量输出接口

3）模拟量输入电路

模拟输入分单极性和双极性输入两种，输入阻抗为 10 kΩ。输入电压范围：单极性 0 ~ 10 V，双极性 - 10 ~ + 10 V。在差分接法中，模拟地线和输入负端在控制器侧相连，控制器到驱动器需要三根线连接。而在单端接法中，模拟地线和输入负端在驱动器侧相连，控制器到驱动器需要两根线连接。另外，接线时应该注意：应采用屏蔽电缆连接，减小噪声干扰输入电压；不能超出 - 10 ~ + 10 V 范围，否则可能损坏驱动器。模拟双极性差分输入如图 5 - 80 所示。

4）旋转变压器采集电路

永磁同步伺服电动机控制系统的关键技术之一是转子位置的检测，只有检测出转子实际空间位置（绝对位置）后，控制系统才能决定控制器的通电方式、控制模式及输出电流的频率和相位，以保证永磁同步电动机的正常工作。因此在采用转子磁场定向控制方式的永磁同步电动机控制系统中，转子位置的精确可靠检测是实现矢量控制技术的关键。

在常用的光电编码器、霍尔传感器和旋转变压器等转子位置传感器中，旋转变压器具有耐高温、耐湿度、抗冲击性好、抗干扰能力强等突出优点，从而可以精确可靠地测出转子绝对位置信息，因此适用于永磁同步伺服电动机数字控制系统，满足其应用系统高性能、高可靠性的要求。永磁同步电动机位置检测方法，采用新型的旋转变压器/数字转换器 AD2S90 两种电路将旋转变压器输出的模拟信号转换为数字信号。

旋转变压器是一种输出电压随转子转角变化的信号元件。当励磁绕组以一定频率的交流电压励磁时，输出绕组的电压幅值与转子转角成正、余弦函数关系，这种旋变又称为正余弦旋转变压器。

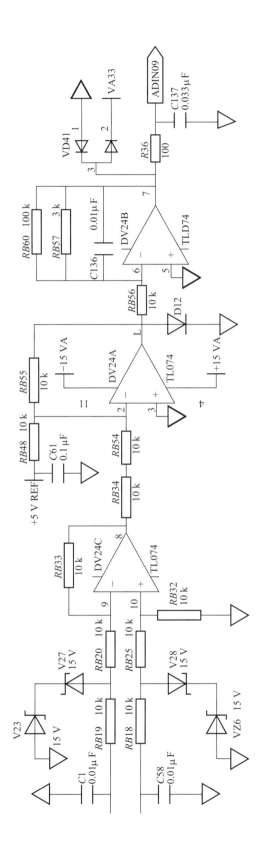

图 5 - 80 模拟双极性差分输入

由旋转变压器的原理可知，要使旋转变压器正常工作，在其转子端必须施加一个正弦激励。在控制器设计中，激磁信号采用模拟运放电路产生，具有简单可靠的特点，原理如图 5 - 81 所示。此电路为文氏桥正弦波振荡器，输出正弦波幅值最大值为 10 V，输出频率如下式所示

$$f = \frac{1}{2\pi R} = \frac{1}{6.28 \times 33.8 \times 10^{3} \times 470 \times 10^{-12}} = 10(\text{kHz}) \qquad (5-115)$$

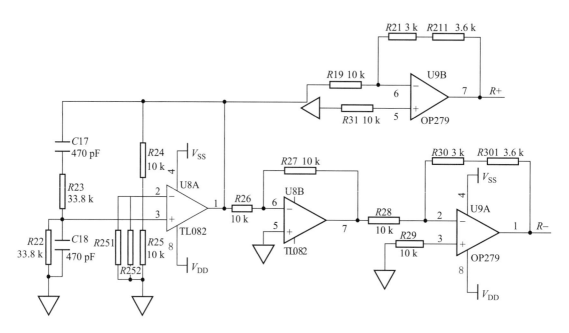

图 5 - 81　激磁信号产生电路

RDC 转换电路是电动机位置检测系统的核心，其内部功能模块主要是由相敏检测器、乘法器、压控振荡器（VCO）、增减计数器形成的闭环反馈系统。设计中使用的 RDC 转换电路为 AD 公司的 RDC 芯片，它具有低成本、低功耗、多功能等优点，工作时所需的外围元件较少。在具体设计中选用了 AD2S90，并取得了较满意的结果。AD2S90 是分辨率为 12 位的 RDC 系列的串行输出芯片，它接收旋转变压器定子边的正、余弦输出信号（SIN、COS）和一个同步参考信号（REF），将模拟角度位置信号转换为数字型轴角信息，可由 DSP 直接读取。基于 AD2S90 芯片的转换电路见图 5 - 82。

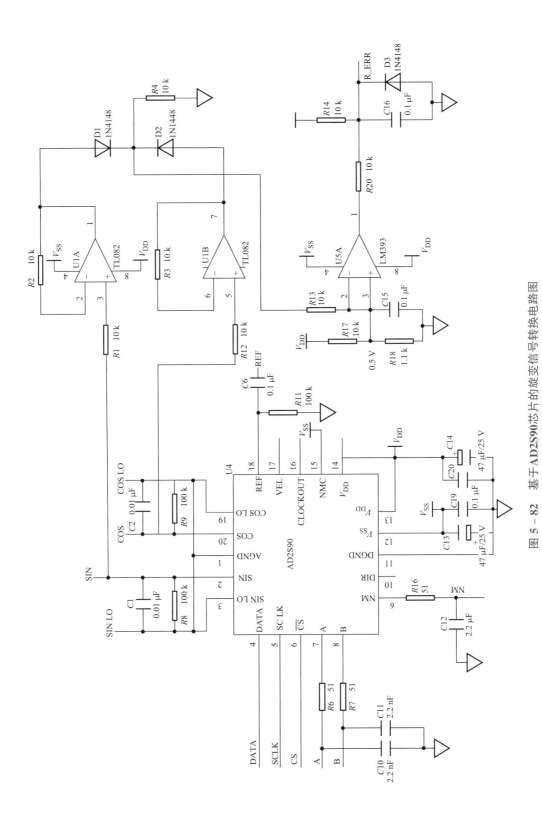

图 5 – 82 基于 AD2S90 芯片的旋变信号转换电路图

在军用恶劣环境下，交流伺服电动机经常采用旋转变压器作为位置反馈元件，但在交流伺服控制系统中，由于 DSP 内部具有正交编码电路，经常采用增量式旋转编码器作为反馈元件计算电动机旋转位置及速度，计算方法及软件实现比较成熟。AD2S90 转换电路无疑给上述矛盾提供了良好的解决途径，利用 AD2S90 电路输出的 A、B 及 NM 信号，就可把旋转变压器信号转换为增量编码器信号。在控制器的设计中，只需留出编码器及旋转变压器两种接口，不用更改控制器的软硬件设计。

在永磁同步电动机的控制系统中，为了简化电路设计、提高位置信息读取速度、缩小伺服控制器的尺寸，转子位置信号采集用 SPI 串行通信模式传输到 DSP 中，针对 AD2S90 转换电路可将输出直接与 DSP 芯片 SPI 串口相连。具体电路这里不作详细介绍。

5）电流采样电路

在全数字交流伺服系统中，控制器需要及时准确地知道绕组中实际电流的大小，以实现电流控制（力矩控制）和电流保护电路的设计。电流采样必须实时、准确、可靠，这对实现控制性能是必需的。

电流检测可选用的元件有很多种，霍尔电流传感器是目前普遍采用的电流检测及电流保护元件，其特点是测量精度高、线性度好、响应速度快、电隔离性能好，它的工作原理是当外电路供给其电流时，将产生磁感应强度为 B 的磁场，垂直穿过霍尔元件，同时在信号电压输出端有霍尔效应电压线性输出。控制器一般采用磁平衡式霍尔电流传感器来采集电动机相电流，额定测量电流、原边电流测量范围和匝数比是选用该电流传感器时要重点关注的参数。根据基尔霍夫定律供给同步电动机的三相电流为

$$i_a + i_b + i_c = 0 \tag{5-116}$$

由式（5-116）我们知道，只要测出其中两相电流便可知道第三相电流。

图 5-83 为一相电流检测电路，在实际的电路板中有两组完全一样的电路，分别用于检测 i_a、i_c 电流。为保证正确和准确的 A/D 转换，必须将 A/D 模块的数字地和模拟地分离。

6）温度检测电路

控制器的散热部分由风扇和散热器组成，系统的散热能力实际上决定了系统的最大额定输出功率。通过热敏电阻传感器感知散热器的温度，当温度大于 80℃ 时，系统报超温，并切断供给电动机的电流。通过图 5-84 所示的温度检测电路采集散热器的温度。

2. 驱动板

根据系统设计功能分配，驱动板完成的主要功能有：

（1）IGBT 驱动电路：驱动 IGBT 功率器件的通断；

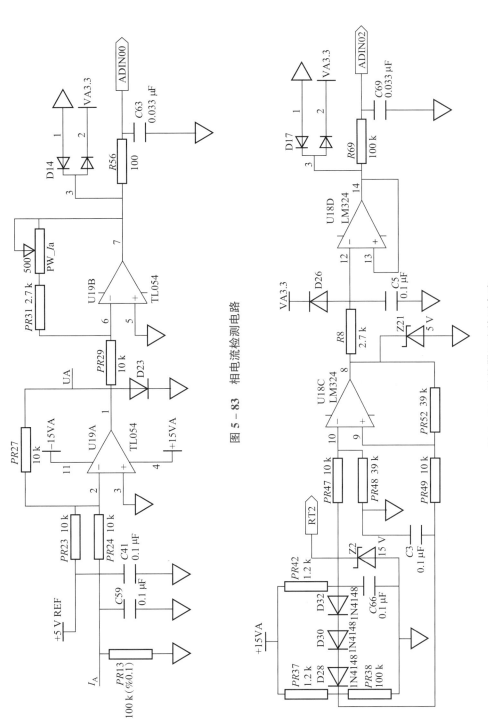

图 5-83 相电流检测电路

图 5-84 散热器温度检测电路

（2）母线电压检测：检测母线电压用于程序运算；

（3）开关电源：为驱动电路、DSP 主控板提供独立的供电电源；

（4）故障监测：对供电电源进行实时监测。

1）IGBT 驱动电路

逆变电路中 IGBT 功率器件是绝缘栅极双极型晶体管，它具有驱动功率小、开关速度快、饱和压降低等优点。IGBT 的驱动属于电压型驱动，只要满足驱动电压要求，就可以控制 IGBT 的通断，另外 IGBT 的驱动电路要求光电隔离，以隔开功率电路对控制电路的影响。

IGBT 驱动电路原理图如图 5 - 85 所示。用于 IGBT 功率器件的驱动芯片很多，使用方式大同小异，本节介绍以 HCPL-316J 为驱动器件的 IGBT 驱动电路设计方法。HCPL-316J 是 Agilen 公司生产的一种光电耦合驱动器件，其特点是内部集成集电极 - 发射极电压（U_{CE}）、欠饱和检测电路及故障状态反馈电路，具备过流软关断、高速光耦隔离、欠压锁定、故障信号输出的功能，兼容 CMOS/TTL 电平，采用三重复和达林顿管集电极开路输出，可驱动 150 A/1 200 V 的 IGBT，最大开关时间 500 ns，"软" IGBT 关断，工作电压范围 15 ~ 30 V。DSP 芯片与该器件结合可实现 IGBT 的驱动，使得IGBT 欠饱和检测结构紧凑，低成本且易于实现，同时满足了宽范围的安全与调节需要。

HCPL-316J 左边的 V_{IN+}、$\overline{FAULT}$ 和 $\overline{RESET}$ 分别与微机相连。R_7、R_8、R_9、D_5、D_6 和 C_{12} 起输入保护作用，防止过高的输入电压损坏 IGBT，但是保护电路会产生约 1 μs 的延时，在开关频率超过 100 kHz 时不适合使用。Q_3 主要起互锁作用，当两路 PWM 信号（同一桥臂）都为高电平时，Q_3 导通，把输入电平拉低，使输出端也为低电平。图 5 - 85 中的互锁信号 Interlock1 和 Interlock2 分别与另外一个 316J 的 Interlock1 和 Interlock2 相连。R_1 和 C_2 起到了对故障信号的放大和滤波作用，当有干扰信号后，能让微机正确接收信息。

在输出端，R_5 和 C_7 关系到 IGBT 开通的快慢和开关损耗，增加 C_7 可以明显地减小 $\dfrac{di_c}{dt}$。首先计算栅极电阻，其中 I_{ON} 为开通时注入 IGBT 的栅极电流。为使 IGBT 迅速开通，设计 I_{ONMAX} 值为 20 A，输出低电平 V_{OL} = 2 V，可得

$$
\begin{aligned}
R_5 &= R_G \\
&= [V_{CC2} - 1 - (V_{OL} + V_{EE})]/I_{ONMAX} \\
&= [15\ V - 1\ V - (2\ V + (-5\ V))]/20\ A \\
&= 0.8\ \Omega
\end{aligned}
$$

C_3 是一个非常重要的参数，主要起充电延时作用。当系统启动，芯片开始工作时，由于 IGBT 的集电极端电压还远远大于 7 V，若没有 C_3，会错误地发出短路故障信号，使输出直接关断。当芯片正常工作以后，假如集电极电压瞬间升高，之后立刻恢复正

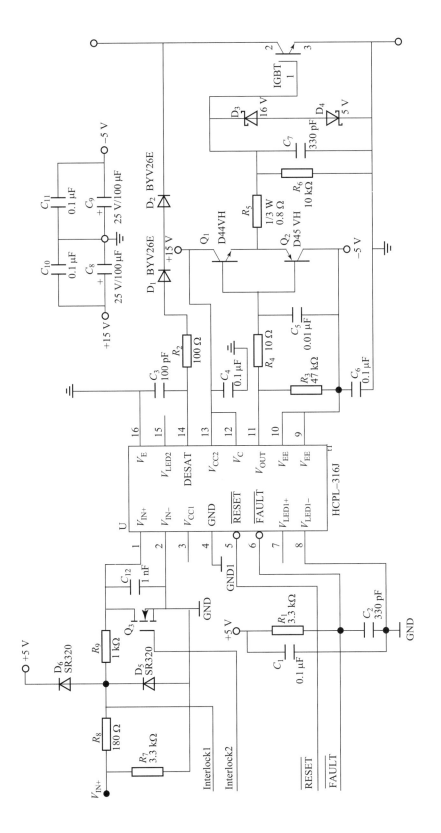

图 5 - 85　IGBT 驱动电路原理图

常，若没有 C_3，也会发出错误的故障信号，使 IGBT 误关断。但是，C_3 的取值过大会使系统反应变慢，而且在饱和情况下，也可能使 IGBT 在延时时间内就被烧坏，起不到正确的保护作用。C_3 取值 100 pF，其延时时间

$$t = C_3 \times U/I$$
$$= 100\ \text{pF} \times (7 - 2 \times 0.6)\,\text{V}/250\ \text{A}$$
$$= 2.32\ \mu\text{s}$$

集电极检测电路用两个二极管串联，能够提高总体的反向恢复时间，且每个反向耐压等级要为 1 000 V，一般选取 BYV26E，反向恢复时间 75 ns。R_4 和 C_5 的作用是保留 HCPL-316J 出现过流信号后具有的软关断特性，其原理是 C_5 通过内部 MOSFET 的放电来实现软关断。输出电压 V_{OUT} 经过两个快速三极管推挽输出，使驱动电流最大能达到 20 A，能够快速驱动 1 700 V、200~300 A 的 IGBT。

由于驱动电路功率较大，使用不当容易造成 HCPL-316J 的损坏，一般在使用过程中易出现以下几种可能：

（1）供电电压 V_{CC1} >5.5 V，造成 316J 的损坏，最好添加稳压管；

（2）IGBT 快速开通和关断有利于提高工作频率，减小开关损耗。但在大电感负载下 IGBT 的开关频率不易过大，因为高速开通和关断时，会产生很高的尖峰电压，极有可能造成 IGBT 或其他元器件被击穿；

（3）V_E 与 DESAT 之间电容不能太大，100 pF 对应 2.3 μs，应增加稳压管，否则在 IGBT 关断时的尖峰电压会损坏 316J。

造成 IGBT 损坏的几种可能：

（1）IGBT 栅极耐压约为 ±20 V，超出会击穿而损坏，可考虑添加稳压管；

（2）栅极应串联电阻和栅射级电容；

（3）当 IGBT 关断时，栅射电压很容易受 IGBT 和电路寄生参数的干扰，使栅射电压引起器件误导通。为防止这种现象发生，可以在栅射级间并接一个电阻，为防止栅极驱动电路出现高压尖峰，最好在栅射间并接两只反向串联的稳压二极管，其稳压值应与正负栅极电压相同。

2）开关电源

开关电源采用单端反激式拓扑结构，选用 TOPSwitch-GX 系列 250Y 电路，对多路输出的负载有较好的自动平衡能力，其电路中的变压器可同时实现直流隔离、能量存储和电压转换的功能，不需要额外的电感来存储能量并作为输出脉宽调制波形的低通滤波器。TOPSwitch-GX 的内部主要由 18 个部分组成，利用反馈电流 I_c 来调节占空比 D，达到稳压目的。当输出电压 +5 V 降低时，经过线性光耦反馈电路使反馈电流 I_c 减小，占空比则增大，输出电压随之升高，最终使 +5 V 维持不变；同理，当输出电压 +5 V 升高时，通过内部调节，也能使 +5 V 维持不变。

开关电源共输出 6 路电源供系统内部使用，其中 24 V 为开关电源反馈控制端，由开关电源自动稳压，其他各路 15 V 电源则通过 7815 或 7915 三端稳压器件经过二次稳压得到，过压、欠压和短路保护由三端稳压管实现；给 DSP 主控板供电的 5 V、+ 15 V 和 − 15 V 由电源模块变换而来。根据三相 IGBT 逆变桥的工作特点，IGBT 驱动电路共需要 4 路隔离的 + 20 V 供电电源，驱动板中故障检测回路需要一路单独的 + 15 V 供电电源，DSP 板需要的供电电源有：+ 5 V、+ 15 V 和 − 15 V。开关电源电路原理图如图 5 − 86 所示。

D10 为 + 5 V 输出整流管，选用 MBR1060 型肖特基二极管，可以提高电源效率，+ 5 V 输出经 R3 和 R4 取样后，经 TL431 接 PC817 去调节 TOP250Y 的输出占空比，R3 为 TL431 提供偏置电流，R1 用来设定反馈电路的直流增益，C20 为软启动电容。

3）母线电压检测电路

直流母线电压的检测方法很多，常用的有光电耦合直接检测法和 LEM 电压传感器检测法两种。后者虽然检测性能优良，但价格较高。系统直流母线电压检测电路如图 5 − 87 所示。经过分压电阻和线性光耦（HCNR201）隔离后的母线电压采样值，直接接入图 5 − 87 所示的电路。

测量到的直流母线电压需要进行滤波以便剔除噪声。最简单的技术之一是一阶滤波，也就是由最后两个采样值和系统 C 递归的计算平均滤波值。

$$U_{\text{dcFilt}}(n + 1) = C[U_{\text{dcFilt}}(n + 1) - U_{\text{dcFilt}}(n)] - U_{\text{dcFilt}}(n) \qquad (5 - 117)$$

4）故障检测电路

故障检测电路对系统 220 V 和 380 V 电源的供电情况进行实时监测，一旦该电源发生欠压或过压情况，故障检测电路就会通过光电耦合器输出一开关量信号送给 DSP 主控板处理。典型的故障检测电路如图 5 − 88 所示，当 220 V 输入电压低于 100 VAC 时，输出欠压报警信号；当 220 V 输出电压高于 260 VAC 时，输出过压报警信号；当 380 V 输入电压低于 200 VAC 时，输出欠压报警信号；当 380 V 输入整流后的母线电压高于 700 VDC 时，输出过压报警信号。

5）保护电路

为保证系统中功率转换电路及电动机驱动电路安全可靠工作，TMS320F2812 还提供了 PDPINT 输入信号，利用它可方便地实现伺服系统的各种保护功能。各种故障信号由 GAL16V8 综合后，输入到 PDPINTA 引脚。有任何故障状态出现时，GAL16V8 输出低电平，PDPINTA 引脚也被拉为低电平，此时 DSP 内定时器立即停止计数，所有 PWM 输出管脚全部呈高阻状态，即硬件封锁输出脉冲，同时产生中断信号，通知 CPU 有异常情况发生，整个过程不需要程序干预，全部自动完成。这对实现各种故障状态的快速处理非常有用。

为保证系统安全运行，设计了如下的硬件故障检测及保护环节。

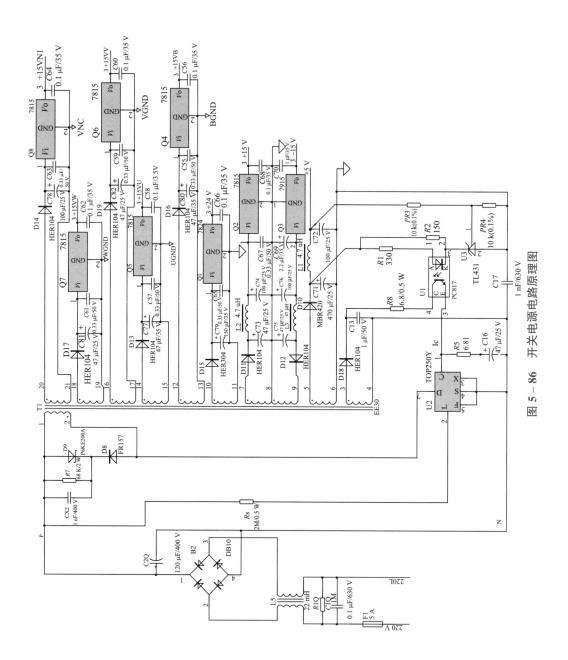

图 5 - 86　开关电源电路原理图

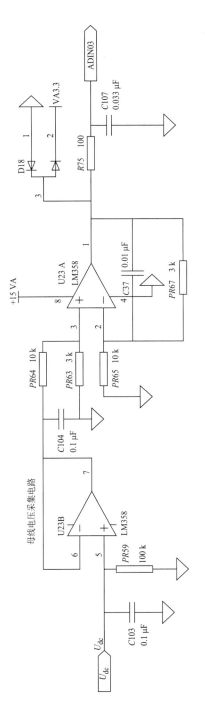

图 5 – 87　直流母线电压检测电路

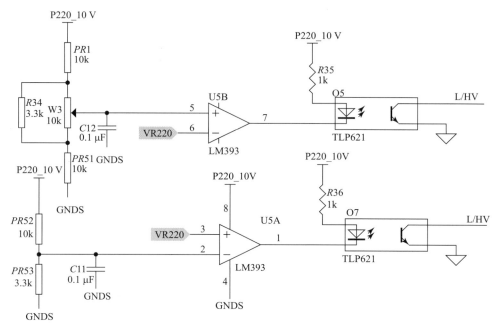

图 5-88　故障检测电路

（1）直流过压保护。在本系统中，当直流电路的电压高于 400 V 时，会危及滤波电容器的安全，因此设计了直流过压保护电路。

（2）控制电路欠压保护。控制电源电压过低，会使控制信号紊乱，使伺服系统有可能发生误动作，为此设计了欠压保护。

（3）智能功率模块故障保护。当 IPM 器件内部检测到过流、短路、模块驱动控制电压欠压或者模块温度过高时，输出故障报警信号，使系统能够采取适当的方式关断功率器件。

（4）过热保护。当散热器的温度超过 80 ℃时，表明系统运行时间过长或功率器件出现了故障，因此需要切断功率器件。

6）制动电路

当控制器快速地减速或停车时，电动机从电动状态变为发电状态，机械能将由逆变器转化成电能反送到直流侧，而整流电路为不可控整流，不能将直流侧的电流返回电网，因此电动机再生的电能将向储能电容充电，使直流母线电压 U_d 迅速升高，而过高的母线电压将使电容和各部分器件受到损害。因此，当电动机处于制动发电状态时必须采取措施处理这部分再生能量。

本系统中的制动电路由 1 个大功率 MOS 管和一个反接续流二极管组成，如图 5-89 所示。由于系统中没有内接能耗制动电阻，因此在实际使用中还需要外接制动电阻，制动电阻的选取参照后面的章节。

图 5 - 89 中的大功率 MOS 管为 IXYS 公司
的 IXGH20N60B，耐压 600 V，输出电流 40 A，
1 ms 的瞬间电流为 80 A，$V_{CE} = 1.7$ V，满足整
个系统的使用要求。

7）电磁兼容性问题

针对驱动板的电磁兼容性问题，主要从以
下几个方面进行设计：

（1）采用 HCPL-316J 扩展驱动电流电路，
减小驱动电阻，提高 IGBT 驱动能力；

（2）对 IGBT 驱动电路中保护电路进行优化
设计，加大滤波电容容量，增加二极管保护，
杜绝误报的产生；

（3）优化开关电源电路中开关管的驱动电
阻，改善开关管的驱动波形；

（4）采用 24 V 电源模块变换为 DSP 主控板
供电，减小纹波电压；

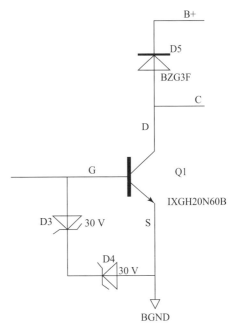

图 5 - 89　制动电路

（5）优化印制板布线，对开关电源电路、驱动电路和故障检测电路进行区域隔离，
分别独立走线，尽量把信号线与功率线分开布线。

3. 三相整流和滤波电路

完成对工频三相 380 V 功率电源进行滤波和全波整流的功能，输出的直流电压作
为 IGBT 逆变桥电路直流母线电压。三相整流电路原理如图 5 - 90 所示。

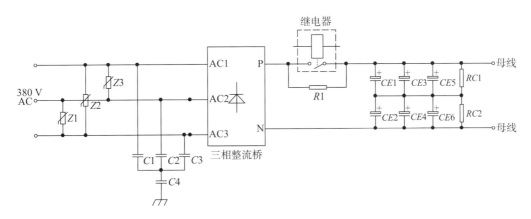

图 5 - 90　三相整流电路原理图

其中 Z1、Z2、Z3 是压敏电阻，接在输入端起到过压保护的作用，电容 C1 ~ C4
完成 EMC 滤波的功能；在三相整流桥的输出端还接有 6 个大电解电容，选用的电解

电容电压等级为 400 V，两个电容串联后其最高工作电压可以达到 800 V，最高允许工作温度为 105 ℃。这相对于系统允许的直流工作电压范围 290 ~ 700 V 来说满足使用要求。

三相整流电路的输入、输出端都有容性滤波电路，三相 380 V 电源供电瞬间会形成较大的浪涌电流，这个电流如果太大可能会引起供电设备过流保护，最严重的情况还有可能造成三相整流桥损坏，因此需要在电路中加入缓启动装置以抑制浪涌电流的峰值。在设计中采用的缓启动装置见图 5 - 90 中的继电器部分，当 380 V 电源上电时，电路先通过上电电阻 R1 对电容充电，充满电后控制继电器导通将电阻 R1 短路，通过这种方式可以完成电路缓启动，抑制或消除浪涌电流。

4. IGBT 逆变桥

IGBT 逆变桥属于主功率回路，伺服电动机的能量来源都从 IGBT 逆变桥输出得到，IGBT 逆变桥完成直流电流到电动机所需的三相交流电流转换功能，另外当电动机减速或刹车时还将系统的动能通过泄放电路消耗掉，以实现电动机快速制动。

IGBT 逆变桥采用三相全桥电路实现，由 6 个 IGBT 组成，共三个模块，每个模块包含一个桥臂。泄放电路由 1 个 IGBT 和一个反接续流二极管组成，并封装在了一个模块中，在实际使用中还需要外接制动电阻。IGBT 逆变桥电路原理图见图 5 - 91。

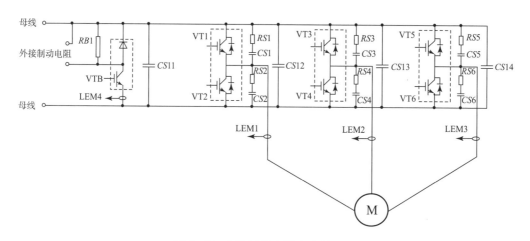

图 5 - 91　IGBT 逆变桥电路原理图

IGBT 逆变桥工作时由驱动板给出 6 路 PWM 开关信号控制 IGBT 模块的通断，开关频率在 5 ~ 20 kHz 的范围，根据实际需要可以通过软件设定开关频率。

IGBT 在高频通、断时，由于主回路存在的等效电感将引起开关浪涌电压，这种开关浪涌电压如果超过 IGBT 的承受能力，就会使 IGBT 损坏。因此要采取保护措施来克服它，在图 5 - 91 中并联在每个 IGBT 输出端由电阻和电容构成的缓冲电路可以抑制开关浪涌电压，它既可以限制关断电压上升率，又可以减少 IGBT 的关断损耗。

5. 电流采集电路

在全数字交流伺服系统中，控制器需要及时准确地知道绕组中实际电流的大小，以实现电流控制（力矩控制）和电流保护电路的设计。电流采样必须实时、准确、可靠，这对实现控制性能是必需的。因此系统电动机的三相电流检测采用霍尔传感器实现，它实时测量电动机的三相电流，并提供给 DSP 主控板实现电流环闭环控制。将采集到的霍尔电流信号经模拟电路处理在 ±5 V 的电压范围内，再经双极性 A/D 转换芯片送入 DSP 内。

5.5.2　数字控制器的软件设计

在数字控制器软件设计中，采用了矢量控制技术，图 5 – 92 所示的是控制回路和流程图。

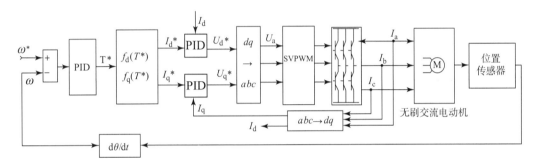

图 5 – 92　控制回路图和流程

软件的基本控制流程为：

（1）模拟速度指令采样，经过滤波处理，转换为速度指令信号。

（2）旋转变压器信号，经过滤波处理，转换为实时的转子位置信号和速度信号。

（3）速度指令信号和实测的速度信号输入到速度 PID 控制环节，经过计算后输出 q 轴电流指令 I_q^*。

（4）PID 环节输出的 I_q^* 和预先设定的 d 轴电流指令 I_d^* 进入限幅环节。系统根据电动机的运行状况，进行电流限制，主要包括以下几种状态：

①电流超过额定电流，系统开始定时，保证电流峰值的时间不超过额定值；

②电流超过额定电流的 90%，并且持续时间超过 5 分钟，则判断为系统过载或堵转，系统报警；

③检测散热器温度传感器的温度，如果散热器温度超过 70 ℃，系统开始限制驱动器的电流大小，如果散热器温度超过 75 ℃，则系统报驱动器过热错误；

④如果此时电动机在制动状态，则计算最大的制动电流和功率，保证瞬时的能量反馈不过大；

⑤如果电动机的转速过高，或者供电电压偏低，则系统进入弱磁控制状态，以扩展电动机转速（弱磁扩展部分不包括在此软件中）。

（5）系统采样 I_a、I_b、I_c 三相电流，并经过 Park 变换转换成 I_d 和 I_q 电流。

（6）电流指令 I_q^* 和 I_d^* 分别和实测的 I_q 和 I_d 电流相比较，并分别进行 PID 的计算，得到电压指令 U_q^* 和 U_d^*。但是由于 $\omega_e L_d i_d$ 和 $\omega_e L_q i_q$ 相互耦合，使得 U_d 和 U_q 不能独立地控制 d、q 轴电流，这将影响到电流和转矩响应速度。为了消除这种耦合作用，系统采用了一种前馈补偿的电流调节器。

（7）先将电压指令值 U_q^* 和 U_d^* 通过两相旋转坐标系到两相静止坐标系的变换，得到 SVPWM 调制所需要的 U_{ref} 在静止坐标系 α 轴和 β 轴的分量 $U_{\alpha ref}$ 和 $U_{\beta ref}$。

两相旋转坐标系到两相静止坐标系的变换（$dq/\alpha\beta$ 转换）为

$$\begin{bmatrix} U_\alpha \\ U_\beta \end{bmatrix} = \begin{bmatrix} \cos\theta & -\sin\theta \\ \sin\theta & \cos\theta \end{bmatrix} \begin{bmatrix} U_d \\ U_q \end{bmatrix}; \tag{5-118}$$

（8）根据计算得到的静止坐标系 α 轴和 β 轴的分量 $U_{\alpha ref}$ 和 $U_{\beta ref}$，可以推算出相应的 PWM 占空比。确定两相邻矢量的作用时间

$$X = \sqrt{3} U_{\beta ref} \cdot T/U_{dc}$$

$$Y = \left(\frac{\sqrt{3}}{2} U_{\beta ref} + \frac{3}{2} U_{\alpha ref} \right) \cdot T/U_{dc} \tag{5-119}$$

$$Z = \left(\frac{\sqrt{3}}{2} U_{\beta ref} - \frac{3}{2} U_{\alpha ref} \right) \cdot T/U_{dc}$$

其中 T——开关周期，$T = 1/F$，F 为开关频率。

则各扇区两相邻矢量作用时间 T_1、T_2 如表 5-5 所示。

表 5-5 扇区两相邻矢量作用时间表

扇区号	1	2	3	4	5	6
T_1	Z	Y	$-Z$	$-X$	X	$-Y$
T_2	Y	$-X$	X	Z	$-Y$	$-Z$

若出现饱和（$T < (T_1 + T_2)$），则 $T_1 = T_1 \cdot T/(T_1 + T_2)$，$T_2 = T_2 \cdot T/(T_1 + T_2)$。

确定电压空间矢量比较器的切换点 T_{cm1}、T_{cm2}、T_{cm3}

$$T_\alpha = (T - T_1 - T_2)/4$$

$$T_b = T_\alpha + T_1/2 \tag{5-120}$$

$$T_c = T_b + T_2/2$$

根据参考电压矢量所处扇区，可得到比较器的切换点时间如表 5-6 所示。

表 5 – 6　比较器的切换点时间表

扇区号	1	2	3	4	5	6
T_{cm1}	T_b	T_α	T_α	T_c	T_c	T_b
T_{cm2}	T_α	T_c	T_b	T_b	T_α	T_c
T_{cm3}	T_c	T_b	T_c	T_α	T_b	T_α

　　然后将切换点时间 T_{cm1}、T_{cm2}、T_{cm3} 作为调制信号，从而产生逆变器所需的 PWM 数字脉冲信号。

　　数字控制器的 DSP 伺服控制软件由两个部分组成：初始化部分和控制部分。DSP 控制器软件程序框图如图 5 – 93 所示。从图 5 – 93 可以看出，控制器软件由系统初始化程序模块、外部中断处理模块、定时器下溢中断处理模块和串行中断服务模块四大程序模块组成，各程序模块又由多个子程序模块组成。系统初始化模块完成系统寄存器的设置和变量的初始化工作；外部中断处理模块根据转子磁极位置信号进行电子换相处理；定时器下溢中断处理模块根据检测到的转子位置、电流等信息进行速度控制、位置控制和电流控制；串行中断服务模块根据上位机指令所给的信息完成 DSP 和上位机的通信。

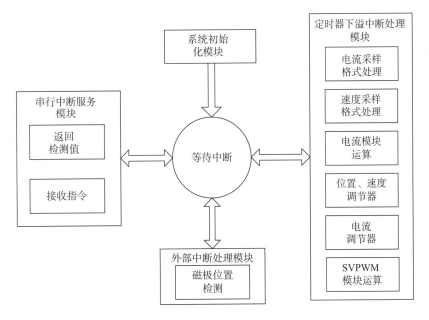

图 5 – 93　DSP 控制器程序框图

　　初始化部分只在计算开始时执行一次，控制部分是基于一个由 PWM 下溢中断的等待环，当中断到来时承担和执行相应的服务中断子程序，图 5 – 94 说明了这两个模块在时序上的关系。所有的矢量控制算法都在 PWM 中断子程序内执行完毕，因此控制算法与 PWM 有相同的频率。控制器初始化，软件进入等待循环，每次终端发生，控制模块就被激活，完成一个周期的 PWM 设置。

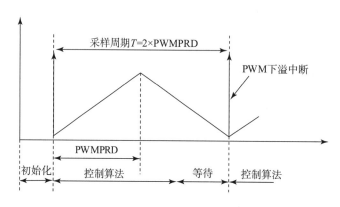

图 5-94　控制软件模块时序图

控制器软件用 C 语言编写，编制好后，写入 TMS320F2812A 芯片，再由 TMS320F2812A 负责对控制电路各环节的工作进行协调、监督和保护，并参与大量的运算和处理工作。TMS320F2812A 主要处理以下一些工作：

①系统初始化：设定堆栈指针、DSP 系统初始化、内存单元初始化、事件管理器初始化、I/O 端口初始化、PWM 初始化、电动机和控制器参数设置、变量初始化、软件定时中断设置和外部中断设置；

②建立 $0\sim2\pi$ 间的正弦表，计算 i_d、i_q 的最大限幅值等；

③接收上位微型计算机发送来的指令，并进行适当处理；向上位微型计算机返回伺服系统的误差；

④读可逆计数器，得到位置和速度反馈的原始信息，并对此进行处理以获得速度反馈和位置反馈值，完成位置和速度控制算法；

⑤如果有故障发生，单片机立即启动系统软件保护，使系统停止正常工作。

控制器主程序流程图见图 5-95，中断服务程序流程图见图 5-96。

1. 数字变量表述形式

为达到一定的控制精度，整个控制算法的实现需要进行大量的浮点运算。由于 TMS320F2812A 是定点数 DSP，而控制系统各参数的大小范围不一，为简化计算，对整个系统的各个参数采用 PU 值的数字表述形式。PU 值中的基准值采用系统各变量的额定值或额定范围。

当系统处于额定状态下时，系统各变量 PU 值均为 1；当系统处于暂态时，某些变量会超过额定值的数倍（如启动时的定子电流），使其 PU 值大于 1；另外各变量的取值范围一般也有正、负，因此可采用 4.12f 格式。

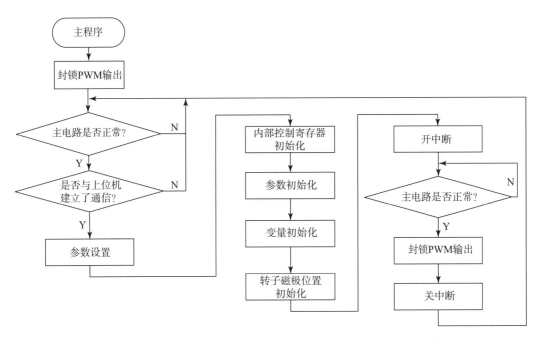

图 5－95　控制器主程序流程图

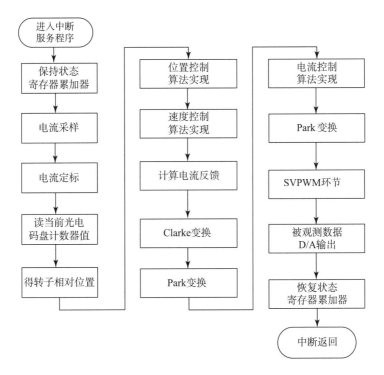

图 5－96　控制器中断服务程序流程图

2. 电动机转子初始位置的测定

可采用对电动机绕组施加脉冲电压，并通过检测电动机三相绕组电感，确定转子初始位置的方法。其工作原理是当电动机绕组加一定的电流后，电动机铁芯饱和度将产生变化，如图 5－97 所示。假如绕组加电流前铁芯工作点为 M，加电流 I 之后，工作点将变为 A 和 B。如果电流 I 方向与永磁转子磁通方向一致，则铁芯将工作于点 A，饱和度升高，电感变小；如果相反，则工作于 B，饱和度降低，电感变大。因此如果给绕组加电压脉冲，产生的电流方向与永磁转子的磁通方向一致（即点 A），饱和度升高，电感变小，电流值（$I+$）将大于其反方向电压脉冲产生的电流（$I-$），如图 5－98 所示。

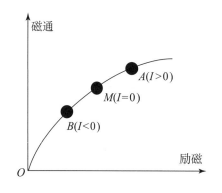

图 5－97　励磁与磁通关系曲线

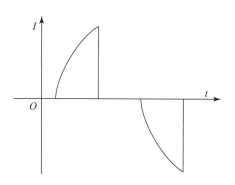

图 5－98　某一时刻的电流值

基于上述原理，可以给电动机绕组分别加一对方向相反、大小一致的电压脉冲，绕组通电方式如图 5－99 和图 5－100 所示。如果产生正方向电流峰值大于反方向电流峰值，或者正方向电流上升斜率大于反方向电流上升斜率，此时，可以判断转子位于与 A 相绕组成 $[-90°，+90°]$ 的范围内，如图 5－99 扇形所示的范围。反之，如果正方向电流峰值小于反方向电流峰值，或者正方向电流上升斜率小于反方向电流上升

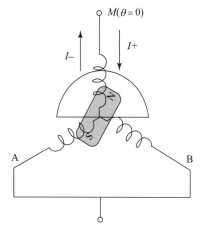

图 5－99　当 $I+>I-$ 时的转子位置

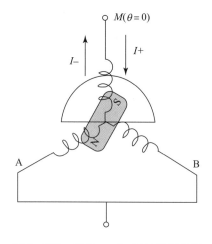

图 5－100　当 $I+<I-$ 时的转子位置

斜率，可以判断转子位于与 A 相绕组成 $[+90°，+270°]$ 的范围内，如图 5 - 100 扇形所示的范围。此时，转子位置精度为 ±90°。对电动机另外两相绕组重复以上步骤，则转子位置范围将不断缩小，最终可以确定出电动机在 $[-30°，+30°]$ 范围内的位置。电动机启动后，系统即可从旋转变压器解码信号中检测一个标志信号，以后控制器就以该标志信号为零位运行，此标志信号能正确反映电动机转子位置，误差在 3′ 以内。

3. 电流的采样和坐标变换

电流的采样主要是用 DSP 实现 A/D 转换，电流检测后还要进行坐标变换。在坐标变换中要用到角度的正弦值，在 DSP 中正弦值要通过查表来计算，采样流程如图 5 - 101 所示。

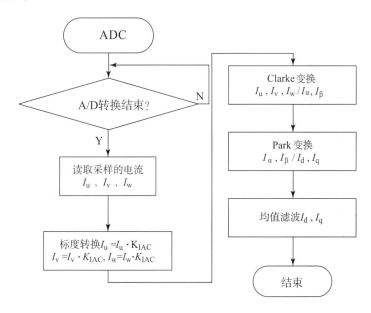

图 5 - 101　电流采样流程图

查表方法的关键在于地址的计算。由于受存储空间的限制，在存储器中只能存储有限的角度对应的正弦值，为了提高精度还要进行插值计算。下面是线性插值的原理。

查询表表示如下，x 表示计算出的值，$y(x)$ 表示表中 x 对应的数值，x_i 和 x_{i+1} 表示表中相邻的两个量，$y(x_i)$ 和 $y(x_{i+1})$ 分别是 x_i 和 x_{i+1} 对应的值。

假设 $x_i < x < x_{i+1}$，那么

$$y(x) = y(x_i) + (x - x_i)[y(x_{i+1}) - y(x_i)]/(x_{i+1} - x_i) \qquad (5 - 121)$$

4. 电流采样信号中高次谐波的处理

由于电动机设计自身的原因，使得采样回来的电流信号存在奇次谐波，如 5 次、7 次谐波等。此时我们可以对采样回来且经过坐标变换的电流信号 i_d、i_q 进行数字滤波，

给一定频率的电流信号设置一个截止频率，这样就能滤掉截止频率以上的谐波。但在频率调速时，电流的频率在不断地变换，也就是说，如果采用数字滤波，截止频率就不能固定。结合各种滤波方法，设计中通常采用均值滤波，可达到理想的滤波效果。举例如下，移动均值滤波函数

$$i_{\text{d-avr}}(n) = \left[i_{\text{d}}(n) + \sum_{j=n-100}^{n-1} i_{\text{d}}(j-1) \right]/100 \qquad (5-122)$$

$$i_{\text{q-avr}}(n) = \left[i_{\text{q}}(n) + \sum_{j=n-100}^{n-1} i_{\text{q}}(j-1) \right]/100 \qquad (5-123)$$

i_{d}、i_{q} 滤波程序流程图见图 5-102。

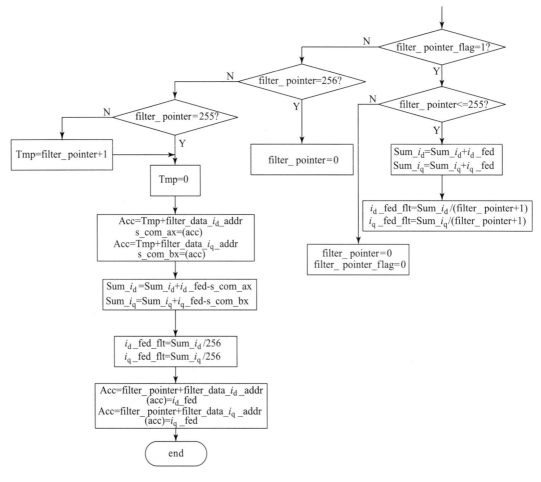

图 5-102 i_{d}、i_{q} 滤波程序流程图

5. SVPWM 的实现

SVPWM 按上面介绍的方法来实现，只需用 DSP 编程实现即可，其算法流程如图 5-103 所示。

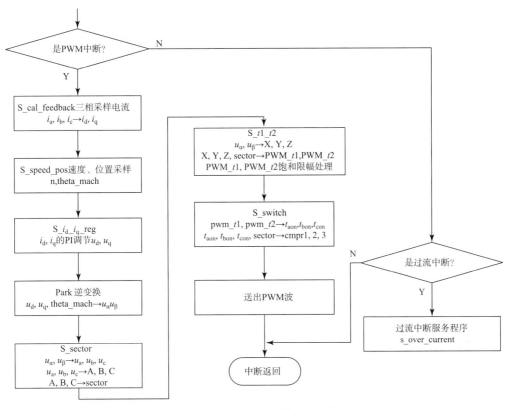

图 5 – 103 SVPWM 算法流程图

6. 故障中断服务程序

根据系统的硬件设计可知，当系统中有故障时，DSP 控制器的 PDPINT 管脚的电平将被拉低，产生外部中断服务申请。程序设计如果产生外部中断服务申请，DSP 响应中断，先封锁 PWM 输出，为系统提供可靠的保护作用，故障终端服务程序流程图如图 5 – 104 所示。

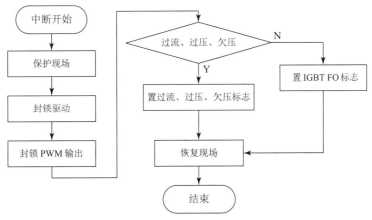

图 5 – 104 故障终端服务程序流程图

7. 上位机程序

人机接口部分通过 RS485 使 PC 上位机与 DSP 连接，完成运行指令、参数设定、数据的采集与处理等功能。设计上位机通信、监控软件，利用图形实时反映系统运行的状态。DSP 通信监测程序流程图见图 5 – 105。

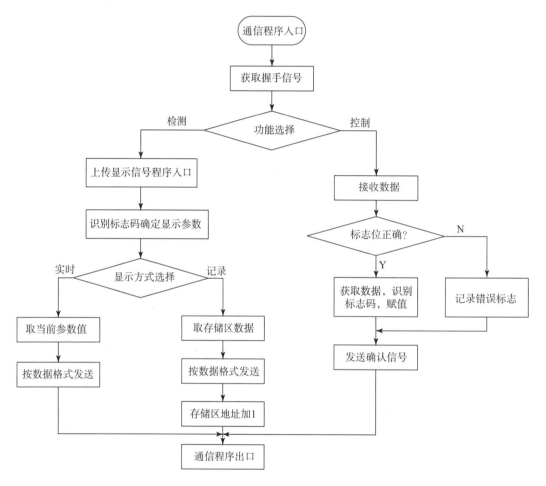

图 5 – 105　DSP 通信监测程序流程图

第6章　发射装置液压伺服系统

6.1　概　　述

液压伺服系统是伺服控制领域的一个重要组成部分，它是在液压传动和自动控制技术基础上发展起来的一门科学技术，由于具有响应快、功率重量比大以及刚度大等特点，因此广泛应用于国防工业及民用产业的各个领域。

6.1.1　液压伺服控制系统的组成

液压伺服控制系统由电气及液压两部分组成，系统中偏差信号的检测、校正和初始放大均采用电气、电子元件来实现；系统的心脏是液压控制元件，其一般构成见图6-1，基本元件组成如下：

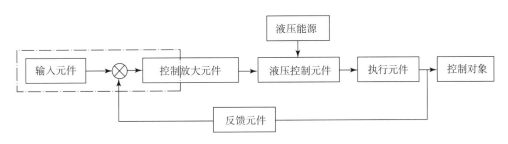

图6-1　液压伺服系统基本组成

（1）输入元件。也称指令元件，它给出指令信号，并加于系统的输入端。如指令电位计或计算机等。

（2）反馈元件。测量系统输出并将其转换成反馈信号。各种传感器常作为反馈测量元件，如位移传感器、速度传感器等。

（3）比较元件。将反馈信号与输入信号进行比较，给出偏差信号。比较元件经常不单独存在，而是与输入元件、反馈元件和放大元件共同作用。

（4）放大、转换、控制元件。将偏差信号放大、转换成液压信号（压力或流量）。如伺服放大器、机液伺服阀、电液伺服阀。

（5）执行元件。产生调节动作加于控制对象上，实现调节任务。如液压油缸和液压马达等。

（6）控制对象。被控制的机器设备或物体。如发射转台、发射架、摇摆台等。

除此之外，还可能有各种校正装置以及液压能源。

6.1.2 液压伺服控制系统的分类

1. 根据被控物理量分类

工程上一般按被控物理量来分类，液压伺服控制系统可分为：

（1）位置伺服控制系统。

（2）速度伺服控制系统。

（3）力控制系统。

（4）其他物理量的控制系统。

2. 根据液压控制元件的形式分类

按液压控制元件的形式来分类，一般有：

（1）节流式控制伺服系统，也叫阀控系统，一般为阀控缸和阀控液压马达形式。由控制阀直接控制油缸或液压马达，因此具有响应快、控制精度高、结构简单的优点，得到广泛应用，特别是在快速、高精度的中小功率伺服系统中应用广泛。但由于滑阀窗口的节流作用，能源油泵的工作压力一部分消耗于克服负载作功，一部分消耗于窗口的节流损失，这部分能量变成了热量，使油温增高，因而其效率低，且为降低油温，往往需要采取冷却油温措施。

（2）容积式控制伺服系统，也叫泵控系统，一般为泵控缸和泵控液压马达形式。由控制阀去控制变量泵的变量机构，变量泵的工作压力等于负载所要求的负载压力，变量泵所需流量等于负载所要求的流量。由于无节流和溢流损失，原动机拖动变量泵所消耗的功率能较好地和负载所要求的功率相配合，因此效率高，且刚性大，但响应速度慢、结构复杂，适用于功率大而响应速度要求不高的控制场合。

6.1.3 液压伺服控制的优缺点

与其他伺服控制相比较，液压伺服控制具有自身的一些优点，因而获得广泛应用，但也存在其缺点，而这些缺点也影响到它的应用。

1. 液压伺服控制的优点

液压伺服控制具有以下优点：

（1）功率–重量比和力矩–惯量比大。可以组成结构紧凑、体积小、重量轻、加速性能好的伺服系统。

（2）快速性好，系统响应快。由于功率–重量比大，因此系统的加速能力强，能够高速启动、制动与换向。

（3）刚度大。输出位移受负载变化的影响小，定位准确，控制精度高。

2. 液压伺服控制的缺点

（1）对工作介质的清洁度要求高。液压元件，特别是电液伺服阀的抗污染能力差，一旦工作介质被污染，会使阀芯磨损而降低性能，甚至出现卡滞或堵塞，使系统不能正常工作。

（2）受温度的影响较大。由于工作介质的体积弹性模量和黏度会随温度的变化而变化，在一定程度上影响了系统的性能。

（3）易外泄漏，造成环境污染。液压元件的密封设计、制造和装配以及使用维护不当，容易引起外泄漏，造成环境污染。

（4）成本高。液压元件的制造属于精密加工，制造精度高，因此成本高，价格昂贵。

6.2 液压放大元件

液压放大元件也称为液压放大器，即各种形式的液压控制阀，它是一种以机械运动来控制流体动力的元件。在液压伺服系统中，它将输入的机械信号（如位移或转角）转换为液压信号（如压力、流量）输出，并进行功率放大，因此，液压控制阀既是一种能量转换元件，又是一种功率放大元件。

液压放大元件是液压伺服系统的主要控制元件，它的静、动态特性直接影响液压伺服系统的性能。液压放大元件包括滑阀、喷嘴挡板阀和射流管阀三类。

6.3 液压动力元件

液压动力元件也称为液压拖动装置，由液压放大元件（液压控制元件）和液压执行元件组成。其中液压控制元件可以是液压控制阀或伺服变量泵，液压执行元件可以是液压油缸或液压马达。由以上液压元件可以组成两类共 4 种基本形式的液压动力元件：阀控类（节流控制）的阀控液压缸和阀控液压马达；泵控类（容积控制）的泵控液压缸和泵控液压马达。

阀控系统又称节流控制系统，是由伺服阀来控制进入执行机构的流量，从而控制执行机构的输出速度。该系统常常采用恒压油源，使阀的进口供油压力恒定，以保证系统的动态响应快，一般在小功率系统和控制精度要求较高的系统中，多采用阀控系统。

泵控系统又称容积控制系统，是通过改变伺服变量泵的排量来控制进入执行机构的流量，从而控制执行机构的输出速度，由于压力是逐渐建立起来的，因此整个系统的响应速度慢。一般大功率系统、效率要求较高的系统多采用泵控系统。

6.3.1 阀控液压缸

阀控液压缸是一种应用广泛的液压动力元件，在发射架液压伺服系统中常常用这种液压动力元件控制发射架的俯仰调转，个别型号也用来控制发射装置的方位调转。

从液压控制系统角度研究阀控液压缸的位置控制系统数学模型，作如下假设：

（1）滑阀为理想零开口四通阀，四个节流窗口是匹配和对称的；

（2）节流窗口处的流动为紊流，液体压缩性的影响在阀中予以忽略；

（3）每个相应工作腔的各点压力相同，油液温度和容积弹性模数可以认为是常数；

（4）油源供油压力恒定，且回油压力为零；

（5）所有连接管道都短而粗，管道内的摩擦损失、流体质量影响和管道动态忽略不计。

如图 6 - 2 所示为阀控液压缸结构，基于以上假设，得出系统运动机构的 2 个基本方程如下。

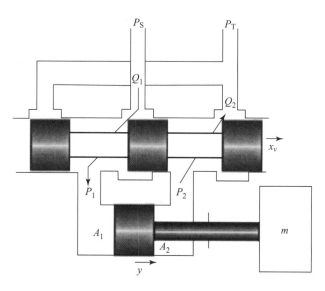

图 6 - 2　阀控液压缸结构

1. 伺服阀流量方程

$$Q_1 = \begin{cases} c_1 w x_v \sqrt{2(P_S - P_1)/\rho}, & x_v \geqslant 0 \\ c_2 w x_v \sqrt{2(P_1 - P_T)/\rho}, & x_v < 0 \end{cases}$$

$$Q_2 = \begin{cases} -c_3 w x_v \sqrt{2(P_2 - P_T)/\rho}, & x_v \geqslant 0 \\ -c_4 w x_v \sqrt{2(P_S - P_2)/\rho}, & x_v < 0 \end{cases} \tag{6-1}$$

其中　Q_1——无杆腔流量，m^3/s；

$\quad\quad Q_2$——有杆腔流量，m^3/s；

$\quad\quad P_S$——供油压力，Pa；

$\quad\quad P_1$——无杆腔压力，Pa；

$\quad\quad P_2$——有杆腔压力，Pa；

$\quad\quad P_T$——回油压力，Pa；

$\quad\quad c_i$（$i = 1$，2，3，4）——流量系数；

$\quad\quad w$——窗口面积梯度，m；

$\quad\quad \rho$——液体密度，kg/m^3；

$\quad\quad x_v$——阀芯位移，m。

2. 液压缸连续方程

$$\dot{P}_1 = \frac{\beta}{V_1}(-\dot{V}_1 + Q_1 - Q_{Li})$$

$$\dot{P}_2 = \frac{\beta}{V_2}(-\dot{V}_2 + Q_2 + Q_{Li} - Q_{Le}) \tag{6-2}$$

其中　β——液压弹性模量，N/m^2，$\beta = V dP/dv$；

$\quad\quad V$——液压缸腔总容积，m^3；

$\quad\quad V_1$——无杆腔容积，m；

$\quad\quad V_2$——有杆腔容积，m；

$\quad\quad Q_{Li}$——内泄流量，m^3/s；

$\quad\quad Q_{Le}$——外泄流量，m^3/s。

6.3.2　阀控液压马达

阀控制液压马达也是一种应用广泛的液压动力元件，在发射架液压伺服系统中常常用这种液压动力元件控制发射转塔的方位调转，实现发射转塔 ±360° 调转。

阀控制液压马达的动态特性分析中，阀芯位移 x 和液压马达的外负载力矩 T 为输入量，液压马达的转动角度为输出量，液压马达的负载包括惯性负载、黏性负载、弹性负载以及外负载力矩 T。

电液伺服流量阀、液压马达以及负载组成了液压动力机构，其性能的优劣对整个系统品质有着极大的影响，确定阀控液压马达动力机构的线性化数学模型是系统分析的前提。

做如下假设：

（1）工作油液的体积弹性模量为恒值；

（2）油源供油压力恒定，回油压力为零；

（3）伺服阀为理想零开口四通滑阀，节流窗口匹配且对称；

（4）马达的内、外泄漏流动状态均为层流；

（5）滑阀具有理想的动态特性；

（6）忽略管道压力损失和管道动态的影响。

1. 伺服阀阀口线性化流量方程

$$Q_L = K_q x_v - K_c P_L \qquad (6-3)$$

式中　Q_L——电液伺服马达的负载流量，m^3/s；

　　　K_q——电液伺服阀阀口流量增益，m^2/s；

　　　x_v——伺服阀阀芯位移，m；

　　　K_c——伺服阀阀口流量–压力系数，$m^3/(s \cdot Pa)$；

　　　P_L——负载压力，Pa。

对公式（6-3）进行拉氏变换，得

$$Q_L(s) = K_q x_v(s) - K_c P_L(s) \qquad (6-4)$$

2. 液压马达的负载流量连续性方程

液压马达的负载流量由三部分组成：马达转动所需的流量 Q_1；马达内、外泄漏损失的流量 Q_2；因油液压缩而产生的附加流量 Q_3。故有

$$Q_L + Q_1 + Q_2 + Q_3 = D_m \dot{\theta} + C_{tm} P_L + \frac{V_t}{4\beta_e} \dot{P_L} \qquad (6-5)$$

式中　D_m——液压马达的弧度排量，m^3/rad；

　　　θ——液压马达的角位移，rad；

　　　C_{tm}——液压马达总泄漏系数，$m^3/(s \cdot Pa)$；

　　　V_t——液压马达、伺服阀腔及连接管道的总容积，m^3；

　　　β_e——工作油液的有效体积弹性模量，Pa。

对式（6-5）进行拉氏变换，得

$$Q_L(s) = D_m \theta(s)s + C_{tm} P_L(s) + \frac{V_t}{4\beta_e} P_L(s)s \qquad (6-6)$$

3. 力矩平衡方程

忽略静摩擦、库仑摩擦等非线性负载和油液的质量，根据牛顿第二定律可得液压马达与负载的力矩平衡方程为

$$D_m P_L = J_t \ddot{\theta} + B_m \theta + G\theta + T_L \qquad (6-7)$$

式中　J_t——马达自身及负载折合到马达轴上的总转动惯量，$kg \cdot m^2$；

　　　B_m——黏性阻尼系数，$N \cdot m/(rad/s)$；

G——负载的弹簧刚度，$N \cdot m/rad$；

T_L——作用在马达轴上的任意外负载力矩，$N \cdot m$。

对式（6-7）进行拉氏变换，得

$$D_m P_L(s) = J_t \theta(s) s^2 + B_m \theta(s) s + G \theta(s) + T_L(s) \tag{6-8}$$

4. 阀控马达动力机构的传递函数

根据式（6-4）、式（6-6）、式（6-8）可得阀芯位移 $x_v(s)$ 和干扰 $T_L(s)$ 同时作用于马达的总输出角位移 $\theta(s)$ 为

$$\theta(s) = \frac{\dfrac{K_q}{D_m} x_v(s) - \dfrac{K_{ce}}{D_m^2}\left(1 + \dfrac{V_t}{4\beta_e K_{ce}}\right) T_L(s)}{\dfrac{J_t V_t}{4\beta_e D_m^2} s^3 + \left(\dfrac{J_t K_{ce}}{D_m^2} + \dfrac{B_m V_t}{4\beta_e D_m^2}\right) s^2 + \left(1 + \dfrac{B_m K_{ce}}{D_m^2} + \dfrac{G V_t}{4\beta_e D_m^2}\right) s + \dfrac{G K_{ce}}{D_m^2}} \tag{6-9}$$

式中 K_{ce}——总流量-压力系数，$K_{ce} = K_c + C_{tm}$，$m^3/(s \cdot Pa)$。

马达与负载采用涨紧环刚性连接在一起，故可忽略负载刚度的影响，即 $G = 0$，通常情况下 $\dfrac{B_m K_{ce}}{D_m^2} \ll 1$，故式（6-9）可简化为

$$\theta(s) = \frac{\dfrac{K_q}{D_m} x_v(s) - \dfrac{K_{ce}}{D_m^2}\left(1 + \dfrac{V_t}{4\beta_e K_{ce}} s\right) T_L(s)}{s\left(\dfrac{s^2}{\omega_h^2} + \dfrac{2\xi_h}{\omega_h} s + 1\right)} \tag{6-10}$$

式中 ω_h——阀控液压马达的液压固有频率；

ξ_h——阀控液压马达的液压阻尼比。

$$\omega_h = \sqrt{\frac{4\beta_e D_m^2}{J_t V_t}} \quad (rad/s) \tag{6-11}$$

$$\xi_h = \frac{K_{ce}}{D_m} \sqrt{\frac{J_t \beta_e}{V_t}} + \frac{B_m}{4D_m} \sqrt{\frac{V_t}{\beta_e J_t}} \tag{6-12}$$

此式中由于马达的结构和负载都不变，所以 ξ_h 和 B_m 有关，黏度阻尼系数随液体的压力和温度而变化。但对于液压油来说，在一般液压系统使用的压力范围内，压力增大的数值很小，可以忽略不计，虽然温度对黏度系数影响很大，但如果能使液压油充分冷却，可减小温度对黏度系数的影响，另外 B_m 基数本身很小，黏度系数对阻尼比的影响可忽略，所以阻尼比 ξ_h 的变化主要取决于 K_{ce} 的变化，$K_{ce} = K_c + C_{tm}$，即阻尼比与阀的流量-压力系数和总泄漏系数有关。

伺服马达的空载流量为 $Q_0 = K_q \cdot v$，则由式（6-6）、式（6-10）可得马达输出角位移对伺服阀空载流量的传递函数为

$$\frac{\theta(s)}{Q_0(s)} = \frac{1/D_m}{s\left(\dfrac{s^2}{\omega_h^2} + \dfrac{2\xi h}{\omega_h} s + 1\right)} \tag{6-13}$$

6.3.3 泵控液压马达

泵控液压马达的典型组成是变量泵和定量马达，通过改变变量泵的排量，来对马达进行控制。马达负载需要多少流量，变量泵就调节到多少流量，因此其功率损失小，最大效率可达90%。常用在火炮、雷达天线及舰船舵机等系统中。

变量泵以转速 n_p 恒速转动，其变量机构的摆角由伺服阀控制的液压缸来确定。液压马达通常为定排量马达，其速度和旋转方向通过改变泵的摆角来加以控制。

在正常工作时，一根管道的压力等于补油压力，另一根管道的压力由负载决定，反向时两根管道的压力随之转换。为了保护液压元件不受压力冲击的损坏，在两根管道之间要对称跨接两个高响应的安全阀，其规格应能允许系统过载时把泵的最大流量从高压管道注入低压管道，以防止气穴现象和系统反向冲击的发生。变量伺服机构所用伺服阀控制液压缸的传递函数与前述相同，这里只推导泵的摆角到液压马达输出角之间的传递函数。

假定：

（1）泵和马达的泄漏为层流，壳体回油压力为零，忽略低压腔向壳体内的外泄漏。

（2）连接管道较短，管道内的压力损失、流体质量效应和管道动态忽略不计。

（3）两根管道完全相同，泵、马达和管道组成的两个腔室的总容积相等，每个腔室内油液的温度和体积弹性模数为常数，压力均匀相等。

（4）补油系统的工作没有滞后，补油压力为常数。工作中低压腔压力等于补油压力，仅高压腔压力发生变化。

（5）马达和负载之间连接构件的刚度很大，忽略结构柔度的影响。

（6）输入信号较小，不发生压力饱和现象。

变量泵的流量连续性方程

$$Q_p(s) = K_{dp} n_p \phi_p(s) - C_{tp} P_1(s) \tag{6-14}$$

式中　Q_p——泵的输出流量；

　　　K_{dp}——泵的排量梯度；

　　　ϕ_p——泵的偏角；

　　　C_{tp}——泵的总泄漏系数；

　　　P_1——出油（高压）侧油腔压力。

变量泵高压腔的流量连续性方程

$$Q_P(s) = C_{tm} P_1(s) = D_m s \theta_m(s) + \frac{V_0}{\beta_e} s P_1(s) \tag{6-15}$$

式中　C_{tm}——马达的总泄漏系数；

　　　θ_m——马达轴转角；

V_0——高压油腔总容积；

β_e——油液等效体积弹性模量。

马达和负载的力矩平衡方程

$$D_m P_1(s) = (J_1 s^2 + B_m s + G)\theta_m(s) + T_L(s) \qquad (6-16)$$

式中 J_1——马达及负载折算到马达轴上的等效转动惯量；

B_m——马达及负载总黏性阻尼系数；

G——负载的扭簧刚度；

T_L——外负载力矩。

将式（6-14）、式（6-15）、式（6-16）进行拉氏变换，得系统传递函数如式（6-17）所示。

$$\theta_m(s) = \frac{\dfrac{K_{dp}n_p}{D_m}\phi_p(s) - \dfrac{C_t}{D_m^2}\left(1 + \dfrac{s}{\omega_1}\right)T_L(s)}{s\left(\dfrac{s^2}{\omega_h^2} + \dfrac{2\xi_h}{\omega_h}s + 1\right)} s P_1(s) \qquad (6-17)$$

式中 ω_h——液压谐振频率，$\omega_h = \sqrt{K_h/J_t} = \sqrt{\beta_e D_m^2 V_0 J_1}$；

$C_t = C_{tp}C_{tm}$；

K_h——液压弹簧刚度，$K_h = \beta_e D_m^2 / V_0$；

ω_1——容积滞后频率，$\omega_1 = \beta_e C_t / V_0$；

ξ_h——阻尼系数，$\xi_h = \dfrac{C_t}{2D_m}\sqrt{\dfrac{\beta_e J_t}{V_0}} + \dfrac{B_m}{2D_m}\sqrt{\dfrac{V_0}{\beta_e J_t}}$。

忽略马达及负载总黏性阻尼系数，即 $B_m = 0$ 时，$\xi_h = \dfrac{C_t}{2D_m}\sqrt{\dfrac{\beta_e J_1}{V_0}}$。

图 6-3 所示为泵控液压马达方框图。

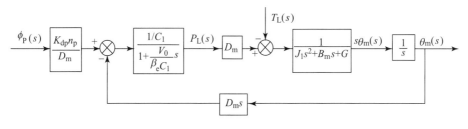

图 6-3 泵控液压马达方框图

6.3.4 泵控液压缸

泵控液压缸的分析与泵控液压马达相似，只要将液压马达的轴转角、排量换为油缸位移和有效面积即可。

6.4 动力元件与负载匹配

液压动力元件要拖动负载运动，因此就存在液压动力元件的输出特性与负载特性的配合问题，及负载匹配问题。

6.4.1 负载特性

要设计好动力元件与负载的匹配，首先要了解负载特性，所谓负载特性就是驱使负载运动所需的力或力矩与负载位移、速度、加速度之间的关系。负载特性可以用解析的形式描述，也可以用图线来描述，通常以力－速度图来表示，而相应的曲线称为负载轨迹。

典型的负载特性有：惯性负载特性、黏性阻尼负载特性、弹性负载特性以及摩擦负载特性。对惯性负载、黏性阻尼负载、弹性负载或由它们组合的负载，随频率增加负载轨迹加大，在设计时应考虑最大频率时的负载。在负载轨迹上，对设计最有用的工况点是：最大负载力、最大速度和最大功率工况。

6.4.2 液压动力元件的输出特性

液压动力元件的输出特性是在稳态情况下，执行元件的输出速度、输出力与阀的输入位移三者之间的关系，可由阀的压力－流量特性变换得到。

6.4.3 负载匹配

根据负载轨迹进行负载匹配时，只要使动力元件的输出特性曲线包络负载轨迹，同时使输出特性曲线与负载轨迹之间的区域尽量小，便认为液压动力元件与负载相匹配。负载匹配可以在压力－流量坐标体系进行，将负载力（或力矩）变成负载压力，负载速度变为负载流量，负载轨迹用负载压力和负载流量表示，与阀的压力－流量特性曲线匹配。

以阀控缸为例，若液压油缸的有效面积为 A_p，则通过以下公式确定负载压力 P_L 和负载流量 Q_L

$$P_L = \frac{F}{A_p} \tag{6-18}$$

$$Q_L = A_p \dot{x}_L \tag{6-19}$$

6.5 电液伺服阀

电液伺服阀既是电液转换元件，又是功率放大元件，它能够将输入的微小信号转换为大功率的液压信号（压力和流量）输出。电液伺服阀是电液伺服系统的关键元件，它的性能及正确使用，直接关系到整个系统的控制精度和响应速度，也直接影响到系统工作的可靠性和使用寿命。

6.5.1　电液伺服阀的组成、分类及工作原理

电液伺服阀主要由电力转换器、力位移转换器、前置级放大器和功率放大器组成。

电力转换器包括力矩马达或力马达，负责把电气信号转换为力信号；力位移转换器包括扭簧、弹簧管或弹簧，负责把力信号变为位移信号输出；前置级放大器包括滑阀放大器、喷嘴挡板放大器、射流管放大器；功率放大器输出具有一定压力、流量的液体，驱动执行元件工作。

图 6-4 为一典型的电液伺服阀，由电-机械转换器、液压控制阀和反馈机构三部分组成。电液控制阀的电-机械转换器的作用是将伺服放大器输入的电流转换为力矩或力，进而转化为在弹簧支撑下，阀运动部件的角位移或直线位移，以控制阀口的流通面积大小。

图 6-4(a) 的上部及图 6-4(b) 表示力矩马达的结构。衔铁 7 和挡板 2 为一整体，由固定在阀座上的弹簧管 3 支撑。挡板下端的球头插入滑阀 10 的凹槽，前后两块永磁铁 5 和导磁体 6、8 形成一个固定磁场。当线圈 4 内无控制电流时，导磁体 6、8 和衔铁间四个间隙中的磁通相等，均为 Φ_g，且方向相同，衔铁受力平衡处于中位。当线圈中有控制电流时，一组对角方向气隙中的磁通增加，另一组对角方向气隙中的磁通减小，于是衔铁在磁力的作用下克服弹簧管的弹力，偏移一角度。挡板随衔铁偏转而改变其与两个喷嘴 1 与挡板间的间隙，一个间隙减小，另一个间隙相应增加。

该电液伺服阀的液压阀部分为双喷嘴挡板先导阀控制的功率级滑阀式主阀。压力油经 P 口直接为主阀供油，但进喷嘴挡板的油则需要经过滤器 12 进一步过滤。

当挡板偏转使其与两个喷嘴间隙不等时，间隙小的一侧的喷嘴腔压力升高，间隙大的一侧喷嘴腔压力相应降低。这两个腔压差作用在滑阀的两端上，使滑阀产生位移，阀口开启，这时压力油经 P 口和滑阀的一个阀口并经通口 A 或者 B 流向液压缸，液压缸的排油则经通口 B 或 A 和另一个阀口并经通口 T 与回油相通。

滑阀移动时带动挡板下端球头一起移动，从而在衔铁挡板组件上产生力矩，形成力反馈，因此这种阀又称力反馈伺服阀。稳态时衔铁挡板组件在驱动电磁力矩、弹簧管的弹性反力矩、喷嘴液动力产生的力矩、阀芯位移产生的反馈力矩作用下保持平衡。输入电流越大，电磁力矩也越大，阀芯位移即阀口通流面积也越大，在一定阀口压差下，通过阀的流量也越大，即在一定阀口压差下，阀的流量近似与输入电流成正比。当输入电流极性反向时，输出流量也反向。电液伺服阀的反馈方式除上述力反馈外还

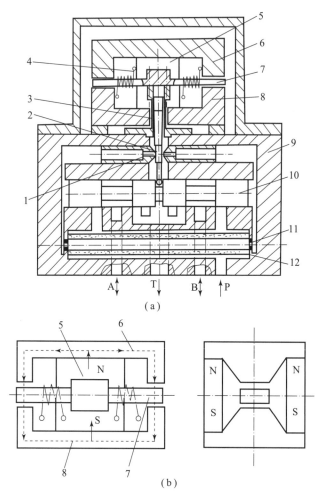

图 6 - 4　电液伺服阀结构图

1—喷嘴；2—挡板；3—弹簧管；4—线圈；5—永磁铁；6，8—导磁体

7—衔铁；9—阀体；10—滑阀；11—节流孔；12 过滤器

有阀芯位置直接反馈、阀芯位移电反馈、流量反馈、压力反馈等多种方式。电液伺服阀内的某些反馈主要是改善其动态特性，如动压反馈等。

液压伺服阀除了上述提出的喷嘴挡板式液压控制单元以外，还有滑阀、射流管两种形式。对于滑阀来说，根据滑阀上控制边数的不同，有单边、双边和四边式滑阀控制三种类型。单边式、双边式和四边式滑阀的控制作用是相同的。单边式、双边式只用以控制单杆的液压缸；四边式可用来控制双杆的，也可用来控制单杆的液压缸。控制边数多时控制质量好，但结构工艺性差。一般来说，四边式控制用于精度和稳定性要求较高的系统；单边式、双边式控制则用于一般精度的系统。滑阀式伺服阀装配精度要求较高，价格也较贵，对油液的污染也较敏感。

伺服阀中另外一种液压控制单元则是射流管，其工作原理图如图 6-5 所示。

它由射流管 3、接受板 2 和液压缸 1 组成。射流管 3 可绕垂直于图面的轴线左右摆动一个不大的角度。接受板 2 上有两个并列着的接受孔道 a 和 b，它们把射流管 3 端部锥形喷嘴中射出的压力油分别通向液压缸 1 的左右两腔。当射流管 3 处于两个接受孔道的中间位置时，两个接受孔道内油液的压力相等，液压缸 1 不动；如有输入信号使射流管 3 向左偏转一个很小的角度时，两个接受孔道内的压力不相等，液压缸 1 左腔的压力大于右腔的压力，液压缸 1 便向左移动，直到跟着液压缸 1 移动的接受板 2 到达射流孔又处于两接受孔道的中间位置时为止；反之亦然。可见，在这种伺服元件中，液压缸运动的方向取决

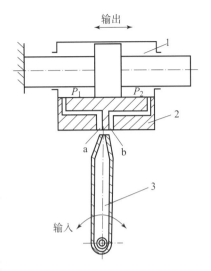

图 6-5 射流管工作原理
1—液压缸；2—接受板；3—射流管

于输入信号的方向，运动的速度取决于输入信号的大小。射流管装置的优点是：结构简单，元件加工精度要求低；射流管出口处面积大，抗污染能力强；射流管上没有不平衡的径向力，不会产生"卡住"现象。它的缺点是：射流管运动部分惯性较大，工作性能较差，射流能量损失大，零位无功损耗亦大，效率较低；供油压力高时容易引起振动，且沿射流管轴向有较大的轴向力。因此，这种伺服元件主要用于多级伺服阀的第一级（与喷嘴-挡板相仿）的场合。伺服阀的控制单元除了滑阀式和射流管式以外，还有一种形式，那就是喷嘴-挡板式。

喷嘴-挡板式控制单元的工作原理如图 6-6 所示。它由中间油室 4、喷嘴 3、挡板 2 和液压缸 1 组成。液压泵来的压力油 P_p，一部分直接进入液压缸 1 有杆腔，另一部分经过固定节流孔 a 进入中间油室 4 再通入液压缸 1 的无杆腔，并有一部分经喷嘴-挡板间的间隙 δ 流回油箱。当输入信号使挡板 2 的位置（即 δ）改变时，喷嘴-挡板间的节流阻力发生变化，中间油室 4 及液压缸 1 无杆腔的压力 P_1 亦发生变化，液压缸 1 就产生相应的预定运动。

上述结构是单喷嘴-挡板式的，还有双喷嘴-挡板式的，它的工作原理与单喷嘴-挡相似。喷嘴-挡板式控制的优点是：结构简单，运动部分惯性小，位移小，反应快和灵敏度高，加

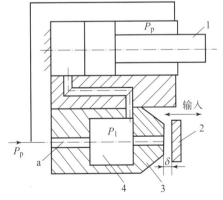

图 6-6 喷嘴-挡板结构工作原理
1—液压缸；2—挡板；3—喷嘴；
4—中间油室；a—固定节流孔

工要求不高，没有径向不平衡力，不会发生"卡住"现象，因而工作可靠。它的缺点是：无功损耗大，喷嘴－挡板间距很小时抗污染能力差，因此宜在多级放大式伺服元件中用作第一级控制装置。

6.5.2 电液伺服阀的特性

1. 电液伺服阀的静态特性

电液伺服阀的静态特性一般包括流量增益特性、压力流量特性、压力增益特性和内部泄漏特性等。其静态特性指标主要有：

(1) 灵敏度。它等于单位输入量的变化所对应的输出量的变化，或输出量的增量与所对应的输入量增量之比。

(2) 线性度。它表示实测的静态特性曲线与理想的拟合曲线接近的程度，也可以说是输出量与输入量之间保持一定比例关系的程度。

(3) 滞环。当输入量变化一个工作循环，即由零逐渐增大到正的最大值或正额定值后，又逐渐减小到零；再由零减小到负的最大值或额定值后，又逐渐增加到零这样一个工作循环，测出输出量随之变化的情况。

(4) 死区。指的是有输入信号而无输出时的范围，可用此输入信号范围的大小来衡量，也可用此范围与额定输入信号范围之比的百分数来表示。

(5) 重复度。指在相同的测量条件下，输入量按同样方向在全量程范围内做多次工作循环时，测量系统重复输出值的能力。

1）流量增益特性

空载流量曲线（流量曲线）是输出流量与输入电流呈回环状的函数曲线，它是在给定的伺服阀压降和负载压降为零的条件下，使输入电流在正、负额定电流值之间变化，同时输出流量作相应变化所描绘出来的连续曲线。流量曲线中点的轨迹称为名义流量曲线，这是零滞环流量曲线。阀的滞环通常很小，因此可以把流量曲线的任一侧当作名义流量曲线使用。流量曲线上某点或某段的斜率就是阀在该点或该段的流量增益，从名义流量曲线的零流量点向两极各作一条与名义流量曲线偏差为最小的直线，这就是名义流量增益曲线，两个极性的名义流量增益曲线斜率的平均值就是名义流量增益。

流量曲线非常有用，它不仅给出阀的极性、额定空载流量、名义流量增益，而且从中还可以得到阀的线性度、对称度、滞环、分辨率，并揭示阀的零区特性。空载流量曲线是供油压力 P_s 为恒值，负载压差 $\Delta P_s = 0$ 时，输出流量 Q_L 与控制电流 i_c 之间的关系。流量特性方程为：

$$Q_L = C_V \frac{K_t}{(r+b)K_f} i_c \sqrt{\frac{P_s}{\rho} i_c} \tag{6-20}$$

式中 r——支承弹簧回转中心到喷嘴回转中心的距离，m；

b——阀芯到喷嘴中心的距离，m。

由于伺服阀存在滞环及饱和的现象，因此，空载流量特性曲线如图 6 - 7 所示。流量增益表明静态滞后的宽度、线性度、对称性，最重要的是它能揭示出零位特性的类型（如零开口、正开口、负开口）。

2）压力流量特性

压力流量特性曲线完全描述了伺服阀的静态特性。但要测得这组曲线却相当麻烦，特别是在零位附近很难测出精确的数值，而伺服阀却正好是在此处工作，因此，这些曲线主要还是用来确定伺服阀的类型和估计伺服阀的规格，以便与所要求的负载流量和负载压力相匹配。伺服阀静态情况下的传递函数为

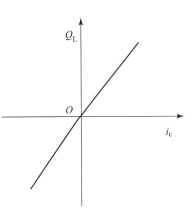

图 6 - 7　空载流量特性曲线

$$\frac{x_v}{e_g} = \frac{2K_t K_g}{(R_c + \gamma_p)(r + b)K_f} \qquad (6 - 21)$$

式中　x_v——阀芯位移；

e_g——阀电流；

K_t，K_g——力矩马达的中位电磁力矩系数和放大器的放大倍数；

R_c，γ_p——双喷嘴轴线和力矩马达衔铁轴线、滑阀轴线的距离；

K_f——反馈杆的刚度。

力矩马达的静态电压平衡方程为

$$2K_g e_g = (R_c + \gamma_p)i_c \qquad (6 - 22)$$

式中　i_c——阀控制电流。

由此可得，在静态下

$$x_v = \frac{K_t}{(r + b)K_f}i_c \qquad (6 - 23)$$

伺服阀的压力流量特性方程为

$$Q_L = C_v \omega \frac{K_t}{(r + b)K_f}i_c \sqrt{\frac{P_s - P_f}{\rho}} = K_s K_q i_c \qquad (6 - 24)$$

式中　P_s，P_f——供油和回油压力；

ω——滑阀的面积梯度；

C_v，Q_L——流量系数和流量；

ρ——油液密度；

K_q——流量放大倍数；

$K_s = \dfrac{K_t}{(r + b)K_f}$，是伺服阀的滑阀位移 x_v 对输入控制电流 i_c 的增益，且在 P_s 为

定值，不同阀开口情况下，可得一簇负载流量随负载压差变化曲线，如图6-8所示。

3）压力增益特性

压力增益特性曲线是输出流量为零时（两个负载油口关闭），负载压降与输入电流成回环状的函数曲线，负载压力对输入电流的变化率就是负载压力增益。伺服阀的压力增益通常规定为最大负载压降的 $-40\% \sim +40\%$ 之间。

伺服阀的压力特性是指在供油压力 P_s 为恒值，负载通道封闭，负载压差 ΔP_L 与控制电流 i_c 之间的关系。由于压力特性与泄漏有关，通常通过实验测定，压力增益特性曲线如图6-9所示。这条曲线有很陡的斜率，并且当信号为全程电流的一小部分时就很快达到饱和。当希望伺服阀具有较大的压力灵敏度，特别是希望以很小的误差去克服负载影响时更是这样，压力灵敏度低表示零位泄漏量大，配合情况不好，从而伺服系统的性能变得缓慢而迟钝。

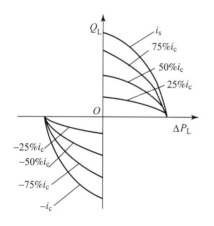

图6-8　负载流量特性曲线

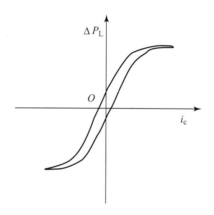

图6-9　压力增益特性曲线

4）内部泄漏特性

内部泄漏特性指在电液伺服阀输出流量等于零，供油压力 P_s 为常数的情况下，其回油口流出的流量 Q_r 与控制电流 i_c 间的关系。内部泄漏特性随输入电流而变化，当阀处于零位时为最大。零位泄漏流量对于新阀可作为滑阀制造质量指标，对于旧阀可反映其磨损情况。内部泄漏特性曲线如图6-10所示。

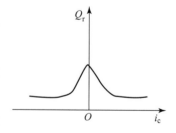

图6-10　内部泄漏特性曲线

5）零位特性

伺服阀的零位是指空载控制流量为零的几何零位（位置），零位区域是输出级的重叠对流量起主要影响的区域。

零位特性主要的指标有：

（1）零偏：使阀处于零位所需输入电流（电压）对额定电流（电压）之比，用百分数表示。零偏值可以通过专门的试验获得，也可以通过对压力增益或空载控制流量试验的数据进行分析处理得到。

（2）零漂：工作压力、回油压力、温度等工作条件变化引起的零偏电流的变化，以额定电流百分数表示。零漂试验要得到供油压力零漂、回油压力零漂、温度零漂三条曲线，分别如图 6 – 11、图 6 – 12 和图 6 – 13 所示。

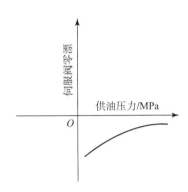

图 6 – 11　零漂与供油压力关系曲线

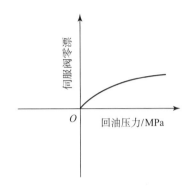

图 6 – 12　零漂与回油压力关系曲线

2. 电液伺服阀的动态特性

在液压伺服系统中，输入、输出信号一般常为变化的信号，伺服阀一般也并不工作在静态，因此，其动态特性非常重要。伺服阀的动态特性与供油压力、输入信号幅值、油温、环境温度、负载条件等许多因素有关。

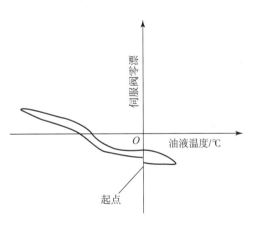

图 6 – 13　零漂与油液温度关系曲线

伺服阀是一个高度复杂的装置，具有高阶的非线性动态特性。因此，用一阶、二阶，甚至三阶传递函数描述伺服阀的动态特性，也仅仅是对伺服阀实际动态特性的一个近似等效。

在大多数电液伺服阀系统中，伺服阀的动态响应往往高于系统负载的动态响应。因此，在分析系统动态特性时，只需要知道在一个适当的低频段内的伺服阀动态特性。也就是说，伺服阀传递函数只需要在某个低频区段内与实际伺服阀动态特性有较精确的近似等效关系，就足以满足系统设计和分析的需要。

通常，当液压执行机构的固有频率低于 50 Hz 时，伺服阀的动态特性可用一阶环节表示，即

$$\frac{Q_{\mathrm{Lv}}(s)}{I(s)} = \frac{K_{\mathrm{q}}}{1 + \dfrac{S}{\omega_{\mathrm{v}}}} \tag{6-25}$$

液压执行机构的固有频率高于 50 Hz 时，可用二阶环节表示，即

$$\frac{Q_{\mathrm{Lv}}(s)}{I(s)} = \frac{K_{\mathrm{q}}}{\dfrac{s^2}{\omega_{\mathrm{v}}^2} + \dfrac{2\xi_{\mathrm{v}}}{\omega_{\mathrm{v}}}s + 1} \tag{6-26}$$

式中 ω_{v}——伺服阀的固有频率；

ξ_{v}——伺服阀的阻尼比；

Q_{Lv}——伺服阀的空载流量；

I——输入电流信号；

s——拉普拉斯算子。

6.5.3 电液伺服阀的选择

对电液伺服阀的选择，需要根据伺服系统的具体要求确定，当电液伺服系统要求快速性较高时，通常选用频带较宽的力反馈型伺服阀；当系统要求具有一定的精度，但频带不太宽时，如一些大型发射装置，其本身的机械 – 液压固有频率一般较低，在 10 Hz 以下，就可选择频带不太宽的伺服阀。

伺服阀的选择一般从两个方面考虑：

1. 静态方面

（1）伺服阀必须满足系统负载的功率要求，并使负载压力小于供油压力的 2/3，即 $P_{\mathrm{L}} < \dfrac{2}{3}P_{\mathrm{s}}$；

（2）压力增益应较大，一般大于 $6 \times 10^7\ \mathrm{Pa/mA}$；

（3）泄漏量应限制在额度流量的适当百分比内，以防止不必要的功率损耗；

（4）线性度好，滞环小；

（5）零漂小；

（6）抗污染能力强。

2. 动态方面

（1）伺服阀的频带应比执行元件和负载的固有频率宽得多，否则，伺服阀的动态特性将使整个系统的响应变坏。一般伺服阀的频宽应高出液压固有频率的 3~5 倍。

（2）伺服阀的灵敏度选择适当。在某导弹发射装置电液伺服系统中，曾选用过频带不宽（≤25Hz），但阀窗口微负重叠、灵敏度较高的伺服阀，在额度压力工作时，无控制信号输入的情况下，系统发生低频振荡现象，而且在关机瞬间（切断伺服阀信号），液压系统压力消失滞后于伺服阀信号的消失，形成一个短暂时刻的开环系统，使

发射装置发生一个冲击突跳，有时甚至使系统不能归零。

目前国内有若干生产电液伺服阀的专业厂家，表 6 - 1 给出了国内外的几种电液伺服阀的性能参数，供选择时参考。

表 6 - 1 国内外的几种电液伺服阀的性能参数

国别 项目	中国 FF102	中国 FF106	中国 YF - 13	中国 CS - KTJ01	美国 MOOG 76	法国 SOP 6304
结构形式	两级、双喷嘴力反馈、干式	两级、双喷嘴力反馈、干式	两级、双喷嘴力反馈、干式	两级、双喷嘴力反馈、干式	两级、双喷嘴力反馈、干式	两级、双喷嘴力反馈、干式
滞环	≤4%	≤4%	≤4%	≤4%	≤3%	≤3%
分辨率	≤1%	≤1%	≤1%			
线性度	≤7.5%	≤7.5%	≤7.5%			
对称度	≤10%	≤10%	≤10%			
内漏	≤1 L/min	≤1 L/min	≤3 L/min		≤1.8 L/min	≤1.5 L/min
零偏	≤3%	≤3%				
供油压力零漂	$(80 \sim 110)\%$ P_s: ≤2%	$(80 \sim 110)\%$ P_s: ≤2%	$(80 \sim 110)\%$ P_s: ≤2%	$(80 \sim 110)\%$ P_s: ≤ ±2%	$(80 \sim 110)\%$ P_s: ≤ ±2%	$(80 \sim 120)\%$ P_s: ≤ ±1.5%
温度零漂	-30 ℃ ~90 ℃时不大于2%	-30 ℃ ~90 ℃时不大于2%	-30 ℃ ~90 ℃时不大于2%		每变38 ℃，≤2%	80℃ ~100℃时不大于2%
幅频宽 (-3 dB)	≥100 Hz	≥40 Hz	≥25 Hz	≥25 Hz	≥100 Hz	≥40 Hz
相频宽 (-90°)	100	50			140	60

6.6 电液伺服系统

电液伺服阀是电液伺服系统中的关键组件，因为电液伺服阀是具有复杂性、精密性特点的伺服组件，电液伺服阀的好坏会直接影响到电液伺服系统的工作性能。在电液伺服控制系统中，电液伺服阀不仅可以将电气信号转换为液压信号，还可以使目标信号放大，而且还具有位置控制、速度控制以及力控制等控制功能。电液伺服阀具有静态特性和动态特性两方面的特点。静态特性一般包括压力流量特性、空载流量特性、压力增益特性以及内部泄漏特性等。动态特性通常有频率响应特性和阶跃响应特性。

6.7 液压伺服系统设计

6.7.1 液压伺服系统研制流程

发射装置液压伺服系统的研制流程一般分七个阶段：

第一阶段：任务确定前的方案论证。在军方提出整个武器系统的战术技术的基础上，为保证这些指标而进行系统方案设想。包括系统的组成、控制方式，这些问题在初步论证方案中必须回答；方案中还应包含关键技术、关键装置、风险评估、经济指标、研制进度等，为客户、总体单位提供方案决策依据，一般都提出几种可行的方案供选择。

第二阶段：可行性方案设计。在第一阶段的基础上，任务和要求已经确定，发射装置液压伺服系统的类型已被确定，设计部门必须向军方、总体单位提交可行性方案论证，落实关键设备，突破关键技术。

第三阶段：技术设计阶段。本阶段进行系统的动静态计算和仿真，提出各装置的研制要求，并进行具体选择和设计。

第四阶段：样机生产调试。对于作为调节对象的发射装置都具有较为复杂的动力学模型。尤其是多联装的发射装置，完全靠计算是难以建立准确的模型的，因此一般发射装置伺服系统都必须建立一套物理模拟装置，该装置在伺服系统技术设计和各设备生产的同时进行设计生产。这套模拟装置要反映整个伺服系统的传动关系、力学关系，并与实际的测角、反馈、控制变换电路、执行机构组成模拟系统，进行各种性能仿真，并可方便地对综合校正电路进行必要的调整，使之满足任务书提出的战术技术指标要求。与此同时，系统还需要进行可靠性和环境试验。对于原理组成较为简单或成熟的伺服系统，已经过其他类似武器型号的验证，可以不进行原理样机的生产调试，但要尽可能完成新产品的仿真设计，并在实验室采用半实物仿真方式或类似的正式系统上对伺服系统的重要性能指标进行充分验证，保证伺服系统设计的正确性及可实现性。

第五阶段：正式产品生产、调试。在第四阶段中，在样机的调试结果满足设计指标后，可投入正式产品的生产、调试工作。正式产品在模拟调试完成后，要与发射装置及整个武器系统对接、调试，再进行必要的改进，直至满足任务书的要求。

第六阶段：飞行试验验证。通过发射试验考核，进一步验证系统的力学参数、输入激励信号形式和参数，并根据试验结果进行必要的参数修改。

第七阶段：定型和资料归档。

6.7.2　液压伺服系统的设计要求

1. 全面了解被控对象特性和指令信号特征

液压伺服系统是被控对象——主机的一个组成部分，它必须满足主机的结构、电气及运动控制要求，因此要综合运用机械、液压、电气等方面的理论知识，使设计的液压伺服系统满足被控对象的各项功能和性能指标要求。

2. 明确液压伺服系统的性能指标要求

液压伺服系统的性能指标主要包括：

（1）被控对象的物理量：位置、速度、加速度或力；

（2）静态极限：最大运动范围、最大速度、最大加速度、最大功率；

（3）控制精度：由给定信号、负载力、干扰信号、伺服阀及电控系统零漂、非线性环节以及传感器引起的系统误差、定位精度、分辨率等；

（4）动态特性：响应时间、相位裕量和增益裕量；

（5）工作环境：工作环境温度、振动与冲击、电器干扰等；

（6）其他：安全性和可靠性要求。

3. 负载特性分析

液压伺服系统的负载类型主要有惯性负载、弹性负载、黏性负载、各种摩擦负载以及重力和其他不随时间、位置等参数变化的恒值负载等。

6.7.3　拟定控制方案、绘制系统原理图

在全面了解设计要求后，根据不同控制对象，选定控制方案并拟制控制系统方框图。液压伺服系统控制方式的基本类型见表 6 - 2。

表 6 - 2　液压伺服系统控制方式的基本类型

伺服系统	控制信号	控制参数	运动类型	元件组成
机液 电液 气液	模拟量 数字量	位置、速度、 加速度、力、 力矩、压力	直线运动 摆动运动 旋转运动	1. 节流控制： 阀 – 液压缸、阀 – 液压马达 2. 容积控制： 变量泵 – 液压缸；变量泵 – 液压马达 3. 其他： 步进力矩马达

6.7.4　液压动力元件参数选择

液压动力元件是液压伺服系统的关键元件。其主要作用是在工作循环中使负载按

指令要求的速度运动，并满足系统所要求的动态特性。此外，液压动力元件参数选择还必须与负载特性相匹配，以确保系统功率最小、效率最高。

液压动力元件的主要参数包括：供油压力、液压缸的有效面积、液压马达排量、伺服阀的流量。在选择液压马达作执行元件时，还应考虑减速器的传动比。

6.7.5　反馈元件的选择

液压伺服系统的控制精度主要取决于给定元件和反馈元件的精度，因此合理选择反馈元件十分重要。

根据伺服系统所检测的物理量，反馈元件可分为位移传感器、速度传感器、加速度传感器和力传感器以及扭矩传感器等。

6.7.6　确定系统方框图

根据系统工作原理及各个环节的传递函数，可构成系统方框图，并根据系统方框图写出系统开环传递函数。

6.7.7　绘制系统开环波德图并确定开环增益

采用频率法进行系统动态计算与分析。可根据闭环系统所要求的稳态精度、频宽以及相对稳定性，在开环波德图上调整幅频曲线的位置高低，以获得与闭环系统要求相适应的开环增益。

6.7.8　系统静、动态品质分析

确定了系统传递函数的各项参数后，可通过闭环波德图或时域响应曲线或参数计算对系统的各项静、动态指标和误差进行校正。通过参数调整，改变系统的开环频率特性，直到满足伺服系统要求。

6.8　某发射架伺服系统设计实例

6.8.1　某发射架伺服系统功能要求

发射架伺服系统的功能是驱动载有导弹的发射装置按指控系统送来的目标信息，在方位和俯仰两个通道，完成目标的对准、跟踪，并给出射前前置角，直至导弹发射。

6.8.2　某发射架伺服系统组成

某发射架伺服系统由以下主要设备组成：

（1）差动读出组合。内含方位通道测角元件——差动电位计；

（2）伺服控制组合。内含方位和俯仰两个通道的伺服控制电路；

（3）俯仰读出组合。内含自整角变压器和禁区开关、俯仰通道的测角元件和限位器；

（4）液压系统。内含液压装置、外连接装置、伺服马达、作动筒；

（5）测速电动机。安装在方位减速器内，为方位通道的速度反馈元件。

6.8.3 某发射架伺服系统技术指标

1. 调转范围

方位：$0° \sim 360°$；

俯仰：$-3° \sim +48°$。

2. 最大调转时间

（1）方位：$90°$调转时间不大于 3 s；

（2）俯仰：$0° \sim 45°$调转时间不大于 3 s。

3. 跟踪

1）角速度

方位最大跟踪角速度 $\geqslant 100$ mrad/s；

俯仰最大跟踪角速度 $\geqslant 100$ mrad/s；

2）角加速度

方位最大跟踪角加速度 $\geqslant 50$ mrad/s^2；

俯仰最大跟踪角加速度 $\geqslant 50$ mrad/s^2；

3）跟踪精度

动态跟踪精度不大于 5 mrad。

6.8.4 系统负载

1. 方位负载

转动惯量：$2\,066$ kg·m^2；

静阻力矩：384 N·m。

2. 俯仰负载

转动惯量：$1\,400$ kg·m^2；

静阻力矩：$7\,750$ N·m。

6.8.5 电液伺服系统工作原理

发射架伺服系统包含方位和俯仰两个通道，这两个通道相互独立，互不交联。它处理差动电位器和自整角变压器来的信号，并控制相应的伺服阀，驱动液压马达和作动筒，使发射转塔复现雷达转塔的运动和位置，并给出俯仰前置角。

发射架伺服系统控制原理框图如图 6 – 14 所示。

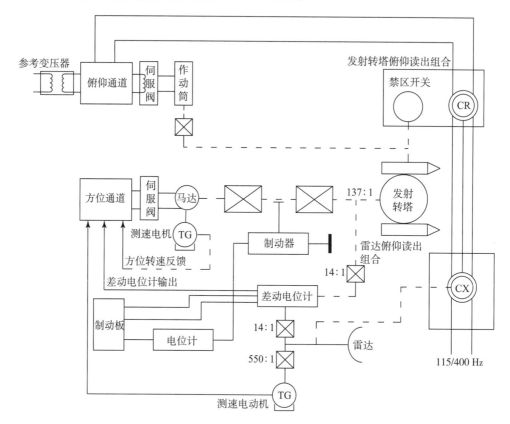

图 6 – 14　发射架伺服系统控制原理框图

1. 方位伺服系统

在发射车上，发射转塔与雷达转塔同轴安装，前者在外，后者在内。在方位伺服通道，发射转塔通过差动电位计构成一个位置随动系统，复现、跟踪雷达转塔的位置和运动。同时，还接受正比于位置导数的由雷达方位测速电动机提供的速度前馈信号，构成一个复合控制系统，其位置环与速度环一起形成二阶无静差系统，使方位伺服系统具有较高的位置精度和等速跟踪精度。

方位通道原理框图如图 6 – 15 所示。

差动电位计提供的方位角偏差电压和雷达方位测速电动机提供的速度电压，经滤波、限幅、校正网络、功率放大等环节形成控制电压，作用于方位伺服阀的控制端，使其产生动作，从而控制液压马达的转向和转速，液压马达通过方位减速器带动发射转塔做方位回转。

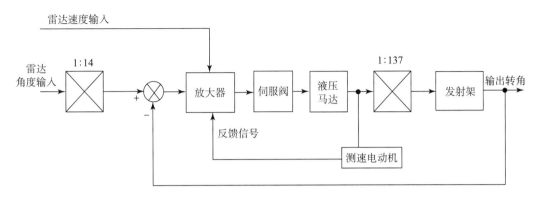

图 6 - 15　方位通道原理框图

2. 俯仰伺服系统

俯仰伺服系统，通过一对角位置敏感元件跟踪雷达转塔俯仰运动，它是一个单环具有变结构控制的角位置伺服系统。

角位置敏感元件包括与雷达转塔连接的自整角变压器（发送机）和安装在发射转塔上的俯仰读出组合中的自整角变压器（接收机）。当天线转塔做俯仰运动，导致发送机输出电压信号，从而致使接收机敏感出两转塔俯仰角偏差的误差电压，此误差电压经解调、滤波、误差权系统和功率放大后控制俯仰伺服阀，俯仰伺服阀调节由液压能源提供的高压油的流量和方向，从而推动两个平行的作动筒，使发射转塔在俯仰上做起、落运动。俯仰通道原理框图如图 6 - 16 所示。

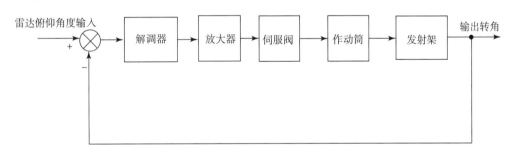

图 6 - 16　俯仰通道原理框图

3. 液压系统

液压系统是发射架伺服系统的能源和执行部分。能源部分主要由电动机、液压泵、油箱、蓄能器、冷却器、内连接装置等组成，集成于液压装置内。执行部分主要是液压马达和作动筒。在方位通道，采用阀控马达方式，实现发射转塔正、反两个方向的360°调转；在俯仰通道，采用阀控液压缸方式，实现发射架的俯仰调转。

方位伺服阀接受伺服控制组合方位通道送来的信号，调节由液压泵提供的高压油的流量和方向，从而控制液压马达的转向和转速，液压马达通过方位减速器带动发射转塔做方位回转。

俯仰伺服阀接受伺服控制组合俯仰通道送来的信号，调节由液压泵提供的高压油的流量和方向，从而推动两个平行的作动筒，使发射转塔在俯仰上做起落运动。

方位、俯仰两个通道的伺服系统共用一套液压能源。

液压系统原理如图 6 – 17 所示。

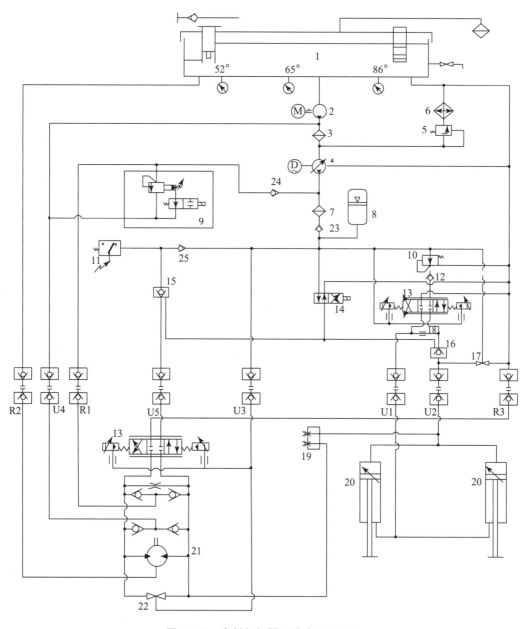

图 6 – 17　发射架伺服系统液压原理图

液压系统是发射转塔的驱动系统，它通过伺服控制组合接收天线转塔的指令，并按天线提供的指令数据驱动发射转塔进行方位和俯仰跟踪和调转。液压系统工作原理分液压能源、方位液压回路、俯仰液压回路三部分。

1）液压能源

当电动机电源接通，电动机开始运转，齿轮泵和恒压变量泵进入工作状态，油箱中的液压油经齿轮泵，一部分被输送到马达的补油腔，另一部分经低压油滤进入恒压变量泵和溢流阀，由于齿轮泵的流量大于恒压变量泵的流量，故两泵之间产生背压，使压力增加，保证了恒压变量泵的吸油性能，当这个压力达到溢流阀的调整压力时，引起增压的多余油液就通过冷却器返回油箱。

为避免电动机带载启动，当电泵组合启动时，电磁溢流阀的供电回路的时间延迟器也同时启动，10 s内，电磁溢流阀不能通电工作，此时恒压变量泵输出的液压油经电磁溢流阀后又回到增加回路，再经冷却器返回油箱。这样就保证了电泵组合在空载的情况下逐渐达到它的额定转速。10 s后，电磁溢流阀通电，切断该回路，恒压变量泵输出的液压油经高压油滤、单向阀进入工作系统。此时液压能源输出高压（18.5 MPa）。当马达过载超压时，电磁溢流阀中的安全阀开启，超压的液压油就由此返回油箱。

两个单向阀的作用是保护恒压变量泵免受工作系统可能出现的过载压力冲击。

储能器的作用是在发射转塔快速调转期间，当系统出现流量不足现象时，给系统补充油液，从而保证系统的快速性和动态特性。

2）方位液压回路

液压马达的回转方向和快慢由伺服阀所接收信号的极性和大小来决定。

当发射转塔突然转向，可能造成液压马达的某一腔出现空穴现象，此时液压能源就通过液压马达的补油腔进行补油，保证发射转塔的平稳运转。

发射转塔的突然转向或停止也可能使液压马达的某一腔出现超压。超压的液压油通过电磁溢流阀的安全阀卸荷，保证液压马达安全运转。

3）俯仰液压回路

由于和方位回路共用一套液压能源，故将系统工作压力（18.5 MPa）通过减压阀减至8.5 MPa，以满足俯仰回路的需要。单向阀的作用是防止系统受任何压力波动的影响；阻尼器的作用是增加发射架俯仰回转的稳定性；往复阀的作用是系统断电后，将作动筒的无杆腔与油箱沟通，使发射架在重力作用下返回装填角。

6.8.6　液压系统主要参数计算

1. 方位回路供油压力

方位回路采用液压马达驱动，其负载压力

$$P_{la} = \frac{2\pi M_{马}}{Q \cdot \eta_m} \qquad (6-27)$$

式中　$M_{马}$——液压马达的负载力矩；

　　　Q——马达排量，cm^3/r；

　　　η_m——马达的机械效率，取 $0.90 \sim 0.92$；

　　　P_{la}——马达的工作压力与排油口压力之差。

而液压马达的负载力矩

$$M_{马} = \frac{M_a}{i} \qquad (6-28)$$

式中　i——液压马达至转塔的传动比，137∶1；

　　　M_a——发射架方位方向的总力矩。

$$M_a = J_a \ddot{\beta} + \xi_a \dot{\beta} + M_{风} \qquad (6-29)$$

式中　J_a——发射架在方位方向的转动惯量，$kg \cdot m^2$；

　　　ξ_a——发射架在方位方向的阻尼力系数；

　　　$M_{风}$——风阻力矩，$N \cdot m$；

　　　$\ddot{\beta}$——发射架方位加速度；

　　　$\dot{\beta}$——发射架方位角速度。

结合式（6-27）、式（6-28）和式（6-29）可得

$$P_{la} = \frac{2\pi(J_a \ddot{\beta} + \xi_a \dot{\beta} + M_{风})}{Q \eta_m i} \qquad (6-30)$$

忽略阻尼和摩擦因数，只考虑转动惯量的作用，液压马达的最大负载压力

$$P_{la} = \frac{2\pi(J_a \ddot{\beta} + M_{风})}{Q i \eta_m} \qquad (6-31)$$

方位调转通过伺服马达来实现，为了在整个调转过程中都能操纵所给定的负载，而且对最大负载有足够的流量增益，并对所需功率在最佳状态传递，最大负载压力与供油压力的关系应为

$$P_{la} = \frac{2}{3} P_{sa} \qquad (6-32)$$

式中　P_{sa}——方位回路的供油压力，MPa；

将公式（6-31）代入公式（6-32）可得方位回路的供油压力

$$P_{sa} = \frac{3\pi(J_a \ddot{\beta} + M_{风})}{Q i \eta_m} \qquad (6-33)$$

根据计算结果并按液压系统压力等级要求，确定系统压力，使方位最大角加速度满足指标要求。

2. 俯仰回路供油压力

根据发射架结构特点，俯仰调转采用双作动筒方式，其负载压力

$$P_{le} = \frac{F_e}{A \cdot \eta} \qquad (6-34)$$

式中　F_e——作用到单个作动筒上的力，N；

A——作动筒活塞面积；

η——作动筒上的机械效率，取 $0.85 \sim 0.99$；

P_{le}——单个作动筒上的负载。

而作用到单个作动筒上的力

$$F_e = \frac{M_e}{2R} \qquad (6-35)$$

式中　R——作动筒到发射架转轴的力臂，其值随俯仰角的变化而变化；

M_e——发射转塔俯仰方向的总力矩。

又　　　　　　　　$M_e = J_e \ddot{\varepsilon} + \xi_e \dot{\varepsilon} + M_{me} + M_{ce} + M_{风} \qquad (6-36)$

式中　J_e——发射架在俯仰方向的转动惯量，$kg \cdot m^2$；

ξ_e——发射架在俯仰方向的阻尼力系数；

$M_{风}$——风阻力矩，$N \cdot m$；

$\ddot{\varepsilon}$——发射架俯仰角加速度；

$\dot{\varepsilon}$——发射架俯仰角速度；

M_{ce}——油缸重力矩，$N \cdot m$；

M_{me}——摩擦力矩，$N \cdot m$。

结合式（6-34）、式（6-35）和式（6-36）可得

$$P_{le} = \frac{J_e \ddot{\varepsilon} + \xi_e \dot{\varepsilon} + M_{ce} + M_{me} + M_{风}}{2RA\eta} \qquad (6-37)$$

忽略阻尼、摩擦、风阻等因数，则在 $R = R_0$ 最小时，作动筒的最大负载压力

$$P_{le} = \frac{J_e \ddot{\varepsilon} + M_{ce}}{2R_0 A\eta} \qquad (6-38)$$

由于俯仰调转是通过阀控缸来实现，为了在整个调转过程中都能操纵所给定的负载，而且对最大负载有足够的流量增益，并对所需功率在最佳状态传递，最大负载压力与供油压力的关系应为

$$P_{le} = \frac{2}{3} P_{se} \qquad (6-39)$$

式中　P_{se}——俯仰方向的供油压力。

结合公式（6-38）和公式（6-39）可得俯仰方向的供油压力

$$P_{se} = \frac{3(J_e \ddot{\varepsilon} + M_{ce})}{4R_0 A \eta} \quad (6-40)$$

考虑系统负载的不确定性以及角加速度要求，确定俯仰回路的供油压力。

6.8.7 精度核算与仿真

1. 静态误差

发射架伺服系统为二阶无静差系统，因此理论上其静差为 0。但实际系统有不灵敏区等非线性因素的影响，静差不为 0，静态误差主要包括测量误差和机械误差。

1）方位通道的静态误差

$$\Delta_{方位} = \sqrt{\Delta_{量1}^2 + \Delta_{机}^2} \quad (6-41)$$

式中　$\Delta_{方位}$——方位通道静态误差；

　　　$\Delta_{量1}$——方位通道测量误差；

　　　$\Delta_{机}$——机械误差。

2）俯仰通道的静态误差

$$\Delta_{俯仰} = \sqrt{\Delta_{量2}^2 + \Delta_{机}^2} \quad (6-42)$$

式中　$\Delta_{俯仰}$——俯仰通道静态误差；

　　　$\Delta_{量2}$——俯仰通道测量误差。

3）测量元件测量误差 $\Delta_{量}$

在方位通道中用的测量元件是差动电位计，它造成的偏差，对静差影响较大的主要是差动电位计的阶梯电压——分辨率，根据差动电位计的技术性能指标，确定其分辨率为 ±0.5°，它对精度的影响为

$$\Delta_{量1} = \pm 0.5° \div 14 = \pm 0.0357° = \pm 0.623 \text{ mrad}$$

在俯仰通道中用的测量元件是自整角机，它造成的偏差，主要是自整角机本身的精度，根据对自整角机元器件的要求，它的精度为 ±3′，因此可以计算出它对精度的影响为

$$\Delta_{量2} = \pm 3' = \pm 0.873 \text{ mrad}$$

4）机械误差 $\Delta_{机}$

机械误差主要包括传动装置的制造误差和安装误差，机械误差为

$$\Delta_{机} = 2 \text{ mrad}$$

2. 动态误差

由于本系统是二阶无静差系统，因此理论上其动态跟踪误差为 0。但实际上系统有不灵敏区等非线性因素的影响，动态误差不为 0，这需要在系统中实测得到。

6.8.8　系统仿真

1. 俯仰通道

1）俯仰通道控制模型

俯仰通道控制模型见图 6 – 18。

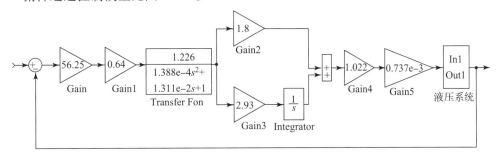

图 6 – 18　俯仰通道控制模型

2）俯仰通道频率特性

俯仰角的频率特性见图 6 – 19。

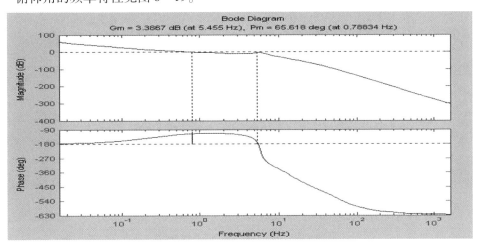

图 6 – 19　45°俯仰角的频率特性图

通过仿真计算，应得出俯仰通道的稳定裕量，使增益裕度和相角裕度满足系统稳定性要求。

3）俯仰调转

加入 1 050 mrad 阶跃信号时，俯仰角为 45°时输出信号和误差信号曲线见图 6 – 20 所示。

由以上阶跃响应曲线可以看出，俯仰通道 45°调转时间：＜3 s，稳态精度：＜5 mrad，性能指标满足要求。

4）俯仰跟踪

加入 500 mrad/s 斜坡信号时，俯仰角为 45°时输出信号和误差信号曲线如图 6 – 21 所示。

由以上图中可以看出，俯仰通道在 500 mrad/s 跟踪时，动态跟踪精度：＜5 mrad。

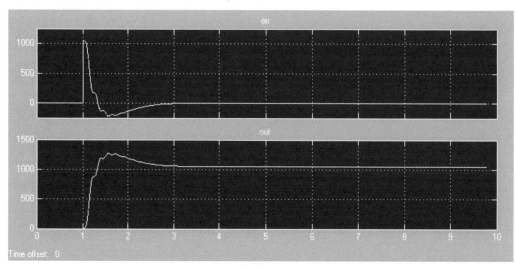

图 6 – 20　俯仰角为 45°时阶跃响应

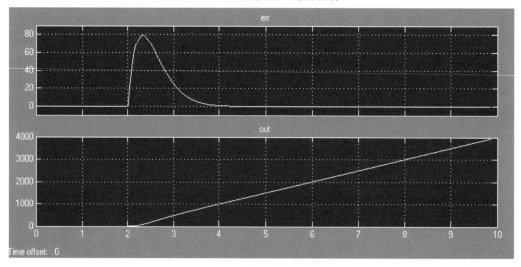

图 6 – 21　俯仰角为 45°时斜坡响应

其性能指标满足要求。

2. 方位通道

1）方位通道控制模型

方位通道控制模型方框图见图 6 – 22。

2）方位通道频率特性

方位通道的开环频率特性见图 6 – 23。

通过仿真分析，得出方位通道的稳定裕量，使增益裕度和相角裕度满足系统稳定性要求。

3）方位调转

加入 90°（1 570 mrad）阶跃信号时，其输出信号和误差信号曲线如图 6 – 24 所示。

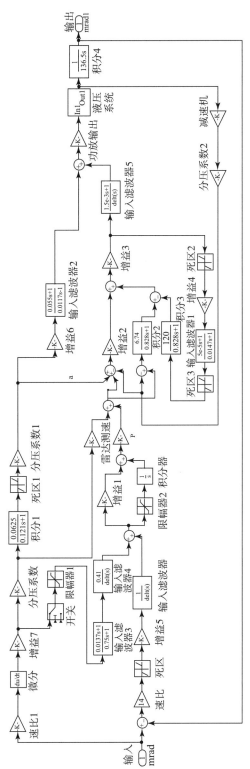

图 6-22 方位通道控制模型

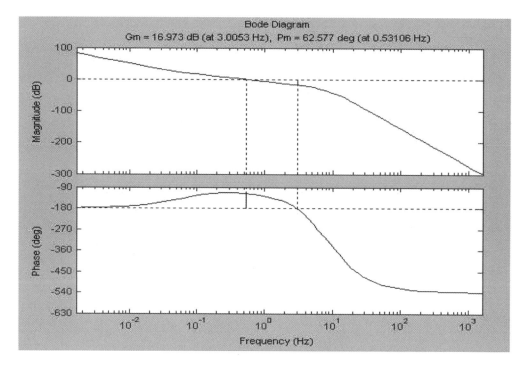

图 6 - 23　方位通道开环对数频率特性

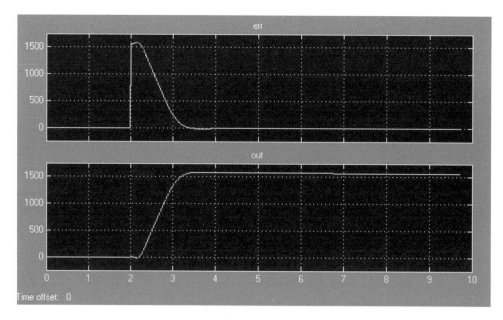

图 6 - 24　方位通道阶跃响应

由图中可以看出，方位通道 90°调转时间：＜3 s，稳态精度：＜5 mrad，性能指标满足要求。

4）方位跟踪

加入 100 mrad/s 斜坡信号时，其输出信号和误差信号曲线如图 6-25 所示。

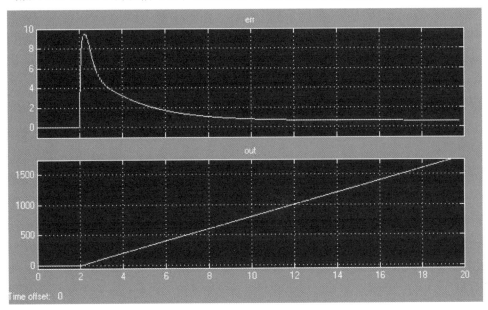

图 6-25　方位 100 mrad/s 时斜坡响应

由图 6-25 中可以看出动态跟踪精度：< 5 mrad。

加入 500 mrad/s 斜坡信号时，其输出信号和误差信号曲线如图 6-26 所示。

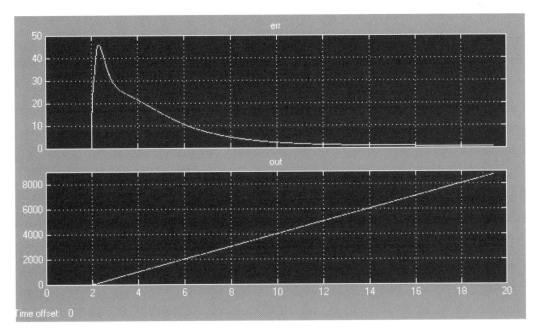

图 6-26　方位 500 mrad/s 时斜坡响应

由图中可以看出动态跟踪精度：<5 mrad。

6.9　液压伺服系统设计注意事项

液压伺服系统设计时一般应注意以下事项：

（1）系统中应设置应急回路，保证系统能够在突发情况下采取应急措施；

（2）回路中设置液压锁或其他锁定方式，实现执行元件任意位置的锁定；

（3）一般液压伺服系统使用液压油清洁度要求应不低于 GB/T 14039 中规定的 16/13/11 级；

（4）在伺服阀的进口处必须设置有精滤油器，其滤油精度一般要求为 3～5 μm，以防止油液中的金属粉末、细纤维、灰尘、细砂粒等多余物堵塞节流孔、喷嘴孔、阀内油滤或使阀芯卡死，使伺服阀失去工作能力；

（5）系统中对需要重点检查的部位，根据实际情况设置压力、流量、温度等监测点；

（6）监控及反馈元件量程范围推荐使用量程为选用量程的三分之二。

第7章　发射装置伺服系统综合设计

7.1　发射装置伺服系统技术要求

在拦截敌方巡航导弹、掠海导弹、飞机等目标时，防空导弹必须从发射装置上按照预定的发射过程实施发射。发射装置及其控制系统的功能、性能直接影响武器系统的功能和性能。对于某些型号的防空导弹，发射装置的运动在导弹初制导过程中起着重要作用。

设计发射装置伺服系统必须按照用户（军方）所提出的要求，主要依靠导弹发射装置工作的性质和特点，明确对伺服系统的基本性能要求，同时要充分了解市场上产品、元件的供应情况，了解它们的性质质量、品种规格和价格，了解新技术、新产品、新工艺的发展动态，在此基础上开展系统设计。通常发射装置伺服系统的技术要求是以任务书形式下达的，工程上对伺服系统的技术要求很具体，由于不同发射装置作战方式不同、用途殊异，因而对伺服系统的要求也各不相同，但基本可归纳成以下几个方面的要求。

（1）工作环境条件：伺服系统使用的环境条件，包括温度与湿度、风速、振动与冲击、盐雾雨霉菌、防雨与防水、电磁兼容性要求等。对于舰载防空武器系统，包括各种海况下的波高、摇摆参数，诸如垂荡、横滚、纵摇、首摇、舰的横摇中心等参数。

（2）发射装置的相关参数：主要是方位回转部分与俯仰起落部分的指令、转动惯量、最大静阻力矩、最大风阻力矩、减速比，俯仰部分的活动范围、重心位置、单发筒装导弹质量。所有参数应区分全弹、无弹两种情况给出。

（3）战术技术指标：主要是方位角与俯仰角跟踪范围，方位最大角速度、角加速度与俯仰最大角速度、角加速度，调转时间，规定跟踪速度下的稳态误差、静态误差、装填角以及安全界限要求。

（4）接口要求：伺服系统与指控计算机（中心计算机）连接的接口形式、通信速率、指令与状态信息传输，伺服系统各结构组成与发射装置或载体的安装形式、接口尺寸、重量。

（5）供电电源：供电电源的功率，电压，频率，纹波系数，尖峰电压，供电连续性，短时最大输出功率、电压。

（6）监控和维护要求：伺服系统上电自检、系统检测、自动监测、结果上报、保障报警、保护要求、维护修理级别要求。

（7）可靠性指标：主要是发射装置伺服系统的平均无故障时间、失效率、可靠性指标预计与分配、故障模式、影响及危害性分析、维修性要求、安全性要求、保障性要求、电磁兼容性要求、环境适应性要求及元器件保证要求。

（8）其他特定要求。

7.2 发射装置伺服系统设计

7.2.1 伺服系统设计流程

一般来说，一套发射装置伺服系统的设计流程包含五个阶段。

第一阶段：任务确定前的方案论证。在客户提出整个武器系统的战术技术的基础上，发射装置伺服系统为保证这些指标而进行伺服系统方案设想：是采用纯电气的，还是采用电气－液压的或是电气－气动的？在确定采用纯电气的方案时，是采用步进电动机作为执行元件，还是采用直流伺服电动机，或是采用闭环的或是符合控制的？是采用模拟式的还是采用数字式的？整个系统应由哪几个部分组成？这些问题在初步论证方案中必须回答，方案中还应包含关键技术、关键装置、风险评估、经济指标、研制进度等，为客户、总设计师提供方案决策依据，一般都提出几种可行的方案供选择。

第二阶段：可行性方案设计。在第一阶段的基础上，任务和要求已经确定，发射装置伺服系统的类型已被确定，设计部门必须向客户、总设计师提交可行性方案论证，落实关键设备，突破关键技术。另外，伺服系统的构成及主要元、部件采用类型、相互连接形式、信号传递、信号转换形式也均已初步确定。并应考虑伺服系统中有些工作于露天野外环境的设备的防护手段、密闭性设计及极限温度工作能力。

第三阶段：技术设计阶段。伺服系统总体方案仅仅是一个粗略的轮廓，必须进一步将系统的各部分具体化，进行系统稳态设计、动态设计及仿真，提出各装置的研制要求，并进行具体选择和设计。通常先根据对系统稳态性能的要求，进行稳态设计，将系统各部分采用的型号规格和具体参数值都确定下来。系统的稳态设计也需要分步骤进行，首先要根据发射装置的特点，选择系统的执行电动机和相应的机械传动机构；接着可以设计电动机的功率驱动装置；再根据对伺服系统工作精度的要求，确定检测装置具体的组成形式，选择元件的型号规格，设计具体的线路参数。在考虑个元、部件相互连接时，要注意阻抗的匹配、饱和界限、分辨率、供电方式和接地方式。为使有用的信号不失真、不失精度地有效传递，要设计好耦合方式。同时也要考虑必要的屏蔽、去耦、保护、滤波等抗干扰措施。经过系统的稳态设计，系统主回路各部分均已确定。为伺服系统的动态设计做准备，需要对稳态设计所确定的系统做定量计算，建立其动态数学模型。根据被控对象对系统动态性能的要求，结合以上获得的原始系统数学模型，进行动态设计，要确定采用何种校正（补偿）形式，确定校正装置具体线路和参数，确定校正装置在原始系统中具体连接的部位和连接方式，使校正（补偿）后的系统能满足动态性能指标要求。根据校正后的数学模型进行仿真，以检验各种工作状态下系统的性能，以便发现问题，及时予以调整。

第四阶段：样机生产调试。对于作为调节对象的发射装置都具有较为复杂的动力学模型，尤其是多联装的发射装置，完全靠计算是难以建立准确的模型的，因此一般发射装置伺服系统都必须建立一套物理模拟装置，该装置在伺服系统技术设计和各设备生产的同时进行设计生产。这套模拟装置要反映整个伺服系统的传动关系、力学关系，并与实际的测角、反馈、控制变换电路、执行机构组成模拟系统，进行各种性能的仿真，并可方便地对综合校正电路进行必要的调整，使之满足任务书提出的战术技术指标要求。与此同时，系统还需要进行可靠性和环境试验。对于原理组成较为简单或成熟的伺服系统，已经过其他类似武器型号的验证，可以不进行原理样机的生产调试，但要尽可能完成新产品的仿真设计，并在实验室采用半实物仿真方式或类似的正式系统上对伺服系统的重要性能指标进行充分验证，保证伺服系统设计的正确性及可实现性。

第五阶段：正式产品生产、调试。在第四阶段中，在样机的调试结果满足设计指标后，可投入正式产品的生产、调试工作。正式产品在模拟调试完成后，要与发射装置及整个武器系统对接、调试，再进行必要的改进，直至满足任务书的要求。

7.2.2　控制方式选择

数字伺服控制系统使用数字控制器来控制被控对象的某种状态，使其能自动地、连续地、精确地复现输入信号的变化规律，通常是闭环控制系统。从基本结构来看，数字伺服控制系统主要由三部分组成：控制器、功率驱动装置和执行装置。

从系统执行元件的性质看，数字伺服控制系统分为：电动伺服系统、电液伺服系统、气动伺服系统。

电动伺服控制系统的执行装置为伺服电动机，随着伺服电动机的快速发展和广泛应用，电动伺服控制系统也成为中、小功率武器发射装置控制系统的首选。由于在系统组成、快速性、精确性、维修性等方面的优越性，目前驱动功率在 70 kW 以下的倾斜式发射装置伺服系统均采用电动伺服控制系统。随着新型高速微处理器和专用数字信号处理器（DSP）全面代替模拟电子器件，模拟式、模拟 – 数字混合式伺服系统也完全被全数字伺服控制系统所取代。全数字伺服系统使硬件伺服控制变成了软件伺服控制，从而使现代控制理论的先进算法（如模糊控制、最优控制、神经元网络等）在伺服控制系统中得以应用，提高了发射装置伺服系统的各项性能指标。

电液伺服系统的执行装置一般为伺服阀和液压缸，液压驱动因其较好的功率/体积比、设备结构紧凑等优点而广泛地用于导弹发射装置和自动火炮的伺服控制系统中，另外液压伺服系统还具有刚度较高的优点，这可明显地提高传动链的自然谐振频率，改善系统动态特性。即使电液伺服系统优点较多，但缺点也很明显，例如抗污染能力差，极易产生堵塞；传动精度不高，加工难度大；液压管路易泄漏，不易维护等。这些缺点也限制了液压系统在中、小功率发射装置上的推广应用，因此近些年，倾斜式导弹武器发射装置以及火炮发射装置均已采用电动伺服控制系统。

气动伺服系统的执行装置为伺服阀、开关阀和气缸，具有体积小、结构简单、成本低、清洁、不受电磁干扰、易于实现直线运动控制等优点，但气体的可压缩性大，使得工作部件运动速度稳定性差，获得精确的定位困难，输出功率小，负载能力差，基于以上缺点，限制了气动伺服系统在武器系统中的应用，基本上已被电气传动与液压传动所取代。

伺服系统有全闭环和半闭环两种方式。一般在精度要求不高的情况采用半闭环方式，即伺服电动机上的旋转变压器（或编码器）反馈既作速度环，也作位置环，这种控制方式对于传动链上存在的固有间隙及误差不能克服或补偿。为了获得更高的控制精度，应在最终的运动部分（发射装置）安装高精度的位置检测元件（如旋转变压器、光电编码器等），即实现全闭环控制。控制计算机可以直接采样装在最后一级机械运动部件上的位置反馈单元读出组合的角位置信息，作为位置环，而电动机上的旋转变压器（或编码器）反馈此时仅作为速度环。这样伺服系统就可以消除机械传动上存在的间隙（如齿轮间隙等），补偿发射装置传动件的制造误差（如减速器、方位/轴承俯仰等），实现真正的全闭环位置控制功能，获得较高的定位精度。

基于以上论述，目前武器系统中常用的发射装置伺服系统主要采用电动伺服系统和电液伺服系统两大类。

1. 电动伺服系统

电动伺服系统是采用伺服电动机作为执行元件，在控制系统中，它把所收到的电信号转换成电动机轴上的角位移或角速度输出。执行电动机是数字伺服控制系统的一个重要组成部分，系统靠它驱动被控对象，因此它又是数字伺服系统与被控对象相联系的关键部件。数字伺服控制系统的设计，通常从选择执行电动机开始。执行电动机必须适应被控对象的工作特点与环境条件，它的机械结构尺寸、安装固定方式等，必须与被控对象紧密配合，以求得总体的合理配置，便于安装调整及使用维护，这些都关系到执行电动机的选择。可以用作发射装置数字伺服控制系统执行元件的电动机种类很多，主要有交流伺服电动机、直流伺服电动机、步进电动机和力矩电动机。

数字电动伺服控制系统的执行电动机的选择，主要有以下要求：

（1）满足负载运动的要求，即能够提供足够的力矩和功率，使负载达到要求的运动性能；

（2）能快速地正、反转，能快速启、停，保证系统的快速运动；

（3）有较宽的调速范围；

（4）电动机本身的功率消耗小、体积小、重量轻。

武器系统中发射装置的要求是选择执行电动机的依据，要正确选用执行电动机，必须对负载的固有特性及运动性能加以分析。电动机的主要指标是功率，若电动机功率不足，满足不了负载的要求，会降低系统的使用寿命和可靠性，并可能导致事故。若选用电动机的功率过大，又将使系统的体积和重量增加，并增加功率损耗，增加成本。除了功率外，执行电动机输出的转矩、转速也是选择的重要指标。所以，选择执行电动机时，应先确定电动机类型、额定输入/输出参数（如额定电压、额定电流、额定功率、额定转速等）和控制方式；确定电动机到负载之间传动装置的类型、速比、传动级数和速比分配，以及估算传动装置的转动惯量和传动效率。

1）交流伺服电动机的选取

交流伺服电动机可分为两种：一种是永磁同步伺服电动机，包括方波永磁同步电动机（无刷直流机）伺服系统和正弦波永磁同步电动机；另一种是笼型异步电动机。目前，由于稀土永磁体的交流永磁伺服电动机能提供最高的动态响应和扭矩密度，所以拖动系统的发展趋势是用交流伺服驱动取代传统的液压、直流和步进调速驱动，以便使系统性能达到一个全新的水平，包括更短的周期、更高的生产率、更好的可靠性和更长的寿命。因此，交流伺服电动机这样一种扮演重要支柱技术角色的执行装置，在许多高科技领域得到了非常广泛的应用，如激光加工、机器人、数控机床、办公自动化设备、雷达和各种军用武器随动系统等。

近年来，随着集成电路、电力电子技术和交流可变速驱动技术的发展，永磁交流伺服驱动技术有了迅速的发展，世界各国电气厂商不约而同地将交流伺服系统定位为高性能伺服系统的主要发展方向，使得原来的直流伺服面临被淘汰的危机。全数字控制的正弦波电动机伺服驱动装置在传动领域的发展日新月异，同直流伺服电动机相比，永磁交流伺服电动机的主要优点有：

（1）无电刷和换向器，因此工作可靠，对维护和保养要求低；

（2）定子绕组散热比较方便；

（3）惯量小，易于提高系统的快速性；

（4）适用于高速、大力矩工作状态；

（5）同功率下有较小的体积和重量。

国内外生产高性能交流伺服电动机及驱动器的厂家主要有：美国科尔摩根公司，

丹纳赫公司，日本的松下、安川、富士通等，德国的西门子公司、科比公司，法国的BEC公司等。国内的公司主要有华中数控股份有限公司、广州数控股份有限公司、中电集团公司第二十一研究所、桂林星辰科技有限公司、西安微电机研究所等。

2）直流伺服电动机的选取

直流伺服电动机具有响应快、低速平稳性好、调速范围宽等特点，因此常常用于实现精密调速和位置控制伺服系统中，在工业、国防和民用等领域内得到了广泛应用，特别是在火炮稳定系统、舰载平台、雷达天线、机器人控制等场合。尽管目前交流伺服电动机的发展相当迅速，但在某些领域内还不能完全取代直流伺服电动机。

国内外生产直流伺服电动机及驱动器的厂家不多，多用于功率小、空间受限且精确控制的场合，主要生产厂商有：美国科尔摩根公司，瑞士MAXON，日本的安川、松下等；国内的厂家主要有成都精密电动机厂、成都微精电动机厂、贵州林泉电动机厂、兰州电动机厂等。

3）步进电动机的选取

步进电动机是一种能将数字输入脉冲转换成旋转或直线增量运动的电磁执行元件。每输入一个脉冲电动机转轴步进一个步距角增量。电动机总的回转角与输入脉冲数成正比，相应的转速取决于输入脉冲频率。步进电动机是机电一体化产品中关键部件之一，通常被用作定位控制和定速控制。步进电动机有惯量低、定位精度高、无累积误差、控制简单等特点，广泛应用于机电一体化产品中，如：数控机床、包装机械、计算机外围设备、复印机、传真机等。

选择步进电动机时，应使步距角和机械系统匹配，这样可以得到被控对象所需的脉冲当量。在机械传动过程中为了使得有更小的脉冲当量，一是可以改变丝杠的导程，二是可以通过步进电动机的细分驱动来完成。但细分只能改变其分辨率，不能改变其精度，精度由电动机的固有特性所决定。选择功率步进电动机时，应当估算机械负载的负载惯量和被控对象要求的启动频率，使之与步进电动机的惯性频率特性相匹配后还有一定的余量，从而最高速连续工作频率能满足被控对象快速移动的需要。

国外生产高性能步进电动机及驱动器的厂家主要有：意大利SGS公司，美国的科尔摩根公司，日本的安川等。国内的厂家主要有上海优爱宝机器人技术有限公司，常州市君诚雷格机电有限公司，深圳市白山机电一体化技术有限公司，南京步进自动化科技有限公司，北京斯达微步控技术有限公司等。

4）力矩电动机的选取

力矩电动机具有转速低、力矩大、力矩波动小、机械特性硬度大、线性度好等优点，可以在很低转速，甚至堵转时长期工作。因而它适用于力平衡系统中，例如陀螺平台伺服控制系统。

力矩电动机的主要性能参数有连续堵转转矩、堵转电流、控制电压、空载转速等，连续堵转转矩表示电动机长时间堵转，稳定温升不超过允许值时的电动机最大输出转矩。这时的电枢电流对应为连续堵转电流，对应的电枢电压为控制电压。连续堵转转矩主要受发热条件限制，短时超过连续堵转电流还不至于烧坏电动机，所以电动机短时输出转矩可以稍稍超出连续堵转转矩；但不允许超出峰值堵转转矩，否则将会使电动机的永久磁铁退磁。

在武器发射装置中，力矩电动机一般用于对快速性要求不高的随动系统中，由于输出力矩较大，可省去传动系统中的减速装置，简化了传动系统，因此可大大提高系统的传动精度。但大功率力矩电动机价格较高、体积大、重量大、系统安装不方便，因此在大部分应用场合仍然采用交流电动机加减速器的方式。除此之外，小功率直流无刷力矩电动机因其体积小、力矩大、响应快而被广泛用于小型光电搜索跟踪伺服系统及小型天线伺服系统中。

国外生产力矩电动机的厂家主要有：德国西门子公司、英国 Muirhead Aerospace、美国的科尔摩根公司、丹纳赫公司、日本的安川等。国内的厂家主要有成都精密电机厂、华中数控股份有限公司、苏州电讯电机厂等。

2. 电液伺服系统

电液伺服系统是一种以液压动力机构作为执行机构并具有反馈控制的控制系统。它不仅能够自动、准确而快速地复现输入的变化规律，而且还能对输入信号实行放大与变换的作用。如图7-1所示，通过输入小功率的机械或电的控制信号，可以控制油泵输出的大功率的液压动力，并经动力执行机构重新把液压动力转换为机械动力而驱动负载。

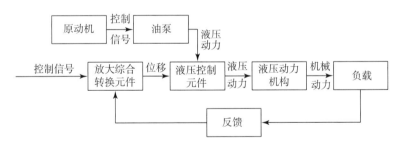

图 7-1 电液控制系统框图

由于电液伺服控制系统具有结构简单、尺寸小、作用力大、快速的频率响应能力，并且有较好的灵活性和适应能力，因此作为控制领域的一个重要研究对象，它在工程技术中受到广泛的研究和应用。比如应用于国防工业的航空航天、海洋工程、武器、舰船，民用工业的运输业、石油化工、车辆与工程机械以及机器人等领域。

在要求快速性非常好且负载非常大的伺服系统中，其执行机构一般使用液压（控制）元件。这是因为液压元件同电气及气动元件相比，具有快速性和单位重量输出功率大的优点。另一方面，在伺服系统中传递信号和校正特性时最好用电气元件。这是因为从传输的角度来看，伺服系统的一部分是由电线连接的，另外，作为伺服系统的校正元件（它是快速性要求特别高的时候所不可缺少的）若用 RC 电路在技术上很容易实现。因此，高性能的伺服系统近来都采用电－液方式。

液压控制系统可按下列不同原则进行分类，按误差信号的产生和传递方式不同分为：机械－液压控制系统、电气－液压控制系统和气动－液压控制系统；按液压控制元件不同分为：阀控系统和泵控系统，阀控系统由伺服阀利用节流原理控制流入执行机构的流量和压力系统，泵控系统利用伺服变量泵改变排量的方法控制流入执行机构的流量和压力系统；按被控物理量的不同分为：位置控制系统、速度控制系统、加速度控制系统、压力控制系统和力控制系统等；按输入信号的不同分为：伺服系统、定值调节系统和程序控制系统，伺服系统是输入信号任意变化的系统，它通常用于要求快速响应的场合，定值调节系统输入信号为常量，当干扰量不断变化时保持输出量不变，程序控制系统的输入量是按程序预先规定好的设定值，一般控制对象的时间常数较大，系统工作频率较低。

综上所述，一般应从功率、体积、电磁兼容性、总体结构布局以及伺服性能指标来选择合适的伺服系统类型及控制方式。在精度要求很高、动态响应快的系统应采用交流电动伺服系统，但交流电动伺服系统的电磁兼容性要求很高，会对其他分系统造成影响，这时可以选择电液伺服系统，特别是在大功率伺服系统中，采用电液伺服系统较多。直流伺服系统由于自身特点已经逐渐被交流伺服系统取代。

另外，还需考虑总体结构布局，交流电动伺服系统有电动机和减速器，而电液伺服系统有液压能源、伺服马达和作动筒等液压元件，在安装和布局上，这两种伺服系统完全不一样。因而需要根据发射系统总体结构布局，选择先满足要求的伺服系统类型及控制方式。本书将以交流电动伺服系统为重点，开展伺服系统的设计和论述。

7.2.3　功能和组成

1. 功能

为实现发射装置在方位和俯仰上调转到给定的初始瞄准方向并跟踪目标运动，倾斜式发射装置必须具备的功能主要包括：

（1）接收武器控制（或指令控制）计算机发出的指令；

（2）根据指令，控制发射装置按照指令运动，跟随目标，为导弹发射提供初始射向；

（3）实时向武器控制（或指令控制）计算机反馈伺服系统的状态，包括伺服系统工作是否正常、发射装置的方位与俯仰的信息、跟随指令情况等状态信息；

（4）伺服系统具备实时检测、自动故障定位的能力；

（5）具有过载保护、过流保护、过压保护、欠压保护、俯仰上下止挡、电源异常的安全保护功能；

（6）具备手动或自动对发射装置进行锁定、解锁功能，方便发射装伺服系统调试；

（7）根据指令，具备自动装填及展开功能；

（8）具备发射装置隔离载体扰动（稳定）功能（根据武器系统使用需要）。

2. 组成

包括电动伺服系统和电液伺服系统在内，一般数字式伺服系统由执行机构、控制装置、放大装置、检测装置等组成。对于交流伺服系统主要由交流永磁同步电动机、减速器或者电动缸、电动机驱动器、测角组合、控制计算机和伺服系统控制软件等组成。发射装置运动方向一般有方位和俯仰两个通道，因而交流永磁同步电动机和电动机驱动器应是两套，检测装置应包括方位位置测角装置和俯仰位置检测装置。交流伺服系统组成如图 7 - 2 所示。

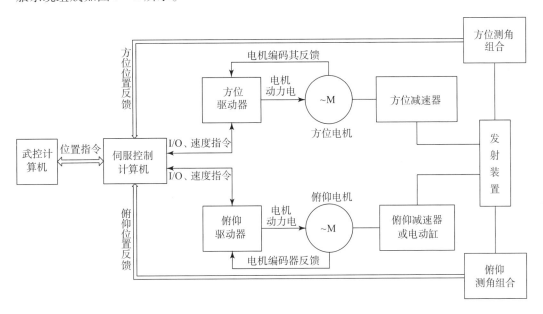

图 7 - 2　交流伺服系统组成

直流伺服系统与图 7 - 2 所示的交流伺服系统组成方式相同。根据武器系统总体要求，发射装置伺服系统使用的控制计算机可以与武器系统的武器控制（或指令控制）计算机共用，也可以使用单独的计算机或微型计算机来实现伺服系统控制及数据处理。伺服系统的计算机可以采用 DSP、ARM、单片机等微处理器作为核心，也可以采用工控机、PC104、PLC、ECU 等作为核心处理机，不管采用哪种计算机，均要考虑与武控（指控）计算机的接口关系，以及伺服系统的数据处理速度和控制周期是否满足系统需求。

电液伺服系统主要包括计算机、伺服放大器、伺服阀、阀控液压执行装置、反馈传感器。计算机内含有处理器、A/D 板、D/A 板、信号调理板、伺服放大板等。计算机利用总线方式或串口通信的方式与武控系统通信，接收武控系统的控制命令并发送到 D/A 板，转换为模拟信号，经过伺服放大的信号发送给伺服阀，通过对发射装置的液压控制量（如拉、压力）测试，所测得的信号由信号调理电路再通过 A/D 板转换，反馈得到数字信号再发送给计算机，并与指令信号进行比较，作为 D/A 板的输入来控制液压系统。与电动伺服系统组成方式相同，电液伺服系统发射装置一般也包含方位和俯仰两个通道，因而液压控制设备和执行装置也应是两套，检测装置应包括方位位置测角装置和俯仰位置检测装置。如图 7 – 3 所示为单通道电液伺服系统组成框图。

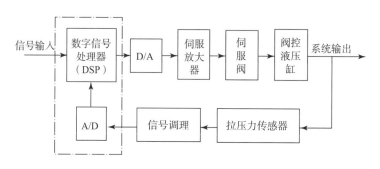

图 7 – 3 电液伺服系统组成

7.2.4 工作原理

1. 数字电动伺服系统工作原理

数字电动伺服系统以控制计算机为控制核心，在方位、俯仰通道上采用三环（位置、速度、电流）反馈控制及位置环 PID 调节控制的控制方式。系统按照武控（指控）计算机发出的控制指令信息，在控制计算机内形成方位、俯仰运动的位置控制模拟量信息，控制发射装置在方位、俯仰通道上运动，依靠伺服系统在方位、俯仰上的三个反馈环节，控制整套发射装置实现调转和跟踪运动，最终使其满足武器系统的动态、静态要求。发射装置伺服系统工作原理框图如图 7 – 4 所示。

数字电动伺服系统概括性的工作原理如下：

（1）通过武控（指控）计算机内部的运算，得出目标的方位以及俯仰位置、速度信息，同时测角组合采集发射装置当前的位置和速度信息；

（2）控制计算机分别将获得的目标方位、俯仰运动信息与发射装置方位、俯仰当前的位置、速度信息，通过运动控制规律的 PID 校正、复合运算，变换成发射装置运动的位置环控制信息；

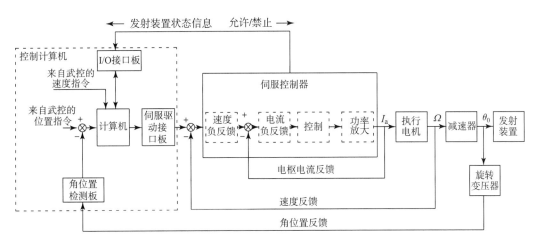

图7-4　发射装置伺服系统工作原理

（3）控制计算机将包含位置和速度的信息，通过伺服系统控制单元的伺服驱动接口板，形成模拟控制量，分别传送给方位、俯仰伺服控制器；

（4）伺服控制器接收位置、速度信息的模拟量，进行伺服系统的速度、电流校正；

（5）经过伺服系统的速度、电流校正环节，校正后的结果通过伺服控制器内的功放模块IGBT（或IPM）的功率放大，驱动永磁同步无刷电动机运动，带动发射装置进行调转和跟踪运动。

在数字电动伺服控制系统中，作为伺服控制器的输入信号与输出信号均为数字信号，功率放大元件、执行元件等的输入信号与输出信号均为模拟信号。因此，数字伺服控制系统是数字与模拟混合的控制系统。下面对数字电动伺服控制系统内部数字量和信号处理的详细工作原理进行分析。

图7-5所示为数字电动伺服控制系统原理图。图中三个开关均表示采样开关，点画线框内均为控制计算机及接口，虚线表示机械轴。

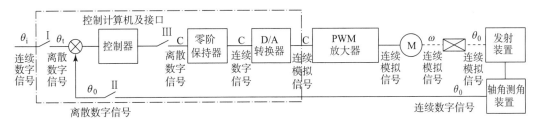

图7-5　数字电动伺服控制系统原理

数字电动伺服控制系统控制的是负载轴（输出轴）的转角。旋转轴的转角、转速等物理量均属于模拟量，转角信号、转速信号、角加速度信号均属于模拟信号，是随时间连续变化的。数字控制计算机处理的信号都是数字量，时间和幅值都是离散的时间函数。

因而，数字电动伺服控制系统是一个采样系统。与其他采样系统相同，数字电动伺服控制系统中存在着几种不同类型的信号，即连续模拟信号、离散模拟信号（也称采样模拟信号）、数字信号和连续数字信号。图 7-5 中给出了三个采样开关 I、II、III。采样开关 I 之前的 θ_i（连续数字信号）为数字伺服控制系统的输入角，它来自武控计算机。轴角测角装置测量轴角位置，测量的结果 θ_0（连续数字信号）为系统的主反馈信号。

从每个采样周期 T_0 开始，控制计算机首先闭合采样开关 I，读入给定信号。该给定信号可能是武控计算机通过通信接口或总线形式传过来的，也可能是通过对给定模拟量采样得到的。这一给定信号是要求输出轴到达的角位置的数码。然后计算机再闭合采样开关 II，读入由轴角转换装置检测到的输出轴的实际角位置的数码 θ_0。控制计算机根据采样周期采到的 $\theta_i(n)$ 和 $\theta_0(n)$、上一个采样周期采到的 $\theta_i(n-1)$ 和 $\theta_0(n-1)$、上上个采样周期采到的 $\theta_i(n-2)$ 和 $\theta_0(n-2)$，……把它们作为计算本次采集周期的控制变量 $c(n)$ 的原始数据，并执行控制算法程序，求出 $c(n)$。最后，将 $c(n)$ 送至 D/A 转换电路，这相当于合一下采样开关 III。从控制计算机来看，这 D/A 转换电路为其一个输出接口；从信号的转换来看，它包含一个零阶保持器和一个 D/A 转换器。它的输出 C 加到 PWM 放大器的输入端。到此时，控制计算机在本采样周期的任务已全部完成，等待下一个采样周期的到来。

对数字控制器的计算机而言，其工作与其他计算机工作一样：首先读入给定量、输入反馈量；再进行数值计算，计算出控制量；最后输出控制量。计算机读入给定量和输入位置反馈量是按指令顺序操作的，显然 $\theta_i(n)$ 和 $\theta_0(n)$ 不是同一时刻的信号。但是，由于计算机的指令周期极短，比起伺服电动机及其负载的惯性是可以忽略的，因而 $\theta_i(n)$ 和 $\theta_0(n)$ 可以看做是同时刻的值。数字伺服控制系统的控制量的计算是需要时间的，因此输出的控制量在时间上是有延迟的，但却是在采样周期 T_0 内完成的。数字伺服控制系统的采样周期 T_0 是很小的，一般只有几个毫秒。为了使不同时刻采到的 θ_i 和 θ_0 之差尽量接近 θ_e，在设计伺服系统程序时总是使采 θ_i 的时刻和采 θ_0 的时刻尽量靠近。由于 $\theta_i(n)$ 和 $\theta_0(n)$ 均为计算 $c(n)$ 的原始数据，因此在采样周期的一开始就应采集 θ_i 和 θ_0 的值。

从采样 $\theta_i(n)$ 和 $\theta_0(n)$ 至输出 $c(n)$，有一段延时，这段延时越长，对数字伺服控制系统的稳定性越不利。由于这段延时总是小于采样周期 T_0，而 T_0 通常只有 10 ms 左右，甚至只有 1 ms 或 2 ms，所以这段延时对系统稳定性影响不大。为了方便，人们常常忽略这段延时，近似认为：采样 $\theta_i(n)$ 和 $\theta_0(n)$ 与输出 $c(n)$ 是同时刻的。若在建立数字伺服控制系统的数学模型时略去了这段延时，则系统的稳定性比其数学模型的稳定性稍差一些。采样周期 T_0 影响数字伺服控制系统的稳定性，T_0 越大，对系统的稳定性影响越大。当 T_0 大到一定值后，系统呈现不稳定性。因此，应尽可能地减小采样周期 T_0，以提高数字伺服控制系统稳定性，并提高系统的动态性能。

由自动控制理论可知，在其他参数不变时，加大 T_0 将使系统稳定性变差。T_0 的选择要满足采样定理，这只是能够保持信号特征和能恢复信号的最起码的要求。在具体的系统中，要使信号完全恢复，采样频率应该比信号的最高频率高得多。例如，欲使正弦信号能完全恢复，采样频率至少应该是该正弦信号的 8 ~ 10 倍。对数字伺服控制系统，欲使系统能正常地工作，采样频率应该是系统截止频率的 8 ~ 10 倍。对高精度快速伺服系统，一般设置 T_0 是很小的，只有 1 ms 或 2 ms。因此，人们在研制数字伺服控制系统时，在保证实现控制规律的前提下，总是设法尽量缩短采样周期 T_0。为了达到这一目的，应设法使控制算法程序执行得尽量快，仔细计算执行一个采样周期的程序需要多少时间，定下采样周期的值。

关于控制计算机 CPU 的选择，这项工作在系统开始设计时就应该选择好，要减小采样周期 T_0，应该选择计算字节长些、计算精度足够、计算速度快的微型计算机或微处理器。当 CPU 选定后，系统的硬件选定了，采样周期的减小就只有靠软件控制算法技巧和简化计算了。

应该指出，引起数字伺服控制系统静差的因素有多个，一般包括元器件失灵区、计算机的量化误差、传动部分的干摩擦和机械传动空回量等多个因素。一般没有必要使轴角测角装置的位数大于输入角的位数，轴角测角装置的位数提高使系统静差下降不了多少。但位数太低的轴角测角装置将会造成伺服控制系统产生较大的静差，甚至不满足系统指标的要求。准确地说，应将轴角测角装置的位数（不计被控计算机舍去的位数）定义为数字伺服控制系统的位数较为合适，这样既不会对系统指标造成影响，也不会提高系统的成本。

2. 数字电液伺服系统工作原理

与数字电动伺服系统工作原理相同，数字电液伺服系统除了在执行装置（伺服阀、液压缸）上不同外，其他组成与电动伺服系统完全相同。数字电液伺服控制系统的原理如图 7 - 6 所示。

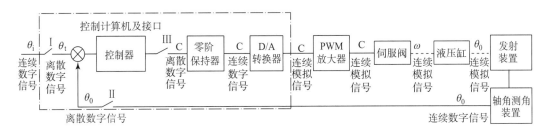

图 7 - 6　数字电液伺服控制系统原理

电液伺服系统是以电液驱动装置为驱动元件的伺服系统。伺服系统是自动化系统的一个基本环节，也叫随动系统，顾名思义就是系统输出量总能跟随复现输入量。伺服系统的另一个基本职能就是信号放大，确保被控对象（负载）有足够大的推动能量跟随输入信号规律运动，并确保偏差不超过指定范围。

伺服系统由若干元件组成，它的基本部分为：控制器、功率放大器、伺服阀、液压缸、位移传感器等。其中，输入元件、反馈测量元件与比较元件组合成为误差检测器。电液伺服阀是电液伺服控制系统的电液转化放大装置，它既将电气信号转化为液压信号，又将输入的小功率电信号进行功率放大，控制液压能源流向执行元件的压力与流量的阀芯运动。电液伺服阀有响应速度快、控制精度高的优点。电液伺服系统其他元件也起着重要作用：

（1）功率放大器将控制器输出的小电流信号放大到足够大的功率以驱动电液伺服阀，起功率放大作用。

（2）液压缸是执行元件。它将液压能转化为机械能（直线运动与力）。

（3）反馈检测装置是位移传感器，它将检测出的系统输出位移转化为电压信号作为反馈信号，与输入信号比较得出偏差信号，形成闭环控制系统。电液伺服控制系统的输入信号是电信号，输出信号是液压信号，为一个闭环控制系统。它既融合信息、电子科学的长处又结合液压技术的优点。如：电子信号有便于测量、校正、放大、处理、控制容易的特点；电气传感器种类多，检测信号快，测量精度高；液压系统有结构小巧、惯性小、执行速度快、输处功率大的优点。正是由于电液伺服控制系统同时具有这些优点，它受到了工程技术人员的青睐，在许多领域都得到了应用。

7.2.5　技术性能分析

本章节将重点对发射装置数字电动伺服控制系统的技术、战术性能进行分析，电液伺服系统的技术性能分析在后面的章节进行。

发射装置数字电动伺服控制系统的技术性能分析，主要是根据武器系统的技术、战术指标要求，对伺服系统的组成部件进行数据参数核算，以及系统参数核算，为选取适合的系统组成元件提供理论依据，并保证武器系统的各项性能指标得以满足。重点对发射装置的工作模式、负载组成、功率等级、转动惯量、电动机参数、加速度、速度、调转时间、减速比、电动机选取等进行详细核算。

1. 工作模式

武器系统发射装置的工作模式较简单，没有工业领域，如矿山机械负载工作模式那么复杂，一般包括连续运行工作模式、短时工作模式、断续工作模式。其中连续运行工作模式又分为恒定负载长时工作模式、变动负载长时工作模式。另外，短时工作模式和断续工作模式通常不考虑负载变化对功率的影响，均按最大负载进行电动机功率核算。

根据武器系统发射装置的工作特点，用于发射装置伺服系统的伺服电动机一般为断续工作模式或短时工作模式,连续运行工作模式用于雷达、天线等搜索伺服系统中。通常工作在断续工作模式下的伺服电动机采用 S3 工作制来核算电动机的功率及工作周期。工作在短时工作模式的电动机采用 S2 工作制来核算电动机的功率及工作周期,虽然目前没有较准确的计算方法,但与 S3 工作制相近,也可采用 S3 工作制来近似估算。

2. 负载组成

发射装置伺服系统的负载类型有:

(1)惯性负载。在发射装置跟踪和调转时,由于惯性产生的动态负载称为惯性负载,其力矩数学表达式为

$$M_J = J_L \ddot{\theta} \tag{7-1}$$

式中　M_J ——惯性力矩;

　　　J_L ——负载惯量;

　　　$\ddot{\theta}$ ——转动加速度。

(2)摩擦力矩负载。摩擦力矩负载包括静摩擦负载,力矩用 M_0 表示;黏性摩擦负载,其力矩 $M_J = J_L \dot{\theta}$,它与回转角速度成正比;库仑摩擦负载。

(3)不平衡力矩负载。例如俯仰通道的重力矩,在小角度范围内可视为常值负载。

(4)冲击力矩负载。如导弹发射时对发射装置的冲击力产生的力矩。

(5)风负载。发射装置在运动过程中,会受到风阻力矩,运动风力矩可用以下公式计算

$$M_5 = \xi \cdot q \cdot s \cdot D \tag{7-2}$$

式中　ξ ——最大风力矩系数,一般取 $\xi = 0.14$;

　　　q ——风强,$q = \dfrac{v^2}{16}$,风速最大值取 $v = 29\ \text{m/s}$;

　　　s ——迎风面积,与发射装置起竖角度成正比,由于发射装置形状不同,可根据外形尺寸近似计算;

　　　D ——发射装置中心距俯仰转轴的距离。

一般发射装置方位通道结构对方位旋转轴基本对称,受风负载力矩小,可忽略。俯仰通道由于导弹的安装方式使其结构相对俯仰轴不对称,因此受风负载力矩稍大。

由于发射装置工作状态一般是调转—跟踪—调转的断续工作体制,且持续时间较短。负载特性曲线如图 7-7 所示,为防空导弹发射装置伺服系统一个工作循环的负载曲线。

由图 7-7 可以看出,由于导弹快速对准的要求,在调转时的惯性力矩比其他力矩往往大得多。因此,执行元件的功率、力矩参数的选择,主要取决于调转时负载力矩的要求。

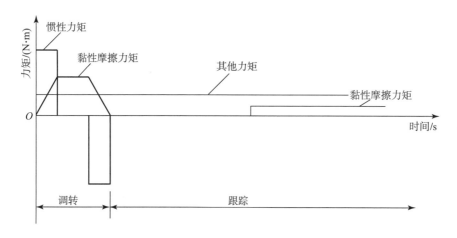

图 7 – 7　发射装置负载特性曲线

3. 转动惯量

在发射装置三维模型未确定之前，需对发射装置的方位通道和俯仰通道的转动惯量进行初步计算，以便初步选定伺服电动机及减速装置，来保证发射装置总体模型的确定。一些立方体模型的转动惯量计算方法见表 7 – 1。

表 7 – 1　转动惯量计算表

类型	示意图	惯量计算
（1）圆筒	D_2：圆筒的内径（mm） D_1：圆筒的外径（mm） M：圆筒的质量（kg） J_W：圆筒的惯量（kg·m²）	$J_W = \dfrac{M(D_1^2 + D_2^2)}{8} \times 10^{-6}\ (\text{kg} \cdot \text{m}^2)$
（2）偏心圆筒	M：圆筒的质量（kg） J_C：围绕圆柱的中心C旋转的惯量 J_W：惯量（kg·m²） r_e：旋转半径（mm） 旋转的中心	$J_W = J_C + M \cdot r_e^2 \times 10^{-6}\ (\text{kg} \cdot \text{m}^2)$
（3）旋转棱柱	M：棱柱的质量（kg） b：高度（mm） J_W：惯量（kg·m²） L：长（mm）　a：宽（mm）	$J_W = \dfrac{M(a^2 + b^2)}{12} \times 10^{-6}\ (\text{kg} \cdot \text{m}^2)$

续表

类型	示意图	惯量计算
(4) 直线运动物体	M: 负载质量（kg） J_e: 滚珠丝杠的惯量（kg·m²） P: 滚珠丝杠的节距（mm） J_w: 惯量（kg·m²）	$J_W = M \left(\dfrac{P}{2\pi} \right)^2 \times 10^{-6} + J_e$ （kg·m²）
(5) 滑轮提升	D: 直径（mm） M_1: 圆筒的质量（kg） J_1: 圆筒的惯量（kg·m²） J_2: 物体决定的惯量（kg·m²） M_2: 物体的质量（kg） J_w: 惯量（kg·m²）	$J_W = J_1 + J_2$ $= \left(\dfrac{M_1 \cdot D^2}{8} + \dfrac{M_2 \cdot D^2}{4} \right) \times$ 10^{-6}（kg·m²）
(6) 齿轮齿条传动	齿条 J_w: 惯量（kg·m²） M: 质量（kg） D: 齿轮直径（mm）	$J_W = \dfrac{M \cdot D^2}{4} \times$ 10^{-6}（kg·m²）
(7) 带配重滑轮	D（mm） J_w: 惯量（kg·m²） M_1: 质量（kg） M_2: 质量（kg）	$J_W = \dfrac{D^2 (M_1 + M_2)}{4} \times$ 10^{-6}（kg·m²）
(8) 传送带运送物体	M_3: 物体的质量（kg） M_4: 传送带的质量（kg） D_1: 圆筒1的直径（mm） J_w: 惯量（kg·m²） J_w: 惯量（kg·m²） J_1: 圆筒1的惯量（kg·m²） M_1: 圆筒1的质量（kg） J_2: 圆筒2所产生的惯量（kg·m²） D_2: 圆筒2的直径（mm） J_3: 物体所产生的惯量（kg·m²） M_2: 圆筒2的质量（kg） J_4: 传送带所产生的惯量（kg·m²）	$J_W = J_1 + J_2 + J_3 + J_4$ $= \left(\dfrac{M_1 \cdot D_1^2}{8} + \dfrac{M_2 \cdot D_2^2}{8} \cdot \dfrac{D_1^2}{D_2^2} + \dfrac{M_3 \cdot D_1^2}{4} + \dfrac{M_4 \cdot D_1^2}{4} \right) \times$ 10^{-6}（kg·m²）
(9) 倍滚轴夹入状态	J_w: 系统整体的惯量（kg·m²） J_1: 滚轴1的惯量（kg·m²） J_2: 滚轴2的惯量（kg·m²） D_1: 滚轴1的直径（mm） D_2: 滚轴2的直径（mm） M: 工件的等效质量（kg） J_1 滚轴1 J_w M D_1 D_2 滚轴2 J_2	$J_W = J_1 + \dfrac{D_1^2}{D_2^2} J_2 + \dfrac{M \cdot D_1^2}{4} \times$ 10^{-6}（kg·m²）

类型	示意图	惯量计算
（10）电动机齿轮	负载 齿轮　电机 J_w：负载惯量（kg·m²） Z_1：电机侧齿轮齿数 J_1：电机侧齿轮惯量（kg·m²） 变速传动比 $G=Z_1/Z_2$ Z_2：负载侧齿轮齿数 J_2：负载侧齿轮惯量（kg·m²） J_L：换算到电机轴的负载惯量（kg·m²）	$J_L = J_1 + G^2(J_2 + J_w)$ （kg·m²）

武器系统发射装置方位通道一般为水平面内的旋转方式，通常采用（10）的方式来计算负载的转动惯量；俯仰通道一般为上下（高低）垂直面内的旋转运动或直线运动，通常采用（4）或（10）的方式来计算负载转动惯量。

4. 发射装置运动参数计算

根据武器系统的总体要求及性能指标的实现，发射装置伺服系统会采取不同的运动模式，保证发射装置安全可靠、精确地运行。发射装置不同运动模式的运动参数计算见表7-2。

表7-2　发射装置运动参数计算

类型	示意图	惯量计算
（1）三角形	速度-时间图（三角形），峰值 v_0，加减速时间 t_A，t_0，X_0	最高速度 $v_0 = \dfrac{X_0}{t_A}$　X_0：在时间 t_0 移动的距离（mm）；v_0：最高速度（mm/s） 加减速时间 $t_A = \dfrac{X_0}{v_0}$　t_0：决定位置的时间（s）；t_A：加减速时间（s） 移动距离 $X_0 = v_0 \cdot t_A$
（2）梯形	速度-时间图（梯形），峰值 v_0，t_A，t_B，t_A，t_0，X_A，X_B，X_A，X_0	最高速度 $v_0 = \dfrac{X_0}{t_0 - t_A}$ 加减速时间 $t_A = t_0 - \dfrac{X_0}{v_0}$ 全部移动时间 $t_0 = t_A + \dfrac{X_0}{v_0}$ 匀速部分的移动时间 $t_B = t_0 - 2 \cdot t_A = 2\dfrac{2 \cdot X_0}{v_0} - t_0 = \dfrac{X_0}{v_0} - t_A$ 全部移动距离 $X_0 = v_0\,(t_0 - t_A)$ 加减速部分的移动距离 $X_A = \dfrac{v_0 \cdot t_A}{2} = \dfrac{v_0 \cdot t_0 - X_0}{2}$ 匀速部分的移动距离 $X_B = v_0 \cdot t_B = 2 \cdot X_0 - v_0 \cdot t_0$

续表

类型	示意图	惯量计算
（3）速度梯度指定时的上升沿		上升时间　$t_A = \dfrac{v_0 - v_1}{\alpha}$ 在上升时间内移动的距离 $$X_A = \frac{1}{2}\alpha \cdot t_A^2 + v_1 \cdot t_A$$ $$= \frac{1}{2}\frac{(v_0 - v_1)^2}{\alpha} + v_1 \cdot t_A$$ 上升后的速度　$v_0 = v_1 + \alpha \cdot t_A$
（4）速度梯度指定时的梯形模式		形成梯形动作模式的条件　$X_0 < \dfrac{t_0^2 \cdot \alpha}{4}$ 最高速度　$v_0 = \dfrac{t_0 \cdot \alpha}{2}\left(1 - \sqrt{1 - \dfrac{4X_0}{t_0 \cdot \alpha}}\right)$ X_0：决定位置的距离（mm）； t_0：决定位置的时间（s）； t_A：加减速时间（s）； v_0：最高速度（mm/s）； α：速度梯度。 上升沿时间　$t_A = \dfrac{v_0}{\alpha} = \dfrac{t_0}{2}\left(1 - \sqrt{1 - \dfrac{4X_0}{t_0 \cdot \alpha}}\right)$
（5）速度梯度指定时的三角形模式		形成三角形动作模式的条件　$X_0 \geqslant \dfrac{t_0^2 \cdot \alpha}{4}$ 最高速度　$v_0 = \sqrt{\alpha \cdot X_0}$ 上升沿时间　$t_A = \sqrt{\dfrac{X_0}{\alpha}}$

在计算发射装置具体参数及指标达到情况时，为了给系统伺服系统留有一定余量，并使计算尽量简化直观，通常采用（1）、（2）和（6）的运动模式进行指标及参数核算。

1）电动机参数核算及选取

由于发射装置的运动模式一般有调转和跟踪两种，系统运动的最大速度和加速度都出现在调转运动过程中，也就是系统的最大功耗是在调转中，因此主要的核算一般是在调转运动中进行的。

发射装置进行调转运动时，伺服系统的控制规律一般采用"乒乓"模式，即等加、减速运动模式，以确定系统调转运动中的最大速度。

按照发射装置调转指标进行计算，则利用三角公式（7-3）进行最大速度的计算。

$$\theta = \frac{1}{2} \times t \times \omega_{max} \qquad (7-3)$$

式中　θ——最大调转角度，rad；

t——最大调转角度的时间，s；

ω_{max}——最大调转角速度，rad/s。

系统运动的加速度是系统加速或减速时的速度变化率，假设系统的运动为等加减速，加速度按公式（7-4）计算。

$$\varepsilon_{max} = \frac{\omega_{max}}{\frac{1}{2}t} \qquad (7-4)$$

式中　ε_{max}——最大调转角加速度，rad/s^2；

t——最大调转角度的时间，s；

ω_{max}——最大调转角速度，rad/s。

同样，可以得到发射装置俯仰调转最大角速度和俯仰的最大角加速度。

根据发射装置初步转动惯量和前面计算的结果，进行系统功率的初步计算（未包含所选电动机本身的转动惯量）。由于系统有方位和俯仰两个通道，分别进行伺服传动，因此对方位、俯仰分别计算。

发射装置方位转动负载力矩按公式（7-5）计算

$$M_{Lmax} = J_L \times \varepsilon_{max} \qquad (7-5)$$

式中　M_{Lmax}——最大负载力矩，N·m；

ε_{max}——最大调转角加速度，rad/s^2；

J_L——负载惯量，kg·m^2。

发射装置方位最大功率按公式（7-6）计算

$$P = M_{Lmax} \times \omega_{max} \qquad (7-6)$$

式中　M_{Lmax}——最大负载力矩，N·m；

P——最大功率，kW；

ω_{max}——最大调转角速度，rad/s。

同理可以计算俯仰的转矩和功率。

考虑到系统传动减速器、测角装置的转动惯量，以及系统结构的静摩擦力矩、俯仰的不平衡力矩和风载力矩的影响，转动负载力矩应乘以 1.2~1.4 的系数。

为保证选用的电动机参数能满足武器系统的使用要求，发射装置瞬时最大转矩及有效转矩也需要进行核算。伺服系统工作模式如图 7-8 所示。

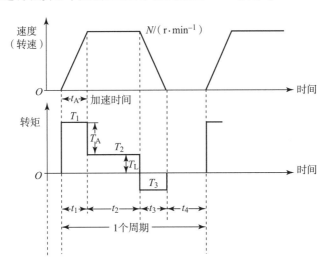

图 7-8 伺服系统一个工作周期内工作模式

发射装置瞬时最大转矩 T_1

$$T_1 = T_A + T_L \tag{7-7}$$

式中 T_A——加、减速转矩，N·m；

T_L——换算到电动机轴的负载转矩，N·m。

发射装置有效转矩 T_{ms}

$$T_{ms} = \sqrt{\frac{T_1^2 \cdot t_1 + T_2^2 \cdot t_2 + T_3^2 \cdot t_3}{t_1 + t_2 + t_3}} \tag{7-8}$$

式中 $T_2 = T_L$；

$T_3 = T_L - T_A$；

$T_1 = T_A$。

选用伺服电动机时应保证电动机输出的最大转矩大于发射装置瞬时最大转矩 T_1，电动机输出的额定转矩大于发射装置有效转矩 T_{ms}。

针对采用伺服电动缸作为发射装置俯仰通道执行装置的伺服系统，需要进行电动缸参数的详细计算，合理选取伺服电动缸。本节关于电动缸本身的结构参数如刚度、强度、寿命、预紧力等参数的计算不做介绍，仅对电动缸的电气参数进行计算。

所谓电动缸（也称电动执行器）就是用各种电动机（如 AC 伺服电动机、步进电动机、DC 电动机）带动各种丝杠、螺母（如滑动螺杆、滚珠丝杠、螺杆）旋转，通过螺母转化为直线运动，并推动滑台沿各种导轨（如滑动导轨、滚珠导轨、高刚性直线导轨）像油缸那样做往复直线运动。伺服电动缸的组成如图 7-9 所示。

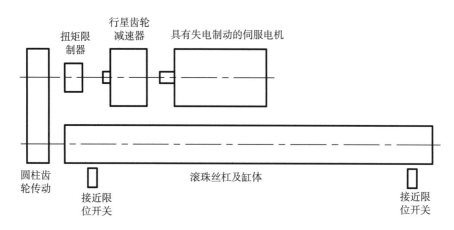

图 7 – 9 伺服电动缸的组成

根据技术指标，选取丝杠的主要参数：丝杠导程 P，公称直径 d，动载荷以及静载荷，丝杠螺母的预紧力 F_0。则丝杠轴向最大载荷为

$$F_{max} = F_n + F_0 \qquad (7-9)$$

式中　F_n——电动缸的额定推力，kN。

根据电动缸的最大运行速度 v（mm/s），计算丝杠的输入转速

$$n_m = \frac{60v}{P} \qquad (7-10)$$

式中　P——丝杠导程，mm。

计算丝杠的输入转矩

$$T_{in} = \frac{F_n P}{2\pi\eta} \qquad (7-11)$$

式中　η——丝杠螺母副的传动效率，一般取 0.85。

电动缸的额定输出功率

$$P_{out} = F_n \cdot v \qquad (7-12)$$

因此，电动机的额定输出功率

$$P_M = \frac{P_{out}}{\eta_1 \eta_2 \eta_3} \qquad (7-13)$$

式中　η_1——滚珠丝杠传动效率，一般取 0.90；

　　　η_2——齿轮传动效率，一般取 0.97；

　　　η_3——行星减速器传动效率，一般取 0.96。

根据电动机输出功率可以初步选定伺服电动机，可知电动机的额定转速 n_N，依此计算出伺服电动缸的减速比

$$i_0 = \frac{n_N}{n_m} \qquad (7-14)$$

根据电动缸的参数计算电动机的输出力矩

$$T_e = \frac{T_m}{i_0 \eta_3} \qquad (7-15)$$

比较 T_e 与所选电动机的额定转矩 T_N，应使 $T_e < T_N$。

2）减速比和惯量比的核算

减速比的选择应使电动机在额定转速工作时，发射装置达到最大的角速度。在保证发射装置最大角速度的前提下，要适当选用减速比大的减速器。另外减速器的额定输出转矩要大于发射装置需要的最大转矩。因此减速比 n_r 可按下式选用

$$\frac{n_{Lmax}}{T_N} \leqslant n_r \leqslant \frac{n_N \times 2\pi/60}{\omega_{max}} \qquad (7-16)$$

式中　T_N——电动机的额定转矩，$N \cdot m$；

　　　n_N——电动机的额定转速，r/min。

在减速器的选择时应考虑精度等级，在成本允许的情况下，尽可能选择空回量小、传动精度高的减速器，来保证整个传动链上的误差。较大空回量的减速器会对伺服系统动态精度产生较大影响，甚至无法满足系统跟踪指标要求。

负载惯量对电动机的控制特性和快速移动的加/减速时间都有很大影响。负载惯量增加时，可能出现以下问题：指令变化后，需要较长的时间达到新指令指定的速度；在调转过程中，会增加调整时间，降低到位精度等问题。

负载惯量小于或等于电动机的惯量时，不会出现这些问题。若负载惯量为电动机的 3~5 倍以上，控制特性就会降低。实际上这对快速性要求低的伺服系统工作影响不大，但是对于发射装置伺服系统而言，由于武器系统快速性、准确性的要求，建议发射装置惯量要小于或等于电动机惯量的 5 倍。

如果负载惯量比 5 倍的电动机惯量大得多，则控制特性将大大下降。此时，电动机的特性需要特殊调整，使用中应避免这样大的惯量。若结构设计出现这种情况，应该考虑更换大惯量伺服电动机，但又不能盲目追求大惯量，否则由于不能充分发挥其加速能力，会降低其经济性。通常于电动机惯量 J_N 与负载惯量 J_{N1}（折算至电动机轴），推荐下列匹配关系

$$\frac{J_{N1}}{J_N} \leqslant 5 \qquad (7-17)$$

负载转动惯量折算到电动机轴上的转动惯量

$$J_{N1} = \frac{J_L}{i_0^2} \qquad (7-18)$$

7.2.6　精度分析

发射装置系统的误差表现为整个系统的瞄准误差，实际是发射装置上导弹的导引

头光轴瞄准线和理论瞄准轴线的误差。影响这个误差的因素，主要有以下几个方面：

（1）发射装置的结构误差，包括结构加工、装配的误差，导弹和发射臂之间的安装误差，俯仰轴系和方位回转本体的配合误差，方位回转轴和俯仰回转轴正交性误差，结构传动误差，结构时效误差等；

（2）伺服系统误差，取决于伺服系统的品质，包括伺服各个环节上的死区、漂移和非线性误差，建立伺服系统控制模型的准确性误差，系统的动态误差等；

（3）检测误差，包括伺服控制系统的位置测量误差、结构加工装配误差、检测方法误差等。

以上几个误差，必须控制在一定的范围之内，才能保证系统的精度指标要求。而角位置测量的误差控制精度必须高于发射装置系统的误差精度，才能保证发射装置系统的总体误差满足控制精度要求，图7-10为发射装置伺服系统误差分布图。

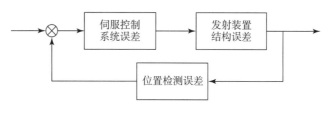

图7-10 发射装置伺服系统误差分布图

1. 伺服系统的品质误差分析

在发射装置伺服系统的控制中，通常采取位置精度控制模式，控制规律以位置精度控制为主要控制对象，以此制定位置的PID调节控制规律。采用PID调节控制方案不要求精确的受控对象的数学模型，可以大大降低伺服系统各个环节上的死区、漂移和非线性误差带来的影响。也就是当被控对象的结构和参数不能完全掌握，或者得不到精确的数学模型时，采用PID控制规律可以在很大程度上改善系统控制模型的准确性误差。

另外，发射装置系统通常表现出二阶振荡系统的特点，系统的两个极点可以通过PID调节规律补偿抵消，伺服系统的参数K和T只需通过PID参数的调整，就可以形成较好的二阶振荡系统，在过渡时间、超调量、快速性及控制精度上都满足发射装置系统的运动需要。

2. 角位置测量系统误差分析

角位置测量误差的产生来自结构、信号处理和信号转换三个方面，但这三个方面的误差叠加（均方根）的总误差不应大于系统的角位置检测精度，即系统的角位置检测精度应和系统的总误差匹配。位置检测精度应该包括对机械结构的传动、机械测量、系统控制、信号转换处理等测量的误差。

3. 角位置测量结构误差分配计算

按照伺服系统设计经验，常常将误差进行如下分析计算。

1）角位置测量机械结构误差

结构误差是指电动机输出轴到位置检测元件的输入轴之间的机械结构误差。

2）角位置测量信号处理误差

仅考虑从角位置测量信号的输入端到电动机输出轴之间整个信号处理控制的误差。这个误差包括了系统的控制和信号转换的误差。

发射装置伺服系统采用计算机进行控制，计算机控制字长通常为32位，对应圆周为2π。一般这样的系统误差在最低位有效数字上，所以其误差w_{21}为公式（7-19）

$$w_{21} = 2\pi/2^{32} \approx 0.000\ 001\ 5\ (\text{mrad}) \qquad (7-19)$$

可见控制计算机处理的系统误差可以忽略。

目前使用的交流伺服控制器提供位置控制重复精度为10″，这里取为$w_{22} \approx 0.05\ \text{mrad}$。信号处理误差$w_2$应为这两个误差的均方根，如公式（7-20）

$$w_2 = \sqrt{w_{21}^2 + w_{22}^2} \qquad (7-20)$$

3）角位置测量信号转换误差

仅考虑角位置检测元件将机械信号转变为电信号的误差。系统的角位置机电信号转换采用旋转变压器加RDC转换模块，而且采用精粗组合的编码形式，误差精度一般等同转换模块的最低位有效数字，转换模块为19位RDC模块，因此转换误差w_3如公式（7-21）

$$w_3 = 2\pi/2^{19} \approx 0.012\ (\text{mrad}) \qquad (7-21)$$

将上述三个方面的误差分别用w_1、w_2、w_3来表示，则发射装置系统的角位置测量总误差w为这些误差的均方根值，而且必须和系统的位置测量精度匹配，总误差w如公式（7-22）

$$w = \sqrt{w_1^2 + w_2^2 + w_3^2} \qquad (7-22)$$

式中　　w_3——角位置测量信号转换误差，取为0.012 mrad；

　　　　w_2——角位置测量信号处理误差，取为0.05 mrad；

　　　　w_1——角位置测量机械结构误差；

　　　　w——发射装置系统的角位置测量总误差，一般这个误差应满足系统的位置测量精度要求。

通过上面的分析可知，发射装置系统角位置测量机械结构的最大允许误差和检测误差、控制误差叠加，使系统的总误差满足均方根的误差分布。

由于不同的控制系统内部参数的不同，整个系统表现出来的特性也有很大差别，因此控制误差无法有精确的统计，但根据系统设计经验以及本系统的参数、特性可知，将系统的测量误差、检测误差和控制误差叠加，满足伺服控制系统误差要求即可。

发射装置伺服系统俯仰通道可采用电动机与减速器直接驱动，也可以采用丝杠传动或电动缸传动。对于小负载或负载偏心较小的伺服系统通常采用电动机加/减速器的方式来实现，可以保证伺服系统的快速性和精度指标要求。对于负载偏大或偏心较大的伺服系统一般采用伺服电动缸驱动装置，可以克服由于负载大惯量、大偏心造成驱动功率较大、动态指标较差的缺点。采用电动机加/减速器的驱动方式与方位通道伺服系统选择和计算相同，这里不再赘述。以下重点介绍采用伺服电动缸的驱动方式来对发射装置伺服系统进行分析计算。

对于采用丝杠传动或电动缸传动的装置来说，还要考虑负载定位精度的问题。传动方式如图 7 – 11 所示，定位精度

$$A_{\mathrm{P}} = \frac{P \cdot G}{R \cdot S} \tag{7-23}$$

式中　A_{P}——定位精度，mm；

其余字母含义见图 7 – 11。

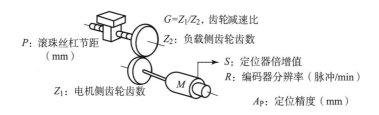

图 7 – 11　直线运动负载的传动方式

4. 减小伺服系统传动误差的措施

根据以上分析，角位置测量信号处理误差和角位置测量信号转换误差通常提高空间有限，并且对伺服系统的精度影响小。因此本节重点对减小伺服系统传动误差的方法进行分析。

（1）合理地选择传动形式。

选择不同的传动形式，达到的精度不同，一般来说圆柱直齿和斜齿轮的精度较高，蜗杆蜗轮传动次之，圆锥齿轮传动更次之，在行星齿轮传动中，谐波齿轮传动精度最高。

（2）合理确定级数和各级传动比。

减少传动级数，可减少零件数量，也就减少了产生误差的来源，无论是减速传动还是增速传动，传动比分配应按先小后大的原则，即减速器应在后几级集中减速，增速器应在前几级集中增速，可减小传动误差。

（3）合理布置传动链。

在减速传动中，精度较低的机构（如圆锥齿轮、蜗杆蜗轮传动等）宜布置在高速轴上，这样可以减小低速轴上的误差，通过传动链合理布置使传动链某些区段不影响精度要求高的轴，或者说应使影响精度要求高的轴的传动链区段取最短值。

（4）选择整体设计和压入配合。

尽量采用齿轮与轴制成一体的整体零件，减少齿轮孔和轴相配间隙引起的偏心误差，也可以采用热压配合，达到减少配合间隙的效果。

①提高零件本身的制造装配精度使传动精度增高。

对减速传动，越靠近输出轴的齿轮副精度对传动误差影响越大，因此适当提高靠近输出轴的齿轮副精度，可在相同成本的情况下减小整体传动误差，传动链越长，效果越明显；对增速传动则与减速传动相反，提高靠近输入轴的齿轮副精度，可减小传动误差。

②装配时采用误差调相来提高传动精度。

在传动系统的装配过程中将齿轮的大周期误差相对于传动轴或轴承进行相位调整，使两者的偏心得到最大抵消，从而使传动误差得到消减。这种方法可对所有的齿轮进行调相，并可通过更换零件来减小传动误差。在减速系统中对末级输出齿轮进行精确的调相能够获得显著的效果。

这种方法的优点是无须增加附加的机构即可达到减小传动误差的目的。但是调相很麻烦，增加了检验和装配的时间；不能保证零件的互换性，而且只能减小齿轮的单周期误差，不能减小齿频误差。

③装配时借助齿轮的偏心移位来消减传动装置传动误差。

这种方法同齿轮调相相比，虽然也是通过调节齿轮的偏心来补偿误差，但它是根据既成的传动装置的传动误差来进行补偿的。它不仅能补偿本身的误差，而且还能补偿由其他齿轮副产生的误差。

7.2.7　原理仿真设计

仿真是系统分析研究的重要手段，通过仿真，可以验证理论分析和设计的正确性，模拟实际系统的运行过程，分析系统特性随参数变化的规律，描述系统的状态与特性，探索设计结果是否满足实际要求，也可讨论系统稳定性，研究系统控制参数、负载变化对系统动态性能的影响，研究控制方法和手段对系统性能的改善与提高。因此，仿真具有和实验相同的作用，并可避免实际实验操作的复杂性，完成无法进行实验系统或过程的仿真模拟。针对伺服系统，影响系统运行的因数很多，如何在纷繁复杂的环境条件中寻找最优的控制参数、采取合适的控制手段，是伺服系统设计与运行中需要深入探讨的问题，这些因数将影响到实际系统的运行及其对环境的适应性。

永磁同步伺服系统是当代高性能伺服系统的主要发展方向，其特点是位置分辨率高，定位精度高，调速范围宽，低速稳定运行，无爬行现象，力矩波动小，响应速度快，峰值转矩高，过载能力强，能承受频繁启停、制动和正反转，无电刷，可靠性高，可工作于恶劣的环境。因此，永磁伺服电动机在下述领域得到了广泛的应用：高精度位置伺服控制，包括点位控制和连续轨迹控制；需要频繁调速，并要求低速且稳速运行的场合；需要张力调节和恒张力控制的场合。系统仿真设计即以交流永磁同步伺服系统为研究对象，得到交流永磁伺服系统应用的状况，运用经典控制理论和现代控制理论，将机电专业知识综合运用，以武器系统发射装置的转塔伺服系统为例，利用 Simulink 建立系统仿真平台，并通过仿真平台对伺服系统的稳态、动态性能进行检验。

1. 仿真环境介绍

Matlab 中集成的 Simulink 是一个用来对动态系统进行建模、仿真和分析的软件包。它支持线性和非线性系统，能够在连续时间域、离散时间域或者两者混合时间域里进行建模，它同样支持具有多种采样速率的系统。与传统的仿真软件用微分方程和差分方程建模相比，利用 Simulink 提供的方框图进行建模，具有直观、方便、灵活的特点。Simulink 的电气系统模块库（Simpower Systems）中提供了各类型电动机模型、电源模型和通用的控制模型，是交流伺服系统仿真最常用的仿真资源库。

2. 伺服系统组件仿真模型

转塔伺服系统包括方位伺服系统和俯仰伺服系统，两个系统相对独立，这里以俯仰伺服系统为例介绍转塔伺服系统的构建。转塔俯仰伺服系统主要由转塔、减速机构、伺服电动机和驱动器组成，如图 7 - 12 虚线框所示。系统接收上位机发出的速度指令，并根据指令完成相应动作，即对该部分进行整体建模分析。

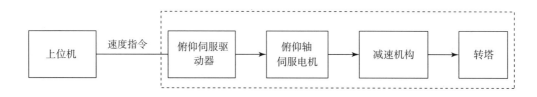

图 7 - 12　俯仰伺服系统框图

1）永磁伺服电动机仿真模型

永磁伺服电动机仿真模型依据其转子同步坐标系即 $d-q$ 坐标系的数学模型，d 轴与定子三相坐标系 a 相之间的夹角为 θ，按照统一电动机理论，可以通过坐标变换将永磁直流电动机 $a-b-c$ 三相坐标系中的数学表达式变换到 $d-q$ 坐标系中。在 $d-q$ 坐标系中，其相关方程分别为：

（1）电压方程。

$$\begin{bmatrix} u_{\mathrm{d}} \\ u_{\mathrm{q}} \end{bmatrix} = R_{\mathrm{s}} \begin{bmatrix} i_{\mathrm{d}} \\ i_{\mathrm{q}} \end{bmatrix} + \rho \begin{bmatrix} \psi_{\mathrm{d}} \\ \psi_{\mathrm{q}} \end{bmatrix} + \omega_{\mathrm{r}} \begin{bmatrix} -\psi_{\mathrm{q}} \\ \psi_{\mathrm{d}} \end{bmatrix} \tag{7-24}$$

（2）磁链方程。

$$\begin{bmatrix} \psi_{\mathrm{d}} \\ \psi_{\mathrm{q}} \end{bmatrix} = \begin{bmatrix} L_{\mathrm{d}} & 0 \\ 0 & L_{\mathrm{q}} \end{bmatrix} \begin{bmatrix} i_{\mathrm{d}} \\ i_{\mathrm{q}} \end{bmatrix} + \begin{bmatrix} \psi_{\mathrm{PM}} \\ 0 \end{bmatrix} \tag{7-25}$$

上述两式中，u_{d}、u_{q} 为初级电枢绕组 d、q 轴电压；i_{d}、i_{q} 为初级电枢绕组 d、q 轴电流；ψ_{d}、ψ_{q} 为初级电枢绕组 d、q 轴磁链；R_{s} 为初级电枢电阻；ω_{r} 为 d、q 轴旋转角速度；ρ 为微分算子；L_{d}、L_{q} 为初级电枢绕组 d、q 轴电感；ψ_{PM} 为永磁体产生的磁链。

（3）电磁转矩推力方程。

$$T_{\mathrm{em}} = p_{\mathrm{n}}(\psi_{\mathrm{PM}} i_{\mathrm{q}} - \psi_{\mathrm{PM}} i_{\mathrm{d}}) = p_{\mathrm{n}}[\psi_{\mathrm{PM}} i_{\mathrm{q}} + (L_{\mathrm{d}} - L_{\mathrm{q}}) i_{\mathrm{d}} i_{\mathrm{q}}] \tag{7-26}$$

其中，T_{em} 为电磁转矩；p_{n} 为磁极对数。

对于面贴式永磁同步电动机，$L_{\mathrm{d}} = L_{\mathrm{q}}$，电磁转矩方程简化为

$$T_{\mathrm{em}} = p_{\mathrm{n}} \psi_{\mathrm{PM}} i_{\mathrm{q}} = K_{\mathrm{t}} i_{\mathrm{q}} \tag{7-27}$$

其中，K_{t} 为转矩常数。

电动机转矩平衡方程，即机械运动方程为

$$J \frac{\mathrm{d}\omega_{\mathrm{m}}}{\mathrm{d}t} = T_{\mathrm{em}} - T_{\mathrm{L}} - D\omega \tag{7-28}$$

其中，ω_{m} 为转子机械角速度；T_{L} 为负载转矩；D 为阻力系数。

永磁电动机模型如图 7-13 所示。

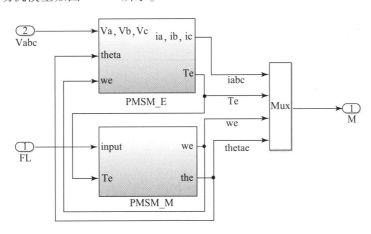

图 7-13　永磁电动机 Simulink 模型

（4）状态方程。

电压方程、转矩方程和运动方程共同构成了 PMSM 的数学模型，为后续讨论 PMSM 的控制方法及策略，还需要建立其状态方程，由 PMSM 的数学模型可以获得其状态方程

$$\begin{bmatrix} \dot{i}_q \\ \dot{\omega}_r \end{bmatrix} = \begin{bmatrix} -\dfrac{R_s}{L_a} & -\dfrac{\psi_{PM}}{L_a} \\ \dfrac{K_t}{J} & -\dfrac{D}{J} \end{bmatrix} \begin{bmatrix} i_q \\ \omega_r \end{bmatrix} + \begin{bmatrix} \dfrac{u_q}{L_a} \\ -\dfrac{T_L}{J} \end{bmatrix} \tag{7-29}$$

其中，L_a 为电枢电感，对隐极永磁电动机而言，$L_a = L_d = L_q$。

对于面贴式隐极永磁电动机，一般情况下，控制 $i_d = 0$，i_q 就是电动机的定子电流。此时得到以物理量 i_q、ω_r 为状态变量的交流永磁伺服电动机本身的状态方程。绘出其框图，如图 7-14 所示。图中 K_u 为感应电动势系数，等于 ψ_{PM}。

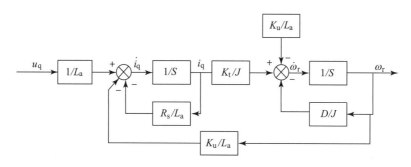

图 7-14 PMSM 数学模型框图

阻力系数大小与轴承摩擦系数、风阻系数等相关，在中低转速电动机中，其数值较小，可忽略，以电压为输出，电角频率为输出时，电动机的传递函数可以表示为

$$G_s(s) = \frac{\omega_r(s)}{u_q(s)} = \frac{K_t}{JL_a s^2 + JR_s + K_t K_u} \tag{7-30}$$

上式可以简化为

$$G_s(s) = \frac{K_M}{(t_M s + 1)(t_e s + 1)} \tag{7-31}$$

式中 K_M——电动机的增益系数，$K_M = \dfrac{1}{K_u}$；

t_M——电动机的机械时间常数，$t_M = \dfrac{R_s J}{K_t K_u}$；

t_e——电动机的电气时间常数，$t_e = \dfrac{L_a}{R_s}$。

2）减速机构仿真模型

减速机构连接转塔与电动机，会影响仿真中的转速、转角、转矩、转动惯量折算，仿真时需要将转塔负载端的变量折算到电动机轴端，转换关系如下式所示

$$n_m = \omega_{zty} \cdot \sigma \cdot 60/(2\pi) \tag{7-32}$$

$$\theta_m = \theta_{zty} \cdot \sigma \tag{7-33}$$

$$T_{lym} = T_{lyzt}/\sigma \tag{7-34}$$

$$J_{lym} = J_{lyzt}/\sigma^2 \tag{7-35}$$

其中，σ 为减速机构减速比；n_m 为电动机转速；ω_{zty} 为转塔俯仰角速度；θ_m 为电动机轴的转角；θ_{zty} 为转塔的俯仰转角；T_{lym} 为转塔不平衡力矩折算到电动机轴端的转塔不平衡力矩；J_{lym} 为折算到电动机轴端的转塔负载转动惯量。

3）转塔机构负载仿真模型

转塔机构负载模型可以数学抽象为转动惯量、不平衡负载转矩、摩擦力转矩、风阻转矩等，搭建系统仿真模型时，上述变量都需要换算到电动机轴端。

（1）完成机械结构设计后可以得到转塔的转动惯量，转塔俯仰轴转动惯量 J_{lyzt}，仿真时需要根据上节中的公式将其折算到电动机轴端，并与电动机本身的惯量相加作为伺服系统的转动惯量。

（2）不平衡负载转矩是由于转塔重心未在转动轴上引起的，当转塔重心不在转塔俯仰转动轴上，转塔运动时，其重心围绕转动轴进行圆周运动，等于在俯仰轴端叠加了重力力矩，该力矩称之为不平衡负载转矩，该力矩 T_{lyzt} 是转塔俯仰角度的正弦函数，即

$$T_{lyzt} = T_{maxyzt}\sin\theta_{zty} \tag{7-36}$$

其中，T_{maxyzt} 为俯仰不平衡力矩最大值；θ_{zty} 为转塔俯仰角度。

（3）摩擦负载转矩分为动摩擦力矩和静摩擦力矩，静摩擦力矩仅在启动瞬间作用，一般不考虑，动摩擦力矩与速度平方成正比，设动摩擦系数为 D_f，可得

$$T_{Lf} = D_f\omega_{zty} \tag{7-37}$$

（4）风阻负载转矩与转速平方成正比，设风阻系数为 D_w，可得

$$T_{Lw} = D_w\omega_{zty} \tag{7-38}$$

3. 伺服系统控制策略

为获得较高的控制精度与动态性能，转塔伺服系统采用三相永磁同步伺服电动机，三相永磁同步伺服电动机采用三相交流供电，其数学模型具有多变量、强耦合以及非线性的特点，控制起来较为复杂。目前最常用的方法是采用矢量变换的方法对电动机进行显性化解耦控制，得到类似于直流电动机的数学模型，对于面贴式的隐极永磁电动机，其磁路对称，d、q 轴电感相等，通过上节分析可知，电磁转矩方程可以简化为仅含 q 轴电流的表达式，因此采用 $i_d = 0$ 矢量控制方式产生指定电磁推力时所需定子电流最小，可以有效降低系统损耗。矢量控制的伺服系统中包含电流调节器（Automatic Current Regulator，ACR）和位置调节器（Automatic Position Regulator，APR），分别对应系统的电流环和位置环。对交流伺服控制系统而言，双环位置伺服控制系统由于引入了电流控制，可以应用矢量控制策略，通过坐标变换将定子电流分解成励磁电流分量和推力电流分量，从而实现励磁与推力的解耦控制，双环位置伺服控制系统没有速

度环，因此系统响应快，但是带负载能力较弱，多用于轻载、快速运动场合。三环位置伺服控制系统是在电流环和位置环的基础之上引入速度环，控制系统增加了速度调节器（Automatic Speed Regulator，ASR），因此三相永磁同步电动机伺服系统一般是由电流环、速度环和位置环组成的三环结构，其结构如图 7-15 所示。

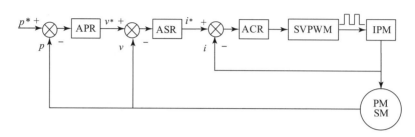

图 7-15　三环位置伺服控制系统框图

由图 7-15 可知，三环位置伺服控制系统的被控对象为 PMSM，为了模拟伺服系统的控制性能，需要根据上节的换算方法将转塔机构的转动惯量、不平衡转矩、摩擦负载转矩、风阻负载转矩等变量折算到电动机轴端，作为仿真设计输入。此外控制系统还包括开关元器件模型（智能功率模块，IPM）、空间矢量脉宽调制 SVPWM、电流调节器、速度调节器和位置调节器。

1）功率开关模型

该模型可以直接从电气系统模块库 Simpower Systems 中选取。

2）脉冲宽度调制

脉冲宽度调制是对开关信号脉冲宽度进行调制，从而实现对输出电压的控制，该技术早在 20 世纪中叶就已经应用在电力电子技术领域。PWM 控制技术的主要作用就是控制电压输出，基于这种思想，其较早应用于直流电动机传动系统中，随后才出现在交流调速系统中。随着信息技术的发展，MCU 和 DSP 控制芯片性能不断提高，数字 PWM 控制技术在电力电子和电气传动领域应用越来越广泛，并在 PWM 基础上提出了改进型的调制方法：正弦波脉冲宽度调制（Sinusoidal PWM，SPWM）和空间矢量脉冲宽度调制（Space Vector PWM，SVPWM）。SPWM 技术最先应用于逆变器中，由于早期控制芯片的性能不高，导致 SPWM 实现较为复杂，性能不高，直流电压利用率偏低。SVPWM 则有效改善了以上缺点，并且具有编程简单、直流电压利用率高、电流谐波少等特点。目前 SVPWM 已基本取代 SPWM，广泛应用于交流电动机调速系统中。

由于 SVPWM 模型较为复杂，为了模拟真实控制，在 PWM 波形中还需要加入死区时间，直接利用 Simulink 模块搭建 SVPWM 模型较为困难，可以利用 S-Function 辅助编程实现。

3）电流环设计整定

在三环结构中，电流环和速度环为内环，位置环为外环。三环结构可以使伺服系统获得较好的动态跟随性能和抗干扰性能。其中，电流环的作用是改造内环控制对象的传递函数，提高系统的快速性，及时抑制电流环内部的干扰；限制最大电流，使系统有足够大的加速扭矩，并保障系统安全运行。速度环的作用是增强系统抗负载扰动的能力，抑制速度波动。位置环的作用是保证系统静态精度和动态跟踪性能，使整个伺服系统稳定、高性能运行。为了提高系统的性能，各环节均有调节器。工程实践中，电流环采用 PI 调节器（或者 P 调节器），速度环采用 PI 调节器，位置环采用 P 调节器。三环结构设计及其控制器的优劣直接关系到整个伺服驱动系统的稳定性、准确性和快速性。

对于多环结构的控制系统，其调节器设计的一般方法是：从内环开始，先设计好内环的调节器，然后把内环的整体当作外环中的一个环节，去设计外环的调节器，这样一环一环地向外逐步扩大，直到所有控制环的调节器都设计好为止。在设计每个调节器时多采用简便实用的工程设计方法。

采用 $i_d = 0$ 矢量控制策略的电流闭环控制系统框图如图 7 – 16 所示。电流环调节器设计过程采用指定的定子坐标系，通过角度发生器产生按照一定频率变化的角度，并将其作为坐标变换的角度参考值。指定 $i_d^* = 0$ A，$i_q^* = I_M$，反馈电流值由电流传感器采集获得，指定电流值与反馈电流的差值经过 PI 调节器得到 d、q 轴电压分量 u_d 和 u_q，经过坐标变换将 d、q 轴电压分量变换到静止 $\alpha - \beta$ 坐标系下，得到 u_α 和 u_β，然后经过空间电压矢量调制方式得到触发三相全桥开关管的 6 路 PWM 信号，信号经过光耦隔离之后输送到智能功率模块的控制端以驱动直流电动机动作。

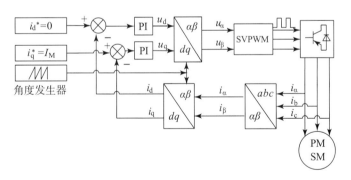

图 7 – 16　电流闭环控制框图

电流环传递函数框图如图 7 – 17 所示。

在控制系统中，电流环的输入是电流误差值，输出是指令电压，其目的是为了近似模拟电动机内部的电磁方程，从稳态要求上看，希望电流环做到无静差以获得理想

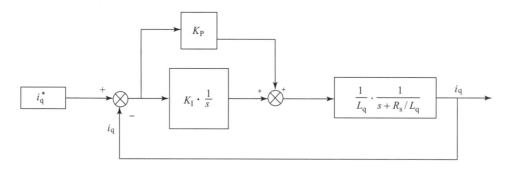

图 7 – 17　电流环传递函数框图

的堵转特性，忽略其动态调整项，即反电势项，q 轴电压方程可以写为

$$u_q = (R_s + \rho L_q) i_q \tag{7-39}$$

则电动机的传递函数可以表示为

$$G_m(s) = \frac{i_q}{u_q} = \frac{q}{L_q} \cdot \frac{1}{s + R_s/L_q} \tag{7-40}$$

常规的 PI 调节器的传递函数为

$$G_{PI}(s) = K_P \frac{s + K_{IP}}{s} \tag{7-41}$$

其中，$K_{IP} = K_I/K_P$，根据图 7 – 17，如果使 $K_{IP} = R_I/L_Q$，就可以把模型设计为标准的二阶系统。

考虑系统延时，定义延时时间常数为 t_d，则电流环的开环传递函数可以表示为

$$G_i(s)_{open} = G_m(s) G_{PI}(s) G_{td}(s) = \frac{K_P}{L_q} \cdot \frac{s + K_{IP}}{s} \cdot \frac{q}{1 + t_d s} \tag{7-42}$$

由开环传递函数可得闭环传递函数

$$G_i(s)_{closed} = \frac{k_g}{s^2 + \dfrac{1}{t_d}s + k_g} \tag{7-43}$$

其中 $k_g = K_P / (L_q t_d)$，根据经典控制理论，二阶系数的闭环传递函数可以表示为

$$G(s) = \frac{\omega_n}{s^2 + 2\xi\omega_n s + \omega_n^2}$$

二阶系数是渐进稳定的，它在复平面上有两个位于负半平面的根

$$s = -\xi\omega_n \pm \omega_n \sqrt{1 - \xi^2} \tag{7-44}$$

调整时间为

$$t_s = \frac{4}{\xi\omega_n} \tag{7-45}$$

其中阻尼系数 ξ 决定了系统的动态响应特性：$0 < \xi < 1$ 时系统为衰减的正弦阻尼振荡

过程，逐渐收敛至稳定状态；$\xi \geq 1$ 时为指数收敛过程。一般 PI 环的理想阻尼系数为 $\xi = 0.6 \sim 0.8$。

根据二阶系统特性，可以获得电流环的 PI 参数，对照二阶系统，可得

$$\omega_n = \sqrt{k_g}, \quad \xi = \frac{1}{2t_d \sqrt{k_g}} = \frac{1}{2} \frac{1}{\sqrt{K_P t_d / L_q}} \tag{7-46}$$

可解得

$$K_P = \frac{L_q}{4\xi^2 t_d}, \quad K_i = K_P K_{IP} = \frac{R_s}{4\xi^2 t_d} \tag{7-47}$$

电动机的电阻、电感参数是已知的，系统演示就是控制算法的运算周期，也就是开关周期，阻尼系数一般选取 $0.6 \sim 0.8$，以加快收敛，减少超调量。指定 q 轴电流为 10 A，仿真堵转状态下的电流响应，电流环校正仿真结果如图 7-18 所示。

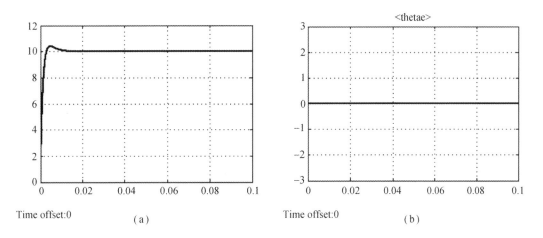

图 7-18　电流环校正仿真结果

（a）电流响应；（b）转子位置曲线

仿真结果表明，电流调节器放大系数越大，电流响应越快，动态过程中电流跟踪的误差越小，但超调越严重，电流调节器零点越大，电流响应越快，但电流响应的振荡次数增多，超调增加。对系统而言，一般来说，电流环按照调节器工程设计方法设计的参数偏于保守。而且为简便，设计时忽略反电势对电流环的影响，其结果是电流跟踪动态响应因反电势的影响而缓慢，偏差较大。若在动态过程中，电动机电流不能快速准确跟踪给定，系统便不能得到 $i_d = 0$ 的解耦控制，因此，需要根据仿真结果对电流调节器参数做适当调整。

4）速度环设计整定

在电流闭环的基础上进行速度闭环设计。进行速度闭环设计时需要获得 PMSM 实际的运行速度和转子位置信息，这样才可以实现电流解耦的矢量控制，这需要在 DSP 中对位置或速度传感器信息进行处理，得到电动机运行速度和动子位置。采用

速度传感器，通过检测电动机转子磁极的位置，即可获得转子位置，位置信号对时间求取微分即可得到速度信号。指定速度与实际速度的差值经过速度调节器 ASR 之后，得到 q 轴电流给定，采用 $i_d = 0$ 的矢量控制策略，d 轴电流给定 $i_d^* = 0A$，之后经由电流环之后驱动直流电动机跟随给定速度运动，速度闭环伺服控制系统框图如图 7 – 19 所示。

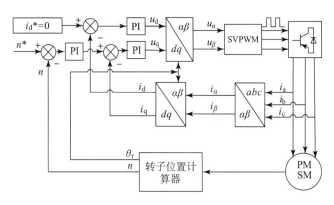

图 7 – 19　速度闭环控制框图

速度环的整定过程与电流环类似，它的传递函数框图如图 7 – 20 所示。

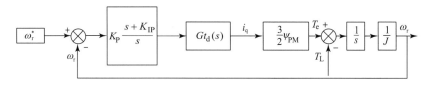

图 7 – 20　速度环传递函数框图

假设负载转矩 $T_L = 0$，系统的传递函数为

$$G_i(s)_{\text{open}} = k_g \cdot \frac{1}{s} \cdot \frac{s + K_{IP}}{s} \cdot \frac{1}{s + 1/t_d} \tag{7 – 48}$$

其中

$$k_g = \frac{K_P}{t_d} \cdot \frac{3P_n \psi_{PM}}{2J} \tag{7 – 49}$$

如果 K_{IP} 数值较小，那么速度开环传递函数也可以写成标准的二阶系统结构

$$G_i(s)_{\text{open}} = k_g \cdot \frac{1}{s + 1/t_d} \tag{7 – 50}$$

同理可得

$$K_P = \frac{L_q}{4\xi^2 t_d} \cdot \frac{2J}{3P_n \psi_{PM}} \tag{7 – 51}$$

速度闭环仿真结果如图 7 – 21 所示，其中 n^* 为指令速度，n 为速度反馈。

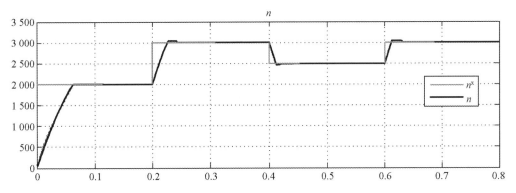

图 7 - 21　速度闭环校正仿真结果

速度超调是使用 PI 调节器并要求有快速响应的必然结果，原因是调节器要退出饱和，参与调节。此外，从速度振荡部分看电流、电磁转矩、电压波形，各波形上均有不同程度振荡，说明系统响应快速性和稳定性间的矛盾。调节器比例积分系数对系统速度响应有着至关重要的影响。因此，在实际调整过程中，应在快速性和稳定性之间采取折中。从仿真结果看，随着调节器比例放大倍数增加，速度响应加快，超调增加；比例放大倍数减小，超调减小，甚至成为过阻尼响应形式，响应减缓。调节器积分系数影响着速度响应的准确度，空载时，积分系数可在较大范围内满足速度调节的精度。负载扰动下，随着调节器积分系数增加，速度响应稳态误差减小，电动机的稳速精度提高。

5）位置环设计整定

位置环是永磁伺服电动机控制系统的最外环，需要在内环（包括速度环和电流环）达到稳定之后才能进行设计。永磁伺服电动机位置 - 速度 - 电流全闭环控制系统如图 7 - 22 所示。给定位置 p^* 与传感器采集获得的位置 p 的差值经过位置调节器 APR 之后作为速

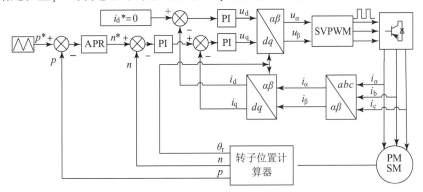

图 7 - 22　三环位置伺服控制系统结构

度给定 n^*，然后经由速度调节器和电流调节器之后驱动永磁伺服电动机跟随给定位置做曲线运动。

伺服系统稳态运行时，希望输出量准确无误地跟踪输入量或尽量复现输入量，即要求系统有一定的稳态跟踪精度，产生的稳态位置误差越小越好。衡量伺服系统稳态性能的唯一指标就是稳态误差，稳态误差越小表明系统的跟踪精度越高。在数控机床的位置伺服系统中，当速度调节采用 PI 调节器，而且位置环的截止频率远小于速度环的各时间常数的倒数时，速度环的闭环传递函数可近似等效为一阶惯性环节，这样处理在理论和实际中均能真实地反映速度环的特性，并且能使得位置环的设计大大简化，也易于分析伺服系统的稳定性。简化系统结构图如图 7 - 23 所示。

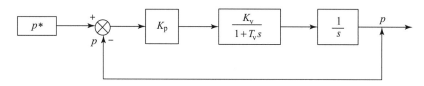

图 7 - 23   位置环传递函数

图中 T_v 为速度环一阶近似等效时间常数，K_v 为速度环闭环等效增益。位置环控制对象是一个积分环节和一个惯性环节的串联，一般位置伺服系统要求不出现超调，所以位置伺服系统大都采用典型 I 型结构。要将位置环校正为 I 型结构，位置调节器应选用比例调节器。所以位置环的闭环传递函数为

$$G_\mathrm{p}(s)_\mathrm{closed} = \frac{K_\mathrm{p}K_\mathrm{v}/T_\mathrm{v}}{s^2 + s/T_\mathrm{v} + K_\mathrm{p}K_\mathrm{v}/T_\mathrm{v}} = \frac{\omega_\mathrm{n}}{s^2 + 2\xi\omega_\mathrm{n}s + \omega_\mathrm{n}^2} \qquad (7-52)$$

因此

$$\xi = \frac{1}{2}\sqrt{\frac{1}{K_\mathrm{p}K_\mathrm{v}T_\mathrm{v}}}, \quad \omega_\mathrm{n} = \sqrt{\frac{K_\mathrm{p}K_\mathrm{v}}{T_\mathrm{v}}} \qquad (7-53)$$

要使位置伺服系统快速响应并且无超调，应使位置伺服系统处于临界阻尼或过阻尼状态，令 $\xi \geq 1$。

位置闭环仿真结果如图 7 - 24 所示，位置给定正弦曲线，其中 θ^* 为指令速度，θ 为位置反馈，$\Delta\theta$ 为位置偏差，n 为速度反馈。

工程设计时，将速度闭环用等效一阶惯性环节来代替，由此实现位置环的工程设计。系统位置环按典型 I 型系统设计，目的是不希望出现位置响应超调。按照位置环的设计分析，位置调节器为比例调节器。位置给定时，位置调节器输出有限幅，该值对应系统电动机所允许的速度限幅。位置环仿真结果表明，负载变动、负载转动惯量变化、速度限幅数值变化及位置给定变化对系统位置环的响应均有影响，由此可见，对位置环响应过程影响的因素很多，需要考虑实际系统中可能出现的各种情况，适当限定某些参量，如恒定负载转动惯量、速度限幅等，再适时调整位置调节器参数，以

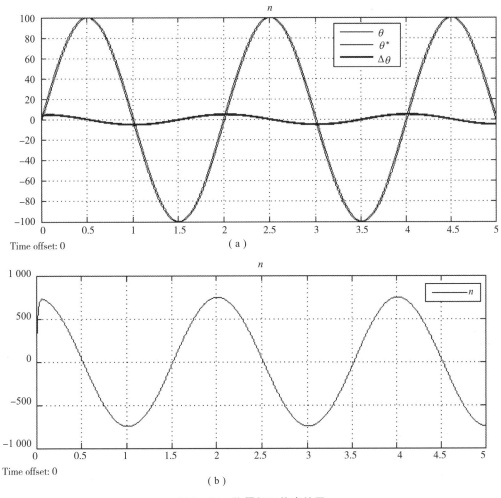

图 7 – 24 位置闭环仿真结果

（a）位置响应曲线；（b）转速响应曲线

获得优异的位置响应性能。一般来讲，转动惯量一定时，增大调节器比例系数，可减小位置跟踪误差，说明增大比例系数可加快系统动态性能、减小稳态误差，但是仅增大比例系数并不能消除静差，此外随着比例系数的增大，系统容易受到干扰，导致其稳定性变差，当比例系数过大时，系统可能会发散。由于存在速度扰动、加速度扰动、负载扰动和摩擦扰动等影响，伺服系统的控制精度会降低，为了提高控制精度和加快系统响应，设计伺服系统位置环时还需根据扰动类型设计相应的前馈校正装置。

7.2.8 主要组成部分的设计

1. 伺服控制计算机设计

1）功能

控制计算机主要具备以下功能：

（1）具备与武控计算机通信的功能；

（2）具备伺服系统位置环运算的功能；

（3）具备伺服系统各设备监控的功能；

（4）具备伺服系统工作流程控制的功能；

（5）具备与测角组合通信的功能；

（6）具备与伺服驱动器通信的功能；

（7）具备人机界面接口的功能。

2）组成

伺服控制计算机一般由加固机箱、电源板、主板（含电子盘）、通信板、D/A 板、I/O 板、位置检测板等组成。各板卡的种类和数量根据系统实际需要增加和删减，也可将几种板卡的功能合并在一块电路板上，以减少板卡的种类和数量。

3）详细设计

（1）加固机箱。

①机箱前面板可安装宽温显示屏、金属或薄膜键盘、开关、按钮、软件调试接口（网口、键盘接口、键盘转换开关）、计时器、熔断器等；

②机箱侧面板或后面板安装电连接器；

③机箱内安装总线底板，底板上可设置总线插槽和电源插槽；

④电路板的对外接口信号通过底板连接至面板的电连接器；

⑤机箱内的通信信号、D/A 转换信号和交流信号等应采取屏蔽措施。

（2）电源板。

①一般采用开关电源，可做成插板形式或模块形式，进行全密封加固设计；

②输入电压根据系统设计确定，常用的有交流 220 V/50 Hz、直流 28 V、直流 24 V 等，输入误差范围不小于 ±10%；

③输出电压一般为 +3.3 V、+5 V、+12 V、±15 V；还可根据系统要求输出其他电压值，比如位置检测元件多通道旋转变压器所需要的 400 Hz、36AC 电源；

④计算电源功率时，首先应统计出所有负载的工况及在各种工况下的额定功率，然后计算出各种工况下的电源输出功率，取最大功率作为电源的额定输出功率；

⑤为提高电磁兼容性，电源输入端需安装滤波器，滤波器的额定电流按公式（7-54）计算：

$$I = \frac{P_{\text{Yout}}}{\eta U} \tag{7-54}$$

式中　I——滤波器的额定电流；

　　　P_{Yout}——电源的额定输出功率；

　　　η——电源的效率；

　　U——电源的额定输入电压。

　　⑥输出直流电压纹波，峰峰值一般小于 100 mV；

　　⑦具有过压、过流、过热等保护措施，直流输入电源还应有极性反保护措施；

　　⑧为增强测试性和维修性，电源板应设置"正常"和"故障"指示灯；

　　⑨为解决电源板散热问题，电源内部模块应加装散热片，散热片与外壳之间少量均匀地涂一层导热硅脂，可减小热阻，提高散热效果。整机装配时应尽量使电源板与组合机箱壁紧贴，使电源板热量传导至组合机箱上。

　　（3）主板。

　　①确定计算机总线及数据带宽，常用的有 ISA、PCI、CPCI 总线或无总线形式；

　　②确定物理寻址能力：16 位、32 位或 64 位；

　　③根据系统处理速度选定处理器型号，常用的有 X86、Pentium、ARM、DSP 等系列的处理器以及 51 系列单片机；

　　④内存一般不小于 1 GB，电子盘一般不小于 8 GB；

　　⑤根据外部连接显示器的型号确定显存大小，以及所支持的显示分辨率；

　　⑥根据功能要求确定是否支持 VGA 显示接口、串口、并口、EIDE 接口、PS/2 键盘口、PS/2 鼠标口、USB 接口、以太网接口等；

　　⑦主板应集成 WatchDog、NMI、RTC 等功能；

　　⑧考虑主板所支持的操作系统，常用的有 Windows XP、Windows 2000、VxWorks、Linux、MS – DOS 等操作系统；

　　⑨板上应安装温度传感器；

　　⑩具有 BIT 功能。

　　（4）通信板。

　　常用的通信接口有 CAN 总线、RS422 串口、RS232 串口、RS485 串口、1553B 总线、以太网等。通信接口路数确定时应在实际使用路数上留出备份路数或扩展余量。备份路数与正常工作路数之间实现物理介质和物理层的冗余，在正常工作路数出现故障时，可以使用备份路数实现通信任务；扩展余量的路数应考虑以后功能扩展中可能使用到的路数。确定通信接口的传输速率和通信频率时，应考虑系统响应速度和控制周期。

　　（5）D/A 板。

　　电动机驱动器的速度指令接口一般都有模拟指令接口，因而伺服控制计算机发给电动机驱动器的速度指令如果采取模拟接口方式，则伺服控制计算机需要有 D/A 接口。

　　①路数：2 路差分隔离输出；

　　②信号：电压型信号一般为 – 10 V ~ + 10 V 电压；

　　③各路之间相互独立，输出端需进行隔离；

④在接收到总线的系统复位信号后，所有通道输出电压为 0 V、电流为 0 mA；

⑤分辨率一般不小于 12 位；

⑥精度误差一般不大于 2LSB；

⑦每路转换时间一般不大于 20 μs；

⑧具有 BIT 功能。

（6）I/O 板。

①路数由负载（各种数字量开关）的数量确定，应在实际使用路数上留出扩展余量；

②数字量输入应进行光耦隔离；

③可支持有源数字量输入和无源数字量输入；

④具有 BIT 功能：除具有内闭环自检功能外，还可设计成与功率输出接口形成外闭环自检。

（7）位置检测板。

①角度转换接口用于将输入的模拟量角度信号转换为数字信号；

②设置拨动开关接口，可用于角度零位调整；

③分辨率一般不小于 16 位；

④转换精度误差一般不大于 20″；

⑤每路转换时间一般不大于 1 ms；

⑥具有 BIT 功能。

（8）外存接口。

存储容量根据需要存储信息量的大小、存储的期限确定。存储容量一般不小于 80 G。

（9）驱动程序。

控制计算机的软件包括驱动软件、硬件测试诊断软件。所有的软件要求利用标准 C 语言编写，并提供相应的开发环境，在实时操作系统中运行。

2. 执行机构设计

执行机构是伺服系统的关键部件，它的类型在很大程度上决定了系统的结构形式。带载情况下执行机构的数学模型是系统设计的基础。执行机构的性能在很大程度上决定了系统的性能。因此对执行机构的选择和计算应持慎重态度。

一般的伺服系统要求执行机构具有好的可控性和线性、高的灵敏性、高的力矩惯量比、较宽的调速范围、寿命长、维护简单。对于发射装置伺服系统，执行元件的过载能力有特殊的意义。在快速对准时所需的功率往往为等速跟踪时所需功率的几十倍至几百倍，但快速对准的时间一般很短。因此，可按调转时执行元件在超载下运行工作进行设计，以使执行元件的选择比较合理。交流伺服电动机一般能在过载 2 ~ 3 倍时运行 2~3 s，它的过载能力受电动机内部损耗引起的发热的限制。液压马达的过载能力一般能为 1.5~2.0 倍，可运行几分钟，它的过载能力一般受到机械方面的限制。

选择发射装置伺服系统执行机构一般遵循以下原则：

（1）发射装置的机构配置在很大程度上决定了执行机构的类型。武器系统发射装置一般为野外作战武器，并装载在可移动车辆上，因而其结构设计是经过精心配制的。伺服系统作为它的子系统，一定要服从结构安排。因此，伺服系统是选择液压系统还是机电系统在很大程度上由发射装置的机构来决定，当然也要尽量考虑武器系统指标的可实现性。

（2）负载特性是选择执行机构的基础。

（3）高的力矩、惯量比。

（4）高的性能、价格比。

（5）维护性要求。

1）直流伺服电动机

选用直流伺服电动机的转矩、转速和功率，应能满足负载运动要求，这里从满足系统功率的角度初选电动机，并给出对初选电动机从温升、过载等方面进行校核的公式。

（1）功率估算。

系统设计任务书明确之后的第一步，就是要对伺服电动机进行初步的选择。选择电动机的首要依据是功率，要求电动机具有足够的功率驱动负载。如果要求电动机在峰值转矩下以最高转速不断地驱动负载，则电动机功率按下式估算

$$P_{\mathrm{motor}} \approx （1.5~2.5） \frac{M_{\mathrm{LR}} \cdot \Omega_{\mathrm{LR}}}{1\,020\eta} \qquad (7-55)$$

式中　P_{motor}——电动机功率，kW；

$\quad\quad M_{\mathrm{LR}}$——负载峰值转矩，N·m；

$\quad\quad \Omega_{\mathrm{LR}}$——负载最高角速度，rad/s；

$\quad\quad \eta$——传动效率。

上式中的系数（1.5~2.5）为经验数据，它考虑到初步估算时负载转矩有可能遗漏，且考虑电动机转子和传动装置的功率消耗。当电动机长期连续地、周期性地工作在变负载条件下时，通常应按负载均方根功率来估算

$$P_{\mathrm{motor}} \approx （1.5~2.5） \frac{M_{\mathrm{LR}} \cdot \Omega_{\mathrm{LR}}}{1\,020\eta} \qquad (7-56)$$

式中　M_{LR}——负载均方根转矩，Nm；

$\quad\quad \Omega_{\mathrm{LR}}$——负载角速度，rad/s。

估算 P_{motor} 后就可选取电动机，使其额定功率 P_{R} 满足

$$P_{\mathrm{R}} \geqslant P_{\mathrm{motor}} \qquad (7-57)$$

初选电动机后，一系列技术数据，诸如额定转矩、额定转速、额定电压、额定电流、转子转动惯量和过载倍数等，均可由产品目录直接查得或经过计算求得。

（2）发热校核。

伺服电动机处于连续工作时的发热条件与周期负载的均方根力矩相对应，所以在初选电动机后，必须根据负载转矩的均方根值来核算电动机的发热情况。

由于折算负载均方根力矩 M_{LR} 为

$$M_{\mathrm{LR}} = \sqrt{\frac{1}{T} \int_0^T (M_{\mathrm{L}}^{\mathrm{M}})^2 \mathrm{d}t} \qquad (7-58)$$

为校核发热条件，要求电动机额定转矩 M_{MD} 大于或等于折算负载均方根转矩 M_{LR}，即

$$M_{\mathrm{MD}} \geqslant M_{\mathrm{LR}} \qquad (7-59)$$

上式即为电动机发热核算公式，它也可以用来直接按发热条件选择电动机。

（3）转矩过载校核。

转矩过载核算的公式为

$$M_{\mathrm{L\,max}}^{\mathrm{M}} \leqslant M_{\mathrm{M\,max}} \qquad (7-60)$$

而

$$M_{\mathrm{M\,max}} = \lambda M_{\mathrm{MD}} \qquad (7-61)$$

式中　$M_{\mathrm{L\,max}}^{\mathrm{M}}$——折算到电动机轴上负载转矩的最大值；

　　　$M_{\mathrm{M\,max}}$——电动机输出转矩的最大值（过载转矩）；

　　　λ——电动机过载倍数。

在转矩过载核算时需确定总传动比 i_0，否则负载转矩无法向电动机轴折算（除非为直接耦合）。需要注意的是，最大负载转矩 $M_{\mathrm{L\,max}}^{\mathrm{M}}$ 持续作用时间 Δt，一定要在电动机允许过载倍数的持续时间之内。

2）交流伺服电动机

交流伺服电动机的选用核算与直流伺服电动机相似，主要包括转矩、转速、功率的核算。

（1）最大速度与额定速度。

根据指标要求系统的最大速度，电动机转速的选择要能满足系统最大转速的要求，按公式（7-62）进行计算。

$$\frac{n_{\max}}{i} = \frac{30\omega_{\max}}{\pi} \qquad (7-62)$$

式中　$n_{\max}$——电动机最大转速，r/min；

　　　$\omega_{\max}$——最大调转角度速度，rad/s；

i——减速比。

在选取电动机的额定转速时，额定转速不能小于根据上述公式计算得到的电动机最大转速。

（2）最大转矩。

电动机的最大输出转矩按公式（7-63）进行计算。

$$M_{电max} = \frac{M_{负max} \times \eta}{i \times 0.92} \qquad (7-63)$$

式中 $M_{电max}$——电动机最大转矩；

$\quad\quad M_{负max}$——发射装置最大转矩；

$\quad\quad i$——减速比；

$\quad\quad \eta$——转矩系数，一般取1.15。

（3）最大输出功率。

电动机的最大输出功率可以按公式（7-64）进行计算。

$$P_{电max} = M_{电max} \times n_{max} \qquad (7-64)$$

（4）其他参数设计。

电动机还可以配制动器，制动器的制动力矩不能小于电动机的最大力矩。

电动机的防护等级一般不能低于IP55。

电动机的冷却方式一般有自然冷却和强迫风冷，可以根据功率大小选择冷却方式。

电动机的转动惯量应尽量满足电动机轴端的负载惯量与电动机本身惯量比小于5。

电动机的电压等级就是电动机驱动器的直流母线电压等级，一般分为300 V和600 V，可以根据功率选择电压等级。

电动机轴端反馈元件一般有增量式编码器和旋转变压器，根据使用环境条件，如果环境条件恶劣，一般选用旋转变压器。

电动机输出轴与减速器有两种连接方式。一种是报警方式，即电动机的输出轴伸入减速机里面，伺服电动机与减速器通过法兰连接，减速器内有个可变性的包箍报警，操作减速器上的锁紧螺钉，就可以让包箍把伺服电动机的轴抱紧，对于这种连接方式，电动机轴可以不要求带键槽。另外一种是通过外置联轴器的连接方式，需要电动机带键槽，外置联轴器可以采用柔性联轴器。

3）步进电动机

步进电动机的选用和其他电动机不同，步进电动机由步距角、静转矩及电流三大要素组成，主要选择的参数是步距角、精度、转矩和工作频率等。一旦三大要素确定，步进电动机的型号便确定下来了。

（1）步距角 θ_s。

电动机的步距角取决于负载精度的要求。将负载的最小分辨率（当量）换算到电动机轴上，每个当量电动机走多少角度（包括减速），电动机的步距角就应等于或小于此角度。目前市场上步进电动机的步距角一般有 $0.36°/0.72°$（五相电动机）、$0.9°/1.8°$（二、四相电动机）、$1.5°/3°$（三相电动机）等。每台电动机的步距角在通电方式确定后是一定的，如果系统传动比 i_0 已确定，则步距角 θ_s 应满足

$$\theta_s \leqslant i_0 \cdot \theta_{min} \qquad (7-65)$$

式中　θ_{min}——负载轴要求的最小位移增量。

（2）静力矩的选择。

步进电动机的动态力矩一下子很难确定，所以往往先确定电动机的静力矩。静力矩选择的依据是电动机工作的负载，而负载可分为惯性负载和摩擦负载两种，单一的惯性负载和单一的摩擦负载是不存在的，直接启动时两种负载均要考虑，加速启动时主要考虑惯性负载，匀速运行时只要考虑摩擦负载。一般情况下，静力矩应为摩擦负载的 $2\sim3$ 倍最为合适。静力矩一旦选定，电动机的机座及长度（几何尺寸）便能确定下来。

（3）电流的选择。

对于静力矩相同的电动机，由于电流参数不同，其运行特性差别很大，可依据矩频特性曲线图，判断电动机的电流。

（4）转矩和频率。

步进电动机一般在较大范围内调速使用，其功率是变化的，通常只用力矩来衡量。力矩与功率的换算如下

$$P_{out} = \Omega \cdot M \qquad (7-66)$$

$$\Omega = 2\pi n/60 \qquad (7-67)$$

$$P_{out} = 2\pi nM/60 \qquad (7-68)$$

式中　P_{out}——电动机输出功率，W；

　　　Ω——电动机角速度，rad/s；

　　　n——电动机角速度，r/min；

　　　M——电动机输出力矩，N·m。

$$P_{out} = 2\pi fM/400 \text{（半步工作）} \qquad (7-69)$$

其中　f——每秒脉冲数。电动机的启动转矩必须大于折算到电动机轴上的负载静阻转矩，亦取 $M_q > M_{Lf}^M$，通常取

$$M_q \geqslant \frac{1}{0.3\sim0.5}M_{Lf}^M \qquad (7-70)$$

其中　M_q——电动机的启动转矩，系统考虑了力矩储备以满足动态要求。

（5）精度。

步进电动机的精度可以用步距精度（单步运行误差）或积累误差（一周内角度误

差的最大值）来表示。对于所选电动机，其积累误差 $\Delta\theta_M$ 应满足

$$\Delta\theta_M \leq i_0 \Delta\theta_L \tag{7-71}$$

其中　$\Delta\theta_L$——负载轴上所允许的角度误差。

由于步进电动机频率的提高可使启动转矩下降，如果一旦电动机转矩小于折算到轴上的负载总转矩，则电动机会出现失步现象，这在开环控制系统中是无法弥补的，因此，电动机的启动频率应大于系统工作时的最高频率。

4）电动缸设计

（1）功能组成。

电动缸是将电动机的旋转运动通过丝杠副的机械运动转换为推杆的直线运动，并利用伺服电动机的闭环控制实现对推力、速度和位置的精密控制的机电装置。一般分为直线式电动缸和折返式电动缸。电动缸主要由丝杠副、减速器、轴承和缸筒等组成。

（2）电动缸设计需求。

在电动缸设计前，需要明确电动缸的设计输入，电动缸的主要设计输入如下：

①额定推力；

②额定速度；

③侧向载荷；

④原始长度；

⑤行程；

⑥重复定位精度；

⑦可靠性指标，比如寿命等。

（3）电动缸组件设计。

电动缸选取的电气参数在以上章节中已进行了详细的介绍，本章节将对电动缸设计过程中的结构强度、寿命等参数的注意事项进行简要的介绍。

①丝杠选择设计。

本书以滚珠丝杠为例进行设计。一般按照以下要求进行丝杠设计：

➤ 寿命校核设计。首先根据所需的额定推力，初步选择滚珠丝杠型号，根据该滚珠丝杠的参数和电动缸需要往返的次数进行寿命校核。伺服电动缸的预期行程寿命计算公式为

$$L = \left(\frac{c}{k}\right)^2 P \tag{7-72}$$

式中　c——丝杠额定动载荷，kN；

　　　k——电动缸承受的平均载荷，kN；

　　　P——丝杠导程，mm；

　　　L——伺服电动缸行程寿命计算值，km。

➤ 精度设计。根据电动缸的重复定位精度，选择丝杠等级。

➤ 确定预紧力。预紧力与丝杠的额定载荷的比值不能太大。

➤ 临界转速校核。计算丝杠的最高允许转速，应该不小于电动缸的额定速度。

➤ 轴向刚度及轴向受力变形计算。

➤ 静强度校核。

➤ 屈服轴向载荷计算。

➤ 稳定性校核。

②减速器选择设计。

按照以下步骤进行减速器选择设计：

➤ 首先应初步选择减速器的减速比，以及传动机构的减速比。根据电动缸的额定转速，计算减速器的输入转速。

➤ 根据要求的电动缸额定转矩，计算减速器需要输出的转矩，从而确定减速器的输出转矩。

➤ 依据减速器的额定输入转速及额定输出转矩，以及精度要求，选择合适减速器。

➤ 进行减速器的径向力和轴向力校核。

③轴承选择设计。

在轴承选择设计时，需进行寿命校核以及静强度校核。

④推杆和缸筒校核计算。

选择推杆和缸筒材料，确定内外直径后，需要进行强度与刚度校核计算，主要校核如下：

➤ 推杆抗拉、压强度校核；

➤ 推杆稳定性校核；

➤ 缸筒强度校核；

➤ 缸筒刚度校核。

⑤侧向力承载能力校核。

➤ 堵头支承环强度校核；

➤ 活塞支承环强度校核；

➤ 推杆弯曲强度校核。

⑥接口设计。

在电动缸设计时，不只是参数性能的设计，同时应注意接口的设计，应考虑电动缸的拆卸维修方便。在安装好电动缸后使用时，电动缸的接口强度应能满足要求。

电动缸接口包含内部接口和外部接口，内部接口就是电动缸各个组件之间的接口。

电动缸的外部接口主要是电动缸与伺服电动机之间的接口，电动缸安装接口。

5）减速器设计

从减速器的发展水平来看，目前已有多种减速器产品，已经成熟并已标准化的产品见表 7 - 3。

表 7 - 3　减速器产品对比表

名称	减速原理	优缺点
圆柱齿轮减速器	一般齿数比减速	减速比不大，体积较大，输出力矩差，传动精度差，可靠性一般，传动效率为 60% ~ 90%
蜗轮减速器	蜗轮蜗杆减速	减速比大，体积较大，输出力矩差，传动精度一般，可靠性差，传动效率为 70% ~ 90%
行星齿轮减速器	三齿轮减速	减速比大，体积较大，输出力矩一般，传动精度高，可靠性高，传动效率为 95%
摆线针轮减速器	行星轮齿采用摆线齿，内齿轮采用针齿	减速比大，体积较小，输出力矩小，传动精度高，可靠性高，传动效率为 95%
谐波减速器	谐波减速	减速比大，体积较小，输出力矩小，传动精度高，可靠性高，传动效率为 97%

动力减速器在伺服系统中处于执行单元和负载之间，起到传递速度、扭矩的作用。在选定执行电动机和进行负载力矩折算时，必须要考虑传动比 n。为了确保负载的最大转速，减速器的传动比 n 就是一个确定的数值，它一般由下式表示

$$n = \frac{\Omega_{\text{d max}}}{\Omega_{\text{fz max}}} \qquad (7-73)$$

即传动比等于执行元件最大转速与负载最大转速的比值。

选择对发射装置伺服系统有利的传动比通常有三种方法，即按最小稳态误差来确定最佳传动比、按获得最大加速度来确定最佳传动比以及按获得最小等效转矩来确定最佳传动比。对于大、中功率的伺服系统，通常总是希望执行电动机既能保证负载所要求的最大角速度及最大角加速度，又要使执行电动机本身的功率最小，这样不论是从经济角度还是从伺服系统的结构等角度考虑，都是有重大意义的，所以本书从获得等效转矩最小的角度来选择传动比，使等效转矩最小条件下的最佳传动比 n_z。

最佳传动比仅仅在设计时起一定的参考作用，它并不是一个必要条件。由于所选电动机系列的额定转速通常是固定值，要使传动比达到某一条件下最佳，同时又满足负载的最大转速要求，往往有一定的困难。按照电动机手册，当电动机功率较大时，其对应的额定转速往往会较低，因此当负载功率较大、系统的最大角速度也较大时，最佳传动比更难以获得。

传递功率的减速器应具有足够的强度和刚度，前者保证传递的可靠性，不产生机械损坏；后者保证传递的正确性，不产生塑性变形。减速器的效率直接影响执行元件的功率。而间隙和转动惯量，对系统的静态和动态性能均有很大的影响。

减速器的选择主要在传动比确定后，根据以上的基本要求，正确地选择减速器的形式及合理地分配各级传动比。

根据发射装置负载的不同，以及武器系统对发射装置伺服系统要求的不同，伺服系统的功率等级差别较大，较小的在 1 kW 左右，较大的达到 100 kW，同时考虑到经济性、系统可实现性等方面，目前在武器系统中使用较多的减速器为行星齿轮减速器，在高精度、小功率（500 W 左右）伺服系统中通常采用谐波减速器和摆线针轮减速器。行星齿轮减速器的特点是价格适中、传动效率高、空回小、输出力矩大、安装方便、寿命高，可以满足中、大功率伺服系统的使用要求。另外，精密级行星齿轮减速器空回量不大于 1′，可以满足武器系统的指标要求，最大轴向力、径向力均比其他类型减速器要大。

发射装置伺服系统减速传动链一般不止一级，因此每级减速器的减速比配置都非常重要。合理地分配减速器各级的传动比，能使减速器传动间隙减小，这和伺服系统的动、静态性能均有密切的关系。系统总的传动间隙，不仅与每级齿轮传动的间隙有关，而且与各级传动比的分配直接相关。图 7 - 25 所示的三级减速器，每级的齿轮传动间隙为 Δ_1，Δ_2，Δ_3，而传动比分

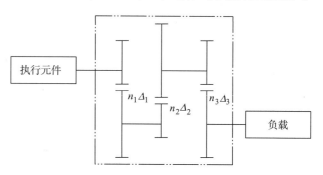

图 7 - 25　发射装置伺服系统传动简图

别为 n_1、n_2、n_3，则折算到负载上的总传动间隙 Δ 为

$$\Delta = \frac{\Delta_1}{n_2 n_3} + \frac{\Delta_2}{n_3} + \Delta_3 \tag{7-74}$$

由总传动间隙 Δ 表达式可见：

①如果级数增加，则折算到负载上的总间隙会增加；

②总间隙的主要成分是最后一级传动中的间隙。因此，减小最后一级传动中的间隙是减小总间隙的一个有效措施；

③靠近负载的那一对齿轮的传动比大些，也可降低总的传动间隙。

3. 驱动装置设计

1）功能

电动机驱动装置作为交流伺服系统的重要组成部分，是功率变换电路的核心部分，主要功能是驱动交流永磁同步电动机跟随伺服控制计算机的指令进行运动。

2）组成

驱动装置主要包括控制电路、驱动电路、功率变换电路和驱动装置软件等。

控制电路主要由 DSP 及外围电路、信号检测及处理电路、输入/输出电路、旋变信号转换电路和保护电路等部分组成，其主要作用是完成控制算法的实现、控制功率变换主电路、实现各种保护功能等。

驱动电路的主要作用是根据控制电路输出的控制信号对功率半导体开关器件进行驱动，主要包括功率半导体开关器件的驱动电路以及辅助开关电源电路等。

功率变换电路的主要作用是进行能量转换，将电网的电能转换成能够驱动伺服电动机工作的交流电能。目前交－直－交驱动装置结构具有输入功率因数高、输出频率范围宽、输出电压和电流接近正弦波、主回路功率器件数量少等优点，是最常见的电路结构，其功率变换电路主要包括整流滤波电路、逆变电路、缓冲吸收电路、制动电路等。

3）详细设计

（1）功率设计。

驱动装置必须满足电动机的驱动能力，即驱动装置的额定输出功率必须大于电动机的最大输出功率，并要考虑驱动装置效率问题，一般驱动装置的额定功率与所驱动的电动机的最大输出功率之比不能小于 1.2。

（2）控制电路设计。

控制电路主要完成电动机矢量控制算法的实现、电动机三相电流采集处理、各种报警信号采集处理、旋变信号采集处理、与伺服控制计算机通信的功能等。控制电路特性设计如下：

①一般采用 DSP 芯片作为数据处理核心，搭建以 DSP 为核心及其外围电路；

②具备多路模拟量输入接口电路；

③具有电流采集处理电路，完成对三相电流的处理；

④具有电压采集处理电路，完成对母线电压的处理；

⑤具有隔离的 I/O 电路，完成电动机使能控制的输入、复位控制的输入、各种故障信号的输出；

⑥具有旋转变压器接口电路和编码器接口电路，完成对电动机位置信号的采集解调；

⑦具有 RS485 总线或者其他通信总线电路，能够通过总线对组合进行在线参数修改、运行监控等功能；

⑧具有模拟差分和单端速度指令输入接口电路；

⑨具有脉冲指令输入接口电路；

⑩具有 7 路 PWM 输出接口电路，能够控制 IGBT 的通断；

⑪具有 RS485 接口电路，完成驱动装置内部信息监控；

⑫具有 CAN 总线接口电路；

⑬具有 5 V 电压基准电路。

（3）整流滤波电路设计。

整流电路通常采用二极管不可控整流桥将三相交流电整流为直流电。当伺服系统功率较小时，输入电源多采用单相电源，整流电路为单相全波整流电路。当伺服系统功率较大时，一般采用三相电源，整流电路为三相桥式全波整流电路。当伺服系统功率较大，并始终处于频繁快速正、反转的运行状态时，为了提高系统效率，需要采用有源可控整流电路，将再生能量回馈到电网中。整流桥的选择参数主要为额定电流及电压。一般输入交流电压为 220V，整流桥耐压不能小于 800 V，输入交流电压为 380 V，整流桥耐压不能小于 1 600 V。

整流电路输出的电压是脉动的直流电压，此外，逆变电路产生的纹波电流也使电流电压发生波动。为了保证整个电路能够正常工作，在电压型逆变电路中，通常采用电解电容器来吸收、抑制这些电压波动。在设计时，主要确定电解电容的容量和耐压。

对于输入交流电压为 380 V，电解电容的耐压不能小于 800 V。电解电容的容量主要取决于流过电解电容的纹波电流，纹波电流主要包括两部分：从输入电源通过整流电流流入的电流和通过逆变电路输入到电动机中的电流。PWM 逆变电路滤波电容的电流主要取决于电动机电流，其有效值大约为电动机电流有效值的一半。

（4）逆变电路设计。

三相全桥逆变电路由六个功率开关管器件组成。目前逆变电路中常用的功率开关器件是绝缘栅双极型晶体管、大功率晶体管和大功率场效应晶体管等。在较大功率系统中一般采用绝缘栅双极型晶体管。在设计时，主要确定 IGBT 额定电压和额定电流。一般输入交流电压为 220 V，IGBT 额定电压不能小于 750；交流电压为 380 V，IGBT 的额定电压不能小于 1 200 V。

IGBT 额定电流可按公式（7 - 75）计算。

$$I_C = \frac{\sqrt{2} \times 1.5 \times 1.4 \times P_D}{\sqrt{3} \times 0.9 \times U_{in}} \quad\quad (7 - 75)$$

其中　I_C——IGBT 额定电流；

　　　P_D——驱动装置额定功率；

　　　U_{in}——交流输入电源电压。

（5）缓冲电路设计。

缓冲电路用于抑制逆变电路中的各种瞬态过电压，减小开关器件的损耗，确保器件的安全。在较大功率系统中，缓冲电路一般采用 C 缓冲电路和 RCD 缓冲电路的结合。

（6）制动电路设计。

当伺服电动机快速制动时，转子的旋转动能会转变为直流电能储存在滤波电容器中，使直流母线电压升高，如果不把直流电能回馈到电网，就必须采取泄放措施把电容器中的能量放掉，否则，一旦母线电压超过限定值，将引起电容器、逆变电路击穿损坏。制动电路由开关管、制动电阻和控制电路组成。

（7）驱动电路设计。

针对IGBT驱动电路的主要设计要求如下：

①驱动电路必须可靠，保证有一条低阻抗值的放电回路；

②用内阻小的驱动源对栅极电容充、放电，栅极驱动源应能提供足够的功率；

③驱动电路中的正偏电压应为12 ~18 V，负偏电压应为 - 2 ~ - 10 V，栅极电阻应合理取值；

④驱动电路与整个控制电路在电气上严格隔离；

⑤具有对IGBT的自保护功能，并有较强的抗干扰能力；

⑥驱动电路与IGBT的连线应尽量短。

（8）软件设计。

根据控制精度和动态性能要求，位置伺服控制系统可以选择多种结构形式，如单环位置伺服控制系统、双环位置伺服控制系统和三环位置伺服控制系统。其中单环位置伺服控制系统中只有位置环，需要加入电流截止保护，一般用在直流电动机调速系统中，而交流电动机具有非线性、强耦合等特点，采用单环位置控制很难达到系统性能要求。双环位置伺服控制系统包含电流调节器和位置调节器，分别对应系统的电流环和位置环。对交流伺服控制系统而言，双环位置伺服控制系统由于引入了电流控制，可以应用矢量控制策略，通过坐标变换将定子电流分解成励磁电流分量和推力电流分量，从而实现励磁与推力的解耦控制，双环位置伺服控制系统没有速度环，因此系统响应快，但是带负载能力较弱，多用于轻载、快速运动场合。三环位置伺服控制系统是在电流环和位置环的基础之上引入速度环，控制系统增加了速度调节器，如图7－26所示，多环伺服控制系统需要从内环到外环进行设计，电流环作为内环，然后是速度环，最后是位置环。多环伺服控制系统的优点是各环调节器都有确定控制量，可以保证各环控制的稳定性，组成的串联校正系统容易达到稳定，对干扰的抑制能力较强。位置伺服系统大多由控制计算机完成位置环设计，驱动装置一般接收控制计算机发送的速度指令，所以驱动装置在应用时一般只用于速度环和电流环，构成速度、电流双闭环系统，如图7－27所示。

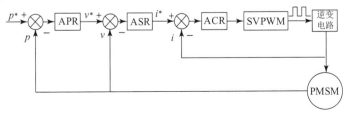

图7－26　三环位置伺服控制系统框图

采用 $i_d^* = 0$ 转子磁场定向矢量控制速度电流闭环结构如图 7-28 所示。

驱动装置软件的主要功能如下：

①根据接收的方位速度指令，以及方位伺服交流同步电动机转子位置反馈角度信息，进行速度环节校正调节，形成 d、q 轴电流指令；

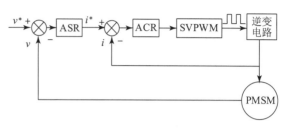

图 7-27　速度、电流双闭环系统框图

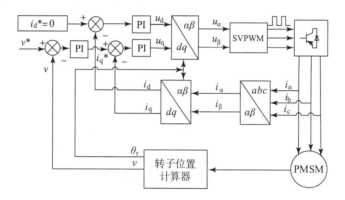

图 7-28　速度电流闭环控制框图

②检测电动机三相电流，根据转子位置，完成坐标变换，并根据速度环得到的电流指令，进行电流环校正调节，完成电流空间矢量变换算法；

③检测母线电压，完成缓启动上电和能量泄放控制；

④具有进行过压、欠压和过流保护功能；

⑤通过 I/O，反馈方位伺服控制组合运行状态。

软件开发平台可以根据不同的 DSP，采用 DSP 厂家提供的软件开发平台。

4. 测角装置设计

1）功能

测角组合检测发射装置方位和俯仰通道的角位置，是伺服系统形成位置闭环的反馈组件。

2）组成

测角组合主要包括减速箱和角度敏感元件。减速箱为角度检测传感器提供合适的减速比，如果角度检测传感器能够与发射装置方位和俯仰的回转轴直接连接，可以省掉减速箱。角度检测传感器为其核心部件，应根据转塔系统的调转、跟踪精度要求进行角度传感器选择，角度检测传感器的精度应比系统要求精度高一个数量级，这样才能保证系统的各项技术指标。

3）详细设计

角度检测传感器很多，有电磁式、光电式、电阻式等，考虑这些传感器的环境适应性和与微机接口的方便性，选择电磁式传感器。

电磁式传感器中有自整角机、旋转变压器等产品，发射装置位置传感器多采用多极双通道旋转变压器。它在电气上安装了粗和精两种绕组，一个多极双通道的旋转变压器的功能就可等价于两个普通单级旋转变压器或自整角机的功能，省去了选用两个旋转变压器或自整角机时需安装减速器的麻烦，简化了系统设计，配套使用旋变/数字转换模块，就能满足系统的精度要求。设计时应关注如下几个方面：

（1）根据发射装置的运动范围选择合适测量范围的传感器。考虑在异常情况下仍能监测发射装置状态，传感器的测量范围应大于发射装置正常运动的角度范围，最好不小于发射装置运动的极限范围。

（2）传感器的测量精度和分辨率应能满足系统的控制精度指标，一般要求比系统控制精度高一个数量级。测量精度计算见公式（7-76）

$$\varepsilon_0 = \sqrt{\varepsilon_1^2 + \varepsilon_2^2 + \varepsilon_3^2} \tag{7-76}$$

式中 ε_0——测量精度；

ε_1——角度检测传感器精度；

ε_2——减速箱的传动精度；

ε_3——编码转换精度。

（3）传感器的响应时间应能满足系统要求，小于伺服系统的控制周期时间。

（4）传感器的零位漂移、温度漂移等应在系统要求范围内。

（5）传感器能承受的运动速度和加速度应满足系统要求。设计时应考虑车辆运动过程中的振动频率和振动幅值对测量结果的影响，并采取措施滤除不合理数据。

（6）减速箱的输入齿轮采用消隙齿轮。

（7）尽量使发射转塔的方位和俯仰轴承到减速箱输出轴之间的传动比为1:1。

7.2.9 能量泄放装置设计

在变频调速系统中，伺服电动机的减速或停止是通过逐渐降低驱动装置（变频器）的输出频率来实现的。随着驱动装置输出频率的降低，电动机的同步转速降低，但是由于机械惯性的存在，电动机转子的转速不会突变。当同步转速小于转子转速时，电动机便处于再生发电状态，从而产生反馈电流，使母线电压升高。由于驱动装置（变频器）前级多采用不可控二极管整流，逆向功率流向电网的通道被阻断，少量的再生能量在电动机和驱动装置中消耗，大多数能量会储存到电力电容器中，导致直流母线泵升电压持续升高，若不采取措施，势必会造成驱动装置过电压保护动作或者主电路器件因过压击穿或烧毁，因此大量的再生能量就必须另寻出路。能耗制动单元配合制动电阻可以很好地实现对再生能量的消耗，达到快速制动的目的。这种方法具有结构简单、制动方便的特点，是目前全数字伺服驱动装置普遍采用的方式。

能耗制动单元电路原理如图 7 - 29 所示。能耗制动是利用制动电阻将再生能量转换为热量消耗掉的制动方式，制动电阻连接在制动回路上，能量流动的途径是：机械设备的机械能——电动机发电电能——逆变器——直流回路——制动电阻——热能。能耗制动电路的设计涉及制动电阻阻值、功率、控制方式等几个方面的分析与确定。制动电阻阻值一方面关系到最大制动能力的问题，另一方面涉及逆变器瞬间电流大小的问题。因此，制动电阻是制动单元的重要参数；制动单元的控制方式则涉及是否能够有效地控制和实现控制过程的问题。

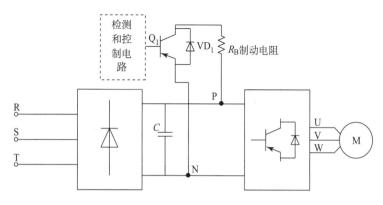

图 7 - 29 能耗制动单元电路原理

下面对制动电阻进行计算。

1. 制动电阻最小值

制动单元由制动电阻和制动功率管组成，构成的制动回路中，其最大电流受功率管 Q_1 最大电流的限制，最小制动电阻

$$R_{Bmin} = U_{DL}/I_{Qmax} \tag{7-77}$$

式中　U_{DL}——制动运行时，直流电压下限值；

　　　I_{Qmax}——制动控制功率管最大工作电流。

2. 制动电阻最大值

1）根据驱动装置额定电流计算

再生发电能量流回直流回路时，是通过逆变器的。电阻上流过的瞬间电流，一部分来自逆变器，一部分来自电容器，因此，通过逆变器的电流必然不大于电阻中流过的电流。若电阻上的瞬间电流不超过变频驱动装置的额定电流，那么对于变频驱动装置来说，肯定是安全的。电阻上的瞬间电流在直流电压处于上限时最大，按照欧姆定律得，制动电阻最大值

$$R_{Bmax\,1} = U_{DH}/I_{evf} \tag{7-78}$$

式中　U_{DH}——制动运行时，直流电压上限值；

I_{evf}——变频驱动装置额定电流。

2）根据制动转矩计算

制动转矩 T_B，可以根据下式计算

$$T_B = \frac{GD^2 \ (n_a - n_b)}{t73t_s} T_L \tag{7-79}$$

式中　T_B——制动转矩，N·m；

T_L——负载转矩，N·m；

GD^2——电动机的飞轮转矩 + 折算到电动机轴上的飞轮转矩，N·m²，即 GD^2
$= GD^2_M + GD^2_L$；

n_a——减速前的转速，r/min；

n_b——减速后的转速，r/min；

t_s——减速时间，s。

在进行电动机制动时，电动机内部存在一定的损耗，约为额定转矩的 18% ~ 22%，若计算出的结果小于 $0.2T_M$ 范围，则不需要外接制动装置。

制动电阻 $R_{Bmax 2}$ 可以由下式计算推出

$$R_{Bmax 2} = \frac{U^2_{DC}}{0.104 7 \times \ (T_B - 0.2T_M) \ n_a} \tag{7-80}$$

式中　T_B——制动转矩，N·m；

T_M——电动机产生的转矩，N·m；

U_{DC}——直流回路电压，V；

n_a——减速前的转速，r/min。

比较 $R_{Bmax 1}$ 和 $R_{Bmax 2}$，取其中的较小值作为 R_{Bmax}。当选择制动电阻时，阻值在 R_{Bmin} 和 R_{Bmax} 之间进行选取，即 $R_{Bmin} < R_B < R_{Bmax}$。

3）制动电阻功率计算

制动电阻的工况属于短时工作，即每次通电时间都很短，在通电时间内，其温升远远达不到稳定温升，而在每次断电以后的停歇时间又较长，其温度可以降至与周围环境温度相同。因此，制动电阻的标称功率可以大大小于通电时的消耗功率，一般用下式计算

$$P_B \geqslant \lambda_B \frac{U^2_{DC}}{R_B} \tag{7-81}$$

式中　λ_B——选用系数，通常可取 0.3 ~ 0.5。

至此，制动电阻参数已核算完毕，可选取功率线绕电阻器或其他的功率电阻均要满足要求，并且要保证能量泄放装置的可靠散热，在空间布置要尽量靠近变频伺服驱动装置。

7.2.10 伺服系统控制软件设计

1. 功能

伺服系统控制软件主要完成以下功能：

（1）系统初始化及自检功能；

（2）与武控计算机通信功能；

（3）与测角组合通信功能；

（4）与驱动器通信功能；

（5）实现伺服系统位置环 PID 算法；

（6）人机交互功能。

2. 性能

伺服系统控制软件为嵌入式实时控制软件，一般为多进程多线程的控制软件，在运行过程中应保证实时对发射装置进行控制，需将多个任务同步执行并做好任务的调度管理。一般每个控制周期不大于 20 ms。

3. 软件运行

伺服系统控制软件储存于伺服控制计算机的电子盘内，伺服控制计算机加电后自动运行伺服系统控制软件。

4. 软件开发

（1）编程语言：可选用 C/C++ 语言等；

（2）操作系统：可选用 VxWorks、DOS、Windows CE 等嵌入式操作系统；

（3）集成开发环境：可选用 Tornado、Turbo C、Borland C++、Visual Studio、Platform Builder 等开发和调试工具。

5. 详细设计

设计人员在进行软件设计时，首先要根据伺服系统控制的功能、战术性能指标明确软件的功能、性能要求；其次要明确软件开发环境、底层驱动功能及软件测试环境，明确伺服系统控制周期、数据接收与发送、数据处理、显示刷新等时间要求，明确软件的输入、输出数据元素，明确各软件单元模块之间的接口，包括共享外部数据、参数的形式和传递方式、上下层的调用关系等。

软件设计时要确定各任务的优先级。伺服系统控制软件的优先级一般从高至低依次为故障处理任务、通信任务、反射装置位置控制任务、键盘处理任务和显示任务等。还要确定软件的安全性要求，例如发射装置方位限位控制、驱动器故障报警处理等异常情况，需确定出现异常情况的处理措施，确定对错误指令的判断和处理措施，确定软件退出循环的条件等。

软件的结构流程如图 7 – 30 所示。

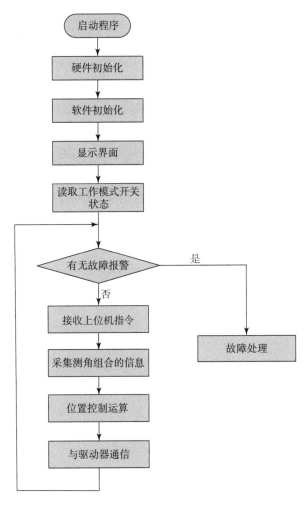

图 7 – 30　伺服系统控制软件流程图

7.3　发射装置伺服系统设计实例

本节以某型号发射装置伺服控制系统为例，该系统采用高精度全数字交流伺服系统，由方位伺服系统、俯仰伺服系统两套控制系统组成。两套系统的控制命令均由指控计算机给出，由于伺服控制计算机与指控计算机共用一台计算机资源，发射装置伺服系统软件属于武器指控系统软件一部分，因此不存在通信传输数据问题。这里仅介绍方位、俯仰伺服系统的设计过程。

7.3.1 伺服系统的性能指标

（1）运动范围，方位：$n \times 360°$；俯仰：$-5° \sim +65°$；

（2）最大跟踪角速度不小于$30°/s$；

（3）最大跟踪角加速度不小于$10°/s^2$；

（4）最大调转角速度不小于$90°/s$；

（5）最大调转角加速度不小于$90°/s^2$；

（6）转塔调转$90° \pm 0.17°$（约$3.0\ mrad$）时间不大于$2.0\ s$；

（7）俯仰转塔调转$10° \pm 0.17°$（约$3.05\ mrad$）时间不大于$1.0\ s$；

（8）方位跟踪精度（动态误差）不大于$3.0\ mrad$（不大于$30°/s$条件下）；

（9）俯仰跟踪精度（动态误差）不大于$3.0\ mrad$（不大于$10°/s$条件下）；

（10）方位最大转动惯量为$6\ 622\ kg \cdot m^2$；

（11）俯仰最大转动惯量为$4\ 850\ kg \cdot m^2$；

（12）发射单元满载状态的不平衡力矩为$1\ 000\ N \cdot m$（俯仰）。

7.3.2 伺服系统方案的选择

1. 伺服系统结构原理

发射装置方位伺服系统的结构原理如图7-31所示。俯仰伺服系统的结构原理如图7-32所示。二者区别只在执行装置上：方位为减速器，俯仰为伺服电动缸。

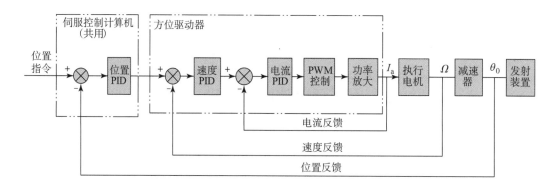

图7-31 方位伺服系统原理图

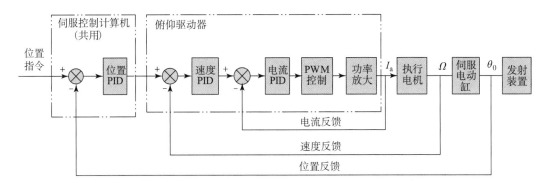

图 7-32 俯仰伺服系统原理图

2. 伺服系统驱动方案的选择

交流伺服系统具有先进性，且可以免除运行过程中的维护，极大地方便了用户。交流伺服电动机没有换向器，不会给环境中的各种电气设备，特别是计算机和通信设备造成噪声干扰。交流伺服电动机可以做得体积小、重量轻、小惯量等。这里选择交流伺服电动机驱动方案。交流伺服电动机与驱动器，构成速度闭环。位置控制器选择数字控制器，通过位置检测装置构成位置闭环。

7.3.3 伺服电动机容量选择

1. 方位功率计算

由于系统有方位和俯仰两个通道，分别进行伺服传动，因此方位、俯仰分别计算。

发射转塔方位最大转动负载力矩为

$$M_{方} = J_{方} \cdot \varepsilon_{方} = 6\ 622\ \text{kg} \cdot \text{m}^2 \times 1.05\ \text{rad/s}^2 = 6\ 594\ \text{N} \cdot \text{m}$$

其中，方位角加速度 $\varepsilon_{方} = 1.05\ \text{rad/s}^2$；方位转动惯量 $J_{方} = 6\ 622\ \text{kg} \cdot \text{m}^2$。

考虑到系统传动减速器、测角装置的转动惯量，以及系统结构的静阻摩擦力矩，方位转动负载力矩应再增加 15%。

方位转动负载力矩为

$$M'_{方} = (1 + 15\%) \times 6\ 594\ \text{N} \cdot \text{m} = 7\ 583.1\ \text{N} \cdot \text{m}$$

发射转塔方位最大功率为

$$P_{方} = M'_{方} \cdot \omega = 7\ 583.1\ \text{N} \cdot \text{m} \times 1.05\ \text{rad/s} = 7.962\ \text{kW}$$

其中，方位角速度 $\omega = 60°/\text{s} = 1.05\ \text{rad/s}$；方位转动负载力矩 $M'_{方} = 7\ 583.1\ \text{N} \cdot \text{m}$。

2. 方位最大速度、力矩核算

根据指标要求系统的最大速度是 $\omega = 60°/\text{s} = 1.05\ \text{rad/s}$，电动机转速的选择要能满足系统最大转速的要求，初步选取额定转速为 $n_N = 3\ 000\ \text{r/min}$ 的电动机，则减速器的传动比

$$i = \frac{n_N \cdot 360}{60 \cdot \omega_{max}} = \frac{3\,000 \text{ r/min} \cdot 360}{60 \cdot 60°/s} = 300$$

此为满足伺服系统最大速度指标的电动机的最低转速。为保证留有一定的速度余量，方位通道可选择额定转速为 5 000 r/min 的电动机。

将方位负载力矩折算到电动机轴端处的力矩为

$$T_N = \frac{M'_方}{i} = \frac{7\,583.1 \text{ N} \cdot \text{m}}{300} = 25.3 \text{ N} \cdot \text{m}$$

因此为保证一定的力矩余量，可选用额定输出力矩为 28 N·m 的伺服电动机。

3. 方位电动机的选取

根据以上计算选择永磁同步交流伺服电动机参数：

➤ 额定功率：15 kW

➤ 额定转速：5 000 r/min

➤ 最大转速：5 000 r/min

➤ 额定转矩：28 N·m

➤ 最大转矩：60 N·m

➤ 转动惯量：14.7×10^{-3} kg·m²

4. 俯仰功率计算

根据电动缸与发射装置机械结构安装的三角关系可得出电动缸的额定速度和额定推力：额定速度 $v_N = 46$ mm/s，额定推力 $F_N = 65$ kN。

电动缸的额定输出功率

$$P_{out} = F_N \cdot v = 65 \times 0.046 = 2.99 \text{ kW}$$

因此，电动机的额定输出功率

$$P_M = \frac{P_{out}}{\eta_1 \eta_2 \eta_3} = \frac{2\,990 \text{ W}}{0.9 \times 0.96 \times 0.97} = 3\,568 \text{ W}$$

电动缸丝杠导程初选为 $P = 10$ mm，计算丝杠的输入转矩

$$T_{in} = \frac{F_n P}{2\pi\eta} = \frac{65\,000 \times 0.01}{2\pi \times 0.85} = 121.8 \text{ N} \cdot \text{m}$$

根据电动缸的最大运行速度 $v_N = 46$ mm/s，计算丝杠的输入转速

$$n_{in} = \frac{60 v_N}{P} = \frac{60 \times 46}{10} = 276 \text{ r/min}$$

初选电动机的额定转速 $n_N = 5\,000$ r/min，减速比

$$i = \frac{5\,000}{276} = 18$$

为保证电动缸的最大输出速度，减速比选定为 16。电动机的输出力矩

$$T_N = \frac{T_{in}}{i} = \frac{121.8}{16} = 7.6 \text{ N} \cdot \text{m}$$

5. 俯仰电动机、电动缸的选取

根据以上计算选择永磁同步交流伺服电动机参数：

- 额定功率：5 kW
- 额定转速：5 000 r/min
- 最大转速：5 000 r/min
- 额定转矩：8.6 N·m
- 最大转矩：17 N·m
- 转动惯量：5.9×10^{-3} kg·m²

伺服电动缸参数：

- 额定推力：7 kN
- 额定速度：50 mm/s
- 最大转速：60 mm/s
- 定位精度：0.1 mm
- 最大行程：450 mm
- 减速比：16
- 丝杠导程：10 mm

7.3.4　位置信号检测装置选择

发射装置伺服系统的控制精度是最重要的技术指标之一，一套数字伺服控制系统的控制精度，受多方面因素的影响，但其中十分关键的是检测装置的精度和分辨率。信号检测装置（传感器）是数字伺服控制系统的重要组成部分，用于检测位移和速度，发送反馈信号，构成闭环控制。数字伺服控制系统的运动精度主要由检测系统的精度决定，对检测元件的主要要求有：高可靠性和高抗干扰性、满足精度与速度要求、使用和维护方便、适合运行环境、成本适中。

用于武器系统发射装置伺服系统的信号检测装置有特殊的要求，既要求高精度，又要求体积小、重量轻。用于武器系统的检测装置主要有编码器和旋转变压器。光电编码器的优点是数据处理电路简单，因为是数字信号，所以噪声容限较大，容易实现高分辨率，检测精度高；其缺点是不耐冲击及振动，容易受温度变化影响，适应环境能力较差。旋转变压器的优点是本身结构坚固耐用，不怕振动冲击，可在高温下工作，具有很强的适应环境能力，通过控制电路可以较容易改变分辨率；其缺点是信号处理电路复杂，温度特性不好。多圈绝对值编码器的特点是小型化，分辨率高，多圈输出，输出和输入的线数少，缺点是检测设备需要配备数据存储器。目前，在武器系统中多采用旋转变压器作为发射装置伺服系统的位置信号检测装置。

综上所述，系统选用粗精组合多极双通道的旋转变压器110XFS1/32，参数指标：

额定电压：36 V；

额定频率：400 Hz；

测量误差：20″；

粗机：1 对极；

精机：32 对极；

工作温度：－55℃～＋85℃；

冲击：峰值加速度 500 m/s²。

7.3.5 伺服系统控制算法设计

在发射装置数字伺服系统中，通常使用的是数字 PID 控制器。数字 PID 控制算法通常分为位置式和增量式两种。系统中采用的是位置式 PID 控制算法。但是单纯的 PID 控制基于偏差进行控制，主要考察阶跃响应，而对于角位置数字伺服控制系统，还需考察系统对等速、等加速度输入的稳态精度，因此在实际控制中一般采用带有前馈补偿的 PID 控制，构成一种既利用误差 e 进行闭环控制，又利用给定输入 r 进行开环控制的复合控制系统，其原理如图 7－33 所示。

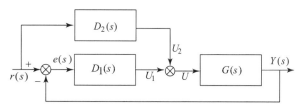

图 7－33 带前馈补偿的 PID 控制器原理图

位置式 PID 控制中，经离散化后的控制信号为

$$u_1(k) = K_{\mathrm{P}}e(k) + K_{\mathrm{I}}\sum_{j=0}^{k} e(j) + K_{\mathrm{D}}[e(k) - e(k-1)] \qquad (7-82)$$

在实际设计前馈补偿部分 $D_2(s)$ 时，通常取微分的最高阶次为 2 来补偿等速和等加速误差。系统中可控制参数对象伺服电动机的模型简化为

$$G(s) = \frac{k}{s(1 + Ts)} \qquad (7-83)$$

由此得到

$$D_2(s) = \frac{1}{G(s)} = \frac{s(1 + Ts)}{k} = C_{\mathrm{v1}}s + C_{\alpha1}s^2 \qquad (7-84)$$

式中　C_{v1}——速度补偿系数；

$C_{\alpha1}$——加速度补偿系数。

将上式做 Z 变换后得到前馈控制信号

$$u_2(k) = C_{\mathrm{v1}}[r(k) - r(k-1)] + C_{\alpha1}[r(k) - r(k-1) + r(k-2)] \qquad (7-85)$$

于是带前馈补偿的 PID 控制算式为

$$u(k) = u_1(k) + u_2(k) = \left\{ K_\mathrm{P}e(k) + K_\mathrm{I}\sum_{j=0}^{k} e(j) + K_\mathrm{D}[e(k) - e(k-1)] \right\} +$$
$$C_\mathrm{v1}[r(k) - r(k-1)] + C_\mathrm{a1}[r(k) - r(k-1) + r(k-2)]$$

$$(7-86)$$

但仅靠带前馈补偿的 PID 控制算法还不能很好地满足在大角度调转时系统的快速性，因为单纯的 PID 调节会由于在上升阶段速度过快而导致位置过冲，出现大的超调和振荡；如果降低上升速度又会导致上升时间过长，系统响应太慢。根据时间最优控制思想，如果系统按最大加速度启动、最大速度运动、最大减速度制动，就可以最短时间无超调的达到指定位置点。因此，系统采用了分段的前馈补偿 PID 算法，分为开关模式、开方模式和前馈补偿 PID 模态控制模式三部分，整个分段过程如图 7-34 所示。图 7-34 中分段控制程序的控制器输出如表 7-4 所示。其中系统在中偏差时执行开方控制，在此过程中系统以等角加速度减速，由匀减速运动规律可以得出 $u(k) = 2ae(k)$。其中，a 为电动机的减、加速度，$e(k)$ 为减速目标点与减速起始点之间的偏差。

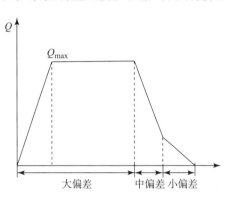

图 7-34　分段控制过程

表 7-4　分段带前馈补偿 PID 控制算法

条件	控制器输出	模式
大偏差	$u(k) = \Omega_\mathrm{max}$	开关
中偏差	$u(k) = \sqrt{2ae(k)}$	开方
小偏差	$u(k) = \left\{ K_\mathrm{P}e(k) + K_\mathrm{I}\sum_{j=0}^{k} e(j) + K_\mathrm{D}[e(k) - e(k-1)] \right\} +$ $C_\mathrm{v1}[r(k) - r(k-1)] + C_\mathrm{a1}[r(k) - r(k-1) + r(k-2)]$	带前馈补偿的 PID 控制

7.3.6　伺服系统软件中软件处理问题

由于发射装置做圆周运动，伺服系统采用的角度检测装置为旋转变压器，角度范围为单圈 $0° \sim 360°$，因此在设计与实现数字滤波、控制规律、求偏差角算法程序时，必须考虑 $0°$ 和 $360°$ 角度跳变点的问题以及角度捷径处理问题，否则运算结果将出现错误。

1. $0°$ 和 $360°$ 角度跳变点的问题

角度检测滤波采用一阶数字滤波处理，令滤波器输出为 θ_f，则

$$\theta_f(k) = (1-\alpha)\theta_j(k) + \alpha\theta_f(k-1) \qquad (7-87)$$

式中 $\theta_f(k)$——第 k 周期系统输出角位置采样值；

$\theta_j(k)$——第 k 周期未经滤波的角位置采样值，即角度滤波器的输入值。

因此，滤波器误差 z 传递函数为

$$e(z) = \theta_j(z) - \theta_f(z) = \theta_f(z) - \frac{1-\alpha}{1-\alpha z^{-1}}\theta_j(z) = \frac{\alpha(z-1)}{z-\alpha}\theta_j(z) \qquad (7-88)$$

若 $\theta_j(k)$ 与 $\theta_f(k-1)$ 不在 $0°$ 两侧，如图 $7-35$（a）所示，则求 $\theta_f(k)$ 只需设计 BCD 码定点乘与加运算程序即可实现；若 $\theta_f(k)$ 与 $\theta_f(k-1)$ 在 $0°$ 两侧，如图 $7-35$（b）、（c）所示，则必须设计相应的程序段，才能得到数字滤波的正确结果。我们设计的数字滤波子程序由三个程序段组成，如图 $7-36$ 所示，三个阶段为：

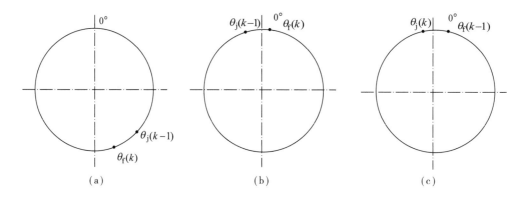

图 $7-35$　$0°$ 和 $360°$ 角度跳变点

（1）过 $0°$ 判断和处理。这是为图 $7-35$（b）、（c）两种情况而设计的程序段，程序中所设判断角度 $10°$ 与 $350°$ 是给出相邻采用周期的 $\theta_j(k)$ 与 $\theta_f(k-1)$ 之差的绝对值提出约束条件，即

$$\left|\theta_j(k) - \theta_f(k-1)\right|_{\max} < 20° \qquad (7-89)$$

这对以几十毫秒为采样周期的伺服系统一般是可以满足的。例如，$T = 20~\text{ms}$，则满足上式约束条件的最大转速为

$$\theta_{\max} < \overline{T} = \frac{20°}{20~\text{ms}} = 1\,000°/\text{s} \qquad (7-90)$$

可见只要转速小于 $1\,000°/\text{s}$，对于采样周期 $T = 20~\text{ms}$ 的系统，上式的约束条件均可满足。

（2）实现式（$7-88$）的滤波程序。

（3）滤波输出处理 θ。

若有过 $0°$ 情况，则求得 $\theta_f(k)$ 可能大于或等于 $360°$，则需由图 $7-36$ 的程序端进行判断和处理。

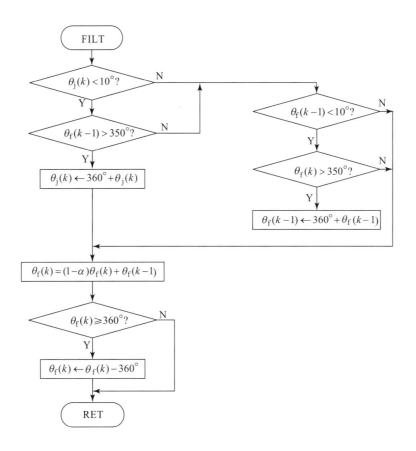

图 7 – 36 数字滤波流程

2. 角度捷径处理问题

由于角位置伺服具有做圆周运动这一特点，当设定一个角度值 θ_i 后，发射装置由所在位置 θ_j 如何经最小转角达到 θ_i，也就是如何根据偏差角 $\theta_e(k)$ 自动判别转向的问题。

（1）如果偏差角 $\theta_e(k) \geqslant 180°$，那么 $\theta_e(k) = \theta_e(k) - 360°$；

（2）如果偏差角 $\theta_e(k) \leqslant -180°$，那么 $\theta_e(k) = \theta_e(k) + 360°$。

发射装置伺服系统软件经过以上处理后，发射装置将由所在位置 θ_j 经最小转角达到指定位置角 θ_i，即可实现调转角度捷径处理。

第三篇　导弹发射过程控制技术

第8章 概　　论

8.1　导弹发射控制系统的地位和作用

在导弹（火箭）武器系统中，进行导弹发射准备、实施的控制系统称为导弹发射控制系统，它是按照规定的发射程序和发射命令实施导弹发射过程自动控制的实时控制系统。发射控制系统直接与导弹连接，并能在导弹发射准备时，检查导弹在发射装置（发射筒、发射箱、发射架）上的状态，对发射系统和导弹主要设备的基本功能进行射前检查，装订导弹射击诸元，并按照武器系统预定的发射程序和发射条件控制导弹点火出筒或出箱。在导弹离架前，发射控制系统是导弹与指挥控制系统相互联系和信息交换的唯一通道，发射控制系统的功能和性能直接影响导弹武器系统综合作战效能。因此，发射控制系统是武器系统地面设备的重要组成部分。

近年来为了应对全空域、全方位、多批次、多架次的饱和打击和新的空中威胁，特别是为了满足水面舰艇在各种环境下实施海上进攻和防御的作战任务要求，要求各种不同类型的导弹都能够在一种垂直发射装置上发射，多种类型导弹共用一套通用化发射控制系统成为当前的发展方向。武器系统采用这种共架垂直发射方式的多武器通用发射平台后，可以大幅提高导弹武器系统的攻击、防御和生存综合作战能力。

8.2　导弹发射控制系统的功能和组成

无论是垂直发射装置还是倾斜发射装置，在完成从导弹准备到发射的过程中，导弹发射控制系统都需要对导弹进行包括检测、供电、装订参数、点火等顺序过程控制，控制对象包括大电流、火工品、弹上信息处理器等。根据作战任务特点和发射方式的不同，导弹发射控制系统需要具备实施不同的发射控制过程和控制时序的能力。

典型的导弹发射控制设备在接收到武器控制系统的作战命令后，对在架导弹进行初始状态检测，并将检测结果回报武器控制系统。在接收到发射允许和导弹准备命令后，启动导弹供电和准备控制，执行导弹发射过程的可逆程序。在接收到弹上信息处理器回送的弹上设备自检结果后，刷新导弹的可用或不可用状态并回报武器控制系统。

在接收到发射命令后，执行发射的不可逆程序，向导弹装订地址码、频率码、引信延迟等作战诸元参数，对垂直发射的导弹还要传递初始姿态角等信息，完成发射筒（箱）解锁或抛盖控制、弹上电池激活、导弹发动机点火或导弹弹射装置点火等控制动作。

导弹发射控制设备是武器系统对导弹控制链中非常重要的环节，面对不同型号的导弹和发射装置，导弹发射控制系统的工作内容和控制时序可以有所不同，近年来随着能适用于各种导弹的发射装置，即通用化发射装置的发展，围绕着导弹发射控制系统通用化的研究和实践工作也在迅速开展。对于通用化发射控制而言，网络信息传递、串口数据交换以及这些数据链路的可靠性对发射控制系统的重要影响格外凸显出来，这些环节对于通用化发控接口起着决定性的作用。

导弹发射控制系统的组成因其功能、使命不同而有所差异，一般由控制器或控制计算机、执行控制组合和检测装置组成。为了构建与武器控制系统的上行数据线以及实现与导弹的下行数据线，还要配置串行数据接口、网络接口以及开关量输入/输出接口、A/D接口、D/A接口。向弹上设备供电的专用供电电源、点火电源等也是导弹发射控制设备的重要组成部分。

8.3 导弹发射控制系统的影响因素

导弹武器系统类型很多，有便携式导弹发射装置，导弹与制导雷达集成在一辆车上的近程地空制导发射车，中、远程地空导弹随动发射装置以及多联装、多功能导弹发射车等，在不同类型武器系统中，导弹发射控制系统的方案构架和设计要求在不同程度上要受到发射系统和发射装置需求的制约。

（1）导弹发射方式决定了导弹发射控制系统的方案选择和控制过程。

所谓发射方式，指的是导弹发射平台形式及其与发射动力、姿态、发射装置控制等多方面设计元素的组合方式。导弹发射控制系统方案选择和设备配置乃至设计思想，都必须适应导弹系统方案、发射方式的需求，这是关系武器系统总体方案全局的问题。某导弹采用了目前先进的多联装车载垂直发射方式，这和以往型号的倾斜发射的导弹发射控制系统相比，突出的区别就是控制弹动点火的地面设备配置不同，根据导弹采用冷弹射或热发射的点火控制方式，导弹发射控制系统应能够提供相应的点火控制通道，必要时也应提供弹动点火电源。

（2）武器控制系统因任务界面划分和导弹工作程序不同，导致导弹发射控制系统作战过程不同。

一般来说，地空导弹武器系统的导弹发射控制系统需要向导弹提供地面电源和电池激活电源，在武器控制系统指挥下执行导弹发射的可逆和不可逆程序，并向武器控制系统做出相应的报告。有些飞航式导弹武器系统在导弹前沿设置导弹接线箱，仅用以切换对导弹的供电和分立信号，武器控制系统直接对导弹进行数据通信和发射控制，发射控制的功能由武器控制系统和接线箱等联合起来完成。某型防空导弹待发导弹的选择完全由武器控制系统决定，而有些型号的防空导弹待发导弹选择功能是导弹发射控制系统按照预定的选弹原则由发控计算机自主完成的。

（3）弹上设备计算机通信接口和武器控制系统的通信接口标准决定导弹发射控制系统数据传输方案。

导弹发射控制系统与导弹的通信接口以往多采用串行数据传输的异步 RS422 接口标准，但在具体的通信协议方面有所差异。而目前越来越多地采用了 GJB289A 总线标准，与美国 MIL‑STD‑1553B 总线标准类似。

8.4　导弹发射控制系统的发展演变

（1）以机电式程序器产生时间基准的控制方式，发展为以计算机为核心的实时控制方式。

早期的导弹发射控制系统主控设备大都以机电式程序器产生时间基准，用继电器电路或门电路实现顺序控制逻辑。而随着计算机控制技术的日益成熟和发展，发射控制系统采用灵活的软件语言编程生成时间基准和实现控制逻辑，提高了系统性能，简化了控制电路，另外使用计算机作为控制器使机内检测技术得到了完善和提高，使导弹发射控制系统的维修能力大大提高。

（2）从完全采用分立信号进行指令和状态传递，过渡为串行数据交换和网络信息传递。

采用继电器作为输入/输出控制器件时，一般用于下达发射准备、发射、测试等指令，导弹参数装订、火工品控制等输入或输出信号均为分立信号，在武器控制系统、发控设备和导弹相互之间传输的信息量十分有限。采用数字通信时这些信息均可以数据的形式在武器控制系统、发控设备和导弹之间相互传输。目前大多数型号导弹均采用串行数据传输，大大增加了信息数量，使导弹发射过程的信息能及时全面地显示在操作手和指挥员面前，有些系统还充分利用了网络技术的优势，使得导弹发射控制系统能够配合实现武器控制系统对多枚导弹的分布式控制。

（3）导弹发射控制的快速性和可靠性等显著提高。

较早的发射控制系统和导弹之间的数据联系还是依赖分立信号线，导弹诸元装订采用继电器逻辑电路或数字逻辑电路实现。计算机技术发展所带来的网络化、数字化和信息化的结果是大量减少了可靠性较低的继电器和分立线，加快了信息传输速度，优化了发射控制链的配置，明显提高了导弹发射控制的实时性、可靠性和安全性。

（4）多种导弹共用一套发射控制系统的通用化技术成为发展必然。

对于通用化导弹发射控制系统而言，虽然发控设备与发射装置各模块的硬件连接关系相对固定，但各类导弹在发射装置或者发射模块中的装填位置灵活可变，可随意选择。通用化导弹发射控制系统能够完成武器控制台与导弹、发射装置之间的控制指令和数据传输，使得不同的武器控制系统能够使用统一的接口去控制对应类型的导弹，从而统一了不同种类导弹的发射控制流程，使各种不同类型的导弹都能够在同一种发射装置上发射，可以满足应对全空域、全方位、多批次、多架次饱和攻击的需求。

8.5　导弹发射控制系统的发展展望

导弹发射控制系统的发展方向是能够满足武器系统对于快速反应能力、生存能力和可靠性等综合性能不断提高的需求。

（1）应用新型总线和通信技术，满足大数据量和高速传输的需要。

作为计算机系统互连基础的总线，随着千兆以太网、光纤通道、Space Wire 总线等新型系统总线的应用，既解决大数据量和高速传输的需要，更带来了导弹发射控制系统各控制单元的高度集成和通信接口可重构的能力提升。弹地通信 1553B 总线通信速率支持 $1 \sim 10$ Mb/s，为了满足新一代导弹与地面导弹发射控制系统高速、大数据量的通信要求，采用光纤通道可以将通信速率提高到 $1 \sim 8$ Gb/s。高速以太网是导弹发射控制系统与武器系统数据交换的数据通道，对于大数据量的局域网总线数据交换，以太网通信速率要达到 1 000 Mb/s，并对传输距离、传输线缆、电磁干扰开展可靠性研究。Space Wire 航天器通信总线采用全双工、点对点连接的体制，具有网络拓扑自由度高、连续链接、成本低等特点。Space Wire 总线最高传输速率达到 1 Gb/s 以上，兼容光纤作为传输介质，可以为解决新的发射领域高速数据传输做好技术储备。

（2）采用开放式可扩展体系结构，实现多型导弹或武器完全通用和即装即用。

为了便捷地适应新型导弹使用通用导弹发射控制系统进行发射，并且发射控制设备能够适应集装箱式发射或兼容发射较重的弹道导弹和轻型导弹的隔舱发射模块，导弹发射控制系统需要在模块化的基础上实现开放式的体系结构，能够显著降低引入（发射）新型武器时的改装费用。这里提出了一种开放式、可扩展的设计思想，研究通用导弹发射控制系统的开放式系统结构和智能扩展技术。

通用化导弹发射控制系统采用开放式体系结构，以标准化为基础，将复杂系统划分为子系统、组件、部件，通过标准接口进行组合集成，降低通用化导弹发射控制系统内各子系统的耦合程度，有利于整个系统的开发、扩展和升级。通用化导弹发射控制系统的扩展可以智能、自动地实现，不需要对发射系统硬件或发射控制软件进行较大改动，也不需要进行系统的重新配置，通过对开放式系统结构和扩展技术的研究可以设计一种全新的通用化导弹发射控制系统结构，只需要按照发射需求，插入一个或几个发射控制模块，就可以进行发射控制能力的在线和智能的扩展。

（3）信息条件下的作战需求，带来发射控制系统网络化和远程作战部署的发展方向。

先进的信息化平台能使各作战单元实时共享战场态势信息和最大限度地实现协同，以网络通信和指挥平台为依托，武器系统作为分布在战场上的作战单元，其信息交互能力和分布式控制体系结构所发挥的作用都直接影响武器作战综合效能。发射控制系统是上述作战信息链条中承上启下的关键环节，必须提升其网络化信息处理能力。

信息技术的进步，同样使得远程技术在军事领域占据越来越重要的位置。其中，远程无人作战平台是针对在艰苦环境下长期部署的无人作战装备，能够智能地对复杂的作战环境进行判断，并做出最优决策，从而具有可靠、快速的作战反应能力。远程发射控制系统是针对在艰苦环境下（岛礁、近海海底、沙漠等）长期部署的作战武器，无须人员值守，需要远程发射控制系统具有可靠、快速的作战反应能力。

（4）智能化、自动化和标准化，进一步提升可靠性、安全性和综合保障性。

导弹发射控制系统智能化、发射控制流程自动化以及通用发控接口标准化，都是导弹发控系统研制工作需要不断深化认识、提高工程技术水平的发展着力点，同时加强故障诊断和冗余故障切换，实现导弹可靠发射和安全发射，支持武器系统提升装备综合保障能力。

第9章　导弹发射控制系统设计

9.1　武器系统对发射控制系统的要求

导弹的发射过程包括从导弹进入发射准备直到导弹飞离发射装置的整个控制过程。在导弹离架前，发控系统是指挥控制系统与导弹之间相互联系和信息交换的唯一通道。武器系统要求发控系统可以对配备的导弹进行发射前的准备，如导弹初始状态检查、弹型频率等状态识别、待发导弹选择、导弹加电和弹上设备自检等。当发射令下达后，武器系统启动导弹的发射过程，并对导弹的发射过程实施控制和状态监控。

发控系统的设计必须保证导弹能在规定的时间内按照规定的逻辑程序完成各项准备工作，并能迅速地执行发射命令，使导弹能够按照给定的发射条件准确、可靠、安全地发射出去；同时还要考虑到发射出现故障时的应急处理程序，确保阵地安全和人员安全以及不失时机地连续作战，在某些导弹武器系统中还要求发控系统能够自动转入下一发导弹的准备和发射过程。不同发射装置也会对发射控制系统提出相应的控制需求，例如需要控制开启和关闭发射井的井盖机构或弹舱的舱口盖。

武器系统对导弹发射控制系统的主要技术指标要求一般包括如下内容：

（1）可控制的导弹数量；

（2）可同时准备的导弹数量；

（3）导弹准备时间；

（4）发射不可逆控制时间。

9.2　确定发射控制系统方案

导弹发射控制系统已经发展为以计算机为核心的自动化的智能化测试控制系统，无论是垂直发射装置还是倾斜发射装置，都要按照规定时序完成从导弹准备到导弹发射的一系列控制步骤，不同类型的导弹发射控制系统需要完成不同的准备到发射过程，其控制系统的组成因功能、使命不同可能有很大差别，但一般由控制计算机、执行控制组合、检测装置以及导弹供电电源组成；另外为了建立与武控系统的信息交换通道、与导弹的信息交换通道，发射控制系统还包括开关量输入/输出、串行和并行数字信息等接口电路；为了配合导弹系统各项试验特别是飞行试验，发射控制系统还需要支持导弹遥测系统供电和转点，配置相应的遥测供电电源和遥测控制电路；为了配合检查发射控制系统功能和性能是否满足要求，以及配合武器系统完成相应的训练任务，需要配置导弹模拟器。

对于发射过程中重要的控制环节，采取冗余设计措施，关键的处理器、控制电路进行冗余备份，确保发射任务的可靠度。

一旦武器系统确定了导弹发射方式和发射过程的任务需求，发控系统可以充分论证并完成系统结构和系统原理设计。

（1）系统以发控计算机为控制核心。

由计算机提供作战软件和维护软件（故障诊断软件）的运行平台，提供对武控系统的数据通信接口和对弹的数据通信接口，提供产生时间序列信号的定时器或计时器，提供开关量输入/输出接口，实现信号检测和电路控制驱动，提供 A/D 和 D/A 转换接口等。

（2）选择合理的导弹供电电源配置方案，可以提高作战任务的可靠性，也可以实现灵活选弹。

按照作战需求规定的同时加电准备的导弹的数量，配置同等数量的完全相同且各自独立的导弹供电电源模块。每个电源模块容量满足一枚导弹要求，每个导弹供电电源模块均通过执行控制电路与各个架位导弹连接，可以避免共用一个大功率的导弹供电电源带来的"若供电电源故障则导致作战任务不能进行的问题"，可以实现武器系统要求的灵活随意的选弹方式。

（3）控制电路按照功能划分为执行控制部分和检测部分，即执行控制组合和检测组合。

（4）配置直流电源组合，独立地为发控内部设备提供工作电源。

这里所说的"独立地为发控内部设备提供工作电源"，是指为发射控制电路中的继电器线包供电。

（5）根据导弹采用冷弹射或热发射的点火控制方式，发控系统应能够提供相应的点火控制通道，必要情况下也应提供弹动点火电源。

（6）配置箱弹电缆的回接装置，以实现作战控制模式和维护诊断模式的转换。

为了实现对武器系统作战控制和维护测试工作状态的响应，通过箱弹电缆的回接装置（电缆转接盒），可以实现规定的箱弹电缆连接状态的转换。

这样在作战控制状态下可以实现执行控制电路和导弹连接而和机内检测电路断开，一方面，确保导弹发射控制的安全性和可靠性；另一方面，在维护测试状态下可以切断发控系统和导弹的连接关系，从而可以将对导弹的控制信号全部回接到机内检测电路，进行发射控制通道的加电检查和诊断定位。

（7）研制配套的导弹模拟器，以完成射前对导弹发射控制系统和发射程序的检查和确认。

9.3　导弹射前检查

导弹在进入发射阵地之前，已经经过全面的综合测试，确认导弹状态是合格的。进入发射阵地之后，为保证导弹发射安全可靠，导弹在发射车或发射架装填到位后，通常还要通过发射控制系统进行状态检查或加电测试。导弹发射前，导弹回报的检测信号必须均处于正常状态，发控程序才能进行，否则便自动停止。

在发射系统进入战斗准备阶段后，发射控制系统对导弹在装填架位上的情况及其初始状态进行检查，确认导弹是否具备发射条件，这部分检查通常通过开关量输入接口来实现。一般情况下检查内容包括在位状态、发射筒（发射箱）的联锁保险状态、弹上安全保险状态等一组导弹必要的回传给地面的检测状态，以及用于区分连接筒弹还是导弹模拟器的自闭合测试状态。

在位状态检查不仅是导弹在位状态，可能还包括发射筒在位状态。发射控制系统的在位状态检查接口均由一条在位连接和一条在位回线连接组成。在发射控制系统检测在位状态接口时，以在位回线连接为基准，发射控制系统给出的激励电流在 5 ~ 100 mA 范围内，开路电压在 4 ~ 30 V 之间，在 0 ~ 4 kHz 的频率范围内将检测到的不小于 100 kΩ 的阻抗确定为接口断开状态，而将检测到的不大于 2 Ω 的任何阻抗确定为接口接通状态。在位状态检查接口电路中，发射控制系统的激励电流可以是连续电流或周期性的脉冲电流，在筒弹接口一侧，导弹应使在位检查连接和检查回线与筒弹的其他电路和地线相绝缘。对于在位状态检查接口，发射控制系统和筒弹都应确保在位连接、在位连接回线与筒弹的其他电路及地线相绝缘。

发射筒（发射箱）的联锁保险状态、弹上安全保险状态等一般都是以无源触点形式接入发射控制系统的检测回路，检测原理与在位状态检查基本类似。

在对火工品进行检查时，需要注意对导弹或发射筒施加安全测试电流，该安全测试电流应小于火工品安全测试电流，且保留一定的余量。

9.4　导弹加电准备

当确认导弹具备发射条件并接到"发射授权"命令之后，发控系统进入发射准备过程。在导弹加电准备阶段需要进行待发导弹的选择、导弹弹上机应答信息检查、导弹供电准备、弹上设备检查、判定导弹是否准备好等工作。该阶段的工作可根据武控系统的命令随时中止，并且按照规定的流程可以重复进行准备过程的操作，故又被称为可逆过程。

导弹加电准备一般包括选弹、导弹加电、导弹自检、弹上惯导初始对准等过程。

1. 选弹

选弹过程实际上是一个比较复杂的过程，它必须综合要打击目标的数量、打击目标的方式（包括采取单射、连射还是齐射等）、打击（拦截）目标的策略（分几次、是否多弹种配合、是否多层次配合等）、发射架或弹库中导弹的数量和分布情况、导弹状态、发射系统的能力、发射过程中对发射装置的冲击等影响、密集发射过程与其他武器的干涉问题等。因此选弹过程实际上既有战术问题，也有技术问题，比较复杂。

选弹的方式有两种。一种是武器控制系统选弹，具体到某个发射架位，发控系统实施选弹过程，并将选弹结果回报武器控制系统。另一种是武器控制系统只确定选弹的数量，具体选择发射架上哪个架位的导弹由发控系统按照规定的选弹原则具体实施，并将实施结果回报武器控制系统。

2. 导弹加电

导弹加电是将发射控制系统所属的专用导弹供电电源接通到导弹上，同时发射控制系统启动导弹加电计时，并在导弹准备好后维持导弹供电和加电时间计时。

导弹由于存在多个弹上设备，其加电过程可能存在一次加电和多次加电的问题。一次加电指通过发控系统提供的一个电源，给弹上的所有设备加电。多次加电是指分次给弹上不同的设备加电。有的分次加电还存在顺序和时序上的控制逻辑关系。

导弹供电时间超过一定时间后向武控系统报告超时信息，在这种情况下是否停止导弹供电，发射控制系统需要严格执行武控系统的命令。

进行发射控制系统导弹供电电路设计时，应充分计算和分析线路压降带来的影响，尽量减少线路电阻。用于给导弹加电的供电电源应考虑输出过压和过流的保护，合理设计保护响应时间，确保弹上设备的用电安全，确保不能因电源故障而导致弹上设备的损坏。

3. 导弹自检

导弹加电后，发射控制系统按照规定的时序启动导弹自检，即向弹上机发送自检指令及自检参数。如果加电自检结果正常，意味着能够继续进行导弹发射过程。如果加电自检结果错误，导弹的发射过程应该终止，发射控制系统转入相应的故障处理。

导弹加电自检结果的处理有多种方式，有的直接由弹上控制计算机以通信方式将结果回报发控系统；有的是部分以通信方式回报、部分是发控系统直接去测试等，对于后一种方式，发射控制系统通常需要综合判断射前检查结果信息。

因为导弹上可能会有弹上控制计算机、惯导系统、舵机系统、导引头等多种设备，有的设备还有正常、故障和降级使用等状态，因此弹上加电过程实际上也是一系列复杂的处理过程，并按照既定的时序形成。不同的导弹弹上设备种类数量、自检方式、自检结果处理过程不一样，因此发射控制系统需要适应不同导弹武器系统的导弹自检过程。

4. 弹上惯导初始对准

导弹上的惯导在起飞前需要有一个初始化过程。一般来说，有两种方式：一种是将对弹上惯导初始化所需数据直接装订，这种方式下的装订过程在一个或几个通信周期内就可完成；另外一种是将惯导初始对准，这种方式下的装订过程可能要持续数分钟甚至更长。不同的导弹采取何种方式由导弹特性决定。由于存在以上不同的方式方法，不同的导弹武器系统实现弹上惯导初始化存在很大的差异，发控系统的实现过程的变化也很多。

对于弹上惯导初始化过程所需的数据来源有三种方式：一是将外部数据直接通过某种接口或通信方式输入导弹；二是外部数据输入到发控系统后，再通过发控工作接口输入导弹；三是外部数据通过武器控制系统再传到发控系统，最后输入到导弹。

对于惯导初始对准，还有两种处理方式：其一，对准模型在武器控制系统上，武器控制系统根据弹上惯导和外部信息源数据进行对准，并将对准结果装订到弹上惯导；其二，对准模型直接在弹上，由弹上惯导直接完成对准，并将对准的结果实时通过发控系统传送到武器控制系统。

9.5　导弹发射控制

导弹发射过程是指控系统判断满足导弹发射条件，向发控系统发出导弹发射指令，发控系统执行导弹发射的不可逆程序，直至导弹发射离架的过程。该阶段的目的就是要将满足发射条件的导弹安全发射出去，并使整个发射过程处于完全受控状态。

9.5.1　导弹发射条件

对于"发射令"等关键命令，不单纯由软件实现，而是采取系统冗余的方式由软件、硬件联合完成。导弹发射控制系统接收指控系统发出的分立信号"发射令""发射授权"指令，并通过串行总线与指控系统联系。发射控制系统启动导弹发射的条件与来自武控系统硬件命令和软件指令都相关，也直接受制于导弹准备的状态、发射装置到位状态，目的是提高系统的安全性，进一步降低导弹发射控制系统计算机发生故障，或受到其他不可预见的强干扰时引起导弹误发射的可能性。

启动导弹发射的条件一般包括以下因素：

（1）发射钥匙置允许；

（2）导弹准备好；

（3）发射装置已经准备到位；

（4）发射按钮有效；

（5）武控系统下达"软件发射令"。

作为计算机控制系统，发控系统处理好硬件、软件的功能划分与协同设计是一个关键点。合理地划分硬件、软件的功能，可以简化系统结构并且具有较高的综合可靠性。要达到硬件、软件合理的分工并充分利用硬件、软件资源，应采用协同设计方法。硬件、软件协同设计方法是在统一的表达上，决定什么样的功能由硬件完成、什么样的功能由软件实现。在系统功能分析的基础上，进行系统的总体设计，初步选择硬件和软件并做出评估，再对硬件和软件应完成的功能做出明确的划分，此后，即可并行地设计硬件和软件部分。这里需分别应用硬件综合技术和软件综合技术。软、硬件划分的合理性要进行评判，可以用系统的实时性、可靠性、复杂程度等作为判据，如果评价的结果不满意，应该进行另外的硬件、软件划分。这些步骤可能需要反复进行，直到形成一个满意的硬件、软件分工为止。

9.5.2　导弹发射过程与时序

发控系统判断"发射"指令生效后，按不可逆过程的时序启动发射过程。导弹发射前，导弹回报的检测信号必须均处于正常状态，发控程序才能进行，否则便自动停止。一旦出现异常或系统要求中断发射时，只要发控执行系统尚未给出弹射点火指令时，不可逆过程都可以在软件的控制下强制终止。

导弹发射控制过程不得出现由于软件运行异常导致的导弹误加电、导弹误断电、电池误激活、弹射装置（或发动机）误点火；导弹发射控制过程不得出现由于软件运行异常导致的导弹漏加电、导弹漏断电、电池漏激活、弹射装置（或发动机）漏点火。

在出现故障发射的情况下，发控系统应自动切断电源，并使导弹转入安全状态。在一发导弹出现发射故障，或者处于发射禁区而不能发射时，为保证不失战机，发控系统应能自动切断该枚导弹发射通道电路而接通下一发导弹的发射通道，并继续可靠实施发射任务。

一般来说，导弹发射包括：参数装订、筒弹解锁、安全执行机构解锁、电池激活、发动机点火等过程。

1. 参数装订

弹上参数装订包括无线电指令制导频率和导引头的有关参数等，不同的导弹参数装订的种类和数据量有很大差异。参数的来源有两种方式：其一是武器控制系统，其二是发控系统。

2. 筒弹解锁

筒弹锁定是通过机构固定导弹和发射筒，确保导弹在发射筒之间不会发生移动、错位等变化，以确保在出厂、运输、贮存和使用等发射前导弹的安全。在导弹发射时，必须将筒弹之间的锁定解开，以便导弹能飞离发射筒。

筒弹锁定的方式有多种，从锁定数量上分，有单点锁定和多点锁定方式；从解锁方式上分，有电解锁、机械解锁和自动解锁（如通过发动机点火后的燃气解锁）等方式。

筒弹解锁的控制有三种：其一是武器控制系统通过发控系统来实施；其二是发控系统根据发射过程自动实施；其三是无须控制，导弹在发射过程自动解锁。

筒弹锁定和解锁是一个涉及导弹安全性方面的问题，只有正常解锁，才能保证发射安全性，因此筒弹解锁的检测是必要的。筒弹解锁的检测需要发控系统通过分立线的方式检查。筒弹解锁检测的发起方可能是武器控制系统或发控系统。对于筒弹解锁检测故障结果的处理也有两种方式：其一是发控系统直接终止发射，并回报武器控制系统；其二是发控系统直接将故障结果回报武器控制系统，由其决定是否终止发射。

3. 安全执行机构解锁

安全执行机构是用于隔离弹上起爆器和战斗部之间起爆通道，在导弹起飞或飞抵目标前，才能打开，以确保平时安全和作战时可靠毁伤目标。

不同的导弹，安全执行机构可能不同。从安全执行机构解锁方式上来分，有电解锁和自动解锁（如通过导弹加速来解锁）等方式。

安全执行机构解锁的控制有三种：其一是武器控制系统通过发控系统来实施；其二是发控系统根据发射过程实施；其三是无须控制，导弹在发射过程自动解锁。安全执行机构解锁必须进行检测。安全执行机构解锁的检测也像筒弹解锁检测一样，有三种方式。

4. 电池激活

导弹采用的电池需要在发射前激活，一般都采用加直流电的方式激活。不同的导弹，弹上电池的种类和数量是不一样的，有的可能只有一组，有的可能有两组甚至更多。在激活电池方面，多个电池还存在顺序和时序上的关系。

电池激活是确保导弹正常工作的前提，因此在电池激活后，必须对激活后的电池进行检测，以确定是否给导弹发动机点火。电池检测方式有两种：一种是导弹自己完成电池激活的检测，另一种是发控系统完成导弹的检测。电池检测的发起方也包括武器控制系统、发控系统和导弹等几种。

5. 发动机点火或弹射点火

发动机点火是发射控制过程的最后一个环节。一般来说，导弹在发动机点火后，还要检测导弹起飞的时刻，作为导弹飞行控制的起点。

发动机点火由发控系统执行完成，但是发动机点火控制的发起方可能是武器控制系统或者是发控系统自身。

弹射点火通常是导弹发射过程的最后环节，之后导弹将飞离发射箱（发射筒），进行弹射点火的前提是弹上电池均已激活且"转电"正常、导弹已经解锁、参数已经装订且比对正确，弹射点火控制的可靠性至关重要，因此点火电路以及激活电路常常采取冗余设计措施。

6. 输出导弹的弹动信号

导弹运动时，连接筒弹的脱落插头将与导弹分离。发射控制系统实时地监控"导弹在位"状态，确保实时地采集到弹动信息。

在发射控制系统的对外接口中，一般都会预留向武控系统输出弹动信号的接口，可以直接从这一硬件端口通过连接电缆输出弹动信号。

也有些武器系统的弹动信号通过发射控制系统进行直接采集并通过以太网或其他数据总线传输，即发射控制系统直接从发射筒上采集弹动信号，将弹动信号增加时戳后通过以太网直接传送至武器控制系统的方式实现。武器控制系统根据时戳信息完成相应的解算，执行对导弹飞行的控制任务。发射控制系统对弹动信号的时戳精度在毫秒级以下，传输到武控系统的耗时在 10 ms 之内，能够满足导弹武器系统的要求。

9.6　典型系统设计实例

9.6.1　功能分析

典型的导弹发射控制系统在接到指挥控制中心的相应命令后，对在架导弹进行检测，并将结果回报指挥控制中心。在接到发射允许命令后，执行发射的可逆程序，启动弹上位置陀螺和速度陀螺。在接到发射命令后，执行发射的不可逆程序，向导弹装订地址码、频率码、引信延迟等射击的诸元，完成抛前盖（对有储运发射筒的）、弹上电池激活、导弹解锁点火等动作。对于末端防御武器系统的发射控制系统，还需要将来自导弹的目标跟踪信息传送给指挥控制中心。发射控制系统是武器系统对导弹控制链中十分重要的环节，相对于发射装置的其他控制部分来说较为独立。

不同型号的发射装置，导弹发射控制系统的工作内容和顺序可以有所不同。除了计算机和电子设备的一般性要求外，区别于一般的顺序控制，导弹发射顺序控制要求较高的快速性、准确性、更高的环境适应性和可靠性。

9.6.2　基本原理

图 9 - 1 是一种典型的采用计算机控制的导弹发射顺序控制组合的原理图，而对于

无计算机控制的发射顺序控制组合，发射顺序控制由机电式程序器和继电器逻辑电路或数字逻辑电路实现，而大量的对外信息交换则由分立信号线来完成。导弹离架前，导弹发射顺序控制组合向其提供有关供电。

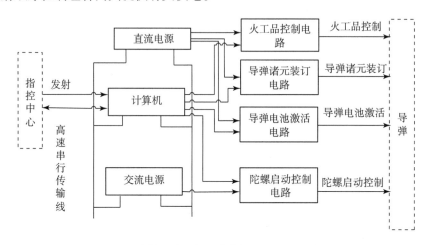

图 9-1　采用计算机控制的导弹发射顺序控制组合的原理图

发射顺序控制组合对导弹的检测和与导弹的接口电路形式取决于导弹本身的接口、处理信息和机内测试的能力。如果导弹本身具有较强的串行数据通信接口，并能迅速进行机内测试和数据处理，那么发射顺序控制组合可以用串行数据通信接口取代分立信号线与导弹连接，于是形成新一代发射顺序控制组合，如图 9-2 所示。显然这样的组成有利于武器系统的信息和网络化。网络化的接口和通信协议标准统一，便于同一发射顺序控制组合控制不同型号的导弹。另外大量地减少了继电器也提高了可靠性。

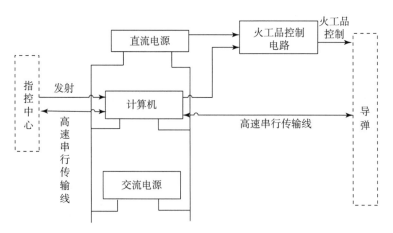

图 9-2　新一代发射顺序控制组合

9.6.3　发射控制顺序

以某典型的武器系统为例，在接到指控中心的导弹允许发射命令后，发射顺序控制组合进入作战状态。作战状态分"可逆"和"不可逆"两个阶段。

1）作战的"可逆"阶段

（1）导弹选择。导弹顺序发射控制组合首先将架上各导弹的状态：导弹在位情况、导弹可用情况、导弹频段、导弹禁射情况报告指挥中心，后者据此按选弹原则制定首弹及次弹弹号，传给发射控制组合。发射控制组合选好弹后，给指挥中心送"火工线接通"信号。

（2）陀螺启动。收到指控中心下达的"陀螺启动"指令后，给所选的导弹的陀螺全功率供电，使陀螺高速转动，1 s后，给出"射击控制线闭合"信息；陀螺启动3 s后，向指控中心送"导弹准备好"信息；陀螺启动5 s后，转入位置供电状态，这种状态持续到导弹离架前的电气隔离。

2）作战的"不可逆"阶段

（1）在收到指控中心的"发射令"后进入"不可逆"阶段，依次进行下述程序；

（2）发射筒抛前盖；

（3）电池激活；

（4）向弹上装订地址码、频率码、引信延时组；

（5）发动机点火，同时检查"离架信号"，然后向指控中心回报"导弹离架"。

9.7　发射控制软件设计

1）除一般软件的通性外，防空导弹发射装置系统的特殊性赋予其软件某些特点

（1）实时性，导弹发射控制系统软件是实时控制软件，要求严格的时间性。编程语言选择、软件结构的设计和中断的设置等均应遵循这一原则。

（2）嵌入式软件，导弹发射控制系统紧密地依附于硬件。操作者不与软件见面，仅通过开关、按钮等以命令和指令形式与软件打交道。

（3）多输入多输出，导弹发射控制系统软件需要处理大量的输入和输出。

（4）高可靠性，导弹发射控制系统软件应具有足够的容错能力、抗干扰能力和冗余能力。

（5）软件集成过程多模拟试验，大量采用各类信号模拟器，被控对象模拟器参与软件调试和集成。

2）导弹发射控制系统软件的结构特点

导弹发射控制系统类型繁多，控制方式各异。主要可分成以下几类：顺序条件转步控制；顺序条件转步，某些步上含闭环控制；伺服控制及相关分立量控制。

导弹发射控制系统的软件应包含作战软件和维护测试软件两部分，根据情况它们可以在同一框架下调用，也可以分别调用。导弹发射控制系统软件各功能模块的执行，由上层计算机的控制命令来启动，为便于调试、检查和维修，通常也可以从本系统控制面板上操作启动。当然，导弹发射控制系统软件模块设计必须符合软件工程的要求。

3）导弹发射控制系统软件的重要性和软件管理

导弹发射控制系统软件开发必须严格按软件工程规范进行。

导弹发射控制系统是导弹武器系统和发射装置各类执行机构的中枢神经，而软件又是整个中枢神经的核心，对导弹发射控制系统能否满足战术技术指标要求起着关键作用，从方案设计开始到使用的整个过程都必须保证软件质量。除设计方面的因素外，对软件管理，特别是包括开发阶段的管理、软件版本和文档管理、系统设计员和编程人员的协调管理、编程人员双岗制管理应给予充分重视。

9.8　导弹模拟器

导弹模拟器是配合发射控制系统完成自检、维护等功能任务的重要组成部分，导弹模拟器配置模拟导弹与发射控制系统相关联的供电接口和通信接口，也必须为发控检测组合实现检测信号回传提供模拟的闭环信号，可以模拟弹上计算机等弹上设备的工作状态和信息回馈，并能够模拟导弹对发射控制系统的应答信息和逻辑时序，因此导弹模拟器可以替代导弹或筒弹，配合发射控制系统在发控自检或发控对接等状态下，支撑发射控制系统完成作战过程模拟演练和维护测试。

导弹模拟器也是考核发射控制系统功能和性能的重要装置，可以检测、判断发射控制系统处于发射状态时所提供的供电电源、点火信号、激活信号以及装订数据等是否正确，控制过程的处理逻辑和时序关系是否协调，可以有效地保证武器系统在实施导弹发射任务之前，对发射控制系统软、硬件状态进行检查和验证，可以为发射控制系统故障诊断和隔离定位提供测试数据等依据。

为了配合发射控制系统实施异常处理流程的测试用例，导弹模拟器还具备各种故障模拟功能，一般包括在位故障、加电故障、自检故障、电池激活故障、装订故障、发动机点火故障以及复位应答故障等。

9.9 导弹发射控制系统的远程控制

9.9.1 远程发射控制技术

导弹发射控制系统是在指挥控制中心的控制下参与作战的，必须不断地接收和执行来自指挥控制中心的作战和测试命令，同时向指控控制中心报告本身状态和命令执行情况。计算机技术的发展和应用为现代导弹发射控制信息化和远程控制提供了优越的条件。

典型的远程导弹发射控制系统的实现过程如下：

1. 远程交换信息内容

指挥控制中心向导弹发射控制系统下达的命令内容主要包括：遥控加（断）电命令、复位命令、允许瞄准命令、调转命令、跟踪命令、发射允许命令、发射命令、测试命令等。

指挥控制中心向导弹发射控制系统还下达以下信息：方位和俯仰角位置指令、方位和俯仰角速度指令、方位和俯仰速度指令，导弹地址码、频率码、引信延迟组、测试项目代号等。

导弹发射控制系统向指挥控制中心报告：加电状态、故障、伺服准备、当前方位和俯仰角位置、方位和俯仰角速度、故障码等。

2. 远程测试检查

现代武器系统的指挥控制中心必须对所属各分系统进行全面的测试和检查。一方面，导弹发射控制系统在接收到测试控制命令后，根据规定的测试项目调用相应的测试程序进行测试，将测试结果和故障码报告指挥控制中心。另一方面，指挥控制中心也可以根据导弹发射控制系统上报的角位置和角速度数据计算出需要的技术指标，并显示在显示屏幕上。

3. 与指挥控制中心的通信及接口

导弹发射控制系统与指挥控制中心的大量信息交换要求良好、高效的通信。对于远程控制的导弹发射控制系统来讲，与指挥控制中心的信息交换采用计算机联网通信技术实现，在具体设计中应选定总线和接口标准、规定通信协议、设计相关的接口电路和接口软件。另外，远程导弹发射控制系统还采用无线通信进行数据信息交换。

9.9.2 远程控制的信息加密技术

导弹发射控制系统的远程控制，能够智能地对复杂的作战环境进行判断，并做出最优决策，从而具有可靠、快速的作战反应能力，因此对导弹发射控制系统与指挥控制中心之间数据信息交换的可靠性和安全性要求非常高，尤其是采用无线数据传输的远程导弹发射控制系统，通信信号暴露在物理空间中，数据极易被截获，造成信息泄露。因此对于远程导弹发射控制系统，尤其是采用无线通信的远程导弹发射控制系统，必须采用加密技术手段，保证数据传输的安全。

1. 加密算法的分类

根据密钥类型不同将现代密码加密技术分为两类：对称密钥加密算法和非对称密钥加密算法。

1）对称密钥加密算法

对称密钥加密算法又叫传统密码算法，就是加密密钥能够从解密密钥中推算出来，反过来也成立。在大多数情况下，加密/解密的密钥是相同的。这些加密算法也叫秘密密钥算法（private cipher）或单密钥算法。对称算法的安全性依赖于密钥，泄露密钥就意味着任何人都可以加密和解密信息。若通信需要保密，则密钥必须保密。典型的对称密钥加密算法有以下几种。

（1）DES（Data Encrypt Standard），即数据加密标准。

该标准是 1977 年由美国国家标准局发布的，IBM 公司设计，用于保护"非保密的计算机数据"。它是一种分组加密算法，由固定换位、依赖于密钥、多叶非线性变换产生全面的混乱。它对二元数据进行加密，数据分组长度 64 位，密文分组长度也是 64 位，密钥长度 64 位，其中有 8 位是奇偶校验，有效密钥长度 56 位。攻击 DES 可行的办法是穷举密钥搜索，即搜索密钥空间的每一个密钥，直到找到正确的密钥。由于 DES 的密钥空间较小，随着计算机硬件水平的发展，现在它的安全性已经受到了威胁，对它的强力攻击的代价低于 100 万美元。1990 年 Biham 和 A. Shamir 提出了差分攻击的方法，采用选择明文的攻击，有 247 个明文即可破解 16 轮的 DES 算法；利用 M. Matsui 提出的线性分析方法，当已知明文的平均数为 24 时，可以成功破译 16 轮的 DES 算法，到目前为止，这是最有效的破译方法。

（2）IDEA（International Data Encryption Algorithm）。

IDEA 由 Xuejia Lai 和 James Massey 提出，它是一个分组密码，明文和密文块都是 64 位，密钥长度 128 位。加密和解密基本相同，只是子密钥存在差异。算法无论用软件或硬件来实现都不难，其加、解密运算速度非常快。该算法在设计上能够抵抗差分密码分析和相关密钥密码分析。若采用穷举攻击，则找到密钥需要 2^{1128} 次加密。这在目前的硬件条件下是无法在有效时间内完成的。

（3）RCS 算法。

它是 Rivest 于 1994 年提出的一个新的迭代分组密码。它的特点是：分组长度、密钥长度和加密迭代次数都是可变的。该密码既适合硬件实现又适合软件实现，运算速度非常快。它主要通过数据循环来实现数据的扩散和混淆。每次循环的次数都依赖于输入数据，事先不可预测。美国 RSA 实验室对该算法的分析结果表明，12 轮的 RCS 就可抵抗差分分析和线性分析。

（4）Skipjaek 算法。

它是 NSA 实验室为 clipper 和 capstone 芯片开发的一个加密算法。由于该算法被归入秘密类，它的细节从未公开，仅以防篡改的硬件实现。只知道该算法是一个 32 轮的分组密码，分组长度为 64 位，密钥长度为 80 位，加、解密的运行速度非常快。

（5）AES（Advaneed Encrypt Standard）。

美国国家标准和技术研究所（NIST）在 1997 年 4 月发起了征集 AES 密码算法的活动。NIST 对 AES 的候选有三条基本要求：①对称密码体制，也即秘密密钥算法；②分组密码算法；③算法明文、密文分组长度为 128 bit，并支持 128、192、256 bit 的密钥长度。2000 年 10 月 2 日，NIST 宣布采用由比利时工程师 Joan Daemen 和 Vineent Rijmen 提出的 Rijndael 算法作为 AES 的唯一算法。该标准的正式文本，FIPSPUB197（AES）在 2001 年公布。Rijndael 算法是一个迭代分组密码算法，汇聚了高安全性、高性能、高效率、易用和灵活等优点。相比较而言，AES 的 128 位密钥空间比 DES 的 56 位密钥空间大 102 倍。Rijndael 无论在有、无反馈模式的计算环境下的硬、软件中都能表现出非常好的性能，它的密钥具有很好的灵敏度。Rijndael 较低的内存需求使其很适合用于受限环境中。Rijndael 操作简单，并可抵御各种已知的密码攻击。此外，Rijndael 还拥有许多未被强调的防御性能。

2）非对称密钥加密算法

非对称密钥加密（Asymmetric Encrgption Algorithm）算法有时也称为公开密钥加密算法。在这种加密算法中，加密的密钥不同于解密的密钥，并且解密密钥不能根据加密密钥计算出来（至少在合理的假定时间内）。之所以称为公开密钥加密算法，是因为加密密钥能够公开，即陌生者能用加密密钥加密信息，但只有用相应的解密密钥才能解密信息。在这些系统中，加密密钥称为公开密钥（Public-key），简称公钥；解密密钥称为私有密钥（Private-key），简称私钥。

典型的公开密钥加密算法有以下几种：

（1）RSA 算法。RSA 算法是 Rivest、Shamir 和 Adleman 于 1978 年在美国麻省理工学院研制出来的，它是一种比较典型的公开密钥加密算法，也是迄今为止理论上最为成熟和完善的一种公钥密码体制。该算法的体制构造是基于数论的欧拉定理，它的安全性依赖于大数因子分解的困难性。RSA 算法既能用于加密也能用于数字签名。

（2）Rabin 算法。Rabin 方案的安全性基于求合数的模平方根的难度，这个问题等价于因子分解。Rabin 算法既能用于加密也能用于数字签名。该算法被证明在安全性取决于大数因子分解上较 RSA 算法有优势，但其对于选择密文攻击是不太安全的，解决的办法是在签名前使用单向散列函数。

（3）Elgamal 算法。Elgamal 体制由 T. Elgamal 于 1985 年提出，它既可用于数字签名又可用于加密。其安全性基于计算有限域上离散对数的难度。

（4）DSA 算法。1991 年 8 月，NIST 提出了数字签名算法（DSA），用于他们所提出的数字签名标准。DSA 是 Schnorr 和 Elgamal 签名算法的变形，其安全性基于计算离散对数的困难性。DSA 仅用于数字签名，不能用于加密和密钥分配。

（5）Diffie – Hellman 算法。Diffie – Hellman 算法是第一个公开密钥算法，是由美国斯坦福大学的 Whitfield Diffie 和 Martin Hellman 在 1976 年提出的。它主要利用了离散对数易求而逆难求的特点，其安全性源于在有限域上计算离散对数，比计算指数更为困难。该算法一般用于密钥分配，但是不能用于加密或解密信息。

2. 远程控制的加密

在远程导弹发射控制系统的信息加密过程中，除了考虑选择合适的加密算法外，应综合考虑其他多方面的因素，才能形成一套行之有效的应用方案。其中一个关键问题就是通信时间，战场通信时间的长短直接影响到通信的安全保密。为实现最高的安全性，必须尽可能缩短通信的时间。

如果不同的用户均采用不同的密钥，将极大地限制广播通信的能力，一组向所有用户通播的数据，需要向每个用户分别发送一次，不仅延长了通信时间、影响通信效率，而且对通信的安全保密也造成很大的威胁。因此，必须综合采用公用密钥和单独分配密钥两种方案。每个用户持有两个密钥，一个为广播通信时用的公用密钥（所有用户都相同），一个为多址通信时用的私用密钥（所有用户均不同），两种密钥同时使用。这样就综合了两者的优势，可实现最高的通信效率和安全保密。

第 10 章　导弹发射控制系统的通用化

10.1　MK41 垂直发射系统

舰载导弹垂直发射系统主要有美国的 MK41 和 MK–48，俄罗斯的利夫和克里诺克，以色列的巴拉克–1，英国的海狼，欧洲的席尔瓦，意大利的米卡，以及美国正在研制的 CCL 同心筒垂直发射装置和 SCL 垂直发射装置等。其中，通用共架垂直发射装置主要是美国的 MK41。

MK41 是现役通用化垂直发射装置的代表，能装载"标准"系列、"轻型海麻雀"、"阿斯洛克"、"鱼叉"、"战斧"等十几型武器。它采用模块化设计，有"打击型""战术型""自卫型"等发射模块，每个发射模块有 8 个弹舱，装 8 枚箱弹，设公共燃气排导系统。自 1986 年装备以来，已经在美国海军和 10 多个国家和地区装载了 11 000 个隔舱、173 艘作战舰艇。至今已经过多次改进，与最初的 MK41 相比，除了金属构架以外，其电子控制装置等部分已完全不同。多年应用证明，MK41 有效地提高了舰艇的作战效能，简化了部队的训练和保障要求。

MK41 的发控单元是目前世界上通用化程度最高的导弹发射控制系统之一，它由发射控制单元（LCU）和发射程序器（LSEQ）两级组成。其中发射控制单元是通用的，它可以接收多个武器控制系统的指令，形成不同导弹的发射控制指令；发射程序器是专用的，每型导弹都需要配置不同的发射程序器，发射程序器与导弹之间的接口也是专用的。因此如果在一个发射模块中要装多种导弹，那么必须配置多种发射程序器。这样在整个发射模块中需采用多种总线和接口，系统比较复杂。每个发射模块中有 2 组电源，各对应 4 枚导弹，同时发射会受到限制。MK41 导弹发射控制系统如图 10–1 所示。

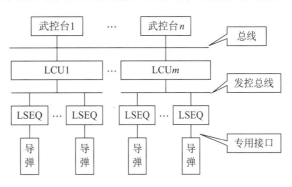

图 10 – 1　MK41 导弹发射控制系统

10.1.1　发射控制系统

发射控制系统是武器控制系统与 MK41 标准模块/装填模块上装载导弹之间的关键接口设备，其核心是发射控制软件和硬件设备，主要由发射控制单元和发射控制计算机程序（LCCP）等组成，参见图 10-2。

图 10-2　发射控制系统

1）冗余设计

发射控制系统采取双冗余设计，将每一型武器控制系统通过适当的发射序列与它们控制的导弹连接。MK41 垂直发射系统在每艘舰船配置 2 台 LCU，互为热备份。LCU（基本型）的核心部件是美国海军标准的 AN/UYK-20 型小型计算机，目前 LCU 已发展至 Block VII，核心部件是美国海军标准的 AN/UYK-70 型小型计算机。LCU 及其相关的报文、视频和磁带介质等输入/输出设备也完全采用双冗余设计，位于弹库外面，与舰上作战系统的其他计算机连接在一起。每台 LCU 均能控制舰艏、舰艉的两个弹库内的所有导弹。正常情况下，每台 LCU 各控制每个弹库中的一半导弹，需要每个 LCU 共享所有的状态信息。但在一台 LCU 出现故障时，另一台能接管控制全部导弹，实现不间断发射控制。LCU 的外围设备包括发射程序器、动力控制板、状态监控箱和配电设备等。MK41 垂直发射系统的发射控制流程如图 10 - 3 所示。

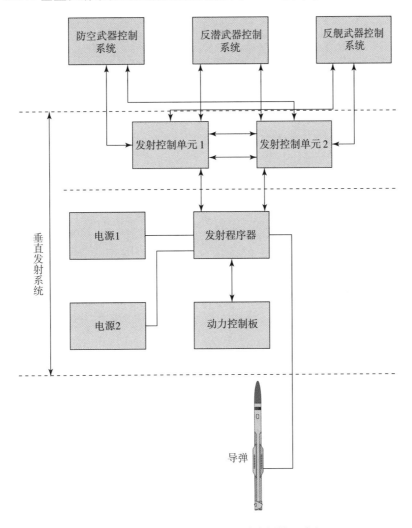

图 10 - 3 MK41 垂直发射系统发射控制流程

发射控制系统是一个指令响应系统，每台发射控制单元都能接收舰上防空、反潜和反舰武器控制系统输送来的指令，通过计算机程序中的逻辑设计，向任何一个武器控制系统分配发控优先次序。发射控制单元与舰上武器控制系统、弹库发射模块之间的连接关系如图 10 - 4 所示。

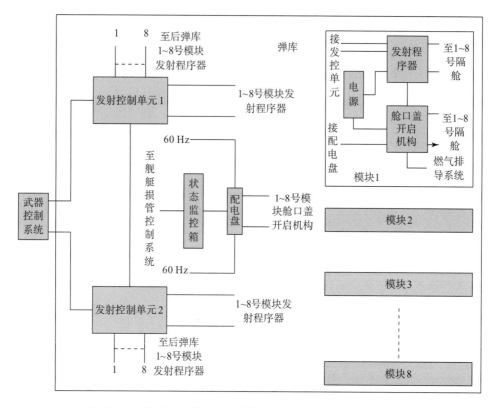

图 10 - 4   发射控制单元与武器控制系统、发射模块连接关系图

2）工作模式

发射控制系统有待发、模拟和待机三种工作模式。

（1）待发模式：即作战模式，所有设备连通，执行导弹选择指令和发射指令，实施导弹作战。

（2）模拟模式：即训练模式，此模式专用于舰员训练。除发射电路之外，所有设备均连通，系统对武器控制系统的选择指令和发射指令做出正常响应。

（3）待机模式：即维护模式，此模式专用于 MK41 垂直发射系统的维护检查。所有设备连通，执行正常定期内测，此时导弹选择电路和发射电路禁通。使用一系列机内测试设备，每隔一定时间对重要部分进行检查，并将检查结果报告给武器控制系统，以便维修。

10.1.2   发射程序器

MK41 垂直发射系统的每个标准模块上装有 1 个发射程序器，位于模块上层通道的外侧，如图 10 - 5 所示。发射程序器的主要功能是对 8 个发射隔舱中任一导弹实施发射

控制，并向动力控制板发出指令，控制舱口盖
开启机构打开或关闭舱口盖。发射控制信号来
源于武器控制中心的发射控制单元，发射程序
器根据指令控制导弹做好射前准备。发射程序
器还向动力控制板发出指令，控制冲水系统、
机内测试设备、燃气排导系统和除冰装置等设
备完成相关动作。

发射程序器集成了大量的数字电路，其机
电接口提供第二层指令并控制模块与导弹之间
的通信功能，因此便成为发射控制系统（LCS）
的一个重要部分。LESQ 还可以通过使用机内
测试设备（BITE）去控制和执行模块层次的自
检，当模块不执行发射任务时，BITE 就会周期
性地运行，提供持续的状态检查和模块状态
报告。

每个 LSEQ 都采用模块化设计，分成两个
部分，每个部分控制一个模块中的 4 个发射隔
舱，如果 LESQ 失效，其影响只限制在发射模
块内一半的功能上。

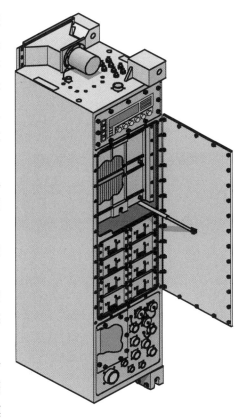

图 10 - 5　发射程序器

10.1.3　供电电源

每个标准模块配置两个完全相同的可编程电源（PPS），如图 10 - 6 所示，每个电
源可以为一个发射模块的 4 个发射隔舱供电，同时给
模块设备和导弹供电，通过以太网由 LSEQ 实施控制，
发射之前为导弹提供外部供电。供电电源还是启动武
器相关功能的能源，如点燃助推器和释放导弹锁定装
置等。

10.1.4　状态监控箱

每个发射模块配置一个状态监控箱和受损控制节
盒，为舰船损管控制中心和战术信息中心（GIG）提
供一个完整的接口，实现对发射模块的状态监控。每
个模块和导弹的危险信息（如高温环境等）、系统状
态信息均显示在状态监控箱上，并传送给舰船损管控

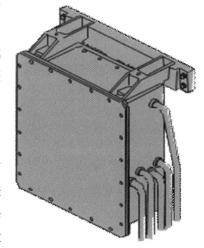

图 10 - 6　供电电源

制中心或 GIG。本地状态监控箱还可以控制发射模块的供电电源，实现功能互锁，避免在进行装填作业或防结冰系统工作时出现发射导弹的现象，确保系统安全。

10.1.5 MK41 的系统工作过程

1）系统初始化

MK41 垂直发射系统上电之后，进行工作模式选择之前，先进行系统初始化，通过向发射模块发出独立的自检指令执行一次系统级的自检。

发射模块自检时，通过询问发射程序器的状态，建立自身的状态信息表。状态信息表的建立是通过 LSEQ 读取发射筒编码插头的信息来完成的，接着在发射控制单元的报文、磁带驱动器等外设中报告，并马上传递给在线的武器控制系统。

2）待机模式

在完成系统初始化的基础上，发射系统进入待机模式，等待来自任何武器控制系统的指令。待机模式是发射系统在 90% 时间内运行的常规方式。在这个工作模式中，通过周期性自检，自动保持一个不断更新的发射系统有效的状态报告。同样，在这个工作模式中，发射控制单元将持续地检查与在线的武器控制系统和发射程序器连接的数字接口。当接到工作模式转换命令时，发射系统能在几个毫秒内转换成其他两个工作模式中的一个。

3）模拟模式

在模拟模式中，发射电路保持为非激活状态，发射系统提供模拟的发射响应回传给武器控制系统，允许进行武器系统测试、战术系统测试或战术系统训练等操作。舰艇操作人员可以要求获得模拟的状态信息或系统错误信息等。真实的发射状态情况会自动收集和保存起来，用于当发射系统返回到待机模式时进行即时报告。

4）待发模式

系统三种工作模式中，待机模式是长时间的工作方式。当发现敌方目标后，系统将会以最快的速度迅速转换为待发模式，该方式转换在几毫秒内完成，所有与发射相关的命令被执行。在待发模式下，其他所有的工作方式的指令都会被忽略。

典型的目标截击程序是：进入待发模式后，发射使能功能必须在 GIG 中或者本地状态面板上激活，使得发射的操作能够继续，发射系统所有与发射有关的开关也必须打开。每个开关的状态也是持续报告的数据之一，首先在初始状态信息中报告，然后在持续的检测中报告。发射系统进行导弹选择，选择的依据是基于跨模块统一的状态信息损耗、重量和时间、导弹冲突解除等原则。当武器控制系统完成射击参数解算后，向发射系统发出"导弹选择"指令，发射控制系统收到指令后，立即选择适宜的发射模块和发射隔舱，并给导弹加预热电源，开始打开舱口盖和排气道顶盖，解锁贮运发射箱内的导弹限制块。完成这些机械动作后，发射控制系统按照武器控制系统的指令，立即发出不可逆的导弹电池激活指令，将武器控制系统提供的指导数据发送给已选中的导弹，并实施导弹发射。导弹开始运动后，与发射隔舱连接的电气电路立即断开，同时将导弹弹动信号发送给武器控制系统，以便雷达及时准确地捕获导弹，导弹离开发射舰的适当时间之后，舱口盖关闭，发射程序结束。典型的防空导弹发射流程见图 10 – 7。

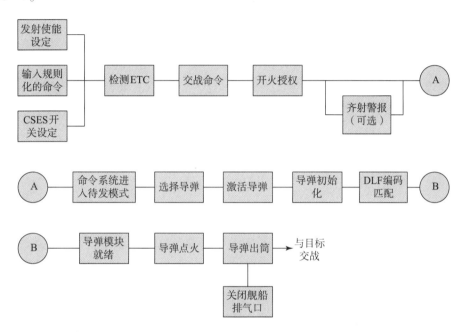

图 10 – 7 典型的防空导弹发射流程

每个发射模块设计可同时准备和发射 2 发导弹，每 1 发导弹在半个发射模块（4 个发射隔舱）中。例如"宙斯盾"巡洋舰上由 16 个发射模块组成的弹库中，能同时按照任意的组合比例完成 32 发防空、反舰、对陆攻击或反潜导弹的准备和发射。在导弹准备的最后阶段，发射系统开始打开发射隔舱的舱口盖，并执行发射必需的所有功能，进行数字和机械检查校验后，将导弹火箭发动机的点火指令发送给准备就绪的导弹，然后将导弹从发射隔舱内发射出去。当检测导弹离开发射箱后，发射隔舱舱口盖关闭。如果在整个准备和导弹发射过程中有任何功能失效，系统便执行自动安全程序并选择可替代的导弹完成发射任务。为确保防空作战的快速反应，防空导弹具有最高的发射优先级，发射系统允许临时中断"战斧"巡航导弹的发射过程，优先发射"标准 – 2"舰空导弹，然后发射系统再回到"战斧"巡航导弹的发射序列中，而不用重新初始化导弹。在作战的最后阶段，武器控制系统命令发射系统回到"待机模式"，更新状态信息和有效性状态。

10.2 CCL 同心筒垂直发射系统

为了适应新的导弹发射和作战要求，美国从 1991 年开始进行同心筒发射（Concentric Canister Launcher，CCL）系统的研究。

10.2.1 发射控制系统

CCL 同心筒垂直发射系统的发射控制系统通过采用开放式体系结构和局域网（LAN），实现与导弹和武器控制系统之间的连接，每个 CCL 都是发射控制网络上的一个节点，配置可以是任意一型武器系统共用每个 CCL，如图 10 - 8 所示。发射控制系统可以充分利用局域网和电源程序化对导弹贮运发射筒实现灵活的控制。因此，CCL 的武器控制系统实际上是通过局域网和电源对导弹贮运发射筒的数据进行控制和交换，用以完成舰艇作战任务和海军战术数据的传递。

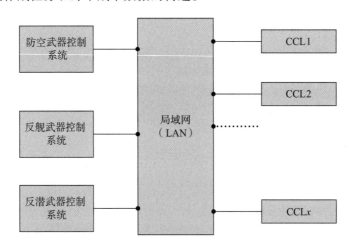

图 10 - 8　CCL 发射控制系统网络结构示意图

CCL 发射控制系统的电子设备分为两个部分，一部分的功能、接口连接等对所有型号都是相同的，安装在隔舱上，称为隔舱电子模块，对所有型号导弹通用；另一部分的功能、接口连接等对不同类型导弹是不同的，只能为特定型号的导弹专用，安装在发射筒里面或附加在发射筒外部，称为筒电子模块。隔舱电子模块分别与网络、发射装置控制面板、舱口盖电动机控制盒以及筒电子模块连接，并通过筒电子模块与导弹连接。多个隔舱电子模块挂接在网络上，武器控制系统通过网络控制多发不同型号导弹发射。筒电子模块与导弹的联系是一对一的，未采用网络连接。CCL 发射控制系统设备连接如图 10 - 9 所示。CCL 发射控制系统采用隔舱电子模块加筒电子模块的系统方案，实现了舰面导弹发射控制系统对所有型号的通用，但仍然存在着导弹接口不能标准化、通用化的问题。

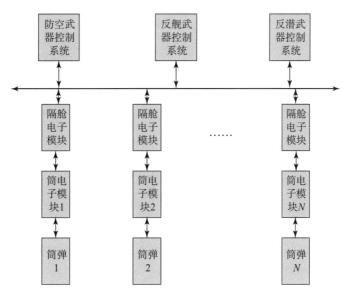

图 10 – 9　CCL 发射控制系统设备连接示意图

10.2.2　技术特点

发射控制系统的体系结构采用开放式结构,利用以光纤通信为基础的局域网进行信息传递。通过局域网将来自舰上不同系统的作战指挥、目标指示和其他作战指令通过光纤直接传送到每一个贮运发射筒内的电子模块。

电子模块配置在安装专用底座的配电盘上,每个发射筒有两个模块:模块一根据导弹类型不断监测发射筒内的微环境,将其保持在一个确定的参数范围内,并能及时发出有关故障信号,启动相应的故障处理系统;模块二给出发射筒内导弹在位信号、发射监测、管道系统对准、作战数据装订和发射点火控制等。

导弹工作电源由多个电源变换器组成,变换器可将舰载动力系统提供的电源转换为导弹所需的28V DC电源。为了保证"战斧"巡航导弹和其他类型导弹射前弹上惯导系统的工作,必须有高精度的控制信号。

CCL发射控制系统采用开放式结构,对现有系统的设备改进、升级和维修都十分的方便。另外,发射控制系统建立了使用不同导弹和界面之间的划分和关系,不必更换发射模块的硬件设备。

10.3　MK57 垂直发射系统

MK57垂直发射系统又叫外围垂直发射系统(PVLS),由雷声公司和联合防务公司联合研制。它是美国海军为其未来驱逐舰 DD – (X)所研制的。与20世纪70年代设计的MK41垂直发射系统相比,它在火力密集度、通用性、舰上配置等方面进行了较大改进。同时，继承了 MK41 垂直发射系统发射率高、储弹量大、适应性和抗损性好、成本及全寿期费用低的优点。通过采用开放式最新设计理念及先进技术，使这些优点得到更充分的体现。据美海军称，研发 MK57 垂直发射系统是推动舰载导弹垂直发射技术跨越式发展的关键一步，是海军能力转型进程中的重要筹码。

MK57 垂直发射系统在导弹发射控制方面的主要技术特点如下：

（1）采用开放式体系结构。

为了满足美国海军的"开放式体系结构"要求，外围垂直发射系统采用了开放式体系结构，这种结构能够明显降低引进新武器时的费用。

开放式体系结构与广泛的模块化的结合使外围垂直发射系统在与新的和现有的导弹系统集成时不需要对发射装置控制软件或发射装置硬件进行复杂和费钱的改动，显著降低了与新的导弹控制和接口软件相关的集成费用。

（2）广泛采用电子控制模块。

外围垂直发射系统采用了一种先进的以武器为中心的结构，将武器特定功能与发射装置特定功能分开，使发射装置能与现有的和未来的导弹更简单、更具效费比地集成在一起，它拥有以下 4 种电子控制模块。

①发射箱电控单元（CEU）。CEU 是满足美国海军"用任何发射单元发射任何导弹"要求的关键设备。CEU 就像是一种适配器与特定的装在发射箱里的导弹进行接口，将导弹与舰艇的作战系统连接在一起。按照这种方法，新的导弹型号可以快速植入，不需要针对发射装置做费用高昂的改造，对作战系统也只需要最低限度的升级。当发射系统增加一种新导弹时，只有 CEU 和武器专用软件必须进行修改，而发射装置本身不需要进行物理上的改造。

②模块控制单元（MCU）。MCU 将外围垂直发射系统与"全舰计算环境"连接在一起。MCU 包含了管理 4 单元发射模块和发射设备的软件，监控导弹和发射箱，另外还探测和报告故障。

③电力分配单元（PDU）。PDU 使舰艇的电力能有效地传送给发射装置和导弹，并对电力输送过程进行监控。

④舱口盖控制组件（HCA）。HCA 由舱口盖控制单元（HCU）和舱口盖驱动单元（HDU）组合而成，能够提供启动发射装置上的导弹和开启排气口盖所需的机械运动控制和伺服驱动。

10.4　通用导弹发射控制系统

10.4.1　导弹发射控制系统通用化思路

导弹发射控制系统接受武器控制系统的指令，完成对导弹的通信、参数装订等导弹发射准备以及电池激活、发动机点火等发射控制。一般来说，不同的导弹其发射控制过程是不一样的，因此其发射控制系统也不一致，即发射不同的导弹需采用不同的导弹发射控制系统。因此现有的型号导弹发射控制系统典型特征是只能接受本型号武器控制系统的指令，完成本型号导弹的发射控制任务。专用导弹发射控制系统与武器控制系统及导弹的关系见图 10 – 10。

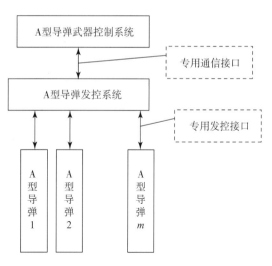

图 10 – 10　专用导弹发射控制系统
与武器控制系统及导弹的关系

通用导弹发射控制系统能受控于多种型号导弹武器控制系统，可以同时发射多枚不同型号导弹，能同时接受多个（多型号）武器控制系统的指令，完成一个发射装置上多型号、多枚导弹的发射控制。通用导弹发射控制系统一般由发控计算机、输入/输出接口等组成，向上挂接以太网，向下与筒弹连接。通用导弹发射控制系统与武器控制系统及导弹的关系见图 10 – 11。

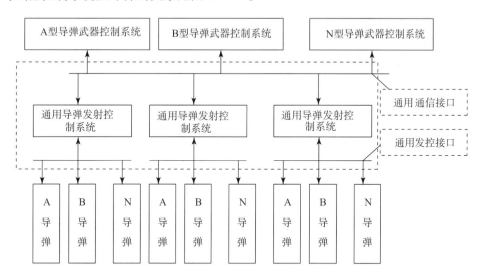

图 10 – 11　通用导弹发射控制系统与武器控制系统及导弹的关系

通用导弹发射控制系统是实现武器通用发射的关键，完成武器控制系统与导弹、发射装置之间的控制指令和数据传输。它与专用发射控制系统的区别是：通用导弹发射控制系统使得不同的武器控制系统能使用统一的接口去控制对应类型的导弹，从而统一了不同种类导弹的发射控制流程，虽然发射控制系统与发射装置各模块的连接关系相对固定，但各类导弹在发射装置或者发射模块中的装填位置灵活可变，可随意选择。

10.4.2 通用导弹发射控制系统的需求分析

根据作战系统的任务需求和舰艇作战使命特征和性能要求，对通用导弹发射控制系统的基本需求是：

（1）不仅要实现防空、反舰、对陆攻击、巡航等导弹通用发射控制，还要考虑到其他多种常规武器如火箭助飞鱼雷的使用；要适应导弹冷、热发射的发射控制要求。

（2）可正确处理各型武器共架发射时的战术关系和信息关系，能对武器系统所提出的各种命令和指令做出正确反应。

（3）在后续新增武器时，不能对通用导弹发射控制系统的软件和硬件做任何改动，以避免对原有的武器产生影响。

10.4.3 通用导弹发射控制系统的关键技术

1）总体技术

总体技术研究的是根据多种类型导弹通用化垂直发射的技术需求，对通用导弹发射控制系统的技术实现进行综合论证，提出总体方案并将其分解到各分系统，与各武器控制系统和导弹系统进行综合协调，确定与它们的接口，并制定有关的标准，使通用导弹发射控制系统能达到其技术指标，实现其功能。

与传统的导弹发射控制系统相比，通用导弹发射控制系统是一个全新概念的导弹发射控制系统，有一系列新要求，为此通用导弹发射控制系统必须与多种武器控制系统和导弹进行大量的协调，重新确定武器控制系统、通用导弹发射控制系统和导弹之间的任务分工界面，进行大量的接口协调，并且要制定一系列新的标准。这些工作都直接影响到通用导弹发射控制系统是否能实现"通用"、是否能满足高的性能指标等，因此它是一个关键技术。

对于通用导弹发射控制系统总体技术的解决，必须全面地了解各种导弹发射控制系统及其武器控制系统和导弹系统的特点，与各武器控制系统和导弹系统进行充分研究和协调，在综合权衡的基础上，重新划分武器控制系统、导弹发射控制系统和导弹系统之间的任务分工界面，制定通用的有关标准。同时应用一系列新技术，确保通用导弹发射控制系统先进合理可行，达到通用发控的性能指标。

2）即插即用技术

"即插即用"技术是指任何一种类型的导弹装载到通用导弹发射控制系统上，即可以被通用导弹发射控制系统识别，完成发射控制。主要的研究内容是通用导弹发射控制系统对隔舱所装导弹类型的要求，如满足共架要求，无论哪种类型导弹均可实现控制；另外通用导弹发射控制系统在一种新插入发射模块隔舱中的导弹是如何识别导弹，如何将识别的导弹回报给相应的武控台，在武控台选定该发导弹时它如何安全可靠地将这发导弹发射出去这个过程所应用的一系列技术。

按照通用导弹发射控制系统的技术需求，在新增一种导弹时，通用导弹发射控制系统无须任何软件和硬件方面的改变就要能进行这种导弹的发射，这同时也意味着在不同的时刻在一个发射模块的弹舱中装入任何发导弹时，无须任何人为的干预，通用导弹发射控制系统就能在武控台的指令控制下，安全可靠地将这发导弹发射出去。

"即插即用"技术包括通用导弹发射控制系统如何自动正确识别导弹、如何记忆在位导弹的配置、如何向相应的武控台回报、如何在武控台的指令下生成相应的发控程序、如何在武控台的指令下安全可靠地发射导弹等一系列重要的技术，是实现通用化发控的关键技术。

对于"即插即用"技术，我们将充分利用武控台、通用导弹发射控制系统和导弹上的计算机技术解决。对于通用导弹发射控制系统对导弹的识别，通过在导弹插入发射模块弹舱时对其计算机进行询问，导弹计算机将其自身型号报告给通用导弹发射控制系统。对于发控程序，通用导弹发射控制系统将建立一个通用、可配置的发控软件，在它接收到武控台关于导弹发控的有关参数时，就能自动完成该型导弹的发射程序。对于安全可靠的发射导弹，通用导弹发射控制系统在执行发射程序时，制定多种安全可靠的发射措施。

3）多武控响应技术

传统的导弹发射控制系统只接受一个固定的武控台的控制，而一个通用导弹发射控制系统要接受多个武器控制系统的控制，并且这些武控台是不同种类、不同型号导弹的武控台，它们发射导弹的过程、所要求的技术指标、装订参数等都存在很大的差别，如何正确响应并执行这些武控台的指令是通用导弹发射控制系统实现的又一个关键技术。

在武控台和通用导弹发射控制系统之间采用以太网进行连接，并且根据各种导弹发控的特点，制定出通用的通信协议，这样各种导弹发控的差异将体现为通信协议中的具体内容。在通用导弹发射控制系统总的框架下，通过武控台、通用导弹发射控制系统、导弹系统统一的界面划分和任务分工、发控步骤的统一、制定一系列标准、制定统一的通用通信协议等，实现通用导弹发射控制系统对多种不同武控台进行正确的响应。

4）多弹发控技术

在一个发射模块中可以发射多枚导弹，一个通用导弹发射控制系统必须能完成装在这个发射模块中的所有导弹的发射任务。

目前一个导弹发射控制系统可以控制多联装同种类型的导弹，而现在则要求一个通用导弹发射控制系统能控制更多类型的导弹。通用导弹发射控制系统这种能力要求的大幅度提升，带来了一系列技术难题，尤其多弹发控技术要实现多枚多种导弹的发射控制，是通用导弹发射控制系统的关键之一。

5）多弹齐射技术

多弹共架发射时，面对不同的作战任务，存在不同类型多枚导弹的齐射要求，即"多弹齐射"。

现有各种导弹的发射控制系统只能实现同一类型导弹的齐射，但是要实现多类型导弹的齐射，要求通用导弹发射控制系统必须同时运行多个不同的不可逆程序。相比现有的导弹发射控制系统，在功能上需要进行很大的扩充，将带来通用导弹发射控制系统的硬件、软件上很多的变化，是多弹共架发射需要解决的关键技术之一。如何同时运行多个不同的发射程序，可以采用软件的方式进行实现，利用多线程控制技术，可以同时运行多个不同导弹的发射程序。

10.4.4　导弹通用发射控制的发射协调

导弹通用发射控制系统可以完成多种类型、多枚导弹的发射控制，在导弹共架发射时，多发导弹的初始飞行弹道会存在交叉，刚飞离发射隔舱正处于上升段的导弹发动机燃气可能会对相邻隔舱中正在发射出筒的导弹产生影响，如何在时域上和空域上进行共架武器的发射是急需解决的关键技术之一。通过对导弹的初始发射进行时域和空域协调的影响因素、协调准则、协调模式和协调方法等进行研究分析，建立相应的数学模型，对多武器的发射进行协调，确保导弹和载舰的安全。

10.5　通用化导弹发射控制的发展趋势

导弹发射控制系统主要实现对导弹等武器系统的发射控制，通过美国 MK41、CCL 系列舰载通用垂直发射系统在通用化方面的尝试以及我国对通用导弹发射控制系统的研究证明，导弹发射控制系统通用化是导弹发射控制的一个必然趋势。导弹发射控制系统的通用化发展趋势体现在：

（1）多武器的完全通用，确保舰艇能够即装即用武器，灵活执行多种作战任务。

（2）采用开放式体系结构，以标准化为基础，实现系统灵活配置，导弹发射控制系统的设备组成、接口实现通用化。

（3）以发射隔舱为最小单元，不同发射隔舱之间可以任意装填，实现导弹的混装混射。

（4）提供多种独立电源供导弹选择使用。

（5）实现电气化、信息化和标准化，提高导弹发射的通用能力和可靠性。

第 11 章　导弹发射控制系统的故障诊断

11.1　发射控制系统故障诊断的需求分析

在当今的军事领域，对武器装备的可靠性、保障性和可维修性有了更高的要求，而且随着现代工业及科学技术的迅速发展，武器及其导弹发射控制系统结构日趋复杂，特别是随着计算机技术的发展，设备自动化程度也越来越高，不仅同一设备的不同部分之间互相关联、紧密耦合，而且不同设备之间也存在着紧密的联系，在运行过程中形成一个整体。因此，一处故障可能导致一系列的连锁反应，从而降低武器系统的安全性和可靠性，甚至导致功能失效。

为了保障导弹发射控制系统的安全实效，开展导弹发射控制系统的故障诊断相关技术研究具有重大的现实意义。通过系统状态信息，判断系统故障并定位和隔离故障，采取及时有效的补救和预防措施，降低故障影响范围和影响，保证训练和作战任务顺利执行。

导弹发射控制系统的故障诊断一般包括在线检测和离线诊断两种。在线检测通过机内检测单元进行信号的采集、分析和处理，对导弹发射控制系统的状态进行实时检测和故障诊断。一般在线检测方式不通过外接设备进行，检测的深度与检测电路设计和算法有直接关系，在系统设计时，在线检测方案要在检测覆盖率、系统可靠性、设计成本上进行综合考虑，确定最佳方案。离线诊断是对导弹发射控制系统的各种数据，包括输入/输出信息、静态误差、超调量等信号进行采集和储存，建立数据库进行数据管理，设计故障诊断和预测的软件进行数据分析，获得导弹发射控制系统的故障状态和预防性维修。

对导弹发射控制系统进行实时在线诊断，通过采集系统输入/输出数据和信号等各种数据进行离线后数据分析。

11.2　故障诊断方法的分类

故障定义为使系统至少一个特性或是参数偏离可接受范围，表现出不希望特性的异常现象，或动态系统中部分元器件功能失效导致整个系统性能恶化的情况或事件。当系统发生故障时，系统中的各种量（可测的或不可测的）或它们的一部分表现出与正常状态不同的特性，这种差异就包含丰富的故障信息，如何找到故障的特征描述，并利用它们进行故障的检测隔离就是故障诊断的任务。

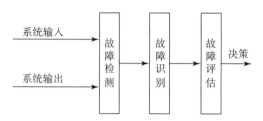

图 11 -1　故障诊断过程基本结构图

故障诊断系统在功能上应包括故障信号检测、故障识别、故障评估等环节。图 11 -1 所示为故障诊断系统的基本结构图。

根据对故障诊断要求的高低，故障诊断可分为故障检测、故障定位和故障识别三个层次。

（1）故障检测。判断被测电路是否存在故障，这是故障诊断的最低要求。

（2）故障识别。确定故障电路中故障元件的参数值，这是故障诊断的最高要求。

（3）故障定位。确定电路中的故障元件范围，范围可为一子电路、元件区域及元件，它对故障诊断的要求介于故障检测及故障识别之间。

故障信号检测环节根据动态系统的输出信号对系统运行状态是否正常进行检测，当发现系统运行出现故障时，故障识别环节对故障的类别、位置和程度进行诊断；故障评估环节对故障的发展趋势、故障的危害进行预测，从而对故障进一步处理提供依据。故障信号检测环节对动态系统的信号采集有两种情况：一种是检测环节，只对系统输出信号进行实时采集，并利用相应技术手段对动态系统的输出信号进行处理，从中提取系统发生异常的特征，如输出信号发生突变、噪声异常增多等，将此特征传递给故障识别环节进行故障识别；另一种可将系统的输入和输出同时作为信号检测环节的输入，生成用于故障检测的残差，并利用残差进行决策函数的计算，为进一步诊断提供信息。故障识别环节利用检测环节提供的实时信息和各种经验知识，对故障的位置和程度进行识别和推理分析，模式识别技术、人工神经网络技术及状态估计技术都是故障识别的有用工具。在故障的种类、位置和程度等信息的基础上，故障评估系统根据这些信息，利用各种经验知识对故障的发展趋势进行评价，并对可能的后果和危害做出预测。

动态系统的故障诊断，主要集中在故障的检测与识别方法的研究上，因为故障的评估往往和特定系统的各种专门经验与知识联系在一起，很难作为动态系统故障诊断的一般方法进行研究。另外，对于动态系统的故障诊断，在大多数情况下很难把故障信号检测与故障识别环节分开来，往往是将故障信号检测与识别结合在一起进行。因此，在具体讨论动态系统的故障诊断问题时，不对故障信号检测与识别问题进行区分。

故障诊断的一般过程是首先提取故障特征，在此基础上进行故障分离和估计，最后对效果进行评价和决策。

①故障特征的提取。通过测量和一定的信息处理技术获取反映系统故障的特征描述过程。故障特征可分为：可测的系统输入、输出信息；不可测的状态变量；不可测的模型参数向量；不可测的特征向量；人为的经验知识。故障提取方法有：直接观察和测量，参数估计、状态估计或滤波与重构，对测量值进行某种信息处理。

②故障的分离与估计。根据故障检测的故障特征确定系统是否出现故障以及故障程度的过程。

③故障的评价与决策。根据故障分离与估计的结论对故障的危害及严重程度做出评价，进而做出是否停止任务进程及是否需要维修更换的决策。

经过多年发展，故障诊断方法众多，P. M. Frank 教授认为可以将其划分为三大类：基于解析模型的方法，基于信号处理的方法和基于知识的方法。当被诊断系统可以建立较为精确的数学模型时，基于解析模型的故障诊断方法可以最佳地完成故障诊断任务。基于解析模型的方法包括状态估计法、参数估计法和等价空间法等。当被诊断系统难以建立精确数学模型但其输入/输出可以被测，可以采用基于信号的故障诊断方法。基于信号处理的方法包括 Kullback 信息准则法、基于信号模态估计的方法、基于小波变换的方法和基于信息融合的方法等。当系统的定量模型也难于建立时，采用基于知识的故障诊断方法。

近年来，随着理论研究的深入和相关领域的发展，涌现出很多新的诊断方法，Frank 教授提出的传统分类方法有一定的局限性。周东华和胡艳艳在梳理现有的故障诊断方法的基础上，提出了新的分类框架，即将其分为定量的方法和定性的方法两大类，该分类框架的系统如图 11 – 2 所示。

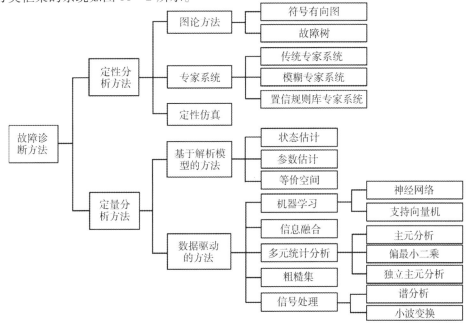

图 11 – 2　故障诊断方法分类示意图

11.3　基于解析模型的故障诊断方法

基于模型的故障诊断方法是最早应用的方法，其思想是将被诊断对象的可测信息和由其解析模型表达的系统先验信息进行比较得到残差，来反映系统期望行为与实际运行模式之间的不一致，再对残差进行处理分析从而实现故障诊断。基于解析模型的故障诊断研究相对较多，也较深入，这类方法具体又可以分为状态估计法、参数估计法和等价空间法。现已分析表明三种方法是相互关联的，且已证明状态估计法与等价空间法间是等价的。

基于解析模型的故障诊断利用了对系统内部的深层认识，具有很好的诊断效果。但是这类方法依赖于被诊断对象精确的数学模型，实际中对象精确的数学模型往往难以建立，此时基于解析模型的故障诊断方法便不再适用。

1. 状态估计法

基于状态估计方法的基本思想是：重构被控系统的状态，将其与可测变量比较构成残差序列，再构造适当的模型并用统计方法对残差序列进行处理从而将故障信息检测出来。在可以得到系统的精确模型的情况下状态估计法是最直接、最有效的方法。常用的状态估计法有：

①自适应非线性观测器方法；

②非线性未知输入观测器方法；

③滤波器方法。

同自适应非线性观测器方法相比，非线性未知输入观测器法的难点在于寻找非线性状态变换函数；而滤波器方法对对象模型要求较低，但通常其运算量也大。扩展卡尔曼滤波器可以直接用于估计状态，但其对模型失配的鲁棒性较差，同时只能用于突变故障诊断。

2. 参数估计法

基于参数估计的故障诊断认为故障会引起系统过程参数的变化，而过程参数的变化会进一步导致模型参数的变化，因此可以通过检测模型中的参数变化来进行故障诊断。参数估计的故障诊断方法通过对系统模型参数的辨识来达到故障诊断的目的，即由参数的显著变化来描述故障。它的基本思想是把理论建模与参数辨识结合起来，根据参数变化的统计特性来检测故障信息，根据参数估计值与正常值之间的偏差情况来判断故障的情况。故障诊断的参数估计方法主要有强跟踪滤波器方法，其最大特点就是利用强跟踪滤波器估计模型参数。

3. 等价空间法

基于等价空间的故障诊断方法通过系统的实际输入、输出值检测被诊断对象数学关系的一致性以进行故障诊断。它首先利用系统的解析数学模型建立系统输入、输出变量之间的等价数学关系，这种关系反映了输出变量之间静态的直接冗余和输入、输出变量之间动态的解析冗余，然后通过检测实际系统的输入、输出值是否满足该等价关系，达到检测和分离故障的目的。

11.4 基于数据驱动的故障诊断方法

系统在运行过程中往往积累大量的运行数据，包含了丰富的信息。基于数据驱动的故障诊断方法就是对过程运行数据进行分析处理，从而在不需知道系统精确数学模型的情况下完成系统的故障诊断。这类方法又可分为机器学习类方法、多元统计分析类方法、信号处理类方法、信息融合类方法和粗糙集方法等。

数据驱动的故障诊断方法不需要系统精确的数学模型，完全从系统的历史数据出发，因此在实际系统中更容易直接应用。但是，这类方法因为没有系统内部结构和机理的信息，因此对于故障的分析和解释相对比较困难。同时，虽然基于解析模型的方法和基于数据驱动的方法是两类完全不同的故障诊断方法，但它们之间并不是完全孤立的。

1. 机器学习

机器学习（Machine learning）类故障诊断方法的基本思路是利用系统在正常和各种故障情况下的历史数据训练神经网络（Neural network）或者支持向量机（Support vector machine）等机器学习算法用于故障诊断。基于机器学习的故障诊断方法以故障诊断正确率为学习目标，适用范围广。但是机器学习算法需要过程故障情况下的样本数据，且精度与样本的完备性和代表性有很大关系，因此难以用于那些无法获得大量故障数据的工业过程。

（1）基于神经网络的故障诊断方法。

在故障诊断中神经网络主要用来对提取出来的故障特征进行分类。基于神经网络的故障诊断方法，在知识获取方面，只需要用该领域专家解决问题的实例或范例来训练神经网络。与专家系统相比，具有更高的时间效率，又能保证更高的质量；在知识表示方面，采用隐式表示法，获取知识的同时，自动产生的知识由网络的结构及权值来表示，并将某一问题的若干知识表示在同一网络中，通用性强，便于实现知识的自动获取和并行联想推理；在知识推理方面，通过神经元之间相互作用实现，网络的同一层推理是并行的，不同层推理是串行的。一直以来基于神经网络的方法研究十分广泛，且主要是和其他故障诊断方法相结合的混合应用。神经网络不足之处在于未能充分利用特定领域中专家积累起来的宝贵经验，只利用一些明确的故障诊断实例，而且需要足够的学习样本，才能保障诊断的可靠性。

（2）基于支持向量机的故障诊断方法。

神经网络的训练需要大量对象的历史数据，这对于有些系统是无法实现的。与神经网络不同，支持向量机的方法更加适用于小样本的情况。

2. 信息融合

信息融合（Information Fusion）技术是对多源信息加以自动分析和综合以获得比单源信息更为可靠的结论。信息融合按照融合时信息的抽象层次可分为数据层融合、特征层融合和决策层融合。目前，基于信息融合的故障诊断方法主要是决策层融合方法和特征层融合方法。

决策层融合诊断方法是对不同传感器数据得到的故障诊断结果或者相同数据经过不同方法得到的故障诊断结果利用决策层融合算法进行融合，从而获得一致的更加准确的结论。

基于 D-S 证据理论（Dempster-Shafer evidence theory）融合的方法是决策层融合故障诊断中研究最多的一类。D-S 证据理论在处理具有不确定性的多属性判决问题时具有突出的优势，它不但能够处理由于不精确引起的不确定性，而且能够处理由于不知道所引起的不确定性。特征层融合诊断方法主要是利用神经网络或支持向量机将多个故障特征进行融合，得到融合后的故障特征用于诊断或者直接输出故障诊断结果。故障特征既可以是从多个传感器数据中得到的，也可以是从相同数据中抽象出来的不同特征。基于信息融合的故障诊断方法利用了多个传感器的互补和冗余信息，但是，如何保证这些信息能够被有效利用，以达到提高故障诊断的准确性及减少虚报和漏报的目标还有待进一步的研究。

在局部诊断过程中尽可能地对每个检测量采用多种方法进行诊断，以达到充分利用检测量提供的信息的目的。然后将各种诊断方法的结果加以综合，即通过局部-全局融合得到全局故障诊断。目前，融合故障诊断方法主要有 Bayes 推理、D-S 证据推理及神经网络。融合故障诊断在提高诊断准确率上有它独特的优点，但也有它的局限性。如 Bayes 方法中先验概率难以确定；D-S 证据理论中故障信度函数的确定也必然存在人为因素；而神经网络融合，不仅存在故障隶属度值确定的困难，而且存在训练样本难以获取的问题。

3. 多元统计分析

基于多元统计分析的故障诊断方法是利用过程多个变量之间的相关性对过程进行故障诊断。这类方法根据过程变量的历史数据，利用多元投影方法将多变量样本空间分解成由主元变量形成的较低维的投影子空间和一个相应的残差子空间，并分别在这两个空间中构造能够反映空间变化的统计量，然后将观测向量分别向两个子空间进行投影，并计算相应的统计量指标用于过程监控。常用的监控统计量有投影空间中的 T^2 统计量、残差空间中的 Q 统计量、Hawkins 统计量和全局马氏距离等。不同的多元投影方法所得到的子空间分解结构反映了过程变量之间不同的相关性，常用的多元投影方法包括主元分析（Principal Component Analysis，PCA）、偏最小二乘（Partial Least Squares，PLS）及独立主元分析（Independent Component Analysis，ICA）等。

基于多元统计分析的故障诊断方法不需要对系统的结构和原理有深入的了解，完全基于系统运行过程中传感器的测量数据，而且算法简单，易于实现。但是这类方法诊断出来的故障物理意义不明确，难以解释，并且由于实际系统的复杂性，这类方法中还有许多问题有待进一步的研究，比如过程变量之间的非线性，以及过程的动态性和时变性等。

（1）主元分析。

PCA 是对过程变量的样本矩阵或样本方差矩阵进行分解，所选取的主元变量之间是互不相关的，并且可以由过程变量通过线性组合的形式得到。PCA 方法得到的投影子空间反映了过程变量的主要变化，而残差空间则主要反映了过程的噪声和干扰等。

（2）偏最小二乘。

基于 PCA 的故障诊断方法将子空间中的所有变化都当作过程故障，其中人们往往最关心过程质量变量的变化，且只对那些能够导致质量变量发生变化的故障感兴趣。PLS 就是利用质量变量来引导过程变量样本空间的分解，所得到的投影空间只反映过程变量中与质量变量相关的变化，因此具有比 PCA 更强的对质量变量的解释能力。如果质量变量能够实时在线测量，则可以建立过程变量与质量变量之间的软测量模型，将质量变量的预测值与实测值比较进行故障诊断。但是质量变量通常无法在线获得，这种情况下就只能利用 PLS 给出的过程变量的投影结构和实测值来对质量变量进行监控。当PLS 用于过程监控时，其更为贴切的名称是潜空间投影（Projection to Latent Structures）。

（3）独立主元分析。

基于 PCA 的故障诊断方法假设过程变量服从多元正态分布，然而有些情况下过程变量并不完全是正态分布的。此时，PCA 所提取出来的主元变量只是不相关的，并不是相互独立的。针对具有非高斯分布的多个过程变量，ICA 认为影响这些过程变量的少数本质变量是相互独立且非高斯的，并且可以由过程变量的线性组合得到，利用 ICA 算法可以提取出这些互相独立的主元变量。

4. 粗糙集

粗糙集（Rough set）是一种从数据中进行知识发现并揭示其潜在规律的新的数学工具。与模糊理论使用隶属度函数和证据理论使用置信度不同，粗糙集的最大特点就是不需要数据集之外的任何主观先验信息就能够对不确定性进行客观的描述和处理。属性约简是粗糙集理论的核心内容，它是在不影响系统决策的前提下，通过删除不相关或者不重要的条件属性，从而使得可以用最少的属性信息得到正确的分类结果。因此，在故障诊断中可以使用粗糙集来选择合理有效的故障特征集，从而减小输入特征量的维数，降低故障诊断系统的规模和复杂程度。

5. 信号处理

基于信号处理的方法是对测量信号利用各种信号处理方法进行分析处理，提取与故障相关的信号的时域或频域特征用于故障诊断。这类方法的思想是：通过测量系统的输入、输出，如果其值在正常的变动范围内认为系统正常，否则认为系统发生故障。或是利用信号特性与故障源间的相关联系，如相关函数、频谱、自回归滑动平均等直接分析可测信号提取方差、均值、幅值、相位、峭度、散度、频谱等特征值，从而识别和评价系统设备所处状态。主要包括 Kullback 信息准则法、小波变换（Wavelet transform）方法、模态估计方法和谱析（Spectrum analysis）方法等。

（1）Kullback 信息准则法。

Kullback 信息准则法是检测具有未建模动态特性的动态系统故障的方法。首先基于 Goodwin 随机嵌入方法把未建模动态特性当作软界估计，利用遗传算法和梯度方法辨识系统的参数和软界。在 Kullback 信息准则法中引入一个新指标评价未建模动态特性，合理设置阈值，设计合适的决策方案，实现鲁棒故障诊断。由于未建模动态特性的软界不能在线辨识，此方法尚不能在线实现。

（2）基于小波变换的故障诊断方法。

小波变换是傅立叶分析的突破性进展，作为一种非平稳信号的时频域分析方法，既能够反映信号的频率内容，又能够反映该频率内容随时间变化的规律，并且其分辨率是可变的，即在低频部分具有较高的频率分辨率和较低的时间分辨率，而在高频部分具有较高的时间分辨率和较低的频率分辨率。

小波变换灵敏度高，克服噪声能力强，近年来在故障诊断中获得广泛研究应用。基于小波的故障诊断方法通过对观测数据进行小波变换，以其信号的奇异性或频率结构变化为依据进行故障诊断，或者以系统的脉冲响应函数的小波变换直接进行故障诊断。

小波变换在故障诊断中的应用主要有以下几种：

①利用小波变换对信号进行多尺度、多分辨率分析，从而提取信号在不同尺度上的特征用于故障诊断；

②利用小波变换的模极大值可以检测出信号的突变，因此基于小波变换的奇异性检测可用于突发型故障的诊断，如将小波变换的模极大值方法用于工作轴承振动信号的突变故障检测；

③根据实际系统中有用信号往往集中在低频部分且比较平稳，而噪声主要表现为高频信号的特点，小波变换还常用于对随机信号进行去噪。小波分解与重构的去噪方法通过在小波分解信号中去除高频部分来达到去噪的目的。

此外，近年来还出现了大量将小波变换与其他方法相结合的故障诊断方法。例如，小波变换与人工神经网络、支持向量机或者模糊逻辑等方法相结合，首先对信号进行小波变换，然后利用人工神经网络、支持向量机或者模糊逻辑等方法对从小波变换系数中提取的故障特征向量进行分类。

（3）基于信号模态估计的故障诊断方法。

基于信号模态估计的方法直接根据系统物理参数变化进行故障诊断。依据系统的死循环特征方程求解与物理参数变化对应的根轨迹集合，任取一死循环信号采用最小二乘法估计系统的模态参数，最后利用模式识别技术将估计模态与根轨迹匹配，从而实现故障分离。该方法的不足是计算量较大。

（4）谱分析方法。

不同的故障会导致测量信号的频谱表现出不同的特征，因此可以通过对信号的功率谱、倒频谱等进行谱分析的方法来进行故障诊断。以傅里叶变换为核心的传统谱分析方法虽然在平稳信号的特征提取中发挥了重要作用，但是实际系统发生故障后的测量信号往往是非平稳的，而且傅里叶变换是一种全局变换，不能反映信号在时频域上的局部特征。

11.5　基于图论的故障诊断方法

基于图论的故障诊断方法主要有基于符号有向图（Signed Directed Graph，SDG）的诊断方法和基于故障树（Fault Tree）的诊断方法。基于图论的故障诊断方法具有建模简单、结果易于理解和应用范围广等特点。但是，当系统比较复杂时，这类方法的搜索过程会变得非常复杂，而且诊断正确率不高，还可能给出无效的故障诊断结果。

1. 基于符号有向图的诊断方法

SDG 是一种被广泛采用的描述系统因果关系的图形化模型。在 SDG 中，事件或者变量用节点表示，变量之间的因果关系用从原因节点指向结果节点的有方向的边表示，并赋值"＋""－""0"指明两者之间的影响关系。在系统正常时，SDG 中的节点都处于正常状态，发生故障时故障节点的状态将会偏离正常值并发出报警信息，根据 SDG 给出的节点变化间的因果关系，结合一定的搜索策略就可以分析出故障所有可能的传播路径、判明故障发生的原因，并且得到故障在过程内部的发展演变过程。

基于符号有向图的方法将系统元件状态变量定义为图的节点，图的边表示相关联的节点（元件）的关系，如果系统任一节点处于非零状态则表明系统发生故障，通过故障一致边原理可以实现故障分离，找出故障源。它在操作条件多变、动态特性复杂，且只有变量间的定性逻辑关系保持稳定不变的实际化工过程中，具有不可比拟的优势。而与其他方法相结合，克服精确度不足的缺点将是其发展方向。

在 SDG 的基础上，有基于故障传播有向图的方法，它把系统对象抽象为图中相应节点，以元件间的故障传播关系作为有向边，将系统模型化为图实现故障诊断。

2. 基于故障树分析的诊断方法

故障树是一种特殊的逻辑图，故障树分析（Fault Tree Analysis）原本用于可靠性设计，Caceres 等最早研究了基于故障树的故障诊断问题，提出了由系统结构框图建立故障树的方法。基于故障树的诊断方法现已被广泛应用，它是一种由果到因的分析过程，形成一连串的因果链，并加上一因多果或一果多因的情况就构成故障树。它从系统的故障状态出发，逐级进行推理分析，最终确定故障发生的基本原因、影响程度和发生概率。

故障树的正确工作依靠准确的故障树结构，而故障树的建立需要对系统机理深入了解。

11.6   基于专家系统的故障诊断方法

1. 传统专家系统

专家系统主要由知识库、推理机、综合数据库、人机接口及解释模块等部分构成。知识库和推理机是专家系统的核心，传统专家系统中，专家知识常用确定性的 IF – THEN 规则表示。专家系统诊断方法可以解释自己的推理过程，解释结论是如何获得的。

基于专家系统的故障诊断方法是利用专家在长期实践中积累起来的经验建立知识库。专家故障诊断系统主要应用于没有数学模型或是难于建立有效数学模型的系统中，根据专家丰富的实践经验、分析问题和解决问题的思路，建立故障诊断的知识库，并设计一套计算机程序，模拟人类专家的推理和决策过程进行故障诊断，根据知识库提供的知识，规则库通过的规则及推理机提供的推理机制，进行故障诊断。

2. 模糊专家系统

模糊专家系统在专家知识的表示中引入了模糊隶属度的概念，并利用模糊逻辑进行推理，能够很好地处理专家知识中的不确定性、不精确性以及噪声等所带来的困难，因而在处理复杂系统的大时滞、时变及非线性方面，显示出它的优越性。目前它主要有三种基本诊断思路：一是基于模糊关系及合成算法的诊断，先建立征兆与故障类型之间的因果关系矩阵，再建立故障与征兆的模糊关系方程，最后进行模糊诊断；二是基于模糊知识处理技术的诊断，先建立故障与征兆的模糊规则库，再进行模糊逻辑推理的诊断过程；三是基于模糊聚类算法的诊断，先对原始采样数据进行模糊 C 均值聚类处理，再通过模糊传递闭包法和绝对值指数法得到模糊 C 均值法的初始迭代矩阵，最后用划分系数、划分熵和分离系数等来评价聚类的结果是否最佳。

3. 置信规则库专家系统

实例推理（Case-Based Reason，CBR）是新的一种推理技术，它使用过去的经验实例指导解决新问题，其关键是如何建立一个有效的实例索引机制与实例组织方式。

基于实例诊断的优点是根据过去实例解决新问题、不需人从实例中提取规则，降低了知识获取的负担，解题速度快。最新基于实例推理的诊断方法主要是与专家系统的综合应用。

基于专家系统的故障诊断方法能够利用专家丰富的经验知识，无须对系统进行数学建模并且诊断结果易于理解，因此得到了广泛的应用。但是，这类方法也存在不足，主要表现在：首先，知识的获取比较困难，这成为专家系统开发中的主要瓶颈；其次，诊断的准确程度依赖于知识库中专家经验的丰富程度和知识水平的高低；最后，当规则较多时，推理过程中存在匹配冲突、组合爆炸等问题，使得推理速度较慢、效率低下。

11.7　基于定性仿真的故障诊断方法

定性仿真（Qualitative Simulation）是获得系统定性行为描述的一种方法，Ng 最早提出了基于定性仿真的时变连续物理设备的多故障诊断方法。定性仿真得到的系统在正常和各种故障情况下的定性行为描述可以作为系统知识用于故障诊断。基于定性微分方程约束的定性仿真方法是定性仿真中研究最为成熟的方法之一。这种方法首先将系统描述成一个代表物理参数的符号集合以及反映这些物理参数之间相互关系的约束方程集合，然后从系统的初始状态出发，生成各种可能的后继状态，并用约束方程过滤掉那些不合理的状态，重复此过程直到没有新的状态出现为止。定性仿真的最大特点是能够对系统的动态行为进行推理。

11.8　多种诊断方法的融合

对武器装备的测试是保障其技术战术性能，提高部队战斗力的重要手段，所以测试设备的研制和开发也是提高装备技术保障能力的重要课题。虽然近年来在电气系统检测中，多种方法已得到应用并且不断发展，但仍然存在许多问题，测试设备普遍存在测试设备功能单一、自动化程度低、效率低等问题，再加上随着装备的不断发展，其结构越来越复杂，高新技术含量不断增加，当前已有的测试设备已不能满足测试的实际需要，故障诊断中的误报、漏报都成为难以解决的问题。例如，基于数学模型的故障诊断方法针对线性工作系统较为有效，而对非线性系统则表现得力不从心，无法建立较为符合故障规律的数学模型。而基于知识的方法和基于信号处理的方法也各有其优缺点。为了发展故障诊断技术，就必须将各种方法相互融合，取长补短，使故障诊断更为准确和有效。

11.9　导弹发射控制系统故障诊断技术

11.9.1　基于故障传播有向图的导弹发射控制系统故障诊断

故障传播有向图是由 Kokawa 在 1983 年提出来的，最初的故障传播有向图模型是基于单故障源假设的，它将系统中具体的元件抽象为模型的节点，将元件间的故障传播关系抽象为节点间互连的有向边。故障传播有向图最初应用在计算机电路的故障诊断中，随后普遍应用于大型的生产控制过程中。

导弹发射控制系统的有向图建立和故障诊断过程如下：

（1）确定元件节点和测试节点。元件节点集合表示为 V_C，测试点的节点集合表示为 V_T。

（2）建立电路的故障传播有向图和符号有向图，反映电路中元件之间故障传播的关系。

（3）生成邻接矩阵。根据电路各元件和测试点的连接关系，或者系统各功能模块间的信号传输关系，即可构造导弹发射控制系统的系统层有向图模型。利用大型复杂网络分析工具 Pajek 对元件节点和测试节点进行组网并生成邻接矩阵，邻接矩阵是进行层次化分解过程利用的关键数据。

（4）进行层次化分解。为了提高故障诊断及推理定位效率，对有向图模型进行层次性分解。根据有向图层次性分解方法，首先将邻接矩阵图转化为 MATLAB 软件能够识别的矩阵形式，然后在 MATLAB 中求得有向图模型的可达矩阵 P。再用 MATLAB 对可达矩阵进行一系列的相关运算，即可求得分层结果。

（5）对该模型测试节点集进行优化，建立故障模式和测试节点之间的关系矩阵。借助关系矩阵，通过测试节点与故障模式之间的关系即可进行故障诊断。

导弹发射控制系统的整体结构比较复杂，若按照分层有向图的定义，将每一个元器件和测试点都视作一个节点，建立的有向图模型将非常庞大、复杂，无论是对于建模的过程还是对诊断的过程都会有很大的影响，势必会产生很大的工作量，导致建模和诊断的效率下降。因此，可以采用分层建模递阶推理的方法对导弹发射控制系统进行建模和故障诊断。采用这种方法建模的有向图模型表述比较清晰，更有利于理解和使用，能够有效地减轻系统建模和故障诊断的工作量，大大提高工作效率。

分层建模是指把整个导弹发射控制系统按功能模块进行划分，将每个功能模块抽象为一个元件节点，同时将各功能模块之间的接口抽象为测试节点，建立系统的系统层有向图模型，再对每个功能模块分别进行有向图建模，形成功能层有向图模型，因而，整个系统模型便分成了两层：系统层和功能层，形成了一个多层有向图模型架构。

递阶推理是指在进行故障诊断推理时，首先在系统层模型中进行推理，确定发生故障的功能模块候选集合，再利用相应功能模块的功能层有向图模型进行更精确的故障定位，将故障源定位到元器件层。

11.9.2　基于专家系统的导弹发射控制系统故障诊断

1. 知识的获取

知识的获取方式可分为人工获取、自动获取和半自动获取。地空导弹发射控制系统属国防装备，目前并不存在系统的地空导弹发射控制系统故障知识，采用知识的自动获取方式和半自动获取方式实现起来比较困难。因此，知识的获取主要采用人工获取方式，主要是与专家交谈和通过查阅地空导弹发射控制系统结构设计、故障机理相关书籍和文献资料等途径。此外，搜集国内外已有的导弹发射控制系统故障案例也是一个重要的手段。

由于导弹发射控制系统分系统是多专业协同配合的复杂大系统，电路较复杂，若将所有的知识存放在1个知识库中，则这个知识库将十分庞大，推理和搜索的效率较低。利用导弹发射控制系统分系统的结构和功能分级比较明显的特点，采用层次性分级分块诊断模型，可缩短推理时间。具体做法是将导弹发射控制系统分系统（系统级）按功能分为发控组合、供电电源等项（子系统级），将每项又按操作步骤和操作动作分成不同操作（操作级）。以操作级为单元建立知识库，诊断时根据当前状态信息直接将故障定位到操作级，然后调用操作级的知识进行推理。知识库中的知识来源于诊断专家的经验和对系统电路原理进行的分析。

2. 推理机

导弹发射控制系统故障知识可分为基于专家经验的启发性知识和基于故障结构原理的逻辑性知识，在案例库中没有相应案例的情况下采用启发性知识和逻辑性知识相结合的混合推理方法求解问题，即先利用专家经验规则，确定可能的故障类型，从而缩小故障诊断范围；在确定故障类型后，进一步用功能性知识对问题进行求解。

整个推理分为基于启发性知识推理和基于逻辑性知识推理两个部分，每个部分都有其各自不同的推理方式：在基于启发性知识的推理过程中，主要采用了正向推理的方法；而在基于逻辑性知识的推理过程中，则是将扩展故障转化为诊断流程图的方式对故障进行推理诊断。

3. 知识的表达

知识的表达要求：既比较适合人类较自然地表达其知识，又能比较容易地变换成便于机器利用的格式。目前常用的知识表达有：产生式规则、框架、语义网络、逻辑、面向对象。针对地空导弹发射控制系统故障知识以及知识来源的特点，综合采用基于产生式规则和基于案例的知识表达方式。

产生式规则的知识表达方式是模拟人类大脑记忆模式中知识之间大量存在的因果关系，表示方式自然、清晰，它的一般形式是：

if < 前提 > then < 动作 > 或 < 结论 > 。

前提和动作（或结论）由逻辑运算符 AND、OR、NOT 组成表达式。

产生式规则的语义是：如果前提条件满足，则可得结论或者执行相应的动作。对产生式规则引入可信度值以描述规则强度，可信度取值为 [−1，1]。如：规则是如果发射架受到的冲击严重且振动过大，则燃气导流装置故障，可信度为 0.9。

引入案例诊断体，它是故障征兆与关联的全部案例构成的向量空间，案例诊断体的构造过程即为案例的组织过程。案例的知识表达方式可以采用框架表示法将案例表示为 (A，B，C，D，E)，其中 A 为案例标志向量，包含案例号、案例名、案例路径等信息；B 为案例描述向量，包含案例故障征兆和一些其他特征属性；C 为特征属性权重向量，对应 B 中各特征属性的权重值；D 为特征属性值向量，对应 B 中各特征属性的值；E 为维修措施信息向量。

这种知识表达方式具有如下优点：

（1）可以先检查已知故障案例，在没有合适结果之后再进行基于产生式规则的推理。提供了一种自然的解决方法。

（2）知识库中的故障知识和案例库的故障案例可以相互检验，从而保证知识库、案例库内容以及故障诊断的质量。

（3）基于产生式规则得到的推理结果记录可作为选材案例库案例，通过保存合适的选材案例，推理程序可以避免重复代价很高的搜索。

基于专家系统的导弹发射控制系统故障诊断系统，在此系统中知识表示采用基于规则和案例的方法，推理则采用基于启发性知识和逻辑性知识相结合的方法。提出导弹发射控制系统故障诊断专家系统框架结构，并建立基于 C/S 结构的故障诊断专家系统原型。导弹发射控制系统故障诊断的专家系统设计方法及原理具有一定的实用性和通用性，对于同类系统的设计具有很好的借鉴作用。

11.9.3　基于多种智能方法结合的导弹发射控制系统故障诊断

随着发射控制系统装备的不断发展，其结构越来越复杂，高新技术含量不断增加，故障诊断中的误报、漏报都成为难以解决的问题。故障诊断方法各有其优缺点，必须将多种智能方法进行结合，相互融合，取长补短，使故障诊断更为准确和有效。这里介绍一种将神经网络和粗糙集理论相结合的方法。

神经网络是具有可学习性和并行计算能力，可实现联想记忆、自组织聚类和非线性映射等功能，其中应用最广泛的是 BP 网络，它具有较强的非线性处理能力。地面测导弹发射控制系统各仪器间有着密切的联系，而且与弹上仪器紧密相关，电路复杂，系统性强。在诊断中，如果电路中元器件的数量较多，就意味着故障对应关系复杂，需要采用能同时处理大量数据的方法，且实际诊断过程中还存在许多意料不到的故障，为了能实现诊断定位，需要能够从大量原始数据中进行推理的过程。基于上述原因，用神经网络进行诊断的优越性便得以体现。

根据已知故障模式库运用神经网络实现导弹发射控制系统故障诊断的具体步骤为：

（1）提取故障模式样本。通过对系统电路进行仿真，确定电路特征节点在正常及故障模式下的理论值，形成故障模式库。

（2）数据预处理。首先对仿真得到的数据进行归一化处理、对现象属性进行数学化处理，然后结合粗糙集理论对故障模式库进行处理，约简相关性小的冗余属性，保留关键点信息，得到最简故障模式库。

（3）确定网络结构。将约简后的故障特征属性及故障原因分别作为网络的输入、输出，确定网络结构及权值。

（4）诊断验证。将实际操作中系统在某故障下的实际测量值作为网络输入，通过训练定位故障。

神经网络和粗糙集技术相结合的导弹发射控制系统故障诊断框图如图 11 - 3 所示。

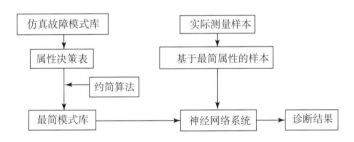

图 11 - 3　神经网络和粗糙集技术相结合的导弹发射控制系统故障诊断

11.10　导弹发射控制系统故障预测与健康管理技术

11.10.1　故障预测与健康管理技术

随着现代装备的高集成化、高智能化以及分析处理问题的效率日益增强，设备的故障诊断、预测以及维修保障等系统可靠性问题得到了前所未有的关注。系统的维修方式经历了 3 个阶段的转变，即事后维修、定期维修和视情维修。事后维修和定期维修经常引起不必要的停机，还可能在维修时导致部位损坏，最不可取的是它很难预防灾难性的故障，这些都限制了这两种维修方式的实际应用。与前两种维修方式不同，视情维修是根据对设备当前和将来状态进行正确和可靠的预测来安排维修活动，是面向设备实际状态和发展趋势的，并且后勤保障规模小，经济可承受性好，更重要的是可避免重大灾难性事故，因此具有很好的应用前景。视情维修要求不仅能对系统进行故障预测，并且要求能对系统的健康状态进行管理，由此诞生了故障预测与健康管理（Prognostic and Health Management，PHM）的概念。

PHM 技术是综合利用现代信息技术、人工智能技术的最新研究成果提出的一种全新的管理健康状态的解决方案。它主要包含两层含义：一是故障预测；二是健康管理。故障预测是针对部件预兆、初发的故障状态或附属元件的失效状态，提供早期的检测和隔离能力，并且进行管理和预报的技术和手段。健康管理是根据诊断或预测信息、可用资源和使用需求对维修活动做出适当决策。该技术进一步将已经及时定位的具有潜在故障的部件的相关信息进行选择性报告、辅助决策和进行信息管理，可提高维修保障的自动化程度、减少由于故障引起的各项费用、降低风险、提高武器装备的作战能力。PHM 代表了一种方法的转变，即从传统的基于传感器的诊断转向基于智能系统的预测，从反应式的通信转向先导式的 3R（即在准确的时间，对准确的部位，采取准确的维修活动）。

目前在国外尤其是美国，各种 PHM 系统已经逐渐得到应用。在早期，PHM 技术首先应用到陆军装备的直升机上，形成了健康与使用监测系统。在航天领域，则早在 20 世纪 70 年代就提出了航天器综合健康管理的概念。在国防部门，开发应用的有飞机状态监测系统、发动机监测、综合诊断预测系统以及海军的综合状态评估系统等。在国内，PHM 系统也得到了相应的重视，最具代表性的是北航可靠性工程研究所较早开展的该方面研究。

对于故障预测技术的分类，目前并没有统一的标准。从实际研究中应用的理论、方法和技术路线来看，可分为以下三大类。

1. 基于模型的故障预测技术（model based approach）

要想使用这种故障预测技术首先需要知道的是对象系统的数学模型。这些数学模型一般比较精确，经过了大量数据的验证。当对象系统的模型给定后，对象系统的故障特征一般是与模型的参数紧密联系的，这使得基于模型的故障预测技术能够体现对象系统的本质特征。随着对设备故障演化机理研究的深入，还可以通过逐渐修正系统的数学模型来提高该方法的预测精度，由此基于模型的故障预测技术可以实现实时故障预测。但是在实际工程应用中，一是对象系统的数学模型通常要求具有较高的精度，二是复杂动态系统通常难以建立精确的数学模型，因此大大限制了基于模型的故障预测技术的实际应用范围和效果。

2. 基于知识的故障预测技术（knowledge based approach）

基于知识的方法不需要建立对象系统精确的数学模型，而是充分利用对象系统有关领域的专家经验知识进行故障预测，因此比基于模型的故障预测方法有更广泛的应用。但是在实际应用中，对象系统知识获取的"瓶颈"问题限制了该方法的广泛应用：一是专家知识的局限性；二是专家知识规则化表述的难度。这两者造成了专家知识库的不完备性，表现为当遇到一个新的故障现象，而专家知识库中没有与之相关的规则时，这种方法便会失效。

3. 基于数据的故障预测技术（data based approach）

在研究实际系统的故障预测时，建立描述复杂设备工作情况的数学模型是不经济甚至是不可能的，同时又无法有效表达该领域专家的经验知识，则对设备系统进行研究的切入点就只有设备工作的历史数据。基于数据的故障预测技术以采集的数据为基础，通过各种数据分析处理方法挖掘其中的隐含信息，对系统进行故障预测，可以避免前两种故障预测方法的缺点，从而成了一种较实用的故障预测方法。但是在实际应用中，一些关键设备的数据往往很难获取，即使能够通过传感器采集到，也存在不确定性和不完整性，因此这种方法在实现上还存在一定的难度。

综上所述，基于模型的故障预测技术虽然比较精确，但是需要给出对象系统精确的数学模型，而基于知识的故障预测技术更适合于定性推理而非定量计算，这两种方法都需要关于过程信息的一些先验知识，这些过程信息有些情况下很难得到，且故障预测性能的好坏在很大程度上还依赖于所建立模型或知识的准确程度。

11.10.2　导弹发射控制系统的故障预测与健康管理技术

对发射控制系统进行故障预测与健康管理，首先需要采集各种数据对发射控制系统运行状态监测。使用传感器或管理设备，获取发射控制系统生命周期的所有阶段的运行状态信息和性能参数变化，包括环境和系统各部件的运行参数，如幅度、变化、峰值水平以及变化速率等，通过更先进的数据分析技术，结合标准或经验值进行诊断，给出发射控制系统故障预测信息和健康状况信息。

对导弹发射控制系统建模和故障模式、机理及影响分析是为了实现导弹发射控制系统的状态监测和故障诊断，针对提出的监测项目与信号类型，信号采集采取连续实时采集、定期采集和人工手动采集输入相结合的形式，对于关键部位的关键信号进行实时监测，根据工作情况设定采样存储周期和时间节点，对于难以布置传感器和不能实现在线监测的信号，采用定期人工提取，并输入到数据库中，为状态监测和故障诊断提供支撑。

传感器系统通常由传感器、A/D 转换器、存储器、内嵌式处理功能模块、数据传输以及电源组成。

在布置传感器时，要重点选择表征系统健康状况的监控参数。要对一个复杂系统对象进行健康管理，首先要确定可以直接表征其健康状态的参数指标，或可通过间接推理判断系统健康状态所需要的参数信息。这些信息是健康管理的数据基础，建议重点选择与以下功能关联密切的参数，这些功能包括：对安全性至关重要的功能、可能预示灾难性故障的功能、对于完成任务至关重要的功能和会造成长时间停机的功能。此外，也可根据过去对重要参数的了解、类似产品的现场故障数据来选择参数。

由于电子系统故障原因的多样性，系统中往往需要对多种参数进行监测，如振动、冲击、温度、湿度等环境参数和电压、功率、热散失等工作参数。如果每种参数都用一种传感器，那么传感器的数量将非常庞大，这在工程实践中是不现实的。因此，健康管理对传感器体积的小型化和功能的多样化提出了更高的要求。另外，对于还有一些参数如静电损伤等并不常见，需要研发可探测这些参数的新型传感器。

用于故障预测的方法种类较多，但对于不同产品和故障模式而言，预测方法也不尽相同，要根据实际设备情况，选择可行的预测方法，预测方法是影响健康管理系统实用性和效率的主要因素。例如，数据驱动方法基于机械学习技术和统计模式识别，采用监督性学习方法，而学习所用的训练数据需要进行适当的预处理，方法中又引入了优化和搜索机制，直接影响计算的复杂性。基于性能参数的预测方法适用于主要性能指标具有连续变化范围的电子设备，例如，一些模拟电子设备。基于工作状态的预测方法可用于部分器件的健康评估和故障预测。例如，电子系统中常用的 VLSI 电路，当器件老化或器件局部电路受损时，其静态电流将明显增大，出现这种情况后，器件很快就会因工作时发热过度而损坏，因此可以用 VLSI 电路静态电流的变化预测器件和设备的故障。对于像连接器、继电器、指示灯等器件，采用基于寿命的预测方法，在其产品指标中有明确的寿命限制或动作次数限制，对这些电子器件，可将其使用寿命参数与设计中的降额系数、使用中的环境参数引入的损耗结合起来建立预测模型，在器件使用到寿命后期时及时做出故障预报。

对导弹发射控制系统健康状态进行分级，综合故障诊断和状态监测的信息评定其健康指数。针对导弹发射控制系统不同任务剖面的自身任务产生的应力和环境应力引起的失效机理，可基于数据参数、专家知识和油液污染度等方法，建立各分系统相应的健康状态评估模型。假定同一批次各设备的初始状态相同，根据每辆车所经历的不同任务历程，借助各种智能推理算法（如模糊逻辑、数据融合等）评定导弹发射控制系统当前的健康指数。健康指数是基于导弹发射控制系统功能性能指标和安全要求得出的，它能够定量地反映导弹发射控制系统当前所处的健康状态，可通过适当的试验来验证确定，并根据使用中反馈的数据对评估模型加以修正。

根据导弹发射控制系统健康状态评估模型，能够确定导弹发射控制系统当前已处于健康、亚健康或是故障状态，可为及时安排维修、排除隐患提供依据。通过判断，建立一定的准则进行匹配，确定对监测数据的处理方法，选择将其存入历史数据库，或将其丢弃以释放空间。根据其监测状态，利用内置的评估模型和算法，实现健康状态评估的功能。

故障预测与健康管理是一项新技术，也是一个复杂的系统工程，发展到今天，虽然已经应用于一些工程系统的子系统级或部件级，但还没有完全实现工程化，需要联合各专业学科的力量开展研究，方能取得较快的进展和较好的效果。随着各种技术的发展和成熟，健康管理必将在武器控制系统中得到广泛应用并发挥重要作用。

第 12 章　导弹发射的安全性

12.1　安全性问题分析

安全性问题在系统设计中是一项重要的、需要关注的项目，它直接关系到导弹发射是否成功以及导弹发射的安全性等问题。同时导弹发射控制系统是一个多学科融合的系统工程，涉及计算机控制技术、网络通信技术、总线技术、电源技术、实时嵌入式技术、软件产品等，涉及使用大功率器件、信号处理的器件以及机电类的器件。因此，安全性是导弹发射控制系统设计中必须重点考虑的问题。

通用化导弹发射控制系统是一个无人值守的系统，没有人机交互界面，具有很高的自动化水平，受控于防空反导、反舰、反潜、对陆攻击等多种武器控制系统。为了满足导弹发射的安全要求，需要完成大量的安全性工程设计。

本章以 MK41 导弹发射控制系统发射安全性的设计为例进行描述，它对我们进行导弹发射控制系统的设计是很好的借鉴。

12.2　MK41 的导弹发射安全性

MK41 垂直发射系统是一个具有高安全性的发射系统，安全性是其一项重要功能。MK41 垂直发射系统的安全性工程涉及多个方面，本节仅对发射控制相关的安全性进行简要介绍。这些安全性的设计和原则对我们开展导弹发射控制系统的安全性研究有着十分重要的借鉴意义。

MK41 垂直发射系统在其进行演示验证的最初阶段，就明确了安全概念和应严格遵循的设计准原则。

第一个原则：弹上所有电信号在准备发射之前是完全物理隔离的，从根本上防止了导弹过早点火和误点火的可能。

第二个原则：增加了采用多级独立联锁装置保护每发导弹功能的要求，形成了一个遍及系统的安全等级，可以在导弹发射准备过程中逐级解除。

第三个原则：允许人在控制系统上完成导弹准备过程中的关键控制节点，同时也允许在作战模式中进行全自动操作。

第四个原则：对性能非常关键的部位进行模块化设计和冗余设计，限制任何错误对发射模块或单个发射隔舱造成影响。

MK41 垂直发射系统通过上述四个原则，构成了全部系统安全性设计要求，使系统处于高安全性前提下运行。

12.2.1　发射安全使能功能

MK41 垂直发射系统设计了一个发射安全使能功能，它是第一个安全设计。发射安全使能功能可以在导弹被授权发射之前，做到完全的电气隔离，如图 12 - 1 所示。发射

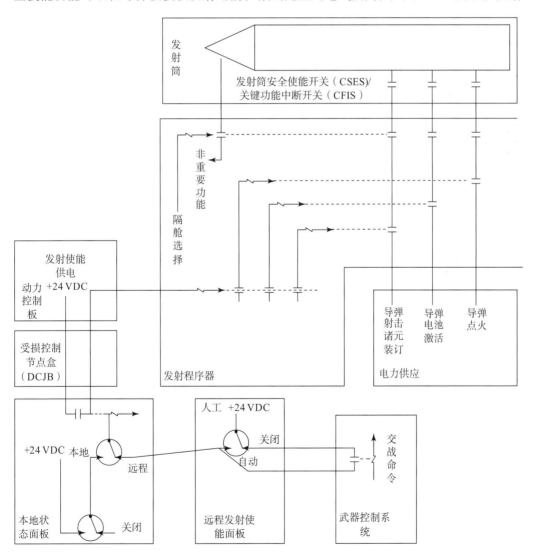

图 12 - 1　MK41 垂直发射系统发射安全使能功能

程序器（LSEQ）中的发射安全使能功能利用机电物理隔离接口，机械地打断每发导弹主要功能的执行。发射安全使能功能由位于 GIG 的远程发射安全使能面板或每个本地状态面板中的电气开关进行控制，电气开关是密钥激活的，远程发射安全使能面板为主控方式，本地状态面板为备份控制方式。本地状态面板提供的发射安全使能功能主要在进行维护时隔离发射系统，或者在战斗受损的情况下作为 GIG 中远程发射安全使能面板的备份。当密钥开关打开时，发射安全使能继电器闭合，导弹可以执行相应的发射程序。但是在导弹发射过程中的任何时刻解除发射使能，均可以阻止整个系统内的导弹发射。

MK41 垂直发射系统对发射安全使能功能信号进行实时监测，并将该状态报告武器控制系统。由武器控制系统按照内部程序逻辑进行导弹控制，当发射安全使能功能用于阻止一发导弹的发射进程时，MK41 垂直发射系统可以自动初始化导弹的安全性功能，并关闭相应的发射程序。

12.2.2　系统软件安全性

除了发射安全使能功能外，MK41 垂直发射系统的系统层次上的安全是由发射控制单元（LCU）中的计算机软件程序负责的。当武器控制系统与 MK41 垂直发射系统之间的通信中断，或者冗余通信失效时，MK41 垂直发射系统将自动切断与该武器控制系统进行通信的导弹的全部电源，并将导弹状态初始化为安全状态。在武器控制系统、导弹或 MK41 垂直发射系统出现任何不正常的发射状况时，MK41 垂直发射系统都能启动安全控制程序。

1. 信息有效性检验

在武器控制系统、发射控制单元、发射程序器和导弹的计算机软件程序中，对通过其接口的所有信息进行持续性的校验，图 12 - 2 给出了信息校验的方式和内容。在通信协议中，除了使用常规的校验和处理外，计算机软件还监测每个发射隔舱中导弹的正确编址和弹位排序，并将结果强制写入到规定的信息中。对于校验过程中出现差异的所有信息，计算机软件会拒收，并且最多允许三次重试。当第三次重试失败后，系统宣布通信失败，转而使用备份通道。当所有通道工作均不正常时，系统自动将导弹置于安全状态转而选择另一枚导弹或者终止发射控制。

2. 发射控制单元安全性设计

根据每一种潜在的危险状况对 MK41 垂直发射系统所有工况的影响程度，发射控制单元对各种危险状态进行了分类，确定处理的优先等级，执行相应的警报、连锁和抑制等。

当某一枚导弹发射过程中出现异常情况时，根据特定的分类，MK41 垂直发射系统可选择继续发射或者停止发射该枚导弹。如果系统中断了导弹发射，将会自动启动安

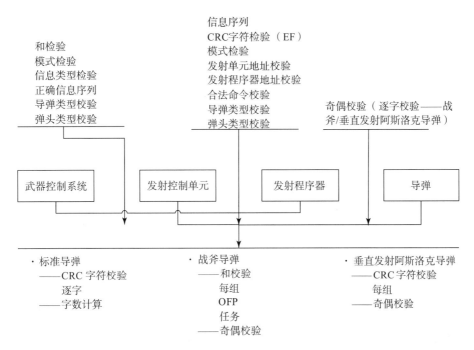

图 12 - 2　MK41 垂直发射系统的信息有效性检验

全程序，同时允许根据发射的异常状况，请求操作人员以人工方式进行越权处理，如果收到越权命令，则允许导弹按计划发射。

在发射训练方面，LCU 也进行相应的安全规定，确保发射系统只有在连接训练弹时才能进行发射训练，最大限度地满足接近实战情况下进行训练。

3. 发射程序器安全性设计

MK41 垂直发射系统的发射程序器进一步加强了安全性设计，发射程序器按照一定的规律和周期进行自检，监测和报告其所处发射模块中发生的所有异常状态；进行导弹类型识别和验证，并作为状态检测程序的一部分；监测和报告所有发射筒的开关位置信息。发射程序器还设计了独立的信息有效性检查功能，监测所有舱口盖的位置信息；提供注水冷却系统和排风系统的功能；检测导弹类型识别和状态信息的实时变化情况。

发射程序器作为 MK41 垂直发射系统的安全功能的一部分，在进行工作前先向所有发射控制单元和武器控制系统报告发射模块和导弹准备就绪的信息。在这些信息产生之前发射程序器不执行任何与武器有关的操作，如果监测到系统状态不是良好状态，发射控制的操作就会自动停止，待发射导弹会退回到非激活的安全状态。发射程序器的安全性设计的序列见图 12 -3。

导弹/发射模块就绪

- 发射系统舱口盖开启（由2个独立的设备监控）
- 向上排气道口盖开启
- 发射系统就绪
- 导弹就绪

点火

- 发射系统舱口盖开启（由2个独立的设备监控）
- 向上排气道口盖开启
- 发射系统就绪
- 导弹就绪
- 发射系统舱口盖关闭被禁止
- 发射速度满足
- 发射优先级满足

图 12 – 3   MK41 垂直发射系统的发射序列联锁

12.2.3   发射异常状况处理

针对导弹发射过程中的异常情况，MK41 垂直发射系统进行了严密的设计和测试。常见的发射异常包括：哑弹、不点火、点火延迟或者发射抑制等。表 12 – 1 列出了系统可能产生的异常发射状况，以及安全处理程序。

表 12 – 1   MK41 垂直发射系统的发射异常情况处理

序号	故障类型	异常情况	安全处理程序
1	哑弹	1. 电池激活命令已发送给导弹 2. 导弹未发射	1. 发射系统和武器控制系统将导弹置于安全状态 2. 发射隔舱舱口盖关闭 3. 将哑弹的发射隔舱禁止 4. 仅仅是哑弹的发射隔舱无效
2	不点火	1. 点火命令已发送给导弹 2. 导弹不点火	1. 发射系统对导弹喷水 90 s 2. 发射隔舱舱口盖关闭 3. 将发射模块（8 个发射隔舱）禁止 4. 其他 7 个发射隔舱在故障排除后有效
3	点火延迟	1. 点火命令已发送给导弹 2. 导弹发射 3. 点火延迟	系统维持对点火延迟的主动控制
4	发射抑制	1. 导弹点火 2. 导弹未出筒	1. 发射系统对导弹喷水 90 s 2. 将发射模块（8 个发射隔舱）禁止 3. 故障无法排除

当导弹出现哑弹或者不点火时，MK41 垂直发射系统的安全性处理原则是将出现问题的导弹继续存放在发射系统内，并且对其进行持续的监控，直到返回港口后，在严格管理和控制下进行导弹拆除。

当导弹出现点火延迟时，MK41 垂直发射系统认为点火延迟也可能转变成不点火或者发射抑制，系统会维持对点火延迟的主动控制，并根据可能出现的不点火或发射抑制的异常情况执行相应的发射异常处理程序。

12.2.4　多类型武器发射协调问题

发射系统从单一化的专弹专用向通用化的多武器共架发射的转变，除了进一步强调标准化、模块化的设计理念和方法外，还需要解决一个关键问题——多类型武器的发射协调问题。要发展通用化共架多类型武器的发射控制，不论是美国的 MK41，还是我国的通用化发射系统，必然要解决发射协调的问题，以保证武器发射的安全性。因此，多类型武器发射协调技术是发射控制技术，尤其是通用化发射控制技术的重要组成部分，也是通用化发射控制技术的基础之一。

在多武器共架通用发射平台出现之前，各类型的武器系统相对独立，且均采用了专用导弹发射控制系统。武器发射的一般流程是：指挥控制中心发现目标后，将目标分配给各类型武器控制系统，武器控制系统分别进行射击诸元解算，等待发射时机，一旦发射条件满足立即向导弹发射控制系统下达发射命令，完成武器发射。由于各武器系统之间交联关系少、相互独立，发射时相互之间的干扰影响小，出于安全考虑在指挥控制中心进行火力兼容设计，必要时进行禁射，而不需要进行复杂的多类型武器之间的发射协调，导弹发射控制系统只听从各个武器系统的指控的命令。

对于多武器共架通用发射系统来讲，各型武器系统都使用统一的通用导弹发射控制系统进行导弹发射控制。各型武器系统的武器控制系统都需要向通用导弹发射控制系统下达指令和传递数据，完成导弹的发射。为了保证导弹发射的安全，必须要对多型的武器发射进行协调控制，只有被发射协调允许的导弹才能进行发射控制，实施导弹的点火。

多类型武器共架发射带来的安全威胁主要是它们在发射过程中互相干扰，主要体现在两个方面：一种情况是武器的初始飞行弹道可能存在交叉；另一种情况是当发射隔舱距离较近的两枚武器处于初始上升段时，由于扰动、散布等干扰因素导致两武器发射意外碰撞。因此，为了保证导弹发射的安全性，必须在时间上和空间上对导弹进行发射协调。空间上，通过协调各类型武器系统的导弹初始飞行弹道；时间上，协调各导弹的发射点火时间以保证间隔发射和安全发射。

综上所述，导弹发射协调问题就是如何协调各类型导弹发射的空域、时域，保证武器发射的安全。需要强调的一点是，导弹发射协调不仅要保证导弹发射的安全性，同时也不能影响整个武器系统的作战效能，这就需要对导弹发射协调进行综合考虑，建立统一的、严谨的发射协调模型，并对发射协调模型进行充分的测试和实际应用的考核。发射协调的过程是一个不断完善的过程。

第13章 发射控制总线技术

13.1 概　　述

　　未来的战争要求必须能适应不断变化的各种需求，必须装备高性能的防空、反舰、反潜、反导、反水雷和对岸袭击等多种设备。要在使用空间极为有限的舰艇上配置如此众多并需完成各种功能的装备，必须进行各系统的综合设计，即设计出适用于各种导弹的发射装置，而导弹发射控制系统是实现导弹共架发射的最关键技术之一。为了尽快缩短系统研制的周期，并尽量优化导弹发射控制系统的各项设计指标，系统的设计工作必须采用当今世界的先进设计理念，如嵌入式应用技术、现场总线技术等，充分调动现场总线的优势，快速高效地完成导弹发射控制系统与导弹之间的信息交换与控制。

　　现场总线技术是信息技术、网络技术的发展在控制领域的体现。它的出现，必然对控制领域产生深刻的变革，并对社会生产力的发展起到极大的促进作用。现场总线控制系统既是一个开放通信网络，又是一种全分布控制系统。它作为智能设备的联系纽带，把挂接在总线上、作为网络节点的智能设备连接为网络系统，并进一步构成自动化系统，实现基本控制、补偿计算、参数修改、报警、显示、监控、优化及控管一体化的综合自动化功能，这是一项集嵌入式系统、控制、计算机、数字通信、网络为一体的综合技术。现场总线也可以说是工业控制与计算机网络的边缘产物。从纯理论的角度看，它应属于网络范畴。但是，现有的网络技术不能完全适应工业现场控制系统的要求。无论是从网络的结构、协议、实时性，还是适应性、灵活性、可靠性乃至成本等，工业控制的底层都有它的特殊性。现场总线的规模应属于局域网、总线型结构，简单但能满足现场的需要。它要传输的信息帧都短小，要求实时性很强、可靠性高。然而现场的环境干扰因素众多，有些很强烈且带突发性。这些都决定了现场总线必须是有自己特色的一个新型领域。导弹发射控制系统的现场总线有 CAN 总线、1553B 总线、串行总线、以太网、光纤通道等。

13.2　CAN 总线通信技术

CAN 总线（CAN 是 Controller Area Network 的缩写）属于现场总线的范畴，是一种有效支持分布式控制或实时控制的串行通信网络。CAN 总线最初是由德国的 Bosch 公司为汽车的监测控制系统而设计的。由于 CAN 总线具有卓越的特性和极高的可靠性，特别适合工业过程监控设备的互连，因此越来越受到工业界的重视，并被公认为是几种最有前途的现场总线之一，成为一种国际标准（ISO11898）。

13.2.1　CAN 总线的主要特点

CAN 总线是一个多主总线，各节点都有权向其他节点发送信息，其主要特点有：

（1）通信速率为 5 kb/s/10 km、1 Mb/s/40 m，节点数 110 个，每个节点均可主动传输，通信介质可以是双绞线、同轴电缆或光纤；

（2）采用点对点、全局广播发送接收数据；

（3）可实现全分布式多机系统，且无主从之分，每点均可主动发送报文，可方便地构成多机备份系统；

（4）采用非破坏性总线优先级仲裁技术，当两个节点同时向网上发送信息时，优先级低的节点主动停止发送数据；

（5）支持四种报文帧：数据帧、远程帧、出错帧、超载帧，采用短帧结构，传送时间短，受干扰概率低；

（6）采用 CRC 校验及其他校验措施，保证了极低的信息出错率（信息出错率小于 4.7×10^{-11}）；

（7）具有自动关闭功能，当接点错误严重时，自动切断与总线的联系，不影响总线的工作。

13.2.2　CAN 总线通信技术

随着 CAN 总线在各种领域的应用和推广，对其通信协议的标准化也提出了要求。1991 年 9 月飞利浦半导体公司制订并发布了 CAN 总线技术规范。该技术规范包括 CAN2.0A 和 CAN2.0B 两部分，CAN2.0A 给出了 CAN 总线报文标准格式，CAN2.0B 给出了标准和扩展两种格式，CAN2.0B 完全兼容 CAN2.0A。此后，CAN 总线成为国际标准 ISO11898。这一标准的颁布，为 CAN 总线的标准化、规范化的推广铺平了道路。

1. CAN 总线通信参考模型

参照 ISO/OSI 标准模型，CAN 总线通信分为数据链路层和物理层。CAN 总线的通信参考模型如表 13 – 1 所示。

表 13 – 1　CAN 总线的通信参考模型

协议层	对应 OSI 模型	说明
LLC	数据链路层	涉及报文滤波、过载通知以及恢复管理
MAC		负责报文分帧、仲裁、应答、错误检测和标定
物理层	物理层	在不同节点之间进行位的实际传输

控制子层 LLC 的主要功能是：为数据传送和远程数据请求提供服务，确认由 LLC 子层接收的报文实际已被接收，并为恢复管理和通知超载提供信息。

MAC 子层主要规定传输规则，即控制帧结构、执行仲裁、错误检测、出错标定和故障界定。MAC 子层要为开始一次新的发送确定总线是否开放或者是否马上开始接收。

物理层规定了节点的全部电气特性。在一个网络内，要实现不同节点间的数据传输，所有节点的物理层必须是相同的。

2. CAN 总线的报文传送与通信帧结构

在数据传输中，发出报文的节点称为该报文的发送器，该节点在报文进入空闲状态前或丢失仲裁前恒为发送器。如果一个节点不是报文发送器，并且总线不处于空闲状态，则该节点为接收器。CAN 总线协议中使用两种逻辑位表达方式，当总线上的 CAN 控制器发送的都是隐性位时，此时总线状态是隐性位（逻辑 1），如果总线上有显性位出现，隐性位总是让位于显性位，即总线上是显性位（逻辑 0）。报文传输有 4 种不同类型的帧：数据帧、远程帧、错误帧、过载帧。数据帧和远程帧可以使用标准帧及扩展帧 2 种格式。这里主要介绍一下 CAN2.0B 的数据帧。

数据帧从发送节点传送数据到一个或多个接收节点，它由七种不同的位域组成：帧的起始域、仲裁域、控制域、数据域（长度可为 0）、CRC 域、应答域、结束域。在 CAN2.0B 中，数据帧存在两种不同的帧格式，它们的主要区别在于标识符的长度，具有 11 位标识符的帧称为标准帧，而包括 29 位标识符的帧称为扩展帧。CAN2.0B 的报文滤波以整个标识符为基准。标准格式和扩展格式的数据帧结构如图 13 – 1 所示。

数据帧的主要结构有：

（1）帧起始：标志数据帧的起始，它由单个显性位构成，在总线空闲时发送，在总线上会产生同步作用。

（2）仲裁域：标准格式帧与扩展格式帧的仲裁域格式不同。

在标准格式里，由 11 位标识符（ID28 ~ ID18）和远程发送请求位（RTR）组成，RTR 位为显性位表示数据帧，隐性位表示远程帧。标识符由高至低次序发送，且前 7

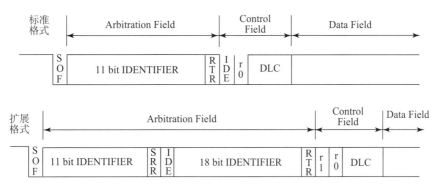

图 13 – 1 CAN2. 0B 的数据帧结构

位（ID28～ID22）不能全为隐性位。在标准帧里，标识符后面是 RTR 位。

在扩展格式里，仲裁域包括 29 位标识符、替代远程请求位（SRR 位）、标识符扩展位（IDE 位）、RTR 位。其标识符由 ID28～ID0 组成，ID28～ID18 为基本 ID，ID17～ID0 为扩展 ID。在扩展帧里，基本 ID 首先发送，随后是 SRR 位和 IDE 位，扩展 ID 的发送位于 SRR 位之后。SRR 位是隐性位，它替代标准帧的 RTR 位的位置并被发送。

IDE 位属于扩展格式的仲裁域和标准格式的控制域。标准格式里的 IDE 位为显性，而扩展格式里的 IDE 位为隐性。

标识符用于提供关于传送报文和总线访问的优先权信息，其数值越小，表示优先权越高，发生冲突时优先发送。当标准帧与扩展帧发生冲突，而扩展帧的基本 ID 同标准帧的标识符一样时，标准帧优先于扩展帧发送。

（3）控制域：标准格式的控制域结构和扩展格式的不同。标准格式的控制域由 6 位构成，前 2 位为保留位，包括 IDE 位和 r0；后 4 位为数据长度码（DLC），表示数据域中数据的字节数，必须在 0～8 范围内变化。扩展格式的控制域由 6 位构成，前 2 位为保留位，包括 r1 和 r0；后 4 位为数据长度码，同标准格式。

（4）数据域：由被发送数据组成，数目为控制域中决定的 0～8 个字节，首先发送最高有效位 MSB。

（5）CRC 域：包括 CRC（循环冗余码校验）序列（15 位）和 CRC 界定符（1 个隐性位），用于帧校验。

（6）ACK 域：由应答间隙和应答界定符组成，共 2 位。

（7）帧结束：由 7 位隐性位组成，此期间无位填充。

3. CAN2. 0B 标准帧信息格式

CAN2. 0B 标准帧信息分为两部分：信息和数据部分。前 3 个字节为信息部分，第 1 个字节是帧信息，第 2、3 个字节的前 11 位为 CAN_ ID 标识符（2 个字节）。其余 8

个字节是数据部分，存有实际发送的数据。

4. CAN2. 0B 扩展帧信息格式

CAN2. 0B 扩展帧信息分为两部分：信息和数据部分。前 5 个字节为信息部分，第 1 个字节是帧信息，第 2、3、4、5 字节的前 29 位为标识符（4 个字节）。其余 8 个字节是数据部分，存有实际发送的数据。

13.3 MIL – STD – 1553B 总线

MIL – STD – 1553B 数据总线（简称 1553B 总线）作为航空电子综合系统中各子系统之间交联的主要数据通道，具有使挂接在同一条数据传输同轴电缆上的各子系统分时使用传输总线的功能。该总线是美军航空电子综合系统的标准总线，因其性能优异，已在航空、航天、航海和其他装备上得到广泛的应用。美国军方于 1973 年推出 MIL – STD – 1553A，随着新的需求和应用的提出，1978 年提出了更新标准 MIL – STD – 1553B，并在以后陆续推出了补充协议 Notiee1、Notiee2、Notice3、Notice4 对其进行了补充完善。由于 1553B 在传输可靠性方面具有明显的优势，能够很好地应对各种对可靠性要求极高的恶劣现场环境，而被飞机、卫星，以及国际空间站等航空领域广泛采用，而且在近几年开始向其他工业领域渗透。

13.3.1 1553B 总线简介

1553B 总线系统是主从控制访问结构。总线控制器是主站，而所有远程终端是从站。任何时刻系统中只能有一个总线控制器，控制着与远程终端以及远程终端之间的信息传输。

1553B 总线采用双绞屏蔽电缆，具有很高的抗噪声能力，通过变压器耦合与地面完全隔离。Machester II 编码的梯形双向波形的数据提供了 45 dB 的共模抑制能力，使系统具有很好的抗噪以及最小的串音传输特性。1553B 总线最大字传输错误率为 10^{-7}，命令/响应方式保证了系统对故障的监测和故障远程终端的重试能力。对涉及总线效率指标的某些强制性要求——命令响应时间、消息间隔时间以及每次消息传输的最大和最小数据块的长度都有严格限制。1553B 总线的双重冗余总线的系统结构提供了高的系统可靠性，任何单点失效都不能造成系统的瘫痪，保证了系统的完整性。

为确保数据传输的完整性，1553B 总线采用了合理的差错控制措施——反馈重传纠错方法。当系统的主控机，即总线控制器 BC 向某一终端 RT 发出一个命令或发送一个消息时，终端应在给定的响应时间内发回一个状态字，如果传输的消息有错，终端就拒绝发回状态字，由此报告上次消息传输无效。

13.3.2　1553B 总线的终端类型

1553B 总线定义了三种类型的终端：BC、RT 和 BM。它们是连接数据总线与子系统的电子模块，并规定了各自专门的协议。

（1）BC（Bus Control）总线控制器。

BC 要负责初始化所有总线消息，协调所有的终端。此外，BC 还要给 RT 提供有关出错报告、方式代码以及 BC 命令和数据的格式。

（2）RT（Remote Terminal）远程终端。

RT 的功能是接收从 BC 发送来的数据字内容，并根据这些数据字做相应的操作，然后将有关 RT 的处理信息更新速率、信息格式和收到命令后可能发生的细节（包括回应延迟）提供给 BC。

（3）BM（Bus Monitor）总线监视器。

BM 的功能是存储总线上传输的信息，主要包括监视总线的消息、监视传输特性（电压级别、信号失真模式等）、监视通信的持续时间和速率。

13.3.3　1553B 总线的信息组成

1553B 总线上的消息传输由 BC 控制，传输采用了指令/响应方式。总线上最多可挂 32 个 RT，需要时每个 RT 又可带 30 个分单元（可以是子系统或是数据缓存区）。

1553B 总线标准规定每次传输一个消息的完整过程应由命令字（由 BC 发出）、数据字（由 BC 或 RT 发送）和状态字（由 RT 发回，BC 判别）组成，或是由命令字和状态字组成，在广播通信方式中，则由命令字和数据字组成。

字是消息传输中具有物理意义的最小信息单元。三种类型字的字长均为 20 位，其中数据位是 16 位，每个字的前三位为该字的同步字头，最后一位是校验位。字在总线电缆上以双极性曼彻斯特码的形式进行传输，每位占用线路的时间为 1 μs。

1553B 规定了三种类型字的传输格式，见图 13 - 2，具体规定如下：

（1）指令字。

指令字应由同步波形、远程终端地址字段、发送/接收（T/R）位、子地址/方式字段、数据字计数/方式代码字段及奇偶位（P）组成。它只能由现行激活的 BC 发送。

（2）数据字。

数据字应由同步位场、几个数据位及奇偶位组成。将数据字中三位同步头倒置以区别于指令字及状态字。数据字段的奇偶位为数据提供了完整性，这一点等同于指令字及状态字格式。

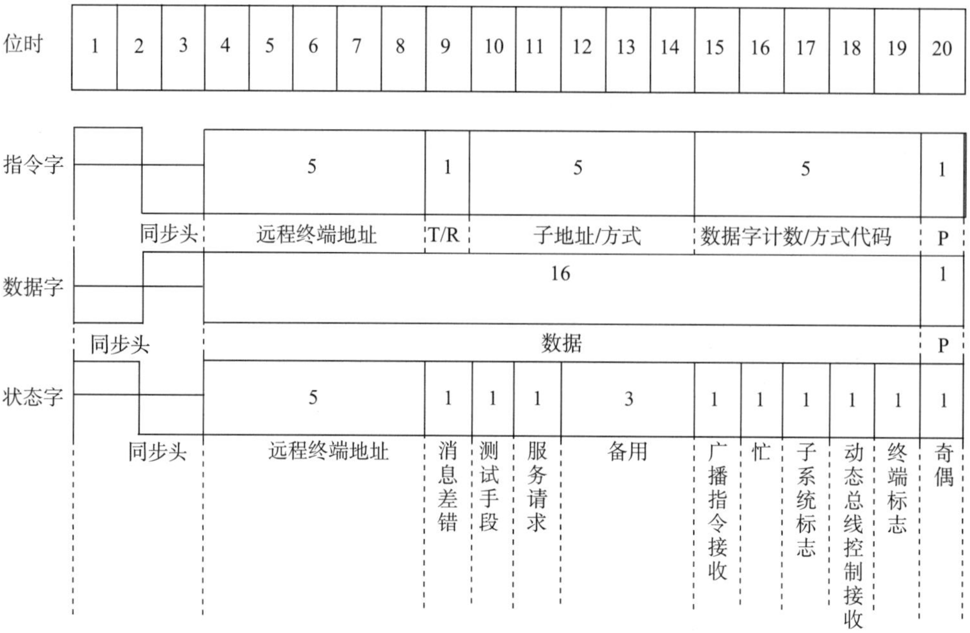

图 13 - 2　字格式

（3）状态字。

状态字是 1553B 总线基本开销的一部分，由 RT 发出，是一个对 BC 发出的有效命令字的响应字，分成以下信息段：同步头（同于指令同步头）、远程终端地址、状态信息组、奇偶位（P）。状态信息组包括以下信息：消息差错位、测试手段位、服务请求位、备用信息位、广播指令接收位、忙位、子系统标志位、动态总线控制接收位、终端标志位。

13.3.4　1553B 总线的信息传输格式

1553B 总线标准中共定义了 10 种合法的信息传输格式，这 10 种传输格式如图 13 - 3 所示。除了上述规定的消息格式外，总线上不应使用任何别的消息格式。

13.3.5　1553B 总线系统结构

1553B 总线系统主要有以下两种结构：

（1）冗余总线的系统结构（见图 13 - 4）：一条总线在工作的时候，另一条总线处于备份状态；

（2）备份双余度的系统结构（见图 13 - 5）：当一个总线控制器或子系统中的一个 RT 失效时整个系统仍能正常工作。

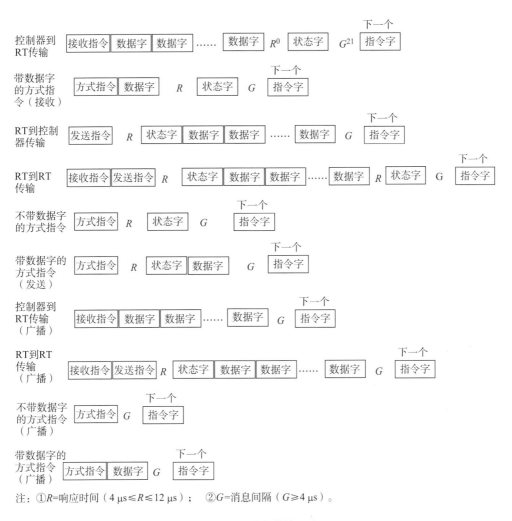

注：①R=响应时间（4 μs≤R≤12 μs）；　②G=消息间隔（G≥4 μs）。

图 13 - 3　信息传输形式

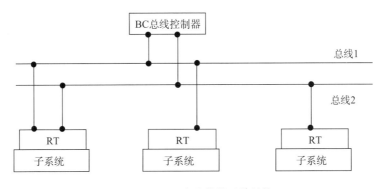

图 13 - 4　冗余总线的系统结构

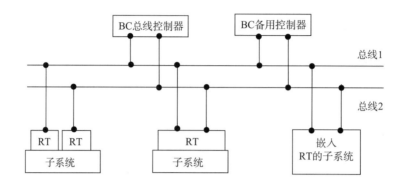

图 13 -5　备份双余度的 1553B 总线拓扑结构

13.4　串行总线

RS232、RS422 与 RS485 都是串行数据接口标准，最初都是由电子工业协会（EIA）制订并发布的。RS232 在 1962 年发布，命名为 EIA – 232 – E，作为工业标准，以保证不同厂家产品之间的兼容。RS422 由 RS232 发展而来，它是为弥补 RS232 的不足而提出的。为改进 RS232 通信距离短、速率低的缺点，RS422 定义了一种平衡通信接口，将传输速率提高到 10 Mb/s，传输距离延长到 4 000 英尺（1 英尺 = 30.48 厘米），并允许在一条平衡总线上连接最多 10 个接收器。RS422 是一种单机发送、多机接收的单向、平衡传输规范，被命名为 TIA/EIA – 422 – A 标准。为扩展应用范围，EIA 又于 1983 年在 RS422 基础上制定了 RS485 标准，增加了多点、双向通信能力，即允许多个发送器连接到同一条总线上，同时增加了发送器的驱动能力和冲突保护特性，扩展了总线共模范围，后命名为 TIA/EIA – 485 – A 标准。由于 EIA 提出的建议标准都是以"RS"作为前缀，所以在通信工业领域，仍然习惯将上述标准以 RS 作前缀称谓。

RS232、RS422 与 RS485 标准只对接口的电气特性做出规定，而不涉及接插件、电缆或协议，在此基础上用户可以建立自己的高层通信协议，电气参数见表 13 – 2。

表 13 – 2　电气参数表

规定	RS232	RS422	R485
工作方式	单端	差分	差分
节点数	1 收、1 发	1 发 10 收	1 发 32 收
最大传输电缆长度/英尺	50	400	400

续表

规定		RS232	RS422	R485
最大传输速率		20 kb/s	10 Mb/s	10 Mb/s
最大驱动输出电压/V		+/-25	-0.25~+6	-7~+12
驱动器输出信号电平（负载最小值）/V	负载	+/-5~+/-15	+/-2.0	+/-1.5
驱动器输出信号电平（空载最大值）/V	空载	+/-25	+/-6	+/-6
驱动器负载阻抗/Ω		3 k~7 k	100	54
摆率（最大值）		30 V/μs	N/A	N/A
接收器输入电压范围/V		+/-15	-10~+10	-7~+12
接收器输入门限		+/-3 V	+/-200 mV	+/-200 mV
接收器输入电阻/Ω		3 k~7 k	4 k（最小）	≥12 k
驱动器共模电压/V			-3~+3	-1~+3
接收器共模电压/V			-7~+7	-7~+12

13.4.1　RS422 总线

1. RS422 接口标准

RS422 数据信号采用差分传输方式，也称作平衡传输，它使用一对双绞线，将其中一线定义为 A，另一线定义为 B，如图 13-6 所示。

通常情况下，发送驱动器 A、B 之间的正电平在 +2~ +6 V，是一个逻辑状态，负电平在 -2~ -6 V，是另一个逻辑状态。另有一个信号地 C，在 RS485 中还有一"使能"端，而在 RS422 中是可用可不用的。"使能"端

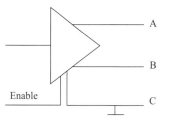

图 13-6　RS422 连线定义

用于控制发送驱动器与传输线的切断与连接。当"使能"端起作用时，发送驱动器处于高阻状态，称作"第三态"，即它是有别于逻辑"1"与"0"的第三态。接收器也作与发送端相对的规定，收、发端通过平衡双绞线将 AA 与 BB 对应相连，当在收端 AB 之间有大于 +200 mV 的电平时，输出正逻辑电平，小于 200 mV 时，输出负逻辑电平。接收器接收平衡线上的电平范围通常在 200 mV 至 6 V 之间，如图 13-7 所示。

2. RS422 电气规定

RS422 标准全称是"平衡电压数字接口电路的电气特性",它定义了接口电路的特性。图 13 – 8 所示是典型的 RS422 四线接口,实际上还有一根信号地线,共 5 根线。由于接收器采用高输入阻抗和发送驱动器比 RS232 更强的驱动能力,故允许在相同传输线上连接多个接收节点,最多可接 10 个节点。即一个主设备(Master),其余为从设备(Slave),从设

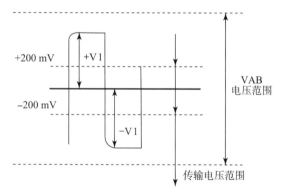

图 13 – 7　传输电压范围

备之间不能通信,所以 RS422 支持一对多的双向通信。接收器输入阻抗为 4 kΩ,故发端最大负载能力是 10×4 kΩ + 100 Ω(终接电阻)。RS422 四线接口由于采用单独的发送和接收通道,因此不必控制数据方向,各装置之间任何必需的信号交换均可以按软件方式(XON/XOFF 握手)或硬件方式(一对单独的双绞线)实现。

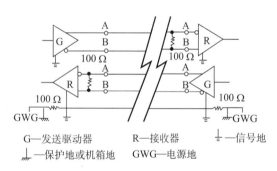

G—发送驱动器　　R—接收器　　⏚—信号地
⏚—保护地或机箱地　　GWG—电源地

图 13 – 8　典型的 RS422 四线接口

RS422 的最大传输距离为 4 000 英尺,最大传输速率为 10 Mb/s。其平衡双绞线的长度与传输速率成反比,在 100 kb/s 速率以下,才可能达到最大传输距离;只有在很短的距离下才能获得最高速率传输,一般 100 米长的双绞线上所能获得的最大传输速率仅为 1 Mb/s。

RS422 需要一终接电阻,要求其阻值约等于传输电缆的特性阻抗。在短距离传输时可不需终接电阻,即一般在 300 m 以下不需终接电阻。终接电阻接在传输电缆的最远端。

3. RS422 传输线上匹配的说明

RS422 总线网络一般要使用终接电阻进行匹配。但在短距离与低速率下可以不用考虑终端匹配。理论上在每个接收数据信号的中点进行采样时,只要反射信号在开始采样时衰减到足够低就可以不考虑匹配。但这在实际上难以掌握,美国 MAXIM 公司有篇文章提到一条经验性的原则可以用来判断在什么样的数据速率和电缆长度时需要进行匹配:当信号的转换时间(上升或下降时间)超过电信号沿总线单向传输所需时间的 3 倍以上时就可以不加匹配。

终端匹配采用终接电阻方法,RS422 在总线电缆的远端并接电阻,终接电阻一般在 RS422 网络中取 100 Ω。相当于电缆特性阻抗的电阻,因为大多数双绞线电缆特性阻

抗在 100 ~ 120 Ω。这种匹配方法简单有效，但有一个缺点，匹配电阻要消耗较大功率，对于功耗限制比较严格的系统不太适合。

另外一种比较省电的匹配方式是 RC 匹配，如图 13 – 9 所示。利用一只电容 C 隔断直流成分可以节省大部分功率。但电容 C 的取值是个难点，需要在功耗和匹配质量间进行折中。

还有一种采用二极管的匹配方法，如图 13 – 10 所示。这种方案虽未实现真正的"匹配"，但它利用二极管的钳位作用能迅速削弱反射信号，达到改善信号质量的目的，节能效果显著。

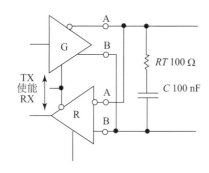

图 13 – 9　RC 匹配

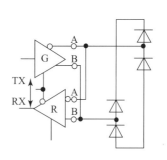

图 13 – 10　二极管匹配

4. RS422 的接地

RS422 传输网络的接地是很重要的，接地系统不合理会影响整个网络的稳定性，尤其是在工作环境比较恶劣和传输距离较远的情况下，对于接地的要求更为严格，否则接口损坏率较高。很多情况下，连接 RS422 通信链路时只是简单地用一对双绞线将各个接口的"A""B"端连接起来，而忽略了信号地的连接，这种连接方法在许多场合是能正常工作的，但却埋下了很大的隐患，其中有下面两个原因。

1）共模干扰问题

RS422 接口均采用差分方式传输信号，并不需要相对于某个参照点来检测信号，系统只需检测两线之间的电位差就可以了。但人们往往忽视了收发器有一定的共模电压范围，如 RS422 共模电压范围为 – 7 ~ + 7 V，只有满足上述条件，整个网络才能正常工作。当网络线路中共模电压超出此范围时就会影响通信的稳定可靠，甚至损坏接口。以图 13 – 11 为例，当发送驱动器 A 向接收器 B 发送数据时，发送驱动器 A 的输出共模电压为 V_{OS}，由于两个系统具有各自独立的接地

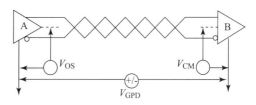

图 13 – 11　共模干扰问题

系统，存在着地电位差 V_{GPD}。那么，接收器输入端的共模电压 V_{CM} 就会达到 $V_{\text{CM}} = V_{\text{OS}} + V_{\text{GPD}}$。RS422 标准均规定 $V_{\text{OS}} \leqslant 3\text{V}$，但 V_{GPD} 可能会有很大幅度（十几伏甚至几十伏），并可能伴有强干扰信号，致使接收器共模输入 V_{CM} 超出正常范围，并在传输线路上产生干扰电流，轻则影响正常通信，重则损坏通信接口电路。

2）EMI 问题

发送驱动器输出信号中的共模部分需要一个返回通道，如没有一个低阻的返回通道（信号地），就会以辐射的形式返回源端，整个总线就会像一个巨大的天线向外辐射电磁波。

由于上述原因，RS422 尽管采用差分平衡传输方式，但对整个 RS422 网络，必须有一条低阻的信号地。一条低阻的信号地将两个接口的工作地连接起来，使共模干扰电压 V_{GPD} 被短路。这条信号地可以是额外的一条线（非屏蔽双绞线），也可以是屏蔽双绞线的屏蔽层（最通常的接地方法）。

值得注意的是，这种做法仅对高阻型共模干扰有效，由于干扰源内阻大，短接后不会形成很大的接地环路电流，对于通信不会有很大影响。当共模干扰源内阻较低时，会在接地线上形成较大的环路电流，影响正常通信。笔者认为，可以采取以下三种措施：

（1）如果干扰源内阻不是非常小，可以在接地线上加限流电阻以限制干扰电流。接地电阻的增加可能会使共模电压升高，但只要控制在适当的范围内就不会影响正常通信。

（2）采用浮地技术，隔断接地环路。这是较常用也是十分有效的一种方法。当共模干扰内阻很小时上述方法已不能奏效，此时可以考虑将引入干扰的节点（例如处于恶劣的工作环境的现场设备）浮置起来（也就是系统的电路地与机壳或大地隔离），这样就隔断了接地环路，不会形成很大的环路电流。

（3）采用隔离接口。有些情况下，出于安全或其他方面的考虑，电路地必须与机壳或大地相连，不能悬浮，这时可以采用隔离接口来隔断接地回路，但是仍然应该有一条地线将隔离侧的公共端与其他接口的工作地相连。如图 13 - 12 所示。

图 13 - 12　采用隔离接口的方法

13.4.2　RS485 总线

RS485 标准最初由电子工业协会于 1983 年制订并发布，后由 TIA - 通信工业协会修订后命名为 TIA/EIA - 485 - A，习惯称之为 RS485。RS485 由 RS422 发展而来，

RS422 是一种单机发送、多机接收的单向、平衡传输规范，为扩展应用范围，随后又为其增加了多点、双向通信能力，即允许多个发送器连接到同一条总线上，同时增加了发送器的驱动能力和冲突保护特性，扩展了总线共模范围，这就是后来的 EIA RS485 标准。

RS485 是一个电气接口规范，它只规定了平衡驱动器和接收器的电气特性，而没有规定接插件、传输电缆和通信协议。RS485 标准定义了一个基于单对平衡线的多点、双向（半双工）通信链路，是一种极为经济、并具有相当高噪声抑制、传输速率、传输距离和宽共模范围的通信平台，在此基础上用户可以建立自己的高层通信协议。

由于 RS485 是从 RS422 基础上发展而来的，所以 RS485 的许多电气规定与 RS422 相仿，如都采用平衡传输方式、都需要在传输线上接终接电阻等。RS485 可以采用二线与四线方式，二线制可实现真正的多点双向通信；而采用四线连接时，与 RS422 一样只能实现点对多的通信，即只能有一个主设备，其余为从设备。但它与 RS422 相比有改进，无论四线还是二线连接方式总线上可多接到 32 个设备。

RS485 与 RS422 的不同还在于其共模输出电压是不同的，RS485 是 – 7 V 至 + 12 V 之间，而 RS422 在 – 7 V 至 + 7 V 之间，RS485 接收器最小输入阻抗为 12 kΩ，RS422 是 4 kΩ；RS485 满足所有 RS422 的规范，所以 RS485 的驱动器可以用在 RS422 网络中。

RS485 最大传输距离约为 1 219 米，最大传输速率为 10 Mb/s。平衡双绞线的长度与传输速率成反比，在 100 kb/s 速率以下，才可能使用规定最长的电缆长度；只有在很短的距离下才能获得最高速率传输，一般 100 m 长双绞线最大传输速率仅为 1 Mb/s。

RS485 需要 2 个终接电阻，其阻值要求等于传输电缆的特性阻抗。在短距离传输时可不需终接电阻，即一般在 300 m 以下不需终接电阻。终接电阻接在传输总线的两端。

RS485 接口的主要性能指标如下：

①平衡传输；

②多点通信；

③驱动器输出电压（带载）≥ | 1.5 V | ；

④接收器输入门限：± 200 mV，接收器的输入灵敏度为 200 mV（即（V + ）– (V –)≥0.2 V，表示信号"1"；（V + ）– (V –) ≤ – 0.2V，表示信号"0"）；– 7 V 至 + 12 V 总线共模范围；最大输入电流：1.0 mA/ – 0.8 mA（12 V/ – 7 V）；

⑤最大总线负载：32 个单位负载（UL）；

⑥最大传输速率：10 Mb/s；

⑦最大电缆长度：4 000 英尺，由于在双绞线上的电平损耗，RS485 标准通信的最大传输距离约 1 200 米，更远距离的应用中必须使用中继器；

⑧接收器的输入电阻 R_{in} ≥12 kΩ；

一个 RS485 驱动器可以驱动 32 个单位负载，等于单位负载的接收器在标准的输入电压极限下产生一个不大于规定大小的电流，在接收到的电压比接收器信号地高出 12 V 与低 7 V 时，一个单位负载的接收器产生的电流分别不大于 1 mA 与 - 0.8 mA。为符合此要求，接收器在每个差动输入与电源电压或接地线之间至少有 12 kΩ 的输入阻抗。这样对于 32 个单位负载的接收器，并联阻抗为 375 Ω，加入两个 120 Ω 的终端负载电阻，并联阻抗减小为 60 Ω，在短距离、低速连接中，可以去掉终端负载电阻以极大地减小电源消耗。

13.5 以 太 网

以太网采用载波监听/冲突检测（CSMA/CD）多路访问协议，协议基本思想是：当一个节点要发送数据时，首先监听信道；如果信道空闲就发送数据，并继续监听；如果在数据发送过程中监听到了冲突，则立刻停止数据发送，等待一段随机的时间后，重新开始尝试发送数据。这是一个非确定的协议，采用该协议的报文传输缺乏实时性保证。

随着以太网的通信速率从 10 Mb/s、100 Mb/s 增大到 1 000 Mb/s、10 Gb/s，在数据吞吐量相同的情况下，通信速率的提高意味着网络负荷的减轻和网络传输延时的减小。交换技术的出现是以太网技术的另一个重要的发展：交换技术解决了以太网存在的部分问题和局限；微网段技术减小了冲突域，一个设备或者一组设备组成了一个冲突域，大大减少了冲突的发生；全双工通信技术使每个节点能够在同一时刻同时接收和发送信息，实现双向通信。它们提高了以太网的性能和传输时间的确定性。

1. 以太网测试技术的实时性

以太网采用的数据链路层协议 CSMA/CD 的非确定性不能满足响应时间的严格实时性要求，但采用交换式以太网和相应的改进措施可以满足绝大多数应用要求，因此实时性实际上只是一个相对概念，应根据具体对象加以分析，确定真正所需要的采样时间以兼顾网络性能（NQoS，Network Quality of Service）和控制性能（CQoP，Control Quality of Performance），比如采样时间较快可以提高控制性能，但是由此产生的数据量加大了网络通信负荷，降低了网络性能，而网络性能的下降最终又影响控制性能，甚至使整个测控网络瘫痪，因此根据需要选择合适的采样时间非常重要。

2. 交换式以太网的特点

以太网采用集线器将各节点连接，进行数据传输，集线器属于 OSI 第一层物理层设备，只是对数据的传输起到同步、放大和整形的作用，不能保证数据传输的完整性和正确性，虽然网络物理结构为星形，但逻辑结构为总线型网络。

交换以太网的重要设备交换机属于 OSI 的第二层数据链路层设备，可以对数据的传输做到同步、放大和整形，可以对封装数据包进行转发等。当输入端口到达一帧时，交换机检查其目的地址并对应自己内部的 MAC 地址表，地址表中如果存在目的地址，则转发到相应输出端口；如果不存在则向所有端口广播，以查询该目的地址对应的端口，广播后如果没有主机的 MAC 地址与帧的目的 MAC 地址相同，则丢弃该帧；若有主机相同，则会将主机的 MAC 自动添加到其 MAC 地址表中。

从工作方式来看，集线器网络采用广播模式，容易产生广播风暴，某一时刻只能有一个端口可以发送数据；而在交换机网络中，只有发出请求的端口和目的端口之间相互响应，对其他端口没有影响，所以交换机可以隔离冲突域和有效的抑制广播风暴的产生。集线器每次收到数据后，不检查其目的 MAC 地址而直接将该数据转发到除发送端口外的所有端口。因此，集线器所有端口构成一个冲突域；而交换机的一个端口所连接的网段是一个独立的冲突域，其他所有连接的设备仍然在同一个广播域内。

从带宽来看，集线器不管有多少个端口，所有端口都是共享一条带宽，在同一时刻只能有两个端口传送数据，其他端口只能等待，同时集线器只能工作在半双工模式下；而对于交换机而言，每个端口都有一条独占的带宽，当两个端口工作时并不影响其他端口的工作，可以工作在全双工模式下。

3. 交换体系结构

交换机可由有多种不同的机理和技术实现交换过程。交换体系结构一般分成三个主要部分：队列模型、转发方式和交换结构。

1）队列模型

当有多个输入端口的数据包要从同一端口输出时，需要利用缓存器进行队列管理，根据缓存器的设置位置可以分为：输入缓存交换方式、输出缓存交换方式和中央缓存交换方式。在输出缓存交换方式下，每个输出端口相应配置了输出缓存器，来自不同端口的数据包可以同时到达输出端口，但它们必须在输出缓存器中排队，排队方法通常为 FIFO（First Input First Out）方法或优先级队列方法。

2）转发方式

交换机一般采用三种基本交换技术：存储转发式、直接转发式和混合直通式。

存储转发式是将到达的数据包在到达输出端之前全部缓存起来，对数据包进行 FCS（Frame Check Sequence）检测，若数据包有错误则丢弃。该方法可降低网络的误码率，但缓存增加了交换机的转发时延。

直接转发方式只检测数据包的目的地址，一旦映像出目的地址则立即转发。该方法缩小了数据包通过交换机的时延，但不检测数据包的合法性，可能会导致发送错误包。

混合转发方式则根据数据包错误率阈值结合直接转发和存储转发方式。该方式首先按照直接转发方式工作，并通过 CRC 校验监视错误发生率；当错误率达到某个值时，交换机转为存储转发方式；当交换机工作在存储转发方式下错误发生率降低时，又转为直通方式工作。因为这种方法可以保持网络的有效性和稳定性，一般 NCS 选择采用存储转发交换的交换方式。

3）交换结构

交换机的交换结构主要有三种：

纵横式（Cross bar）：其输入/输出端口可看作是几条在一些交点上交汇的街道。信息流量少时，数据在转发前不必存储，称为"直接"传输；当交点处繁忙时，要求每个端口的输入缓冲器存储数据，称为"阻塞"。

共享存储器式（Shared memory）：把输入、输出缓冲器合并，使之变成一个全局缓冲池，将输出的数据放入存储器后再发送。

高速总线方式（High speed Bus）：是输入数据包对高速总线进行复用，在总线连接端 121 处，数据被转换成适合在总线传输的标准格式后，总线以线路速率的 N 倍对输出缓存器进行高速的写操作，各输出端口利用地址过滤只取回本端口地址的数据包。由于总线可以同时处理每个端口的全部传输，没有数据路径瓶颈问题，因此被称为"无阻塞"的交换机。输出缓存交换方式的交换结构主要为高速总线交换方式。

4. OSI 参考模型

OSI（Open System Interconnect）开放式系统互连，是 ISO 组织在 1985 年研究的网络互连模型。该体系结构标准定义了网络互连的七层框架，即 ISO 开放系统互连参考模型。在这一框架下进一步详细规定了每一层的功能，以实现开放系统环境中的互连性、互操作性和应用的可移植性。其内容如下：

物理层（第 1 层）：包括物理连网媒介，包括布线、光纤、网卡和其他用来把两台网络通信设备连接在一起的介质。它规定了激活、维持、关闭通信端点之间的机械特性、电气特性、功能特性以及过程特性。虽然物理层不提供纠错服务，但它能够设定数据传输速率并监测数据出错率。

数据链路层（第 2 层）：主要是控制网络层与物理层之间的通信。它保证了数据在不可靠的物理线路上进行可靠的传递。它把从网络层接收到的数据分割成特定的可被物理层传输的帧，保证了传输的可靠性。它的主要作用包括：物理地址寻址、数据的成帧、流量控制、数据的检错、重发等。它独立于网络层和物理层，工作时无须关心计算机是否正在运行软件还是其他操作。数据链路层协议的代表包括：SDLC、HDLC、PPP、STP、帧中继等。

网络层（第 3 层）：负责对子网间的数据包进行路由选择，它通过综合考虑发送优先权、网络拥塞程度、服务质量以及可选路由的开销来决定一个网络中两个节点的最佳路径。另外，它还可以实现拥塞控制、网际互连等功能。网络层协议的代表包括：

IP、IPX、RIP、OSPF 等。

传输层（第 4 层）：是两台计算机经过网络进行数据通信时，第一个端到端的层次、起到缓冲作用。当网络层的服务质量不能满足要求时，它将提高服务，以满足高层的要求；而当网络层服务质量较好时，它只需进行很少的工作。另外，它还要处理端到端的差错控制和流量控制等问题，最终为会话提供可靠的、无误的数据传输。

会话层（第 5 层）：负责在网络中的两个节点之间建立和维持通信，并保持会话获得同步，它还决定通信是否被中断以及通信中断时决定从何处重新发送。

表示层（第 6 层）：管理数据的解密与加密，如常见的系统口令处理，当你的账户数据在发送前被加密，在网络的另一端，表示层将对接收到的数据解密。另外，表示层还需对图片和文件格式信息进行解码和编码。

应用层（第 7 层）：就是为操作系统或网络应用程序提供访问网络服务的接口，包括文件传输、文件管理以及电子邮件等的信息处理。应用层协议的代表包括：Telnet、FTP、HTTP、SNMP 等。

在实际网络控制系统的设计中，对不同类型数据的区分可以采用互连参考模型的不同分层进行，例如可以通过不同分层的 MAC 地址、IP 地址、通信协议、通信端口等进行。

13.6　光纤通道

在导弹发射控制技术领域，越来越多的系统采用 1553B 总线作为系统的控制和测试总线。然而对于越来越大量的数据传输应用，1553B 总线 1 Mb/s 的带宽已无法满足现代系统应用的需求。如导引头图像传输至少要占用几十至几百 Mb/s 的带宽，就不得不采用其他途径进行数据传输。目前，很多总线系统的总线数据负载率在 50% 左右，接近总线允许负载率上限，难以扩展新功能。随着未来航天技术的发展，高速数据站点将越来越多，因此，导弹发射控制系统总线必然向高带宽、高速率的方向发展。

光纤通道协议（简称 FC 协议）是美国国际信息技术标准委员会（INCITS）于1998 年开始制定的一种高速串行通信协议。该协议将快速可靠的通道技术和灵活的、可扩展的网络技术有机融合在一起。

13.6.1　光纤通道分层结构

FC 协议具有五层模型结构。FC - 0 接口与媒体层，用来定义物理链路及特性；FC - 1 传输协议层，定义了编码/解码方案、字节同步和有序集；FC - 2 链路控制层，定义了传送成块数据的规则和机制；FC - 3 通用服务层；FC - 4 协议映射层，定义高层协议映射到低层协议的方法。光纤通道分层结构见图 13 – 13。

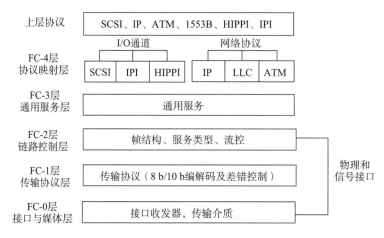

图 13 – 13　光纤通道分层结构

13.6.2　光纤通道拓扑结构

光纤通道定义了 3 种拓扑结构。它们是点对点（Point to Point）、仲裁环（Arbitrated Loop）和交换型网络（Fabirc）。

点对点是 3 种结构中最简单的，如图 13 – 14 所示，通过光缆直接连接两个设备的端口，能够提供最大带宽并可实现全双工连接，可用于连接有大量持续数据传输要求的节点。

仲裁环可以进行 126 个设备的高速连接，数据在环路的一个方向上传送，在任一时刻仲裁环只有一对端口进行通信，环中的设备只有当环处于空闲状态，才能通过仲裁获得仲裁环的使用权，一个或多个仲裁环路的网状结构可以组成混合结构。仲裁环可以作为机载系统中外部存储设备间的连接或显示阵列间的连接。可以采用集线器式的环模式提高连接的可靠性，如果加入端口旁路功能，则可对故障节点进行旁路，进一步提高整个环的可靠性。图 13 – 15 所示为仲裁环。

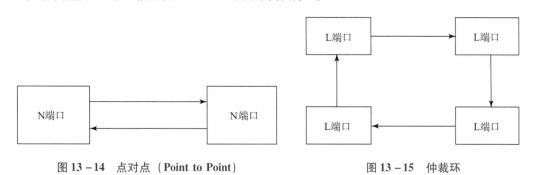

图 13 – 14　点对点（Point to Point）　　　　图 13 – 15　仲裁环

图 13 – 16 所示为交换型网络。交换型网络在 3 种拓扑结构中功能最强大、可靠性最高、性能最好、带宽最大，可以连接多达 1 600 万个设备，而且在同一时刻允许多个设备进行高速通信，但是价格昂贵些。在一条连接通道中，交换机可同时建立共享连接链路和多条直接连接通道，即可以同时进行分组交换和电路交换。各终端的端口通过点对点的双向连接与交换机端口互连，每个端口都可以最大速度与交换机的端口建立连接。

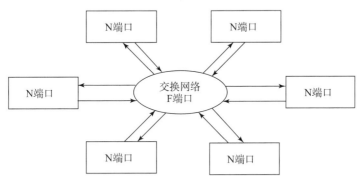

图 13 – 16　交换型网络

光纤通道可以根据需要配置成以上 3 种方式的混合网，从而提供最大限度的灵活性。

13. 6. 3　光纤通道端口类型

在光纤通道协议中，端口是通信的基本单元。所谓端口是一个节点内部的硬件实体，通过光纤通道链路和相邻的端口进行数据通信。根据端口位置和拓扑结构的不同，光纤通道协议定义了以下类型的端口：

（1）N 端口。N 端口是实现整个网络的起点和入口，它是光纤通道协议中最简单的端口，它的功能正确与否直接决定网络是否正常工作。

（2）F 端口。在光纤通道交换机中实现，为 N 端口之间提供管理和连接服务，是光纤通道网络中数据的中转者。

（3）L 端口。L 端口存在于光纤通道环网中，环状网络中的节点共享一个公用连接光纤通道环网，目的是为了降低光纤网络的带宽费用。

（4）NL 端口和 FL 端口。FL 端口在交换机上实现，它作为一个特殊的节点加入到光纤环网中。NL 端口位于环结构内，具有 N 端口和 L 端口的双重能力。

13. 6. 4　光纤通道服务类型

光纤通道定义了 6 类服务。使用的类别很大程度上依赖所传输的数据类型。服务类别之间的主要区别是它们使用不同的流控制类型。如果两个 N 端口之间进行通信或者一个 N 端口要注册到交换型网络，则至少需要 1 类公共服务支持，因为序列和交换需要使用 1 类服务。在交换型网络注册和 N 端口注册的过程中，信息进行了交换。

（1）第 1 类服务：专用连接。第 1 类服务建立的专用连接要由交换机维持和保证。交换机将会按照源 N 端口的发送顺序将帧发送给目的 N 端口。

（2）第 2 类服务：复用连接。第 2 类服务是无连接的服务，收到数据帧后需要发送链路控制帧进行确认。在一个给定的序列内部，发射器会以连续的顺序发送第 2 类数据帧，但是交换机可能不能保证按序传送。

（3）第 3 类服务：数据报。第 3 类服务是无连接的服务，只支持无确认的传送，在接收到合法的数据帧后不发送任何链路控制帧进行确认。在一个给定的序列内部，发射器会以连续的顺序发送第 3 类数据帧，但是交换机可能不能保证按顺序传送。

（4）第 4 类服务：部分带宽。利用交换机管理部分带宽分配协议，第 4 类服务使用建立在交换机内部和两个正在通信的 N 端口之间的虚电路来彼此发送帧。在一个给定的序列内部，发射器会以连续的顺序发送第 4 类数据帧，交换机会以和源 N 端口发送顺序相同的顺序发送帧到目的 N 端口。

（5）第 5 类服务：第 5 类服务用于同步、即时服务。但到目前为止还没有被完整的定义，有可能会被废弃。

（6）第 6 类服务：多点传送连接。第 6 类服务允许一个 N 端口和多个 N 端口建立同时的专用连接。一旦专用连接建立，它们就要由交换机维持和保证。第 6 类的数据流只能由源 N 端口到目的 N 端口。所有的目的 N 端口会发送适当的链路回应帧给一个多点传送服务器，多点传送服务器会收集这些链路回应帧并返回一个单独的链路回应帧给源 N 端口。帧由交换机以和源 N 端口发送顺序相同的顺序传送给目的 N 端口。

13.6.5 光纤通道数据帧

光纤通道帧和信令协议定义了 3 种协议数据单元：帧（Frame）、序列（Sequence）和交换（Exchange）。帧都遵循通用的帧格式，帧格式如图 13 - 17 所示。每个帧包括开始分隔符，大小为 24 个字节的固定帧头，多种可操作服务头，从 0 到 2112 个字节的长度灵活的有效载荷，一个帧标准循环冗余码校验和一个结束分隔符。序列是从一个 N 端口向另一个 N 端口单向传送的一个或多个相关的帧，是单向传送的。交换由一个或多个非并发的序列组成，可以是单向的或双向的。

4bytes 帧开始	24bytes 帧标题	2112bytes 数据区		4bytes CRC 校验	4bytes 帧结尾
		64bytes 可选标题	2048bytes 纯数据		

图 13 - 17 帧格式

13.6.6　FC－AE 标准分析

FC－AE 标准是 Fibre Channel－Avionics Environment 的简称，即光纤通道在航空电子领域的应用，它是由美国国家信息委员会（ANSI）组织制订的一组草案。FC－AE定义的是一组协议集，这些协议主要用于航空电子的控制工作、命令指示、信号处理、仪表检测、仿真验证和视频信号或者传感器数据的分配。FC－AE 标准所涉及的应用协议都有着许多相同的特点，如它们都具有实时性、高可靠性、可确定性带宽和可确定性延迟。FC－AE 规范中定义的在航电系统中采用光纤通道的环路拓扑与交换网络来连接设备的选择，已经得到了广泛的应用。FC－AE 协议集主要涉及以下五个协议：

FC－AE－ASM：ASM 是 Anonymous Subscriber Messaging 的缩写，即匿名订制信息传输协议。该协议用于支持航空电子应用的处理器、传感器和显示器之间确定、安全、低延迟的通信。

FC－AE－FCLP：FCLP 是 Fibre Channel Lightweight Protocol 的缩写，即轻量协议传输。FCLP 协议是以 FCP 协议为基础的，由 INCITS 制定的 SCSI－FCP 协议进行具体规范。SCSI－FCP 协议是将光纤通道设备映射为一个操作系统可访问的逻辑驱动器的串行协议。FCP 协议工作于 FC－4 层以下的各层协议中，主要是对高层协议 SCSI 的映射机制；而 SCSI 协议是在 I/O 设备（特别是存储设备）通信领域所广泛使用的通信协议。

FC－AE－RDMA：RDMA 是 Remote Direct Memory Access 的缩写，即远程直接存储器访问传输。该协议底层服务部分遵循 FCP 协议，其主要特点在于允许信息发起者对远程目标存储器进行低延迟的数据读、写操作。

FC－AE－VI：VI 是 Virtual Interface 的缩写，即基于光纤通道的航空电子环境中的虚拟接口。该协议遵循 FC－VI 协议和 FC－FS 协议。FC－VI 是在光纤通道上实现 VI架构，它允许数据在光纤通道节点的内存地址之间快速转移。FC－FS 则是光纤通道信号与信令协议，用于定义 FC－1 和 FC－2 层的内容。

FC－AE－1553：该协议是 MIL－STD－1553B 协议在带宽、地址空间和数据传输量上的扩展，其目的是更好地支持航电系统中各元素之间的通信。FC－AE－1553 的主要特性在于它的命令/响应式、消息的 ACK 选择、RDMA 传输、文件传输，以及兼容MIL－STD－1553B 终端的能力。

13.6.7　FC－AE－1553 光纤总线

一个典型的 FC－AE－1553 网络组成为：网络控制器（NC）、网络终端（NT）、光纤通道网络自身、FC－AE－1553 协议桥、MIL－STD－1553B 数据总线，如图 13－18所示。

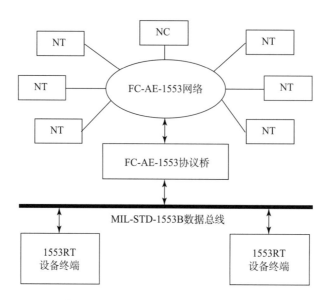

图 13 – 18 FC – AE – 1553 网络结构图

（1）网络控制器。FC – AE – 1553 网络上数据交换的发起者，凡是能发起 FC – AE – 1553 命令帧的节点都算 NC，类似于 MIL – STD – 1553B 中的总线控制器 BC，但二者最重大的区别在于：在一个 FC – AE – 1553 网络中，可以同时存在一个或者多个网络控制器，而 MIL – STD – 1553B 中只能有一个总线控制器。

（2）网络终端。在 FC – AE – 1553 网络上，对 NC 发出的命令帧予以响应的节点称之为网络终端 NT。NT 的主要功能是完成 FC – AE – 1553 网络和其子系统之间的数据传输。

（3）协议桥。FC – AE – 1553 协议里规定了 FC – AE – 1553 网络支持桥接现存的 MIL – STD – 1553B 远程终端（RT）。为了完成这种桥接功能，FC – AE – 1553 的命令帧帧头和状态帧帧头包含了对连接的 MIL – STD – 1553B 远程终端属性的定义。这种桥就是 FC – AE – 1553 和 MIL – STD – 1553B 总线之间协议转换的设备，它实现不同数据格式的控制网络和光纤网络之间数据的转换。通过协议转换桥，FC – AE – 1553 的帧能转换成 MIL – STD – 1553B 总线能支持的字，MIL – STD – 1553B 字能转换成 FC – AE – 1553 帧。

（4）MIL – STD – 1553B 数据总线。由远程终端 RT 和总线控制器 BC 组成，其中 RT 属于非控制设备，主要功能是数据的传输、采集、接收控制命令等；总线控制器 BC 主要功能是发起数据传输，实现数据的流量控制、错误校验等。

第四篇　系统试验

第 14 章　导弹武器系统的系统试验

14.1　概　　述

导弹武器系统试验是一个复杂的系统工程，涉及的因素和环节很多，发射装置伺服系统和导弹发射控制系统作为导弹武器系统的一个重要组成部分，几乎参加了导弹武器系统的全部试验过程。系统试验的目的是检验和评定设计方案是否合理可行、设计思想和设计方法是否正确适用，并最终验证与考核系统所有的技术指标与使用性能是否达到了预定的设计要求。因此，为了提高系统的试验质量、缩短试验周期、加速产品研制进度，为设计定型提供可靠的依据，在方案可行性论证开始就要进行试验方案的策划和设计工作，并采取适合的试验手段和检验方法，开展一系列试验，如系统对接试验、负载模拟试验、系统仿真试验、环境和可靠性增长试验等。

14.2　系统试验的分类

通常导弹武器系统的系统试验根据试验的性质、对象、阶段和状态，有如下 4 种分类方法。

（1）按试验性质划分，有原理性试验、系统性试验、鉴定性试验和批抽检试验等。原理性试验验证导弹发射控制系统关键技术原理的可行性；系统性试验是指导弹发射控制系统根据任务书要求的性能、功能和指标等，开展的用以验证导弹发射控制系统的设计和使用性能的综合性试验；鉴定性试验是在系统性试验的基础上，使用方与研制方共同对导弹发射控制系统的性能进行鉴定的试验，用以全面完成设计定型考核；批抽检试验是在批量生产阶段，为了检验生产交付、批交付质量而进行的抽检试验，导弹发射控制系统不独立进行批抽检试验，一般是随导弹武器系统共同进行。

（2）按试验对象划分，有元器件、原材料试验，组、部件（组合级）试验、分系统级试验和系统级试验。

（3）按试验阶段划分，有研制性试验、设计定型试验和生产定型试验。研制性试验是以研制方为主进行的试验，只有完成了研制性试验，才能交由国家定型委员会进行设计定型鉴定试验。转入批量生产，经生产定型试验后，才能全面转入批量生产。

（4）按试验状态划分，有对接试验，环境试验，仿真试验，软件试验，可靠性、维修性、电磁兼容性试验和飞行试验。

按照不同研制阶段所需实现的目标，根据各类试验的特点及内容，合理安排导弹发射控制系统的试验项目，是研制方的一项重要设计内容。图 14 - 1 所示为不同分类的试验项目。

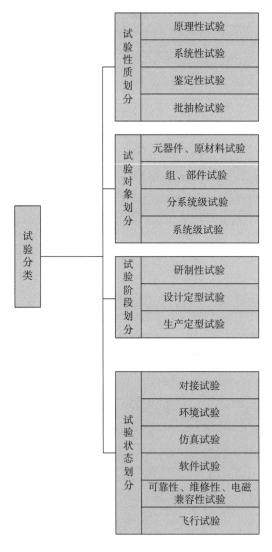

图 14 - 1　导弹发射控制系统试验分类

14.3　系统试验的特点及主要内容

1）对接试验

对接试验是在导弹武器系统研制过程中，在实验室开展的系统、分系统之间的性能试验，用来检查功能、接口之间的匹配性和协调性。主要包括：系统功能性对接试验、机械接口匹配试验、电气接口匹配试验。导弹发射控制系统的对接试验按照导弹武器系统的统一安排，参加武器系统的系统对接联调试验，一般与导弹、指控系统、发射装置、定位定向等设备进行功能、接口方面的对接。

2）环境试验

导弹发射控制系统的环境试验主要包括：力学环境试验、自然环境试验、电磁环境试验等。

3）仿真试验

仿真试验包括数学仿真试验和半实物仿真试验。数学仿真试验是指整个系统都用数学模型描述来进行数学计算。半实物仿真试验是指组成系统的一部分为实物，其余部分为数学模型描述的混合型仿真试验。

仿真试验是导弹武器系统研制的一种重要的系统试验手段，它贯穿于武器系统研制的整个过程，在方案论证、技术攻关、工程设计以及飞行试验前的验证，飞行试验后的结果分析，对武器系统的性能模拟仿真及出现故障的机理分析，以及故障定位和设计定型相关性能鉴定中均发挥着重要作用。仿真试验在实验室内进行，可重复多次，试验次数不受限制。

导弹发射控制系统的仿真试验目前多以半实物仿真试验为主，采用数字模型方式对指控系统和导弹进行数学模拟，从而达到对导弹发射控制系统进行验证的目的。随着数学模型的不断完善、技术手段不断进步和仿真水平的不断提高，导弹发射控制系统越来越依赖于仿真试验。同时，目前也有人研究采用数学仿真试验对导弹发射控制系统进行虚拟验证，可以减少设备研制成本和降低研制风险。

4）软件试验

软件试验采用试验的方法对软件进行全面测试，是保证软件质量的重要手段之一，主要方式是通过设计全面的测试用例，检验软件各个组成部分是否合格。软件在测试完成后，通过软件评审和评测、软件验证和软件交付验收就可以使用了。软件测试的手段主要包括：静态测试、动态测试等。静态测试一般借助静态测试软件工具进行；动态测试借助软件开发的相关试验系统，根据测试用例逐项进行。

5）可靠性、维修性、电磁兼容性试验

可靠性、维修性、电磁兼容性试验必须结合其他性能试验的信息，以及实验室的实验情况，对可靠性、维修性、电磁兼容性进行综合评估，来验证导弹发射控制系统的维修性、电磁兼容性指标实现情况。

6）飞行试验

飞行试验在接近真实作战环境下验证导弹武器系统的工作协调性能和战术技术性能。导弹发射控制系统一般都会参加各个阶段的飞行试验，对导弹发射控制系统与导弹武器系统其他设备之间的工作协调性、主要技术指标进行接近实战状态下的验证。

第15章 发射装置伺服系统试验

15.1 发射装置伺服系统台架试验

为提高作战机动性和快速反应的能力，在现代导弹武器系统的载体上，不仅装有发射装置，还装有指令天线、红外、电视跟踪系统，甚至有的武器系统的跟踪雷达也装在战车上。目前我国大多数防空导弹武器系统组成均如此。武器系统载体上的子系统多、设备复杂，因此要求各子系统装车（或舰船）前必须达到任务书要求的战术技术指标。发射装置伺服系统的验收试验包含了发射装置装车前在工厂进行的系统参数的调整、战术技术指标的检测、加电考机试验。这种在出厂前的验收试验应尽量模拟战车的实际状态，测试验收结果才有效。

伺服系统设备齐套后，按伺服系统的结构图，在实验室组成伺服系统，如图15 – 1所示。参加系统试验的各设备必须在系统试验前进行测试试验，测试试验一般包括开环试验和闭环试验。

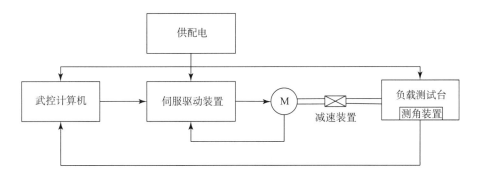

图 15 – 1　实验室伺服系统组成

15.1.1　试验设备技术要求

验收试验必须保证在实验室内组成与发射装置伺服系统实际运行环境等效的伺服系统。为保证等效的伺服系统能够尽量模拟实际伺服系统，试验设备应满足一定的技术要求。

15.1.2 负载测试台技术要求

负载测试台的功能是等效发射装置结构及部分传动关系，等效战车施加于执行机械轴上的动、静态力矩，模拟发射装置测角装置。一般来说，负载测试台有下列技术要求：

①用惯量与实际惯量等效的飞轮取代发射装置伺服系统的动负载；

②用小惯量电动机、磁粉制动器、磁滞电动机等，等效发射装置施加于执行输出轴上的静阻力矩（包括重力矩和摩擦力矩）；

③用模拟传动箱等效发射装置的传动关系，即模拟传动箱的速比、齿侧隙、刚度都与发射装置的相同；

④负载测试台与被测系统的测角装置、执行机构、反馈元件的连接方式完全与发射装置一致，并便于安装；

⑤负载测试台上最好安装力矩、电信号检测装置，并具备测试记录功能。

15.1.3 信号源的技术要求

信号源可以在武控计算机内进行模拟，替代武器系统的指控台或计算机等设备在作战时给伺服系统输入信息。在任务书中，这部分信息一般包含在跟踪规范和调转规范等战术指标中。一般典型的信号源有：

（1）调转信号。一般有两种形式，如图 15-2（a）和图 15-2（b）所示。

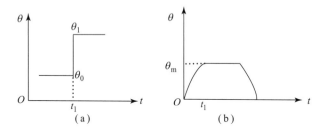

图 15-2 调转信号源

（2）正弦信号。模拟信号源的等效正弦规范为

$$\dot{\theta} = \dot{\theta}_m \sin \frac{1}{T} t \qquad (15-1)$$

式中　$\dot{\theta}$——发射装置跟踪最大角速度；

　　　T——等效正弦规范的周期，$T = \dot{\theta}_m / \ddot{\theta}_m$；

　　　$\ddot{\theta}$——发射装置跟踪最大角加速度。

（3）等速信号。一个常值速度信号。

（4）锯齿波信号。在上升段它等效等加速度信号，如图 15-3 所示。

（5）三角波信号。它等效等加速和等减速信号，如图 15 - 4 所示。

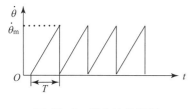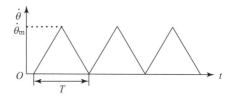

图 15 - 3　锯齿波信号源　　　　　　　图 15 - 4　三角波信号源

15.2　数字控制器调试及试验

15.2.1　数字控制器调试

1. DSP 控制板调试

1）程序下载

（1）在完成 DSP 板基本加电测试之后，需要将调试所需的程序下载到相应芯片中，CCS 是开发 DSP 时所需的软件开发环境，即编写、调试 DSP 代码都需要在 CCS 软件中进行。利用仿真器将要调试的代码通过 JTAG 口下载到 DSP 芯片内，进行调试。当程序调试成功之后，需要将程序固化到 DSP 内部的 Flash 中去，这是完成开发的最后一步，重新上电后，程序会自动运行。

（2）通过 Protel 软件编写逻辑电路的原理图，并生成 . JED 文件，并通过"ALL - 07""EXPRO - 80"等编程器下载到 GAL 芯片中。也可以通过 FM、ABEL 或 CUPL 等常用国内外软件来开展逻辑电路的设计。

（3）采用 MAX + PLUS II 软件对 CPLD 软件进行编程仿真，并通过软件 Quartus II 将 CPLD 软件下载到可编程逻辑控制芯片中。

2）电流采集电路调试

在进行控制器正式采集电动机定子电流之前，应进行电流采集电路的标校，以保证采集电流的准确性。利用电流源产生稳定的直流电流，并使该电流流过采集定子电流的霍尔传感器，同时通过 DSP 电流采集程序读取该电流与给定电流进行比较，并在程序中对电流采集参数进行补偿和校正。

3）电压采集电路调试

电压采集电路的调试与电流采集电路类似，将稳定、准确的直流电压加于采集电压电路输入端，分别对 DSP 各种电压采集程序进行标校，并在程序中对电压采集参数进行补偿和校正。电压采集标校程序包括速度模拟量给定输入信号、母线电压信号、

A/D 基准电压信号等。另外，由于温度传感器输出为电压信号，因此也采用相同方法对温度采集电路进行校准。

4）PWM 波形调试

PWM 波形的正确性，是数字控制器的关键，因此需在正式调试前确认 PWM 波形的正确性。利用 DSP 的事件管理器单独编写一个 PWM 输出程序，用示波器监测 PWM1 ~ PWM12 的输出波形与程序设定波形是否一致，频率、占空比、死区是否符合要求，相邻两路 PWM 波形的互补性及死区时间是否正确。另外，还要测试 3.3 V 转 5 V 电平转换芯片的 PWM 波形输出情况。

5）旋转变压器信号调试

旋转变压器信号调试的重点是激磁信号和旋变输出信号的调试。由于激磁信号和旋变信号均为低电平信号、频率为 10 kHz 左右、电平不超过 5 V，而伺服系统为脉冲控制的功率电子系统，因此对系统内部的弱电信号影响较大，干扰稍严重就会导致系统误动作或器件损坏，在旋变信号采集电路设计过程中要重点注意滤波措施，在正弦信号输入端应加入三端电感滤波器。用示波器监测激磁信号应无毛刺或失真情况，旋变正弦输入信号也应无干扰。当数字控制器与电动机对接时，应监测在电动机使能过程中，激磁信号和旋变正弦输入信号的受干扰情况及失真情况，如果波形失真较大或有大的干扰信号叠加在上面，应在旋变采集电路上对滤波措施和接地情况进行改进，尽量减小干扰信号，保证旋变信号采集的正确性。另外，在软件滤波程序上也要充分考虑干扰滤除方法，尽可能滤除干扰信号。

2. DRV 驱动板调试

1）开关电源调试

开关电源设计技术已较成熟，调试方法也较简单。开关电源是控制器工作的动力来源，其性能优劣直接决定着控制器的性能及工作稳定性。数字控制器使用的开关电源特殊之处在于电源输出路数较多，功率密度较大。大部分数字控制器的开关电源输出电压情况如表 15 - 1 所示。

表 15 - 1　开关电源的输出参数

序号	电压值	额定电流	用途
1	+ 5 V ± 2%	2 A	DSP 主板供电
2	隔离 + 15 V / - 5 V ± 5%	3 路、0.5 A	IGBT 上臂驱动电路供电
3	隔离 + 15 V / - 5 V ± 5%	1.5 A/1 A	IGBT 下臂驱动电路供电，分 4 路
4	隔离 ± 15 V ± 5%	0.5 A	DSP 主板功放电路供电
5	+ 24 V ± 5%	1.5 A	输出电压、风扇、软启动电路供电

为保证开关电源的工作稳定，应分别测试每路输出电压的纹波系数，要满足使用要求。由于控制器每一路输出电流较大，因此在使用前要测试开关电源每一路的带载能力（可以使用纯电阻负载进行测试），确保输出电流的稳定性，使数字控制器可靠工作。

2）驱动电路调试

驱动电路重点调试 PWM 波形通过驱动光耦及功率放大电路后的波形情况。用示波器检测光耦输出的 PWM 波形是否发生失真或电平变化，同时监测经过两个快速三极管推挽输出的波形是否产生放大、是否发生失真。另外，模拟驱动电路发生故障时，是否能给出防直通报警或 IGBT 过流报警信号，验证检测驱动电路故障及 IGBT 故障能力。

3）制动电路调试

根据制动电路的原理，制动电路的调试即测试制动电路在电压过高时能否可靠泄放电压。模拟母线电压过高（例如超过 580V DC）时，制动电路检测电压的数值，当电压达到该电压值时，制动电路开关管能否饱和导通，使过高的母线电压泄放到功率电阻上，当母线电压降到一定值，制动电路开关管应能正常关闭。

3. 逆变电路调试

逆变电路的调试用于测试控制器在逆变过程中，IPM 模块或 IGBT 模块是否能可靠导通，检验整个 PWM 波形通道的正确性。

单个桥臂的测试，对 VT1 和 VT4 分别施加互补的一对 PWM 波形，为保证可测试性，母线电压 P、N 之间可以施加一路 24 V 直流电压，频率为 4 kHz，波形如图 15-5 所示，逆变电路原理如图 15-6 所示。

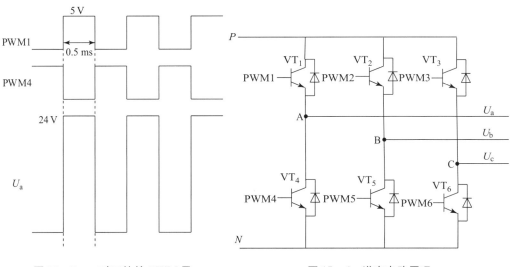

图 15-5　一对互补的 PWM 及
　　　　输出电压波形图

图 15-6　逆变电路原理

通过示波器分别监测 PWM 波形的输出及逆变电路的输出。当 DSP 的输出 PWM 波形如图 15-5 上 PWM1 和 PWM4 所示时，电压波形应为图 15-5 的下图所示，说明 VT1 和 VT4 的桥臂通路工作正常，用同样的方法，可以分别测试 VT2 和 VT5 的桥臂、VT3 和 VT6 的桥臂导通的正确性。

4. 电动机零位调整

为达到矢量控制目标，需要准确知道永磁电动机转子磁极位置。转子磁极位置通过光电编码器获得，使用之前需要将编码器的零相位（Z 相）与永磁电动机的转子磁极相位对齐。具体操作方法为，给永磁电动机通入直流电，U 相接正极，V、W 相接负极，将电动机锁定在零度电角度位置，然后人工拨动编码器码盘，用示波器观测 Z 相脉冲，当出现 Z 相脉冲时即表明编码器零位与电动机电角度零位重合，之后锁紧编码器码盘即可。

15.2.2 数字控制器试验

1. 电动机空载运行试验

当数字控制器的各个电路均调试完成后，可以进行控制器与电动机的对接调试，电动机不带任何载荷。需要进行的试验如下：

（1）电动机的空载运转试验，检验电动机的启动、停止、加速、减速性能及平稳性；

（2）电动机的低速试验，检验电动机的低速性能，验证速度环、电流参数的合理性；

（3）电动机的额定转速试验，检验电动机在额定转速下的工作稳定性；

（4）电动机的高速运转试验，检验电动机在超过额定转速下的运转情况。

2. 电动机带载运行试验

在数字控制器与电动机完成空载调试后，需要验证数字控制器的带载能力，并对控制器内电流环、速度环参数进行适当的调整。需要进行的试验如下：

（1）电动机带小负载试验，检验电动机在额定转矩以下的运行情况；

（2）电动机带额定负载试验，检验电动机在额定转矩情况下的运行情况；

（3）电动机带大负载试验，检验电动机在超过额定转矩情况下的运行情况，验证过流、过载情况；

（4）电动机带额定负载在额定转速下的试验，检验电动机在额定转速下带额定负载的运行状况；

（5）电动机低速大负载试验，考核电动机在低速（<5 r/min）情况下，带大负载（超过额定负载）的运行状况。

15.3　开环试验

其目的是验证伺服控制组合、伺服控制计算机、执行机构的正确性，为闭环调试做准备。开环试验项目包括：

（1）伺服驱动装置加电；

（2）武控计算机加电；

（3）使能控制测试；

（4）速度阶跃信号（最大正、反速度，最低稳定转矩，控制电压与转速斜率曲线、死区、零漂、额定速度、角敏感元件输出特性、速度敏感元件输出特性）测试。

开环试验时需要将武控计算机、伺服驱动装置和执行机构联合加电，让执行机构处于空载自由状态，不带任何负载。通过武控计算机给伺服驱动装置发送速度阶跃指令。各设备连接示意图如图 15 – 7 所示。

图 15 – 7　开环试验设备连接图

15.4　闭环试验

其目的是验证传感器测角组合的正确性，并初步验证伺服软件参数的合理性，以及初步考核系统的性能指标。根据发射装置伺服系统指标要求，需进行以下试验项目：

（1）调转试验；

（2）等速跟踪试验；

（3）正弦跟踪试验（可选）；

（4）一般的测试参数：静差、调转时间、速度、超调、迟滞等。

通过搭建伺服系统测试台系统，把武控计算机、伺服驱动装置、传感器测角组合、执行机构（电动机 + 减速装置）、负载测试台联合加电，形成一个全闭环试验系统。通过武控计算机给出位置环控制指令。对于调转试验、等速跟踪试验、正弦跟踪试验的数据进行处理，分析试验曲线的调转时间、跟踪精度、加速度、减速度、超调量等。

15.5 性能试验

其目的是对任务书提出的指标进行调试考核，主要试验项目包括：

（1）调转试验；

（2）等速跟踪试验；

（3）正弦跟踪试验（可选）。

试验时需要将伺服系统各组合安装到武器系统中，连接好设备电缆。通过伺服控制计算机或武控系统发出控制指令，调节伺服系统软件参数，使伺服系统满足任务书要求。

第16章 导弹发射控制系统试验

16.1 发控对接试验

发控对接试验的目的是验证导弹发射控制系统与导弹的电气接口、数字接口的匹配性和正确性。参加对接试验的设备包括武器控制系统和协调筒弹（工作弹）、导弹发射控制系统以及必要的测试设备等。

通信接口和协议对接在某型号协调筒弹与导弹发射控制系统首次对接过程中开展，其他对接项目根据型号研制需要随时开展。一般要求如下：

（1）协议对接应核对双方的设计文件和接口文件（接口定义、通信协议），确保双方的接口设计正确、接点无误、通信接口设置（同/异步方式、波特率、校验方式）一致；

（2）首先进行硬件接口对接，验证双方通信接收和发送的正确性，以满足协议的硬件接口要求；

（3）按照通信协议规定，导弹发射控制系统逐条向弹上机发送指令，验证导弹发射控制系统是否能够正确响应并回复信息，以满足协议的数据格式要求；

（4）对于装订参数命令，导弹发射控制系统应选择多组不同的参数进行装订，并对上传、下传的参数进行比对；

（5）应进行故障模式下的对接，如设置超时故障、帧格式错误、校验和错误、命令码错误、数据长度错误等，验证导弹发射控制系统的故障处理能力。

导弹发射控制系统与协调筒弹进行对接试验，在对接试验中验证导弹发射控制系统与导弹的接口匹配性，一般包括以下几项内容：

（1）导弹发射控制系统连接导弹模拟器，进行箱弹模拟器对接功能检查；

（2）导弹无源状态检查的对接验证；

（3）发控与导弹供电接口电路的对接验证；

（4）发控与导弹电气检测接口电路的对接验证；

（5）发控与导弹通信接口电路及信息交换协议的对接验证；

（6）协调弹状态下发控工作时序的对接验证。

16.2 发控点爆试验

发控点爆试验的目的：验证导弹发射控制系统激活点爆电路的正确性；验证发射控制激活点爆能力。

试验项目包括：

（1）点爆模拟器点爆试验；

（2）火工品或火工品模拟器点爆试验。

为确保导弹发射控制系统能够成功发射真实导（筒）弹，应进行发控点爆试验，验证导弹发射控制系统点爆电路设计的正确性。参加对接试验的设备包括协调筒弹、导弹发射控制系统、点爆模拟器、火工品等。一般应包含以下内容：

（1）利用点爆模拟器进行点爆功能验证，对导弹发射时序进行测量、验证；

（2）利用点爆模拟器和真实的电发火头进行点爆功能验证，对时序进行测量验证；

（3）采用真实的弹上电池及火工品进行点爆试验，验证导弹发射控制系统的真实点爆功能和发射时序，对时序进行测量验证。

16.3 与其他设备的对接

导弹发射控制系统与其他设备对接，包括发射装置（导弹发射控制系统）、指控系统、定位定向设备等。对接试验的目的是验证导弹发射控制系统与发射装置、指控系统、定位定向设备等系统之间的通信接口电路、通信协议和电气接口的匹配性和正确性。

16.4 武器系统对接试验

对接试验是指模拟真实的使用条件，对导弹发射控制系统与其他系统之间工作的协调性、接口的匹配性进行试验验证。导弹发射控制系统参加导弹武器系统的各个阶段的对接试验，试验方法和要求由导弹武器系统统一制定。导弹发射控制系统参加武器系统的对接试验的目的，是在全系统中对导弹发射控制系统的工作协调性、正确性进行验证。

导弹发射控制系统的对接试验一般结合导弹武器系统的系统对接联调开展。对接试验必须在试验前编写试验大纲，试验过程中进行试验记录和数据分析，试验结束后要编写试验报告。

第 17 章 　 相关试验

17.1 　 环境适应性设计及试验

17.1.1 　 热设计

根据发射控制系统组成设备中各种热源的发热情况，合理安排元器件位置，把散热量大的器件尽量分散，降低元器件温升，避免热量蓄积和过热，造成局部微环境温度升高；发热量大的部件和组件紧贴机箱壁，迅速将热量传递至外环境；必要时机箱开启散热孔，加装通风装置进行散热。

17.1.2 　 振动与冲击防护

对零部组件进行加固设计，以满足力学环境要求，产品的固有频率尽量避开外界环境作用的激励频率，避免发生共振。

17.1.3 　 湿热、盐雾、霉菌防护

分三个层面进行防护设计：

（1）机箱密封：密封是防止潮气及其他腐蚀介质长期影响的有效方法。对机箱不可避免的可拆接缝及对外电连接器、面板器件的结合面，采取加装屏蔽密封衬垫的设计措施，防止潮气及其他腐蚀介质对机箱内部的侵入；

（2）机箱内电路板三防处理：对电路板采取喷三防漆的工艺处理，三防涂层处理后的电路板可以有效地防潮、盐雾和霉菌；

（3）机箱外露表面及零部件处理：对机箱外露表面进行喷漆保护；对外露的零部件如标准件等采用防腐性能高的不锈钢材料；舱外设备的电连接器采取灌封处理。

17.1.4 　 环境试验

环境试验是通过实验室、实验站或实验场，在模拟的条件下，对导弹发射控制系

统的部件级、组件级和系统级进行性能试验。通过试验来评定参试产品的性能，检验设计方案与工艺质量是否满足总体设计要求。为此，要求试验条件尽可能模拟逼真，参试产品应满足设计要求，试验使用的测试设备应能全面测试导弹发射控制系统的功能、性能，测试方法应可靠、简便易行。

1. 力学环境试验

力学环境试验是指导弹发射控制系统在使用、运输以及导弹发射瞬间等过程中，所受到的振动、冲击、加速度、颠震等环境条件。力学环境试验在实验室模拟环境下进行，具体的试验内容、要求和试验方法等，参考相应的国标、军标制定。

力学环境试验主要的试验项目包括：

（1）振动试验。振动试验是在环境实验室的振动实验台上进行的，目的是验证导弹发射控制系统在使用环境下的抗振性能和结构的耐久性。

（2）冲击试验。冲击试验是在环境实验室的冲击实验台上进行的，目的是验证导弹发射控制系统在导弹点火瞬间激励环境、舰上相关系统的激励（如舰炮射击）条件下，以及水下爆炸的激励条件下的工作适应性和抗冲击性能。

（3）颠震试验。颠震试验是在环境实验室的颠震实验台上进行的，目的是验证导弹发射控制系统在舰载环境下，对海浪引起的重复性低强度冲击环境条件的工作适应性和结构完好性。颠震试验充分模拟了舰载环境下海浪引起的能量激励的特点，该特点就是冲击能量较少，但重复的次数和频率较多。

2. 自然环境试验

自然环境试验是检验导弹发射控制系统在使用过程中对严酷的自然环境的适应能力，在实验室模拟环境下进行，具体的试验内容、要求和试验方法等，参考相应的国、军标制定。

通常导弹发射控制系统的自然环境试验项目包括：

（1）温度试验。温度试验在环境实验室的高低温实验箱内进行，目的是验证导弹发射控制系统在使用环境下对高温、低温条件的适应性。

（2）湿热试验。湿热试验在环境实验室的湿热实验箱内进行，目的是验证导弹发射控制系统对高温、高湿环境的适应性。

（3）盐雾试验。盐雾试验在环境实验室的盐雾实验箱内进行，目的是验证导弹发射控制系统的材料保护层和装饰层的有效性，测定盐的沉积物对装备和电气性能的影响。

（4）霉菌试验。霉菌试验在环境实验室的霉菌实验箱内进行，目的是验证导弹发射控制系统的长霉的程度以及长霉对装备性能和使用的影响程度。

17.2　可靠性设计及试验

系统在规定的条件下和规定的时间内，完成规定的功能的能力，叫做系统的可靠性，它是系统的一个重要体征。可靠性设计贯穿于从计划、研制、设计、生产到使用的各个环节和阶段。它涉及原材料、元器件、设备以及系统工程的各个方面。

17.2.1　可靠性设计

系统可靠性设计的基本内容是确定、预计和分配系统的可靠性指标，同时提出和分析实现可靠性指标要求的系统设计方案，并把可靠性指标合理地分配到设备单元、电路单元、功能组件上。分配过程应尽可能在研制阶段的早期开始进行，以便在设计初期就考虑到提高可靠性的措施。

发射控制系统一般由电气产品和结构产品组成，一般来说，提高电子设备的可靠性可从两个方面入手：一方面从电路的保护、防护方面采取措施，以防止、减少故障的发生；另一方面，可采取措施尽量减少排故、维修的时间。

防止、减少故障的措施一般包括：

（1）在元器件的选择上尽量采用小负荷系统，以延长使用寿命；

（2）电子元器件在装机配套前，都要按符合使用要求的筛选老化条件，全部进行筛选老化实验，以剔除早期失效的元件；

（3）伺服电路中的驱动电路一般采用低噪声的运算放大器；

（4）采用抗干扰措施。在电子设备的线路中接入各种不同的滤波器，以防止各种噪声干扰；

（5）减小温度变化引起的噪声。温度漂移是引起半导体电路性能参数变化的重要原因。例如在电源电路中引入恒流源，调速电路中引入负温度系统的热敏电阻等。还可在整体工艺设计上加以考虑，使电子设备工作在恒定的温度环境内。

17.2.2　可靠性模型的建立

为了定量分析系统的可靠性，首先要建立系统可靠性的数学模型，一般可以通过系统的可靠性框图来建立，而可靠性框图来源于系统的工作原理图。

在系统中如果任何一个单元出故障都会导致整个系统出故障。或者说只有当系统中所有单元都正常工作时，系统才能正常工作，这种系统的可靠性框图为可靠性串联模型。

对于串联模型，系统的可靠性为组成该系统的各个单元的可靠性的乘积，即

$$R_S = R_1 R_2 R_3 \cdots R_n = \prod_{i=1}^{n} R_i \qquad (17-1)$$

也可以不用单元可靠性来综合，而通过单元的失效率来计算。这种方法简单，而且元器件的可靠性指标都是以失效率来表示的，则系统的可靠性为

$$R_s(t) = e^{\lambda_s t} \qquad (17-2)$$

式中　　$\lambda_s = \sum\limits_{i=1}^{n} \lambda_i$。

上式表示的系统为服从指数分布规律的串联模型，系统总的失效率为组成该系统的各个单元失效率之和。

系统失效率的倒数是它的平均无故障工作时间（MTBF）T_M

$$T_M = \frac{1}{\lambda_s} = \frac{1}{\sum\limits_{i=1}^{n} \lambda_i} \qquad (17-3)$$

17.2.3　可靠性预计

可靠性预计是产品可靠性设计从定性考虑转入定量分析的关键，也是实施可靠性工程的基础。从方案论证、工程设计阶段对产品可靠性指标的确定、可靠性指标的分配，以及如何使产品达到指标要求的可靠性水平等都必须反复进行可靠性预计。

按产品的研制阶段，可靠性预计可分为方案研究和工程设计两个阶段。方案研究阶段的可靠性预计是初步预计，采用元器件计数法。工程设计阶段的可靠性预计，采用元器件应力分析法，该方法是在电路、结构设计基本完成后，按部件和元器件承受的应力详细进行预计。这两种预计，特别是初步预计，必须反复进行多次，以逼近产品的实际可靠性。

1. 元器件计数法

对于串联系统，系统的失效率是系统包含的元器件失效率之和，因此知道了系统所包含的元器件总数，且求出元器件的平均失效率$\bar{\lambda}$后，系统的失效率λ_s就可按下式确定

$$\lambda_s = N\bar{\lambda} \qquad (17-4)$$

式中　　N——元器件总数；

　　　　$\bar{\lambda}$——元器件平均失效率。

2. 元器件应力分析法

用这种方法得到的系统可靠性水平准确度较高。应力分析法的目的，在于及时发现元器件应力负荷是否过重，特别要查明元器件的过应力使用情况。

在可靠性工程的实践中，常常利用系统所用元器件的失效率数据来预计其可靠性。国产元器件是利用中国电子产品可靠性数据交换网数据中心和电子工业部第五研究所

1986 年发行的《电子设备可靠性预计手册》数据来进行可靠性预计的，国外元器件则按 MIL – HDBK – 217D 进行其可靠性预计。

应力分析法预计可靠性的步骤是：

（1）确定可靠性预计单元，单元内的元器件可靠性模型为串联结构。单元的失效率为单元内元器件失效率之和；

（2）列出单元内元器件清单，注明环境温度、工作条件、质量等级、参数值、负荷系统、数量，然后按照环境温度降额系统查出基本失效率，根据工作环境温度、质量等级、复杂度、封装方式等由手册查出各种 π 系数，并按照失效模式算出各器件的使用失效率；

（3）把预计单元的元器件使用失效率相加得到单元使用失效率；

（4）把单元使用失效率填入分系统可靠性框图中，并算出分析的失效率；

（5）根据系统可靠性框图对各分系统的失效率进行综合，得到系统失效率。

若可靠性预计的结果不能满足可靠性指标要求时，应换用高可靠性的元器件，并重新预计，若差距仍很大，则要求上一级重新进行分配可靠性指标或重新设计系统。

可靠性预计只是根据资料计算，证明分配是否满足要求，但不能用作确定产品是否实际达到可靠性要求的依据，最终要以样机试验结果来确定是否达到可靠性要求。

17.2.4　可靠性试验

可靠性试验是为分析评价产品可靠性而进行的试验。通过可靠性试验可以测定产品在各种环境条件下工作或储存时的可靠性指标，为设计、生产、使用提供有用的信息。通过可靠性试验也能充分暴露产品在设计、原材料、工艺等方面存在的问题，经过失效分析进而找出改进措施。在这样一个"发现 – 分析 – 纠正"的循环中，不断提高产品的可靠性。所以可靠性试验是生产高可靠产品的重要环节。可靠性试验的内容比较广泛，包括：可靠性筛选试验、环境试验、鉴定试验、寿命试验等。这里重点介绍电子设备所做的环境应力筛选试验和环境试验。

1）环境应力筛选试验

在产品研制过程中，对电子产品的零部件、组件、系统进行 100% 环境应力筛选；并在常温下进行 168 小时连续运转考机试验，目的是为了提出产品的早期失效、降级或偶然失效。环境应力筛选试验包括温度循环试验和随机振动试验。

2）环境试验

这是为评价分析环境对系统性能的影响、系统对环境的适应能力而进行的试验。环境试验可分为现场使用试验、天然暴露试验和人工模拟试验等。人工模拟试验是人工控制条件下的试验，一般在实验箱或实验室内进行。环境试验不单是为了观察产品的耐环境性能，也可作为质量保证和寿命试验的一个环节，给失效分析提供有效信息。

对于复杂的系统来讲，有时不可能进行专项的可靠性试验，系统正常使用的工作时间也不能满足可靠性评定的需要，因此，需要结合各种可靠性的数据和信息，综合评定和评估系统的可靠性是否满足任务书规定的指标要求。

17.3 维修性设计及试验

17.3.1 维修性设计

根据任务书要求，一般按《型号系统维修性保证大纲》要求开展维修性设计工作。

发射控制系统一般采用三级维修体制：基层级维修、中继级维修和基地级维修。

1）基层级维修

基层级维修在使用阵地进行，由装备使用者借助机内测试设备、显示设备、随车测试仪器等完成对故障的快速检测、隔离与定位，采用更换的方法，直接以备件替换故障件。基层级维修的主要内容包括：

（1）日常维护保养；

（2）检测并完成故障 LRU 的更换。

2）中继级维修

中继级维修在使用阵地或本级维修中心进行，借助维修车、备件车等保障装备，由专业维修人员与装备使用人员协同，完成对部分基层级不可修复的故障设备的维修。同时，修复部分更换下的故障 LRU。中继级维修的主要内容包括：

（1）对基层级不能修复的故障进行诊断定位、修理或更换故障件；

（2）对基层级拆卸下来的部件进行检测，将可以修理的故障 LRU 隔离到零部件（SRU）故障并更换；

（3）检测、计量检定及校准基层级的测试仪表；

（4）加工紧缺零部件；

（5）对伺服系统进行定期维修保养；

（6）补充基层级所需的备件和消耗品；

（7）负责对基层级维修的支持。

3）基地级维修

基地级维修在修理厂或制造厂进行，借助其所拥有的全面的检测、维修能力，由专业技术人员和专业工人一起，完成对中继级和基层级送修的故障设备的维修，各类更换下的故障件的修复，装备的大修、翻修和改装等工作，主要内容包括：

（1）对中继级和基层级送修的故障设备进行故障诊断、定位、修理和校验；

（2）检测、计量、校准和修复各维修级的测试设备和通用仪表；

（3）与生产厂配合完成装备的大修、翻修和改装；

（4）软件的维护升级。

17.3.2　维修性预计

发射控制系统是可维修的地面设备，维修方案一般按部队基层级维修进行设计，基层级维修是更换现场可更换单元。可更换单元的故障检测和隔离是影响维修时间的主要因素，也是维修性设计必须考虑的重要因素。维修性分配指标是通过贯彻维修性设计准则、测试性设计准则，进行维修性设计实现的。发射系统维修性的基础，一是故障检测是否准确、快速、简便；二是现场可更换单元是否具有可达性、标准性、互换性、可修复性。

提前划分出系统的 LRU 清单，系统在基层级维修的 MTTR 预计

$$\text{MTTR} = \sum_{i=1}^{n} \lambda_i \cdot \text{MTTR}_i \bigg/ \sum_{i=1}^{n} \lambda_i \qquad (17-5)$$

MTTR 预计值应小于任务书要求维修时间，才算符合维修性定量要求。

17.3.3　维修性鉴定试验方法

维修性鉴定试验采用人为方法尽可能真实地进行自然故障模拟，以基层级维修时常见的故障模式为主，准备试验所需的维修作业样本。经过训练的维修人员排除故障，并由专人记录维修时间。维修人员完成故障检测、隔离、拆卸、换件或修复原件、安装、调试及检验等一系列维修活动。按照图 17-1 的试验流程进行维修性试验。

维修性结果评价

$$\bar{X} \leqslant \mu_0 + Z_{1-\alpha} \frac{\hat{d}}{\sqrt{n}} \qquad (17-6)$$

其中　μ_0——维修时间均值的目标值，按照导弹发射控制系统的任务书规定取值；

　　　$Z_{1-\alpha}$——取 1.28。

$$\bar{X} = \frac{1}{n} \sum_{i=1}^{n} X_i, \quad \hat{d} = \sqrt{\frac{1}{n-1} \sum_{i=1}^{n} (X_i - \bar{X})^2} \qquad (17-7)$$

式中　X_i——第 i 个维修样本的观测值；

　　　n——试验的样本量；

　　　$\bar{X}$——样本均值；

　　　$\hat{d}$——样本标准差。

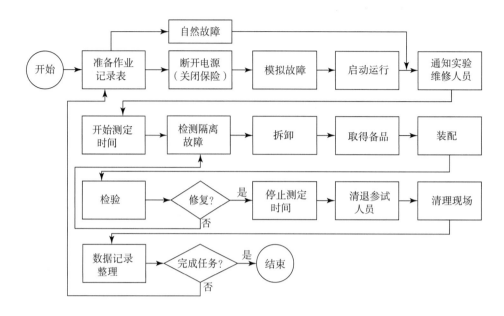

图 17 - 1　维修性试验流程

17.4　电磁兼容性设计及试验

17.4.1　隔离设计

（1）对敏感电路与外部其他电路的接口都采用电气隔离，比如速度指令输入接口采用了隔离差分输入方式、I/O 接口采用光耦隔离方式；

（2）使所有的信号线很好地绝缘，使其不可能漏电，防止由于接触引入干扰；

（3）俯仰驱动器采用铝合金板封闭设计。

17.4.2　走线和布局设计

（1）按照电磁兼容设计要求，按信号的强弱、电路的功能、传输的方向等因素合理布线。

（2）把敏感易受干扰的电路与干扰源在空间上区分开。

（3）在驱动器设计中，主回路干扰源与驱动电路、DSP 控制电路之间进行空间区分。

（4）易受干扰的信号线必须单独走线，并隔离屏蔽，不可与干扰源的电线平行走线并捆扎在一起。在驱动器设计中，旋变信号线、控制接口输入/输出线、电流采集电线和 IGBT 驱动电线都是易受干扰的信号线，而 220V AC 和 380V AC 供电电源线、电动机功率线，以及主回路上的功率线都是干扰源的输出线。这些易受干扰的信号线与干扰源的输出线应分开走线，且避免平行走线。

（5）在印制板设计中，也进一步对敏感信号及其走线与其他干扰线进行区分。

17.4.3 屏蔽设计

（1）对易受干扰的输入/输出信号线采用屏蔽电线或者屏蔽双绞电线。比如控制接口输入输出采用屏蔽电线、旋变接口采用屏蔽双绞电线。

（2）对干扰源输出线也采用屏蔽电线。

（3）采用铝合金板加工成封闭箱体，对驱动器采取整体屏蔽。

17.4.4 滤波吸收设计

（1）俯仰伺服驱动设备 220 V 输入电源设计有 EMI 滤波器。

（2）对继电器等元器件使用反并联二极管等方法抑制通断干扰。

（3）在 380V AC 输入端采用压敏电阻以及电容吸收电网中部分电磁干扰。

（4）在逆变电路中，采用 RDC 电路以吸收 IGBT 开关产生的尖峰电压。

（5）采用无感电容吸收母线上的电磁噪声。

17.4.5 接地设计

（1）控制板上数字地、模拟地按"分区域"设计，单点连接在一起。

（2）驱动板上数字地、模拟地以及母线负端地也按"分区域"设计，数字地和模拟地单点连接在一起，这两种地远离母线负端地。

（3）屏蔽电线的屏蔽层单点接地。

（4）伺服系统各组合壳体设有接地桩，接地时，用尽量粗的接地线接地，尽量减小接地电阻，保证良好的接地性能。

17.4.6 电磁兼容性试验

电磁兼容性试验是通过实验室、实验站或实验场，对导弹发射控制系统的部件级、组件级或者系统级，在正常工作或模拟实际运行状态下，对其自身电磁兼容性进行试验和考核。

电磁兼容性试验包括电磁发射测试和电磁敏感度（或抗扰度）测试，电磁兼容性试验为鉴定性试验，在研制过程中如有必要可提前进行电磁兼容性摸底试验，以验证系统电磁兼容性设计的正确性。发射控制系统电磁兼容性试验项目一般包括：

（1）CE102　10 kHz～10 MHz 电源线传导发射；

（2）CS101　25 Hz～50 kHz 电源线传导敏感度；

（3）CS106　电源线尖峰信号传导敏感度；

（4）CS114　10 kHz～400 MHz 电缆束注入传导敏感度；

（5）CS115　电缆束注入脉冲激励传导敏感度；

（6）CS116　10 kHz～100 MHz 电缆和电源线阻尼正弦瞬变传导敏感度；

（7）RE102　10 kHz～18 GHz 电场辐射发射；

（8）RS103　10 kHz～18 GHz 电场辐射敏感度。

有些发射控制系统只需完成以上的若干项试验，但通常都会包括 CE102 和 RE102，由于其中的伺服系统可能为脉宽调制控制系统，功率器件长期在较高频率的开关工作状态下运行，造成对外围器件较大的电磁干扰，有可能影响整个发射控制系统甚至其他系统的正常工作，需要根据电磁兼容试验进行详细分析改进，使其满足武器系统正常使用的要求。

参 考 文 献

［1］ 金其明．防空导弹工程［M］. 北京：中国宇航出版社，2004.

［2］ 邱志明．舰载通用垂直发射技术概论［M］. 北京：兵器工业出版社，2014.

［3］ 周东华，胡艳艳．动态系统的故障诊断技术［J］. 自动化学报，2009（6）.

［4］ 周东华，刘洋，何潇．闭环系统故障诊断技术综述［J］. 自动化学报，2013（11）.

［5］ 雷荣强，舒涛，张琳，李天．专家系统的地空导弹导弹发射控制系统故障［J］. 计算机测量与控制，2014，22（2）.

［6］ 姜红兰．某测导弹发射控制系统故障诊断及仿真技术研究［D］. 哈尔滨：哈尔滨工业大学，2014.

［7］ 韦闽峰．新一代运载火箭控制系统总线［J］. 航天控制，2007（8）.

［8］ Caceres S，Henley E J. Process failure analysis by block diagrams and fault trees［J］. Industrial and Engineering Chemistry，Fundamentals，1976，15（2）：128－134.

［9］ Frank P M. Fault Diagnosis in Dynamic System Using Analytical and Knowledge－based Redundancy－A Survey and Some New Results［J］. Automation，1990，18（2）：18－22.

［10］ Ng H T. Model－based multiple fault diagnosis of time－varying continuous physical devices［R］. In：Proceedings of the 6th Conference on Articial Intelligence Applications. Santa Barbara，USA：IEEE，1990，16－22.

［11］ Li W H，Qin S J. Consistent dynamic PCA based on errors－in－variables subspace identication. Journal of Process Control，2001，11（6）：661－678.

［12］ ANSI INCITS. Fiber Channel－Physical Interface－5（FC－PI－5），REV0. 01. September25，2008：16－19.

［13］ Douglas Grant. Fibre Channel Solutions from Xilinx［J］. Storage & Servers Solution Guide，2006（3）.

［14］ ANSI INCITS. Fiber Channel－Physical And Signaling Interface（FC－PH）［J］. 1994，4（1）：20－22.

［15］ Steven Emerson. Evaluation of a data communication model for switched fibre channel

［J］. IEEE Network，1995，9（6）：38 – 44.

［16］ Gary Warden，Bill Fleissner. Fibre Channel testing for avionics applications ［R］. IFIP International Conference，2009，4：1 – 6.

［17］ 雷艳静，冯萍，曾小荟，康继昌. 光纤通道中 N 端口状态机 OPENT 建模 ［J］. 计算机工程与应用，2005，22：21 – 26.

［18］ 李艳国. 光纤通道适配器的 FPGA 设计与实现 ［D］. 武汉：华中科技大学硕士学位论文，2007.

［19］ 陈伯时. 电力拖动自动控制系统 ［M］. 北京：机械工业出版社，2012.

［20］ 王成元，夏加宽. 现代电动机控制技术 ［M］. 北京：机械工业出版社，2009.

［21］ 陈群峰. 发射装置高性能伺服系统研究与应用 ［D］. 南京：南京理工大学，2007.

索　引

K

T

W

Y